博碩文化

U0077655

MySQL

故障排除與效能調校

完全攻略

李春、羅小波、董紅禹 著 ‧ 廖信彥 審校

作　　者：李春、羅小波、董紅禹
審　　校：廖信彥
責任編輯：林楷倫

董 事 長：陳來勝
總 編 輯：陳錦輝

出　　版：博碩文化股份有限公司
地　　址：221 新北市汐止區新台五路一段 112 號 10 樓 A 棟
　　　　　電話 (02) 2696-2869　傳真 (02) 2696-2867

發　　行：博碩文化股份有限公司
郵撥帳號：17484299
戶　　名：博碩文化股份有限公司
博碩網站：http://www.drmaster.com.tw
讀者服務信箱：dr26962869@gmail.com
訂購服務專線：(02) 2696-2869 分機 238、519
（週一至週五 09:30 ～ 12:00；13:30 ～ 17:00）

版　　次：2021 年 12 月初版一刷

建議零售價：新台幣 680 元
I S B N：978-986-434-959-3
律師顧問：鳴權法律事務所 陳曉鳴律師

本書如有破損或裝訂錯誤，請寄回本公司更換

國家圖書館出版品預行編目資料

MySQL 故障排除與效能調校完全攻略 / 李春，
羅小波，董紅禹著 .-- 初版 .-- 新北市：博碩文化
股份有限公司，2021.12

冊；　公分

ISBN 978-986-434-958-6 (上冊：平裝)
ISBN 978-986-434-959-3 (下冊：平裝)

1. 資料庫管理系統 2.SQL (電腦程式語言)

312.7565　　　　　　　　　　　　110019228

Printed in Taiwan

歡迎團體訂購，另有優惠，請洽服務專線
博碩粉絲團　(02) 2696-2869 分機 238、519

本書作者李春是阿里巴巴較早期的 DBA 之一，羅小波和董紅禹則都是知數堂的傑出校友。有一次偶然間知道羅小波的經歷，非常令人讚歎，這麼努力的人理應獲得如此成就。

第一次注意到羅小波是因為他投稿的文章「MySQL 排序內部原理探秘」，該文章真的是從頭到尾、從上到下地全方位解讀 MySQL 內部排序的各個面向。後來又關注到他推出 PFS 和 sys schema 系列連載文章，更是對其靜心深入學習的能力表示欽佩，整個系列文章詳實、細緻、到位。另外，董紅禹的功底也非常深厚，除了 MySQL 之外，他也瞭解其他諸多資料庫。知數堂曾多次邀請兩位同學做公開課程分享。

此外，個人曾感歎沃趣培養出不少好工程師，其人才體系肯定有很多可學之處，於是也邀請李春來知數堂做公開課程分享，就是希望能把他們的人才培養機制分享給業界。

拿到本書後，快速瀏覽了「案例篇」的全部內容，發現幾乎都是精華，裡面涉及相當多的經典案例解析。如果能從這些案例吸收解決問題的觀念和方法，相信日後若遇到其他問題，基本上都可以解決。

本書既有架構、PFS、I_S、統計資訊、複製、鎖、InnoDB 等基礎知識的鋪墊（其實並不基礎），又有眾多案例詳解，內容豐富、踏實，可說是難得一見的 MySQL 效能最佳化參考書，建議每位 DBA 以及從事 MySQL 相關應用開發的人都人手一本。

最後說一個段子。我曾經開玩笑地說，大家以後要買書的話，記得先看有沒有我寫的推薦序，如果有的話，那就放心購買，如果沒有的話，就要謹慎點了。本書是由個人推薦，所以大家可以放心大膽購買。嘿嘿。

葉金榮

推薦序

　　小學課本告訴我們，蒸汽機是瓦特看到水壺被水蒸氣頂起來以後，冥思苦想發明而來。但實際情況其實是，17 世紀末期，湯瑪斯·紐克門（Thomas Newcomen）發明體積龐大的「蒸汽機」，利用蒸汽的力量抽取煤礦裡的水，避免礦井透水、積水的問題。1765 年，詹姆斯·瓦特（James Watt）發明分離式冷凝器，改進紐克門的蒸汽機，使其效率提升了 4 倍。當然，紐克門蒸汽機也不是憑空出現，它是基於 Thomas Savery 發明的 Savery 蒸汽泵；繼續往前追溯，可以追溯到西元 1 世紀古希臘力學家希羅（Heron of Alexandria）發明的汽轉球。

　　個人不否認瓦特的貢獻，正是有他對蒸汽機做功效率的改變，才大量提升煤炭、鋼鐵的產量，促進輪船、火車的誕生，於是才有了工業革命。這裡想說的是人們很早就發現蒸汽做功的理論，但是利用它、真正用於日常生活中，以提高生產效率的過程，可說是曲折而漫長。理論和原理的發明是耀眼的明星，工程化實踐和持續不斷的改進，卻像是星光傳到人們的眼睛一般，需要經過漫長的過程，凝聚許多「無名」科學家和工程師的努力與心血。

　　MySQL 之父 Monty（Michael Widenius）於 1981 年寫了 MySQL 的第一行程式碼以後，在開源的潮流下，MySQL 成長為目前最流行的開源資料庫，同樣凝聚了非常多開發者、DBA、工程師的心血。2009 年，當 MySQL 被 Oracle 收購以後，47 歲的 Monty 開發 MariaDB 分支，到現在 MariaDB 也已經 10 年了，他仍然親自參與撰寫程式碼，並且負責大部分程式碼的 Review 工作。個人身為 MariaDB 基金會的中國成員，在和 Monty 一起 Review 程式碼時，經常會嘆服老爺子對全局的掌控能力，以及對細節的嚴謹態度。2016 年當 Monty 到阿里巴巴交流分享時，我問 Monty：「你怎麼看待阿里巴巴在 MySQL 方面的能力以及貢獻？」他說：「你提出的多來源複製和閃回功能，對 MariaDB 很有用，因此我覺得你和你的團隊很有能力，也希望能獲得更多來自各大廠商和社群的貢獻。」

　　MySQL 之所以能成為現今最流行的開源資料庫，與它的開放性、包容性分離不開。其入門門檻低到用一道命令就能安裝好 MySQL，在程式開發的入門資料中，很容易就找到 MySQL 的配套使用教程。不需要支付任何費用，就能部署到自己的環境承載對外的業務。我之前提交的程式碼補足 MySQL 在某些方面的功能，是對它的貢獻；蘇普驗證測試時發現 MySQL 5.6 的半同步 Bug 彙報給社群，是對它的貢獻；李春他們撰寫 MySQL 書籍，也是對它的貢獻。我和阿里巴巴其他同事翻譯《高效能

MySQL》時，就體會到出版一本書的艱辛，所以看到《MySQL 故障排除與效能調教完全攻略》這本沉甸甸的書時，完全能感受到三位作者在撰寫書籍時的努力與艱辛。

MySQL 從 5.5 版開始引入 performance_schema，5.6 版開始把預設值設為 on，個人認為從 5.7 版（對應 MariaDB 10.1）開始，它才算真正成熟。某種程度而言，performance_schema 的引入對 MySQL 來說，彷彿是瓦特發明分離式冷凝器改進蒸汽機，使得開發人員或 DBA 對 MySQL 的效能損耗，能夠準確定位到原始碼層級，對 MySQL 的管控也可以更加精細化。這本書是我所瞭解、第一本體系化介紹 performance_schema 的書籍，建議對 MySQL 效能最佳化有興趣的讀者閱讀。

另外，本書「案例篇」也是相對比較系統化介紹效能最佳化方面的內容，從伺服器、作業系統、MySQL、SQL 和鎖方面，整體梳理 MySQL 效能最佳化的各個面向，相關案例都具有代表性，很值得參考和驗證。同時，也希望讀者能利用案例舉一反三，結合個人環境的實際場景，建構起改進效能的方法論。

蒸汽機的改善不是一蹴可幾，效能的改進也是貫穿整個 MySQL 的發展史，就像瓦特改良蒸汽機引發工業革命一般。我希望本書的出版能進一步促進大家對 MySQL/MariaDB 效能最佳化的關注，並為最流行的開源資料庫 MySQL/MariaDB 大廈添磚加瓦。

彭立勳

先說一個笑話。這個笑話是來自全球資訊網的專欄。

三個邏輯學家走進酒吧，調酒師問他們，三位都喝啤酒嗎？

第一個邏輯學家說，我不知道。

第二個邏輯學家說，我不知道。

第三個邏輯學家說，是的。

這個笑話有點冷，需要用一點邏輯才能欣賞。若想否定「三人都喝啤酒」，只要有一個人知道自己不喝就行了。前兩位邏輯學家都說不知道，說明他們自己是想喝的，只是不知道別人喝不喝。而第三個人一看前兩個人都說不知道，那就表示這兩個人肯定都要喝，而他自己也想喝，於是可以判斷三人都想喝啤酒。

他們的回答有點怪，但是非常準確。

為什麼要講這個故事呢？因為公司三位同事李春、羅小波、董紅禹，在我腦海裡的印象都是非常認真和講究邏輯的人。這種認真和嚴謹的態度，書裡的每一頁都能感受到。相信透過這本書的系統化訓練，您也能感受到這種思維方式的美，最終也能得到這種思維方式。「授人以魚，不如授之以漁。」具備優秀的思維能力，才是在未來可以移植的能力；如果只是學習一些命令，很快便會過時，而思維能力和學習能力的提升，才是不會改變的東西。

回到這本書。

對這本書的起心動念，我是有功勞的，所以李春來邀請寫序時，也就很痛快地答應了。

一年前曾經思考，我們有業界一流的 MySQL 團隊，為什麼不能將這些知識和經驗，以一種更容易傳播的方式貢獻給大家呢？

順著這個想法，於是產生兩種載體，一種是產品，這也是沃趣一直在做的東西，未來也會持續進行；一種是書籍，書籍其實也是一種產品，因為它也是標準化、極容易複製。因此，團隊中在 MySQL 技術頗有追求和建樹的幾個人碰面一聊，大家便一拍即合。

　　起心動念容易，甚至一度讓我們很興奮，但是落地難，尤其是身為管理者帶領團隊之後，更能意識到這一點。提出建議（起心動念）沒有成本，可是具體去做、落實這件事的人，極需要忍受寂寞、付出巨大努力。

　　我在他們的寫作群裡，見證寫書過程的所有艱辛。好在一年的時間都堅持下來了，成果就是各位手上拿到的這本書。

　　學習知識，如果說有捷徑，那就是選擇幾本可靠、高品質的書籍，站在巨人的肩膀看世界，這是高起點和借勢。

　　這本書能讓每個人體驗到原有知識從破碎到重建的過程，只有打破現有認知的書籍才是好書籍。之後如果能夠重建起基於新認知的知識大廈，就代表重生了。認知是如此，對於心智、各種成長莫不如此。格物致知，相信透過努力學習這本書後，將帶來底層認知的提升。

　　這裡也要恭喜幾位同事：李春、羅小波、董紅禹，寫書是大多數技術人員的夢想，人類從一開始就追求不朽，立言是一種極好的方式。儒家講立德、立功、立言，寫書便是立言的最好方式。此外，道家透過修煉達到肉身不死實現不朽，佛教則藉由覺悟實現不朽，這兩種方式不是我輩可以企及。說了這麼多，其實是想呼籲更多的人才加入寫書的隊伍，授人玫瑰，手留餘香。

　　最後，分享個人很喜歡的一句話，「你的樣子裡，有你愛過的人，走過的路，看過的風景，讀過的書」。相信透過這本書的學習，一定可以讓自己的氣質變得不一樣！

魏興華

效能問題

　　這個世界是由問題組成的，理想狀態和真實狀態之間的差異造成了問題。國家領導人解決人民生活幸福的大問題，公司總經理解決盈利的問題，而本書只想解決 MySQL 資料庫效能這麼一個「小問題」。

　　某種程度來説，MySQL 資料庫效能最佳化問題是一個平行處理的問題，歸根究柢是鎖和資源爭用的問題。舉個例子：假設想開一間餐飲店，首先得取好店名，到工商局領取開業登記註冊證書，到衛生防疫站申請衛生許可，到物價局進行物價審核。如果打算賣酒，還需要到工商部門辦理酒類經營許可證，到稅務局辦理稅務登記，到銀行開戶，還得找廚師、洗碗工、採購人員、找門面、協調店面轉讓、裝修店面、製作看板等等。

　　如果想儘快讓餐飲店開幕，就需要同時做更多的事情，正如電腦一樣，平行地處理更多的事情。但是當真正去做這些事情的時候，會發現：

- 總有一、兩件事情耗費的時間特別長，大幅度影響餐飲店的開幕時間。例如找到合適的店面，或者合適的廚師。

- 有些事情相互依賴，一件事情必須仰賴於另一件事情的完成。例如工商登記的前提是準備好店名，店面裝修取決於門面已經租好等等。

- 有些事情特別重要，它決定這間餐飲店是否能長期經營下去。例如廚師做的菜是否足夠好、足夠快；營運的成本是否足夠低，因此產生足夠的利潤支撐餐飲店的持續經營。

其實效能最佳化要做的就是下列事情：

- 瞭解基本原理。找到事情的因果關係和依賴關係，儘量讓不相關的事情能平行進行。

- 要事第一。找到目前最重要、最需要最佳化的地方，投入時間和精力，不斷去改進與最佳化。

- 切中要害。找到耗費時間最長的地方，想盡辦法縮短其時間。

本書作者嘗試透過上述方法論找到 MySQL 效能最佳化的辦法，並呈現給讀者。

資料庫的效能提升

自電腦出現的第一天起，效能作為鞭策者就不斷地促進電腦與系統的演進。從最開始的人工輸入命令等待電腦執行，到利用批次處理任務提升利用率，再到透過多處理程序和多執行緒並行進一步提升效率。實際上，效能一直是電腦工程師努力解決和改善的重要難題。

上面說的都是對已有系統的效能最佳化，而資料庫的效能最佳化，其實早在設計之前就開始了。

資料庫效能的最佳化，首先是電腦系統的最佳化。資料庫程式是執行於電腦系統的應用程式，因此需要先最佳化的就是電腦系統。也就是說，讓硬體儘量均衡，作業系統充分發揮硬體的全部效能，而資料庫則充分利用作業系統和檔案系統提供的便利性，以發揮全部效能，進而避免資源的相互競爭。

其次，資料庫效能的最佳化是 SQL 語句的最佳化。上層應用都透過 SQL 語句與資料庫溝通，為了取得資料，一道 SQL 語句可以有幾十甚至上百種執行計畫，資料庫會利用最佳化器選擇更好的 SQL 執行計畫。但是 MySQL 的執行計畫遠遠落後商業資料庫，甚至在某些方面相較 PostgreSQL 也相差甚多。那麼如何寫出正確的 SQL 語句，避免 MySQL 選擇錯誤的執行計畫，以及怎樣利用增加索引、設定參數等，讓 MySQL 的執行計畫更佳，這就是最佳化 SQL 語句需要關心的事情。

最後，資料庫效能的最佳化，最有效的方法是架構的最佳化。對於讀多寫少的應用程式，可以設計成讀寫分離，把允許延遲的讀請求主動分派到備援資料庫；對於秒殺型的業務，可先在記憶體型 key-value 儲存系統篩選後，再發往資料庫持久化，避免對資料庫的衝擊；對於彙總、聚合類的應用，建議採用行式儲存引擎或者專門的大數據平台；對於監控類的應用，則可採用時序資料庫等等。

以上三種最佳化思路貫穿全書，這也是本書名為《MySQL 故障排除與效能調教完全攻略》的由來。

機械思維和大數據思維

看過吳軍博士《智慧時代：大數據與智慧革命重新定義未來》的人，可能會對本書嗤之以鼻。本書的效能最佳化方法論還是工業革命時代的機械思維，簡而言之，就是尋找因果關係，大膽假設，小心求證。現在已經是資訊時代，理應瞭解什麼是資訊理論，解決問題需要利用大數據思維！

筆者有兩點理由採用機械思維介紹資料庫效能最佳化：

（1）大數據時代需要的資料量大、多緯度和完備性，目前對資料庫的效能最佳化和診斷，筆者掌握的案例和相關資訊遠遠達不到大數據的要求。通常可以期待亞馬遜、阿里雲、騰訊雲等廠商，或者專業的資料庫公司（如 Oracle、MariaDB 等）針對性地做一些大數據資料庫效能最佳化的嘗試。

（2）大數據的成本很高。目前遇到的大部分效能問題，其實利用因果關係和假設 → 推導 → 再假設 → 再推導的方法就能解決，不需要使用大數據、人工智慧這樣的「大殺器」。

內容介紹

MySQL 的火熱程度有目共睹，如果打算瞭解 MySQL 的安裝、啟動、設定等基礎知識，市面上相關的書籍已是汗牛充棟。本書儘量深入細緻地介紹 MySQL 的基本原理，以及效能最佳化的實際案例。

基本原理很枯燥，就像課堂上老師介紹數學定理和公式推導一樣，有人可能會質疑，小學都在進行素質教育了，這本書怎麼還有那麼多基本原理的介紹？對於工作了兩三年的技術人員來說，已經累積比較多的實踐，解決過很多問題——可能透過 sys schema 查詢交易鎖等待，以解決系統的並行問題；設定 ulimit -n 擴大處理程序檔案控制代碼數，解決 MySQL 的處理程序限制問題；透過設計讀寫分離架構，以擴充應用程式的讀取效能線性擴展問題。但是身為求知欲強烈的技術人員，通常急切地希望知其所以然，瞭解 MySQL 到底是怎麼設計，以及為什麼這樣設計。sys schema 究竟還有哪些可以協助分析與解決問題的預存程序，Linux 系統的資源限制除了 ulimit 外還有什麼，讀寫分離架構適應的場景，何時建議採用分庫、分表等等。如果您也跟我們一樣，便應該閱讀本書。

本書一共分為三篇：基礎篇、案例篇和工具篇。

資訊理論認為消除一件事情的不確定性，就是取得足夠多的資訊。一般認為任何最佳化，都可以從瞭解它的基本原理和設計概念開始。「基礎篇」從理論基礎和基本原理層面介紹 MySQL 的安裝與設定、升級和架構，information_schema、sys_schema、performance_schema 和 mysql_schema，MySQL 複製，MySQL 交易，SQL 語句最佳化及架構設計基礎知識。希望透過這些內容的學習，便能深入清楚地瞭解 MySQL 各方面的基礎知識。

電腦是一種實驗的科學，效能最佳化則是實戰的藝術。「案例篇」從硬體和系統、MySQL 架構等面向列出效能最佳化的十幾個案例，包括：效能測試的基本最佳化思路和最需要關注的效能指標、對日常 SQL 語句執行緩慢的基本定位、避免 x86 可用性的一般性方法、節能模式怎樣影響效能、I/O 儲存作為資料庫最重要的依賴，它是如何影響資料庫效能、主備複製不一致可能的原因、字元集不一致造成哪些效能問題、實際場景中鎖的爭用等。希望透過這些案例，可以深入清楚地理解「基礎篇」的各種概念，並融會貫通，對 MySQL 有一個全面、系統的掌握。

「工欲善其事，必先利其器。」日常需要藉助一些工具來做效能最佳化。「工具篇」介紹在 MySQL 效能最佳化過程中，各種需要用到的工具，包括：dmidecode、top、dstat 等硬體和系統排查工具；FIO、sysbench、HammerDB 等壓力測試工具；mysqldump、XtraBackup 等備份工具；Percona、innotop、Prometheus 等監控工具。希望利用更多自動化的方式，以驗證和評估效能最佳化解決方案，並提升效能。

適合本書的讀者

（1）MySQL 初學者。建議按順序從本書的「基礎篇」開始閱讀。該篇介紹從安裝部署、基礎設定到效能診斷等日常工作需要瞭解的內容。一旦熟悉 MySQL 的基本概念和大致原理以後，閱讀「案例篇」時，對問題的定義和解決方案才能理解得更加透徹。最後在閱讀「工具篇」時，也可以學習 MySQL DBA 日常工作所需工具的使用方法和應用場景。

（2）專門從事 MySQL 工作 1~3 年的開發人員和維運人員。對於擁有一些 MySQL 開發和維運經驗的人員，建議先跳過「基礎篇」，直接閱讀「案例篇」。在「案例篇」瞭解具體的問題現象、故障處理的過程和方法以後，關聯至案例中對應的「基礎篇」和「工具篇」知識，這樣便能協助串聯很多知識點，由點到面形成更全面的 MySQL 知識體系。

（3）資深的 MySQL DBA。本書可以作為案頭書，當解決問題時，如果記不清楚某些概念或者細節比較模糊時，便能拿來參考。

致謝

首先，感謝我的叔叔李巍，從一個貧家子弟到自己創業成立公司，到成為上市公司 CEO，再到成立基金公司，他讓我看到一個人的能力如何改變環境，好讓更多的人發揮自己的價值，也是他的經歷激勵我繼續努力。

其次，感謝阿里巴巴平台，實際工作時，這些之前一起奮鬥和目前正在奮鬥的戰友，都給予我極大的協助，他們是簡朝陽、彭立勳、胡中泉、陳良允、陳棟、張瑞、熊中哲、何登成、梅慶、童家旺、李建輝、羅春、勝通、天羽、蘇普等（排名不分先後）。

再者，感謝沃趣科技技術中心的負責人魏興華，正因為他的鼓勵才有了這本書，感謝產品團隊的負責人張檔、MySQL 團隊的同事劉雲和沈剛協助校稿，感謝市場部的同事楊雄飛、錢怡晨協調出版相關事宜。還要感謝其他在沃趣團隊工作中一起成長的同學們，因人數太多，這裡就不一一提及了。

最後，感謝電子工業出版社的符隆美編輯，他大力配合我們推動圖書的出版事宜。

本書閱讀方式

同一列過長的程式碼會換到下一列，省略換行符號 (\ )。

本書作者

本書由李春、羅小波、董紅禹共同編寫，其中，李春負責撰寫第 23~33 章、第 42~44 章；羅小波負責撰寫第 1~18 章、第 40~41 章、第 45~51 章；董紅禹負責撰寫第 19~22 章、第 34~39 章。

讀者服務

微信掃碼回覆：37520

- 取得免費增值資源

- 取得精選書單推薦

- 加入讀者交流群，與更多讀者互動

或者直接連結 http://www.broadview.com.cn/37520，以獲取增值資源。

編者

以下 < 基礎篇 > 為上冊介紹篇幅。

基礎篇

第 **7** 章　sys 系統資料庫初相識

第 **8** 章　sys 系統資料庫組態表

第 **9** 章　sys 系統資料庫應用範例薈萃

第 **10** 章　information_schema 初相識

第 19 章　交易概念基礎

第 20 章　InnoDB 鎖

案例篇

工具篇

第42章　FIO 儲存效能壓測

第43章　HammerDB 線上交易處理測試

第44章　sysbench 資料庫壓測工具

第**48**章　MySQL 主流備份工具 mysqldump 詳解

案例篇

　　解決問題的前提是問題可模擬、可追溯。

　　可模擬其實就是還原問題現場的情況，或者複現問題，保留故障現場，以利 DBA 診斷和分析問題；或者按照預估的壓力模擬高並行的請求，查看可能出現的資料庫問題。部分問題由於處於正式環境，或者找不到重現的方法，只能退而求其次，做到可追溯。

　　可追溯要求事後能最大程度地還原現場情況或當時故障的各種資訊，根據監控、告警、日誌等分析故障發生時的原因，佐證針對問題根源的猜測。

　　本篇希望透過自下而上，從硬體、作業系統到 MySQL 參數 /SQL 語句的最佳化，再到架構設計的最佳化，對讀者示範在實際的應用程式存取資料，使用結構化資料、關聯式資料庫時可以嘗試的一些最佳化手段。當然，不可能一一列舉最佳化案例，囊括目前提升效能的所有手段。但是作者將盡最大努力，收集目前最流行和最具典型意義的最佳化手段與案例；分析案例時也儘量以最直接、簡練的語言描述問題發生的場景、現象，方便讀者手動重現問題，並儘量詳實和細緻地描述分析步驟、操作方法、執行結果，以利讀者瞭解分析概念和解決問題的方法論。藉助這種描述方法，以彌補案例不足、篇幅有限，無法充分說明資料庫效能最佳化具體方法的遺憾。同樣建議在閱讀 MySQL 資料庫最佳化相關章節時，結合「基礎篇」中資料庫相關原理和「工具篇」的具體工具使用方法一起閱讀。這樣一來，對於為什麼要做 SQL 語句最佳化、如何進行 SQL 語句最佳化；關聯式資料庫能做些什麼、不能做些什麼，都能有一個基本的瞭解。此舉有助於理解具體的案例為什麼要這樣最佳化，進而真正形成自己的最佳化方法論和「思緒」。

　　相信很多人都聽過斯坦門茨向福特公司畫一條線要價 1 萬美元的故事。許多所謂的實戰會講解如何去畫這條線，但知道如何畫線和真正理解原理，當遇到其他場景時，自己是否也能畫這條線是不同的。希望透過本篇的介紹，一旦下次遇到問題時，結合「基礎篇」和「工具篇」的內容後，自己也能理解應該在哪裡畫出這條線。

第 23 章
效能測試指標和相關術語

吳軍博士在《智慧時代：大數據與智慧革命重新定義未來》中提到，人類文明進程其實伴隨著獲得資料 → 分析資料 → 建立模型 → 預測未知的過程。在效能調校領域，此規則一樣適用，採集資料與驗證測試，可說是效能調校和提出解決方案的首要前提條件。想像一下，有人彙報說某個系統最佳化了 5 倍，第一個反應就是要看他「驗證測試」出來的資料。本章會先按照測試目標分類與介紹 DBA 日常測試的兩種類型。關於如何測試硬體、系統的效能，以及 MySQL 的效能，則不做詳細介紹，有興趣的讀者可以到「工具篇」查看相關內容 [1]。本章最後將說明 DBA 在效能最佳化、測試和比較時需要注意的效能指標。

23.1 測試目標分類

簡單來說，測試目標主要包含下列兩種。

- 已知故障資訊採集。例如：線上資料庫崩潰當機，如何透過現有的資訊及測試還原和重現故障現場，避免未來再發生這種問題。

- 預估壓力評測。例如：下周要推出秒殺活動，如何模擬這麼大的壓力，保證到時候不出問題。

---

[1] 如何測試底層 I/O 系統的效能，請參考「工具篇」中「第 42 章 FIO 儲存效能壓測」。如何測試 MySQL 的效能，可參考「工具篇」中「第 43 章 HammerDB 線上交易處理測試」和「第 44 章 sysbench 資料庫壓測工具」。

23.1.1 已知故障資訊採集

已知故障資訊採集是指故障現場的還原和重現，需要從多個維度詳細地收集故障的現象、日誌、監控告警的異常、資料庫和系統的異常、發現故障人員額外瞭解的資訊等。維運診斷本質上跟醫學診斷一樣，除了要求具備專門的專業知識和素養外，還需要「望、聞、問、切」，對患者的情況瞭解得越詳細，越有助於更加準確地給出診斷結論。

23.1.2 預估壓力評測

預估壓力評測指的是評估和確認伺服器、系統、資料庫組態或業務在一定壓力下，資料庫到底能承受多大的壓力。一個能讓老闆放心的 DBA，應該對自己負責的資料庫瞭若指掌。按照職責和所屬領域的不同，可以分為以下兩類。

- 自下而上：資料庫到底能承載多大的並行量，效能餘量還剩多少，空間的使用情況怎樣，還有哪些監控和備份可以改進等。這類 DBA 對硬體、系統、穩定性和可靠性更加關注。

- 自上而下：什麼時間是業務高峰期、低谷期，高峰期的 QPS 大概是多少，是由什麼業務並行導致，業務異常會對哪些模組有影響等。這類 DBA 對業務功能、使用者體驗以及架構設計更加熟悉。

針對上述兩種以不同維度最佳化資料庫的職能，阿里巴巴內部將 DBA 分成兩類。

- 維運 DBA，專門負責 MySQL、系統、硬體的調校。內容主要有伺服器管理、高可用設計、資料零丟失設計、自動化擴縮容以及日常故障／異常的處理。

- 應用 DBA，跟著專案走。應用 DBA 和架構師一起協助開發人員規劃資料儲存：哪些資料放在資料庫、快取、搜尋引擎、資料倉儲或者大數據平台；整理資料流程：資料是直接放到資料庫還是訊息導向中介軟體，線上資料怎麼同步到資料倉儲和搜尋引擎；提升資料庫存取效率：資料表結構設計的範式和反範式，SQL 語句編寫規範和 SQL 最佳化。

23.2 效能測試指標

怎麼描述驗證測試的結果才專業？就像金庸小説《鹿鼎記》中，天地會的人見面要對行話來確認是自己人一樣。DBA 和效能測試人員也有通用術語，瞭解這些術

語後，大家交流起來才能更加順暢、相互理解。下面先介紹 DBA 在交流效能測試指標時常用的「行話」[2]。

23.2.1 資料庫效能通用「行話」

在 MySQL 資料庫效能測試場景中，DBA 最需要關心的無疑是 QPS 和 TPS 兩個指標。

- QPS 是衡量資料庫 SQL 處理能力的指標。QPS 一般是指 MySQL 每秒承載的請求數量。但是這裡也有一個小陷阱，如果打算統計用戶端提交多少次請求，並不是使用 MySQL 的狀態變數 queries，而是 questions。queries 不僅會累加提交的語句次數，還包括在預存程序執行的語句次數。部分 DBA 可能把 QPS 解讀為每秒 DML（INSERT、UPDATE、DELETE、SELECT）語句的執行次數。在本書中，QPS 指的是每秒的 question（請求）數量。

- TPS 是衡量資料庫交易處理能力的指標。一般是指每秒提交和還原交易的次數，但是也有部分 DBA 會把 TPS 解讀為每秒資料變更（INSERT、UPDATE、DELETE）的數量。在本書中，TPS 通常是指前者。

MySQL 資料庫提供的是儲存資料的能力，嚴重仰賴於儲存系統的效率，所以維運 DBA 還得關注 IOPS、輸送量和 latency（延遲）等效能指標。

- IOPS 是衡量儲存系統隨機 I/O 並行處理能力的指標。MySQL 資料頁的更新需要即時從記憶體刷新到底層裝置，一般採用 libaio 非同步模式，髒頁的刷新對底層裝置的隨機 I/O 並行能力要求較高。普通的 HDD 磁碟單盤只能達到 200 IOPS，也就是每秒平均只能處理 200 個讀寫請求。採用 Flash 設備後，便可達到每秒處理數萬個 I/O 請求。資料庫的 QPS 大幅仰賴於底層儲存裝置的 IOPS 能力。

- 輸送量是衡量儲存系統循序 I/O 處理能力的指標。MySQL 跟所有的資料庫一樣採用 WAL（日誌先行），每個交易的提交都需要保證日誌落地，對底層裝置考驗的就是 latency 和輸送量。輸送量表示每秒可讀寫的資料位元組數，普通的磁碟循序 I/O 也能達到 200MB 左右，基本上對資料庫來說已足夠。

2　行話又稱黑話，泛指社會的一些集團、群體，由於工作、活動或其他目的的共同性，彼此之間在相互交流時，所創造和使用的一些不同於其他社會群體的詞彙、用語或符號。——百度百科

- latency 是衡量儲存系統 I/O 回應速度的指標。交易日誌落地要求同步 I/O，每個 I/O 最終是以 ms 還是 μs 等級回應 I/O 請求，就顯得十分重要。資料庫的 TPS 大幅仰賴於日誌底層儲存裝置的 latency 回應時間。

23.2.2 測試通用術語

除了上述 DBA 關心的專業術語以外，本小節介紹測試通用術語，包括：平均值、中位數、95th、抖動、長條圖。DBA 不僅要瞭解它們的意思，還得應用到實際的效能測試評估中。

- 平均值用來評估效能的平均效率。例如前文提到的 QPS，一般都以兩次時間間隔之間 questions 的平均值，進而評估 MySQL 的 SQL 處理能力。

- 95th 用來評估服務回應的品質。95th 是指按照服務回應結果排序，從小排到大位置為 95% 的回應結果，有些場景下可以使用 median（中位數，排序位置為 50% 的回應結果）。如果 95% 的 SQL 回應時間都在 5ms 以下，説明 MySQL 的業務回應品質比較好。類似的指標還有 min（最小值）、max（最大值）、99th（排序位置為 99% 的回應結果）。

- 抖動用來評估系統的穩定性。測試一個資料庫的 SQL 回應時間，如果每次的回應時間都相差非常大，説明系統很不穩定。一般透過標準差來衡量，標準差越大，代表系統越不穩定。例如，兩組數字的集合 {1, 3, 20, 24} 和 {10, 11, 13, 14} 的平均值都是 12，但第二個集合具有較小的標準差，説明第二個集合的抖動比較小。

- 長條圖（Histogram）用來統計服務回應的分佈區間情況。在統計學中，長條圖是對資料分佈情況的二維圖形表示，它的 x 軸和 y 軸分別表示統計樣本和該樣本對應某個屬性的分佈情況。前面三個術語描述的是更加抽象和概括性的指標，長條圖描述的則是整體效能分佈情況。

這裡介紹的只是效能測試的皮毛，如果想要深入瞭解效能測試及診斷的系統性知識，建議閱讀《效能之巔：洞悉系統、企業與雲端計算》（如果英文能力尚可的話，建議閱讀英文版）。

23.2.3 範例

本小節以 pt-query-digest 的輸出為例，介紹相關的指標。下面是 pt-query-digest 對一個慢查詢日誌的分析結果輸出。關於 pt-query-digest 工具的具體使用場景及結果解讀，請參考「工具篇」中「第 47 章 Percona Toolkit 常用工具詳解」。

```
# Query 2: 0.02 QPS, 0.31x concurrency, ID 0xF1256A27240AEFC7 at byte
2674612147
# This item is included in the report because it matches --outliers.
# Scores: V/M = 132.83
# Time range: 2020-11-27T16:46:26 to 2020-12-14T15:44:23
# Attribute    pct  total    min     max    avg(平均值)     95%(95th)
stddev(標準差)   median(中位數)
# ============= === ======= ======= ======= ======= ======= ======= =======
# Count          7  27794
# Exec time      0 452468s      1s    185s     16s    175s     47s      1s
# Lock time     24    206s    28us   490ms     7ms    18ms    38ms    49us
# Rows sent      0       0       0       0       0       0       0       0
# Rows examine   0       0       0       0       0       0       0       0
# Query size     0   6.45M     241     249  243.48  246.02       4  234.30
# String:
# Databases    sbtest
# Hosts        localhost (27793/99%), 127.0.0.1 (1/0%)
# Users        qbench
# Query_time distribution
#  1us
#  10us
# 100us
#  1ms
#  10ms
# 100ms
#   1s  #######################################################
#  10s+ ###########
# Tables
#    SHOW TABLE STATUS FROM 'sbtest' LIKE 'sbtest3'\G
#    SHOW CREATE TABLE 'sbtest'.'sbtest3'\G
INSERT INTO sbtest3 (id, k, c, pad) VALUES (0, 2489582, '45985206729-8
2840491947-54297117016 -77086282790-24685623725-91834663606-10372055786-
25531601553-40044965192-75324778993', '49736215361-17296016852-98638652186-
95961466913-14825589613')\G
```

從慢查詢語句（INSERT 語句）的執行時間顯示：平均值為 16s，中位數為 1s，95th 為 175s，最大值為 185s，標準差為 47s，說明這道 INSERT 語句有一半執行時間在 1s 以下，95% 的執行時間在 175s 以下，最長執行時間為 185s，平均執行時間為 16s。對採集的 7 道慢查詢語句而言，標準差 47s 表示抖動比較大。

```
# Query_time distribution
#  1us
#  10us
# 100us
#  1ms
#  10ms
```

```
#  100ms
#    1s   ##########################################################
#   10s+  ##########
```

上述 Query_time distribution 的長條圖進一步強調這個問題：執行時間主要在 1~10s 區間；在 1μs ～ 100ms 區間沒有分佈；執行時間在 10s 以上，相對比分佈在 1~10s 區間的要少很多。透過長條圖便可直觀查到 SQL 語句的執行時間在各個區間的分佈比例。

23.3 本章小結

若想瞭解資料庫效能和穩定性，最直接的方法就是驗證測試。本章主要介紹在效能和穩定性測試中，大家最需要關注的幾個指標。強烈建議結合「工具篇」引入的相關測試工具進行實際測試，並於後續案例的相關模擬測試中關注這些指標，並揣摩這些指標代表的涵義。

## 第 24 章

歷史問題診斷和現場故障分析

上一章主要描述在效能調校測試過程中，必須收集哪些資料和關注哪些指標。收集資料是為了分析、診斷問題，以找到問題的最終原因。本章主要介紹如何分析、診斷問題，以及如何重現問題，讓問題可追根溯源。

24.1 故障分析和驗證

在實際的效能調校問題分析和驗證案例中，按照現場的「真實」程度，簡單來說，可以把問題排查場景分為兩類。

（1）歷史問題排查

歷史問題排查，指對於無法重現或者避免影響正式環境的問題，在多數情況下，DBA 只能依賴效能監控工具、日誌等資訊進行分析和排查。此時是否有足夠的資訊以供診斷和分析，就顯得非常重要。

如何模擬正式環境，預估高壓力情況下系統的表現，一直是 DBA，甚至整個維運和業務部門的難題。透過 tcpcopy（將業務壓力匯入離線測試）、資料建模（建立各個模組和資料的壓力比對模型）、全鏈路壓測（建立影子資料表在真實的環境下直接測試，透過細微性監控和精細控制，在可能影響正式環境時即時停止測試），三次效能壓測評估系統的迭代，基本上，各大網際網路公司才能比較精確地預估線上壓力的影響。

（2）線上問題分析

在問題可重現或者保留問題現場的情況下，除了普通的監控工具外，更需要線上即時分析工具。透過更細微性的分析和故障資訊的收集，便能輔助 DBA 做出更加準確的判斷和對故障原因的假設。

24.1.1 歷史問題排查

（1）歷史問題排查，需要使用效能監控工具

效能監控要有專門的工具進行資料取得、整理和展示。本書採用的效能監控工具是 Prometheus 和 Grafana[3]，安裝和使用請參考「工具篇」中「第 46 章 利用 Prometheus+ Grafana 建置酷炫的 MySQL 監控平台」。首先，效能監控工具會透過用戶端或直接連接資料庫與資料庫主機，採集相關的指標並存入本地端資料庫；然後，針對這些資料根據需求分門別類地進行匯總、計算（例如採集的資料是 questions，就得獲得兩次採集資料的差值，再除以兩次採集的時間間隔，以顯示 QPS 值）；最後，藉由頁面的形式以散布圖、火焰圖、長條圖等呈現出來。為了避免採集程式本身對資料庫造成額外的壓力，效能監控工具一般間隔 30~300s 採集一次資料。

（2）歷史問題排查，需要參考日誌資訊

需要參考的日誌資訊有伺服器日誌（包括硬體日誌、RAID 卡日誌等）、作業系統日誌（包括 message、dmesg 日誌等）、MySQL 資料庫日誌（包括錯誤日誌、慢查詢日誌、二進位日誌、普通日誌）等。例如：線上某些資料出現異常，透過查詢二進位日誌，就可以知道什麼時間哪些 SQL 語句修改這些資料；資料庫 SQL 語句執行報錯，如果在 MySQL 錯誤日誌查不到相關資訊，也可透過慢查詢日誌來診斷，倘若該道 SQL 語句的執行時間很長，則可能是由於應用程式使用的連接池，其本身的逾時功能斷開連接所導致的錯誤。

24.1.2 線上問題分析

（1）線上問題分析，可以利用線上細微性監控工具獲得相關資訊

此類工具主要用於現場分析環境，即時有效地評估效能瓶頸或者故障原因。top、dstat、vmstat 等系統層級的工具和 innotop 等資料庫層級的工具，都屬於這類工具。建議參考「工具篇」中「第 41 章 常用的系統負載查看命令詳解」瞭解怎麼查看系統負載。在故障重現時，透過系統、資料庫的相關即時分析工具瞭解運行情況，並診斷效能問題。

3　類似的效能監控工具還有 Zabbix、Cacti 等，其原理如同 Prometheus 和 Grafana 一般。

（2）線上問題分析，可以利用故障觸發採集工具收集故障時現場相關的環境情況

在多數情況下，故障出現的時間非常短，觸發也是隨機出現，無法在當下即時捕捉有用的資訊。Percona 的 pt-stalk 就是專門為 MySQL 準備的工具，它在問題出現時採集堆疊、I/O、processlist 等情況。關於具體的 pt-stalk 命令選項、輸出結果解讀等，請參考「工具篇」中「第 47 章 Percona-Toolkit 常用工具詳解」。目前版本的 Percona 工具跟 performance_schema 還沒有深入的結合，如果能加上 performance_schema 來協助診斷問題，就更加完美了。

24.2　故障複現排查

通常可以從系統日誌、效能監控資料發現一些線索，猜測大致發生什麼問題，並判斷其原因。但是如果不能複現故障，前述猜測和判斷只能是假設，而且提出的解決方案能不能 100% 解決問題，避免以後出現類似的故障，一般也無法確定。所以，故障複現是徹底解決問題的關鍵步驟。

這裡說的「故障複現」是指開發人員或 DBA 發現資料庫問題後，在一定的假設前提下嘗試重現這個故障，以確定故障發生的原因。開發人員反映 SQL 語句執行速度慢、資料庫崩潰當機、效能監控資料顯示一個異常的尖峰等，都屬於這類故障。

若想重現故障，需要 DBA 結合監控資料和日誌等，根據經驗與故障現象推理故障原因，並按照其原因重現故障。透過重覆的驗證測試，找到必然重現和必然不重現故障的區別，驗證假設是否成立。很多時候，由於經驗不足和未注意到部分故障現象細節，需要不斷地調整故障原因的假設。已知故障複現的關鍵點在於：

（1）能準確地複現故障當時的場景

如果無法重現一個故障，那麼即使以監控工具大致判斷出錯誤的原因，也仍然無法保證下次不會出現同樣的問題。

（2）對故障現象的掌控，即問題的定義

對於故障發生的時間、MySQL 的錯誤訊息、系統日誌的錯誤訊息、硬體日誌與錯誤訊息，以及監控系統和 MySQL 在故障期間的異常情況，故障發生前開發人員或者維運人員做過的發佈、修改等操作，都是 DBA 需要瞭解和整理的內容。

另外請注意，一旦發生故障時，需要關注看到的到底是故障的結果還是原因。

（3）對故障原因的假設

故障原因的假設，更多的根據 DBA 對 MySQL 運行機制原理的瞭解和經驗。Oracle 有非常標準的和科學的故障診斷機制，只需要按照對應的方法一步一步地排查分析，基本上就能找到問題的原因。例如，SQL 語句執行太慢，可透過 v$session 查看這個工作階段到底阻塞在什麼地方，是執行計畫不對、I/O 太多，還是被另一道 SQL 語句鎖住。倘若是後者，便進一步查明到底是誰鎖住，甚至產生鎖的依賴鏈表等。

幸運的是，MySQL 合併到 Oracle 以後，MySQL 推出了 performance_schema，以便採集和統計 MySQL 在工作階段、交易、SQL 以及各個階段的消耗。雖然還沒有 Oracle 那般詳細和精確，但至少讓 MySQL 在診斷方面，從無到有提升了一個量級 [4]。

另外，這裡分享一個小經驗。只要仔細觀察，就會發現很多故障都是由故障出現前所做的操作導致。理由很簡單，資料庫上線、正常運行後，一般會有較長時間的穩定期，如果突然出現 SQL 語句太慢、監控資料出現尖峰等情況，通常都是由於前一天應用程式發佈了新功能、早上營運人員做了專門的活動、前一天晚上變更了一個參數、網路部門加了專門的安全性原則等所造成。

（4）對假設的驗證

這一步依據故障原因和故障分析的結論，找到解決方案，並於類似的測試環境驗證是否能避免故障發生，進而規避未來同樣的故障在正式環境繼續出現，也證明第（3）步對故障原因的假設是正確的。例如，假設 PHP 短連接下網路 TIME_WAIT 狀態的 Socket，大多是由於網路參數導致，那麼就需要在修改對應的參數以後，模擬真實的場景進行驗證測試。如果修改網路參數以後能夠解決這個問題，基本上便可確定之前是正確的假設（倘若之前的假設範圍太大，例如透過替換整個監控採集用戶端來解決系統卡頓的問題，那麼可能還得對每個採集項進行細化驗證）；如果仍然沒有解決問題，就需要回到「對故障原因的假設」上，進一步擴大或者修改假設的原因。

4　本書「基礎篇」第 4～11 章有專門介紹 performance_schema、sys 和 information_schema，以比較科學和系統地輔助 DBA 檢查和瞭解發生故障時 MySQL 正在等待什麼、阻塞於何處，甚至能夠對應到原始碼的行數，看到等待的具體鎖。

24.3 本章小結

　　本章簡單總結日常故障排查的方法和觀念，按照故障已經發生和在故障現場診斷、分析來區分，進而說明一些需要注意的要點。最後詳細解說故障重現和現場分析，包括故障複現排查的 4 個關鍵點。具體分析和解決問題時，一定要先注意問題的定義，不斷追問導致故障的問題到底是什麼[5]，持續逼近問題的真相。

---

[5]　發現問題的真正所在，可以參考高斯和溫伯格的著作《你的燈亮著嗎？》。

NOTE

第 25 章

效能調校金字塔

古代世界有七大奇蹟，有的倒塌，有的消失了，唯有金字塔巍然傲立、相對保存良好。研究表示極限角為 52° 的金字塔，其構造十分穩定。Barbara Minto 在麥肯錫一直推廣的金字塔原理，乃是一種層級性、結構化的思考和溝通技術，也可應用於結構化的寫作過程中。這裡既不驚歎古埃及人的數學能力，也不學習透過結構化的思考提出簡明扼要的觀點或論點，只是借來說明資料庫調校的「金字塔」理論。

雖然本章介紹的「金字塔」理論跟 Barbara Minto 的金字塔原理差別甚大，但是金字塔原理強調的結構化、系統性思考則指導了本書的寫作。如果對系統性思考和從整體上研究某個系統感興趣，建議閱讀彼得·聖吉的《第五項修煉：學習型組織的藝術與實務》，以及鄧尼斯·舍伍德的《系統思考》。

如圖 25-1 所示，本章引入的三種調校方法，乃是按照金字塔的調校順序排列。一般來說，自下而上調校的效果是成反比，而越往下層調校效果越好，但是難度也越大。

圖 25-1

按照依賴關係（架構調校要求 DBA 對 MySQL 本身有一定的瞭解，MySQL 調校則依賴於系統和硬體的相關知識）和對專業知識要求的難易程度，主要是依照自上而下的順序（硬體和系統調校、MySQL 調校、架構調校）安排章節與描述案例。

而實際應用過程中，DBA 在接觸和最佳化時，其實是相反的順序。進行最佳化時，首先需要關注的應該是架構，如果架構不合理，那麼 DBA 能做的事情就很有限。

對於**架構調校**，設計系統時首先需要充分考慮業務的實際情況，是否可以把不適合資料庫做的事情放到資料倉儲、搜尋引擎或者快取中；然後考慮寫入的並行量有多大，是否需要採用分散式；最後考慮讀取的壓力，是否需要讀寫分離。對於核心應用或者金融類的應用，必須額外考量資料安全因素，資料是否不允許丟失，是否需要採用 Galera 或者 MGR 等。

對於 **MySQL 調校**，需要確認業務資料表結構是否設計合理，SQL 語句最佳化是否足夠，是否已增加所需的索引，是否可以移除多餘的索引，資料庫的參數最佳化是否足夠等。

最後確定**系統、硬體的最佳化**，系統瓶頸在哪裡，哪些系統參數需要調校與最佳化，處理程序資源限制是否提到足夠高；硬體方面是否需要更換為具備更高 I/O 效能的儲存硬體，是否需要升級記憶體、CPU、網路等。如果在設計之初架構就不合理，例如沒有進行讀寫分離，那麼後期的 MySQL 和硬體、系統最佳化的成本就會很高，並且還不一定能解決問題。如果業務效能的瓶頸是由於索引等 MySQL 層的最佳化不足所導致，那麼即使配備再高效能的 I/O 硬體或者 CPU，也無法支撐業務的全資料表掃描。

25.1 硬體和系統調校

對於硬體和系統的調校，要在系統上線前，甚至是資料庫選型階段和設計階段就考慮進來。如果等到驗證測試和上線以後，再去考慮提升硬體效能或者調校系統參數，有待進行的工作就太多了。

25.1.1 硬體最佳化

更高頻率的 CPU 能讓複雜的 SQL 語句，在 MySQL 運行的速度更快；更大的記憶體則能快取更多的熱點資料，使得並行效率更高；更快的儲存系統能讓 MySQL 即時存取資料，提升用戶端的回應效率；更高的網路頻寬和更低的網路延遲，能讓 MySQL 提供更大的吞吐率。硬體最佳化對資料庫效率的提升非常關鍵。

資料庫以前都運行在小型主機，資源相對較為充足。之後移植到 x86 實體機，大多數時候也能獨佔整個機器資源。後來由於網際網路的流行，虛擬化、雲端化帶

來非常大的靈活性，但是對於資料庫來說，資源則縮減得非常多。而 MySQL 越來越「應用化」，一個開發人員或系統管理員就可以部署，壓力不大時使用起來也不會有問題。隨之帶來的問題是：其他的業務壓力或者 I/O 壓力，可能就讓資料庫變得很緩慢，甚至一道複雜的 SQL 語句或者一個執行計畫走錯，都會讓資料庫回應時間增加幾十倍。若想達到小型主機＋儲存的資料庫時代的穩定性和效率，對底層硬體的選擇、驗證、資源隔離以及最佳化，勢必就得謹慎。CPU、記憶體、網路受限於企業環境，可調校和最佳化的空間比較小。而資料庫最關鍵和最值得關注的地方，就是 I/O 儲存系統的最佳化，選擇普通的機械磁碟或 Flash 媒介存放，RAID 怎麼做、怎麼分區，採用 write back 還是 write through，對資料庫的影響非常大。

25.1.2　系統最佳化

由於硬體資源的限制，也為了讓系統運行的各個元件能夠均衡地使用硬體資源，Linux 系統設計和實作了各種資源使用策略。從某種程度來說，資料庫的作業系統最佳化就是理解作業系統的資源使用策略，充分讓資料庫使用更多的硬體資源，以發揮硬體效能。例如，為了避免記憶體空間不足發生崩潰，Linux 系統設計了 swap（交換區），並且提供一個 swappiness 參數，用來設定在什麼情況下使用 swap。當該參數設為 0 時，系統在幾乎沒有記憶體的情況下才會採用 swap；當設為 100 時，處理程序申請的記憶體很快就會交換出去。在資料庫場景下，應該將 swappiness 設定得盡可能小，以保證熱點資料儘量保留在實體記憶體。

25.2　MySQL 調校

25.2.1　參數調校

參數調校的目的在於如何適配硬體和系統，在 MySQL 的伺服器層和 InnoDB 層最大程度地發揮底層的效能，以保證業務系統的高效性。

在 Oracle 佔據大部分資料庫市場的年代，多位 DBA 會共同維護一套 Oracle 資料庫，其內承載多個業務系統，多個 Oracle 業務系統之間的參數為了適應業務或者底層硬體，其組態不盡相同。MySQL 在網際網路大放異彩的時代，一位 DBA 管理著幾套甚至幾十套 MySQL 資料庫，越來越多的 MySQL DBA 發現，與其為每個業務系統進行特殊的參數調校，還不如確定一個能適配 80% 業務場景的資料庫版本和組態範本，並且對應地規範硬體和系統組態，以保證多個 MySQL 系統的標準化和一致性。其實理由很簡單，當規模化以後，必須要進行標準化（例如以前一個人可以做

一雙皮鞋，為每個人定制，價格和成本相對比較高；如果一座工廠每天要做一萬雙皮鞋，就不可能為每個人量身定制了，必須標準化，透過流水線式提升效率），避免無法控制排查問題、升級、維運等工作。例如 5 個不標準的 MySQL 系統升級到新版本，需要準備 5 套方案；而 5 個標準的 MySQL 系統升級到新版本，只需要準備 1 套方案，並且還能夠自動化完成。

當然，並不是要非黑即白地理解這個問題，也不是說從此就不需要關注 MySQL 的參數調校。筆者曾經遇過一個 128GB 記憶體的伺服器，由於 MySQL 的 buffer_pool 參數只配置為 128MB，導致效能特別差的案例。隨著硬體效能的提升、MySQL 資料庫版本的升級、DBA 經驗的提升，以及 DBA 在實際硬體的並行測試，有可能會發現有更加適合硬體和作業系統的 MySQL 組態參數值，當驗證通過後，就可以統一調校升級了。這裡有一個小技巧：**將 [mysqld] 的組態寫在最後**。因為寫在後面的配置會直接覆蓋前面，如果要對 MySQL 伺服器進行參數調校，那麼直接在結尾增加參數就行了。自動化程式修改起來非常方便，不容易出錯。範例如下：

```
[client]
port=3306
...

[mysqldump]
default-character-set = utf8
...

[mysql]
no-auto-rehash
...

[mysqld]
default-storage-engine = INNODB
...
# 保證 [mysqld] 是最後一個 MySQL 組態，所有需要調校的參數都放到此位置後（利用 mysqld 組
態項目後蓋前的特性）
...
innodb_log_buffer_size = 128M
```

25.2.2 SQL/ 索引調校

SQL/ 索引調校要求 DBA 非常清楚業務和資料的流程。在阿里巴巴內部，有三分之二的 DBA 是業務 DBA，從業務需求討論到資料表結構審核、SQL 語句審核、上線、索引更新、版本迭代升級，甚至哪些資料應該放到非關聯式資料庫，哪些資

料放到資料倉儲、搜尋引擎或者快取中，都需要這些 DBA 追蹤和複審。他們甚至可以稱為資料架構師（Data Architecher）。開發人員的更替或者業務的迭代，導致很難追蹤一些業務邏輯和程式碼，但是沒關係，DBA 熟悉每個資料表、每個欄位的涵義。他們追蹤業務模組關係、更新迭代的緣由、業務高峰 / 低谷時哪裡最耗資源、是否還有最佳化空間等。如果這些資料模型都有的話，就很方便診斷和修改業務邏輯和程式碼了。

25.3　架構調校

如圖 25-1 所示，金字塔的底部是架構調校，採用更適合業務場景的架構，便能最大程度地提升系統的擴充性和可用性。設計中透過垂直拆分儘量解耦應用的依賴性；對讀取壓力比較大的業務進行讀寫分離，便能保證讀取效能線性擴充；而對於讀寫並行壓力比較大的業務，在 MySQL 上也有採用讀寫分離的大量案例。

作為金字塔的底部，在底層硬體系統、SQL 語句和參數基本上都定型的情況下，單個 MySQL 資料庫能夠提供的效能與擴展性等，原則上也就定型了。但是透過架構設計和最佳化，卻能承載幾倍、幾十倍甚至百倍於單個 MySQL 資料庫能力的業務請求能力。

25.4　本章小結

本章整體介紹了效能調校的幾個面向，並借用「金字塔」理論依序說明硬體和系統調校、MySQL 調校以及架構調校的一些原則和方法。實際工作時，讀者可以按照調校介入的時間與問題的緊急程度，以選擇對應的最佳化方法。例如，在業務設計時介入，便可挑選架構調校和硬體調校；而在業務上線後，大部分只能考慮系統調校和 MySQL 調校。

NOTE

## 第 26 章

SQL 語句執行慢真假難辨

開發人員撰寫 SQL 語句的目的，主要是為了快速實現業務需求。而 DBA 既要讓資料庫充分發揮底層資源的能力，又要保護資料庫、限制開發人員濫用資料庫資源，他們可以說是相愛相殺的患難兄弟。這對兄弟經常會為了一個問題糾結不已，例如 SQL 語句執行緩慢，到底是 SQL 語句本身還是其他地方出了問題？本章將介紹一種比較通用的方法，藉以判斷 SQL 語句執行緩慢，到底是不是資料庫回應過慢所導致，進而解決這個問題。

26.1 概述

身為 DBA，經常會拿著資料庫執行 SQL 語句的結果告訴開發人員：「你看，這是在實際的資料庫正式環境執行的結果，只有 0.5s。」而開發人員也拿著日誌記錄說：「你看，我在執行前後都輸出了日誌，這道 SQL 語句確實執行了 5s，你的執行環境肯定有問題。」SQL 語句執行緩慢到底是真是假，怎麼排查這個問題，本章將提出一個簡單易用的方法，藉以輔助診斷和判斷問題的根源。

這個方法其實很簡單，就是讓實際資料說話，利用 tcpdump 記錄實際測試時，資料庫伺服器收到請求和回覆結果的確切時間（開發人員也可以利用 tcpdump，記錄對 MySQL 伺服器 3306 埠發起查詢和收到結果的確切時間）。

請開發人員模擬實際的業務場景進行測試，並且記錄 TCP 封包，就可以根據封包拿到應用確切發起查詢請求的時間、MySQL 伺服器接收到請求的時間、MySQL 伺服器計算出結果回傳給應用的時間，以及應用收到 MySQL 伺服器回覆的時間。

- 如果「應用發起查詢請求的時間」和「MySQL 伺服器接收到請求的時間」差距不大，且「MySQL 伺服器計算出結果回傳給應用的時間」和「應用收到 MySQL 伺服器回覆的時間」差距不大，則說明若非資料庫執行的時間確實比較長，便是開發人員統計的 SQL 語句不全面。這時 DBA 就需要拿到應

用發起、真正執行的 SQL 語句,並排查 SQL 執行計畫或者 SQL 語句文字差異(例如將數值誤寫成字元,導致無法使用索引或者其他問題)。

● 如果「應用發起查詢請求的時間」和「MySQL 伺服器接收到請求的時間」差距比較大,且「MySQL 伺服器計算出結果回傳給應用的時間」和「應用收到 MySQL 伺服器回覆的時間」差距比較大,則說明是網路延遲問題,需要網路部門的同事協助查明。

最後,DBA 還需要配合開發人員查看是否使用了快取、搜尋引擎等其他邏輯,導致查詢速度變慢;或者由於程式框架連接池等原因使用其他探測邏輯,造成多執行其他 SQL 語句,使得整體查詢速度比較慢。

總之,如果能獲得各個鏈路的所有回應時間,那麼一眼就可以清楚地看到「鯁在喉嚨的那根刺」了。阿里巴巴利用全鏈路壓測保障系統穩定性,也是根據下列的假設:透過正式環境的實際業務壓力發現最真實的效能瓶頸,有目的地進行最佳化。

下面就以一個簡單的 MySQL 查詢為例,說明如何透過 tcpdump 抓取封包,以及利用 wireshark 解析 MySQL 伺服器收到請求和回覆結果的封包。

26.2 測試環境

測試環境是在 KVM 安裝 MySQL 社群版,配置如表 26-1 所示。

表 26-1 測試環境配置

類別	MySQL 伺服器	客戶端
CPU	E5-4627 v2 @ 3.30GHz×8(KVM)	E5-4627 v2 @ 3.30GHz×8(KVM)
記憶體	16GB	16GB
作業系統	RHEL 7.2	RHEL 7.2
IP 位址	10.10.30.161	10.10.30.165
MySQL 版本	8.0.20	8.0.20
tcpdump 版本	4.5.1	4.5.1
wireshark 版本	2.5.0	2.5.0

26.3 採集封包

26.3.1 採集應用程式伺服器封包

在應用程式伺服器上採集與 MySQL 伺服器互動的封包，必須先指定 MySQL 伺服器的 IP 位址和埠。

在本例的測試環境中，IP 位址為 10.10.30.161，埠為 3306。採集命令範例如下：

```
[root@localhost ~]# tcpdump -s 0 -w /tmp/client_3306.pcap --host
10.10.30.161 and port 3306
```

當程式執行完成後，可以按下「Ctrl+C」快速鍵主動中止採集命令，對應的封包將存放於 client_3306.pcap 檔案。這裡的「-s 0」指定 snapshot length 為 0，目的是儘量保證抓取完整的封包，好在後續分析封包時，避免漏掉一些資訊。可以考慮在執行 tcpdump 命令時加上「-i 網卡名稱（eth0/en1/bond0）」，指定抓取封包的網路介面。如果 tcpdump 命令執行成功，則會產生採集時間內的封包，並以二進位形式放到 client_3306.pcap 檔案，之後可以使用 tcpdump 或者 wireshark 解析該檔。

在本範例中，直接以 MySQL 用戶端連接伺服器，執行 show processlist 後中斷連接。連接 MySQL 伺服器與執行命令的輸出如下：

```
[root@localhost ~]# mysql -uqbench -pqbench -h10.10.30.161
......
mysql> show processlist;
+--+------+-----------------+----+-------+----+--------+---------------+
|Id|User  |Host             |db  |Command|Time|State   |Info           |
+--+------+-----------------+----+-------+----+--------+---------------+
|92|qbench|10.10.30.165:51469|NULL|Query  |   0|starting|show processlist|
+--+------+-----------------+----+-------+----+--------+---------------+
1 row in set (0.01 sec)

mysql> quit
Bye
```

注意：在實際環境中，如果 MySQL 伺服器有多個 IP 位址，則得確認監聽的 IP 位址，就是用戶端連接 MySQL 伺服器的 IP 位址。

26.3.2 採集資料庫伺服器封包

在 MySQL 伺服器採集與指定應用程式伺服器互動的封包，必須先指定應用程式伺服器的 IP 位址和目標埠。

在本例的測試環境中，IP 位址為 10.10.30.165，埠為 3306。採集命令範例如下：

```
[root@localhost ~]# tcpdump -s 0 -w /tmp/server_3306.pcap --host 10.10.
30.165 and port 3306
```

當程式執行完成後，可以按下「Ctrl+C」快速鍵主動中止採集命令，對應的封包將存放在 server_3306.pcap 檔案。範例中指定埠為 3306，用來過濾 MySQL 伺服器的其他封包。

注意：在實際環境中，應用程式伺服器存取資料庫時，可能會經過代理伺服器，導致無法採集到對應的封包。此時需要移除掉 host 10.10.30.165 的限制，替換為「-i eth0」，表示透過 eth0 抓取從用戶端送過來的封包。

26.4 解析封包

26.4.1 使用 wireshark 解析封包

取得資料後，請用 wireshark 直接開啟檔案，就能看到 MySQL 伺服器和應用程式伺服器互動的完整過程。

1. 伺服端封包

圖 26-1 是伺服端 mysqld 程式抓取封包的 wireshark 解析截圖。

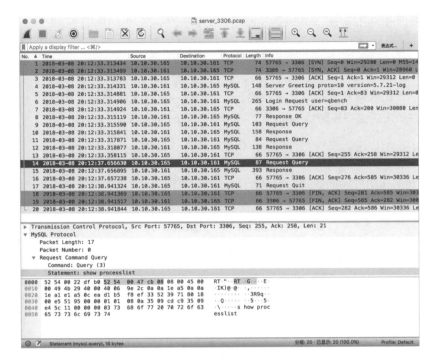

圖 26-1

伺服端封包的說明如下：

- 序號 1、2、3 的 TCP 互動是正常的 TCP 三向交握協定。

- 序號 4 為 MySQL 伺服器 10.10.30.161 的歡迎封包（Greeting）。

- 序號 6 為 MySQL 用戶端 10.10.30.165 以 qbench 使用者登錄的封包，序號 8 為伺服器驗證密碼通過。

- 序號 9、11 為 MySQL 用戶端「select @@version_comment limit 1」和「select USER()」。

- 序號 14 是 MySQL 用戶端發起的真正查詢「show processlist」。

- 序號 17 由用戶端（10.10.30.165）主動發起連接斷開請求。

- 序號 18、19、20 是 TCP 斷開連接的四次揮手，包括 MySQL 用戶端到 MySQL 伺服器的「FIN」結束 TCP 連接、MySQL 伺服器到 MySQL 用戶端的「ACK」回應「FIN」、MySQL 伺服器到 MySQL 用戶端的「FIN」結束 TCP 連接，以及 MySQL 用戶端到 MySQL 伺服器的「ACK」回應「FIN」。本例合併了其中第二個和第三個封包，所以實際上四次揮手只有序號 18、19、20 三個封包。

這裡關心的 show processlist 回應時間，就是序號 14（2018-03-08 20:12:37.656630）和序號 15（2018-03-08 20:12:37.656895）之間的時間間隔：0.265ms，説明在 MySQL 伺服器的執行時間為 0.265ms。

提示：由此得知，為了簡單地發起一個 show processlist 查詢，用戶端和伺服器互動了許多次。這裡只顯示 MySQL 伺服器的 tcpdump 結果。

2. 用戶端封包

圖 26-2 是用戶端抓取封包的 wireshark 解析截圖。

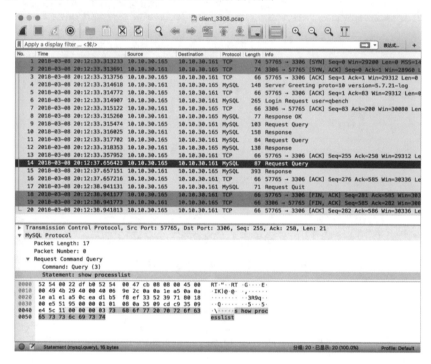

圖 26-2

用戶端的封包跟伺服端的封包大同小異，這裡就不贅述。

3. 封包彙總分析

結合伺服端和用戶端的封包情況：

- show processlist 在用戶端發出請求的時間為（2018-03-08 20:12:37.656423）。
- show processlist 在伺服端收到請求的時間為（2018-03-08 20:12:37.656630）。

- show processlist 結果在伺服端發出的時間為（2018-03-08 20:12:37.656895）。

- show processlist 結果在用戶端收到的時間為（2018-03-08 20:12:37.657151）。

由此可以得出結論：

- MySQL 伺服器實際執行的時間為 0.265ms（2018-03-08 20:12:37.656895—2018-03-08 20:12:37.656630）。

- 用戶端偵測到的執行時間為 0.728ms（2018-03-08 20:12:37.657151—2018-03-08 20:12:37.656423）。

- 從 用 戶 端 到 MySQL 伺 服 器 的 網 路 延 遲 約 為 0.207ms（2018-03-08 20:12:37.656630—2018-03-08 20:12:37.656423）。

- 從 MySQL 伺 服 器 到 用 戶 端 的 網 路 延 遲 約 為 0.256ms（2018-03-08 20:12:37.657151—2018-03-08 20:12:37.656895）。

如果開發人員打算減少 SQL 語句的執行時間，除了減少網路延遲外，便是降低 MySQL 伺服器的執行時間。

26.4.2 使用 tcpdump 解析封包

wireshark 的圖形化介面展示封包的傳送和接收非常直觀，但是，多數情況下資料檔案存放在正式環境，複製出來需要經過層層檢查，此時建議直接使用 tcpdump 和 Percona 的工具 pt-query-digest 查看封包。

1. 採集 MySQL 封包

為了便於以 pt-query-digest 採集 MySQL 封包，採集命令範例如下：

```
[root@localhost ~]# tcpdump -s 65535 -xx -XX -nn -q -tttt host
10.10.30.165 and port 3306 >/tmp/server_3306.txt
```

pt-query-digest 要求 tcpdump 採集封包時，具體需要哪些參數，建議執行 man pt-query-digest 命令參考對應的選項。這裡 pt-query-digest 需要增加的 tcpdump 參數說明如下：

- -s 65535 設定 snapshot length 為 65535，目的是為了保證儘量抓取完整的封包。

- -xx -XX 設定輸出十進位形式的封包（包括鏈路層／封包標頭／封包資料），並輸出成對應的 ASCII 碼。

- -nn 設定以數字形式輸出協定、埠等。如果不設定，則會把 3306 解析為 MySQL 伺服器的埠。

- -q 是為了儘量少輸出一些協定相關資訊。

- -tttt 設定輸出資訊的時間精確到微秒。

當應用程式伺服器送出 tcpdump 命令後，可按「Ctrl+C」快速鍵停止，封包會記錄到 server_3306.txt 檔案。請查看該檔內容，如下所示：

```
[root@localhost ~]# cat /tmp/server_3306.txt
...
2020-03-08 21:41:33.081116 IP 10.10.30.161.3306 > 10.10.30.165.58498: tcp 327
        0x0000:  5254 0047 cb08 5254 0022 dfb0 0800 4500   RT.G..RT."....E.
        0x0010:  017b 323f 4000 4006 b5e4 0a0a 1ea1 0a0a   .{2?@.@.........
        0x0020:  1ea5 0cea e482 40b3 69e4 cdde aecb 8018   ......@.i.......
        0x0030:  00eb 52c7 0000 0101 080a 355b 5ecf 355b   ..R.......5[^.5[
        0x0040:  3749 0100 0001 0818 0000 0203 6465 6600   7I..........def.
        0x0050:  0000 0249 6400 0c3f 0015 0000 0008 8100   ...Id..?........
        0x0060:  0000 001a 0000 0303 6465 6600 0000 0455   ........def....U
        0x0070:  7365 7200 0c21 0060 0000 00fd 0100 1f00   ser..!.'........
        0x0080:  001a 0000 0403 6465 6600 0000 0448 6f73   ......def....Hos
        0x0090:  7400 0c21 00c0 0000 00fd 0100 1f00 0018   t..!............
        0x00a0:  0000 0503 6465 6600 0000 0264 6200 0c21   ....def....db..!
        0x00b0:  00c0 0000 00fd 0000 1f00 001d 0000 0603   ................
        0x00c0:  6465 6600 0000 0743 6f6d 6d61 6e64 000c   def....Command..
        0x00d0:  2100 3000 0000 fd01 001f 0000 1a00 0007   !.0.............
        0x00e0:  0364 6566 0000 0004 5469 6d65 000c 3f00   .def....Time..?.
        0x00f0:  0700 0000 0381 0000 0000 1b00 0008 0364   ...............d
        0x0100:  6566 0000 0005 5374 6174 6500 0c21 005a   ef....State..!.Z
        0x0110:  0000 00fd 0000 1f00 001a 0000 0903 6465   ..............de
        0x0120:  6600 0000 0449 6e66 6f00 0c21 002c 0100   f....Info..!.,..
        0x0130:  00fd 0000 1f00 0043 0000 0a05 3137 3237   .......C....1727
        0x0140:  3106 7162 656e 6368 1231 302e 3130 2e33   1.qbench.10.10.3
        0x0150:  302e 3136 353a 3538 3439 38fb 0551 7565   0.165:58498..Que
        0x0160:  7279 0130 0873 7461 7274 696e 6710 7368   ry.0.starting.sh
        0x0170:  6f77 2070 726f 6365 7373 6c69 7374 0700   ow.processlist..
        0x0180:  000b fe00 0002 0000 00                    .........
2020-03-08 21:41:33.081455 IP 10.10.30.165.58498 > 10.10.30.161.3306: tcp 0
        0x0000:  5254 0022 dfb0 5254 0047 cb08 0800 4500   RT."..RT.G....E.
        0x0010:  0034 9eec 4000 4006 4a7e 0a0a 1ea5 0a0a   .4..@.@.J~......
        0x0020:  1ea1 e482 0cea cdde aecb 40b3 6b2b 8010   ..........@.k+..
        0x0030:  00ed 5180 0000 0101 080a 355b 374a 355b   ..Q.......5[7J5[
        0x0040:  5ecf                                      ^.
...
```

2. 解析 MySQL 封包

　　若想統計該時段所有 SQL 查詢的回應時間，建議使用 pt-query-digest 來分析，對應的 SQL 語句執行時間的分佈情況非常清晰。下面列出一個 pt-query-digest 輸出範例。關於 pt-query-digest 工具的詳細用法和輸出結果解讀，請參考「工具篇」中「第 47 章 Percona Toolkit 常用工具詳解」。

```
[root@localhost ~]# pt-query-digest --type tcpdump /tmp/server_3306.txt
...
# Query 3: 0 QPS, 0x concurrency, ID 0x7EEF4A697C2710A5 at byte 7270 _____
# This item is included in the report because it matches --limit.
# Scores: V/M = 0.00
# Time range: all events occurred at 2018-03-08 21:41:33.081116
# Attribute    pct   total    min     max     avg     95%  stddev  median
# ============ === ======= ======= ======= ======= ======= ======= =======
# Count         20       1
# Exec time      9   240us   240us   240us   240us   240us       0   240us
# Rows affecte   0       0       0       0       0       0       0       0
# Query size    13      16      16      16      16      16       0      16
# Warning coun   0       0       0       0       0       0       0       0
# String:
# Databases
# Hosts          10.10.30.165
# Users          qbench
# Query_time distribution
#   1us
#  10us
# 100us  ################################################################
#   1ms
#  10ms
# 100ms
#   1s
#  10s+
show processlist\G
...
```

　　本例只執行一道 MySQL 命令 show processlist，執行時間全部分佈於 100µs~1ms 的區間，MySQL 伺服器為 qbench@10.10.30.165。

26.5 本章小結

本章主要介紹如何透過 tcpdump 工具分析、診斷應用程式和 MySQL 伺服器之間傳輸的資料，有助於 DBA 查明 SQL 語句執行緩慢，到底是網路延遲，還是應用發起時間、MySQL 伺服器本身執行時間的問題，進而找到問題的最終原因。

tcpdump 會抓取系統上的封包，對系統效能有較大的影響，建議儘量避免線上使用。如果需要獲得一段時間內 SQL 語句查詢的統計回應時間，在 MySQL 5.7 版本以後可以查詢 performance_schema 的相關資料表，舊版本則可使用 Percona 的 tcprstat 工具。

第 27 章

如何避免三天兩頭更換硬碟、記憶體、主機板

本章將介紹一些方法，用來減少資料庫執行環境出現硬體故障的機率。透過文中的辦法，便可儘量避免由於硬體故障導致資料庫當機的問題。

27.1 概述

維護過小型主機的「老一輩」DBA，對現在 x86 伺服器應該都有一種崩潰的感覺。以前阿里巴巴的一台小型主機創造過 5 年無故障的紀錄，將同樣的業務移植到 x86 伺服器後，卻遭遇過每週平均兩台伺服器發生故障的尷尬，因此疲於奔命。

這裡嘗試介紹在伺服器選型和維運過程的小經驗，以減少 DBA 為應付硬體故障等需要經常熬夜的機率。

總結起來，其實就是以下兩點：

- 伺服器標準化，選擇適用於資料庫的伺服器。
- 上線前燒機。

別小看這兩點，它們讓阿里巴巴從 2009 年 0.6% 的伺服器周故障率（平均每 150 台伺服器每週就有 1 台伺服器出現故障），降低到 2012 年的 0.06%（平均每 1500 台伺服器每週才有 1 台伺服器出現故障）。

27.2 伺服器標準化

伺服器標準化的好處顯而易見。下面主要介紹幾個比較關鍵的因素。

1. 標準化要求資料庫有專門的伺服器機型

標準化以後，可讓公司、維運團隊重視資料庫對伺服器的真正訴求，而不是讓採購、業務，或者根本不懂資料庫的維運人員制定一種伺服器標準。然後，應用程式伺服器、快取伺服器、連同資料庫伺服器都套用這個標準。更別說根本就沒有標準化的公司或者企業，伺服器一買來，不是記憶體太少，就是磁碟根本沒辦法使用。筆者在維護阿里巴巴早期接收過來的一批資料庫伺服器時，發現伺服器竟然是由開發人員選擇，而它們本來就不是為了高壓力、多磁碟的資料庫而設計。臨時加了磁碟以後，散熱效果太差，三天兩頭就得半夜兩點起來處理伺服器故障問題。

2. 標準化讓伺服器廠商針對相關機型進行專門最佳化

標準化以後，相關的伺服器廠商便能針對特定的機型進行專門的最佳化。當然，前提是採購量足夠大，或者伺服器廠商能夠配合才行。但是作為小客戶，在制定資料庫伺服器標準時，可以參考經過驗證和廣泛測試、專門針對資料庫最佳化的伺服器，不但省心、省力，而且還能進一步促使伺服器廠商在最佳化上投入更多的精力。

3. 標準化能讓故障排錯時間和處理時間更短

MySQL 的主備使用不同記憶體的伺服器，分散式資料庫的兩個分區分別位於不同品牌的伺服器上，讀負載均衡被分配到不同 CPU 的伺服器。此時開發人員如果抱怨執行 SQL 語句時快時慢，首先得排查是否為伺服器本身導致，排除這個原因之後，才能精細地分析網路抖動、SQL 執行計畫、計畫任務資源搶佔等其他因素。一旦伺服器標準化以後，對應的伺服器 I/O 輸送量、回應時間，以及資料庫大致承載的 QPS、TPS 等相關的指標，就算沒有形成標準化測試的基準值，但是在日常的維運過程中，大家也能根據以前的經驗判斷目前的 I/O 回應時間、QPS 是否符合預期，以及是否位於正常範圍內。

27.3 上線前燒機

簡單來說，燒機就是長時間、持續地模擬各種類型的效能壓力，對伺服器硬體進行壓力測試，驗證其在極端場景的穩定性和相容性。伺服器硬體由於生產批次或者部分零件等品質問題，在持續的壓力下可能會出現異常報錯。另外，由於硬體選型或者多種不同的功能元件組合帶來的相容性問題，新購伺服器在上線前需要進行長時間的全負載工作。大部分硬體問題可以透過這種穩定性測試的方法提前發現。

　　根據阿里巴巴和沃趣的相關維運統計，伺服器硬體故障最多的無疑是硬碟，佔據硬體故障的 70% 以上，其次就是記憶體和主機板。本節主要介紹如何進行硬碟、記憶體和主機板的燒機。

　　提示：隨著固態硬碟和 Flash 卡的價格越來越低，Flash 卡作為儲存媒介正逐漸取代磁碟的地位，持久化儲存媒介的硬體故障比例降低了很多。

　　現在很多伺服器廠商都支援出廠前燒機，那麼在上線前是否還要考慮燒機，建議參考伺服器廠家是否已經燒機，以及燒機是否滿足公司的要求而定。

　　業務類型不同，以及關注的伺服器元件和硬體特性不同，便有不同的燒機工具和方法。對於資料庫來說，主要聚焦硬碟、記憶體和 CPU 的燒機，並且燒機時間在 3 天以上。下面就以常用的 stress 和 FIO 兩個工具為例，介紹資料庫燒機。

27.3.1　stress

　　實際上，大部分伺服器廠商燒機所用的就是一個簡單的 stress 命令，透過它可以對 CPU、記憶體、I/O 和磁碟送出指定的壓力負載。stress 的下載網址是 https://pkgs. org/download/stress。

　　下載最新版的 stress 原始碼檔案（目前為 1.0.4 版本）後，安裝與組態命令如下：

```
[root@localhost ~]# ./configure && make && make install
```

　　這樣一來，stress 就安裝到 /usr/local/bin/stress 目錄下。stress 的用法非常簡單，就是一個簡單的 C 語言程式檔，說明訊息也十分簡練，如下所示。

```
[root@localhost ~]# stress --help
'stress' imposes certain types of compute stress on your system

Usage: stress [OPTION [ARG]] ...
 -?, --help show this help statement
     --version show version statement
 -v, --verbose be verbose
 -q, --quiet be quiet
 -n, --dry-run show what would have been done    # 不實際執行，只顯示其內容
 -t, --timeout N timeout after N seconds  # N 秒以後結束執行
     --backoff N wait factor of N microseconds before work starts  # N 微秒以後
開始執行
 -c, --cpu N spawn N workers spinning on sqrt()   # 使用 N 個處理程序執行 sqrt()
函數計算平方根
 -i, --io N spawn N workers spinning on sync()   # 使用 N 個處理程序呼叫 sync()
發起磁碟 I/O 壓力
```

```
       -m, --vm N spawn N workers spinning on malloc()/free() # 使用 N 個處理程序呼叫
malloc()/free() 對記憶體進行壓力測試
       --vm-bytes B malloc B bytes per vm worker (default is 256MB) # 每個處理
程序操作的記憶體大小，預設為 256MB
       --vm-stride B touch a byte every B bytes (default is 4096) # 存取每 B 個
位元組的其中一個，預設為 4096 位元組
       --vm-hang N sleep N secs before free (default none, 0 is inf) # 每次釋
放記憶體後休眠多少秒，預設不睡眠，0 表示一直等待
       --vm-keep redirty memory instead of freeing and reallocating # 重新釋放
申請記憶體，還是對記憶體進行髒寫
       -d, --hdd N spawn N workers spinning on write()/unlink() # 使用 N 個處理程序呼
叫 write()/unlink()
       --hdd-bytes B write B bytes per hdd worker (default is 1GB) # 每個處理程
序運算元的位元組大小，預設為 1GB

Example: stress --cpu 8 --io 4 --vm 2 --vm-bytes 128M --timeout 10s

Note: Numbers may be suffixed with s,m,h,d,y (time) or B,K,M,G (size).
```

　　主要的壓力測試分為 cpu、io、vm、hdd 四項。stress 既可單獨對某一項進行壓力測試，也能組合起來發起多個執行緒，以對系統進行多個維度的高負載壓力測試。這裡以 CPU 壓力測試為例，利用 --cpu/-c 便可送出 CPU 壓力測試，然後以 N 個處理程序呼叫 sqrt() 進行平方根計算。

```
[root@localhost ~]# stress --cpu 4
stress: info: [4683] dispatching hogs: 4 cpu, 0 io, 0 vm, 0 hdd
```

　　另一個視窗執行 top，便可看到四個 CPU 都被佔滿了。

```
  PID USER      PR  NI    VIRT    RES    SHR S  %CPU %MEM     TIME+ COMMAND
10956 root      20   0    7264    100      0 R 100.0  0.0   0:40.29 stress
10957 root      20   0    7264    100      0 R 100.0  0.0   0:40.29 stress
10959 root      20   0    7264    100      0 R 100.0  0.0   0:40.30 stress
10958 root      20   0    7264    100      0 R  93.8  0.0   0:40.29 stress
```

　　若想停止 stress 壓力測試，可直接按下「Ctrl+C」快速鍵。

27.3.2 FIO

　　硬碟燒機可以考慮使用 FIO。FIO 在「第 42 章 FIO 儲存效能壓測」有詳細的介紹，本節就不贅述了。對於資料庫而言，必須對其所在的磁碟進行長時間的壓力測試。最簡單的測試方式，便是直接以 ezfio 模擬 FIO 即可。

　　精細化、客製化的硬碟燒機，建議考慮對儲存資料庫日誌和資料的硬碟直接進行壓力測試，而不是針對檔案系統。對於承載日誌的存放裝置，請注意要採用連續的讀寫負載測試；而對於承載資料庫資料的存放裝置，則進行隨機 I/O 的測試。

27.3.3 資料庫燒機

　　利用 stress 進行 CPU、記憶體的燒機，FIO 則是硬碟的燒機。另外，由於所有的資料存取都得經過主機板，硬碟和記憶體的燒機，基本上能夠測試出主機板是否異常。同時發起壓力測試 3 天以上，就能大幅地避免新購機器上線後，頻繁發生硬體故障導致停機。

27.4　本章小結

　　本章主要介紹如何透過標準化統一資料庫伺服器，並利用 stress 和 FIO 說明如何對資料庫進行硬碟、記憶體、CPU 的燒機。針對新購機器在上線前進行高負載壓力測試，提前發現硬體問題，以避免上線後頻繁出現硬體故障。

NOTE

第 28 章

每隔 45 天的 MySQL 效能低谷

本章介紹資料庫最核心依賴 I/O 儲存系統的相關知識，並透過 RAID 卡導致效能下降的案例，引進分析和解決 I/O 效能問題的一般方法。對於絕大部分採用自有硬體建置 MySQL 服務的 DBA 來說，可說是非常有參考價值。

28.1 儲存知識小普及

鑑於部分讀者對儲存系統的瞭解不多，本節介紹最基礎的檔案系統和儲存系統的知識。

28.1.1 MySQL 儲存系統要求

MySQL 和 Oracle 不一樣，Oracle 一般採用 ASM 操作底層存放裝置，而 MySQL 則遵從開源系統的原則「不重覆製造輪子」，所以直接使用檔案系統保存資料庫檔案，並根據檔案系統對資料庫進行讀寫。

按照讀寫類型區分，MySQL 有兩種不同的讀寫方式，即：循序讀寫和隨機讀寫。這裡把資料庫分為兩種讀寫類型：一種是針對日誌；另一種是針對普通資料。資料庫寫入任何資料前都需要保證日誌落地，這種特性稱為預寫式日誌（Write-Ahead Logging，WAL）。所以，一般日誌型的 I/O 都是循序 I/O，採用阻塞式（Block I/O），要求即時、快速返回。資料型的 I/O 都是隨機 I/O（MySQL 的 InnoDB 儲存引擎一個分頁為 16KB），採用非阻塞式（Nonblock I/O），要求並行效率比較高。

- 循序讀寫主要是日誌型資料的讀寫。例如 binlog 和 InnoDB redo log，基本上都是循序讀寫。針對底層檔案系統，它關注的主要是輸送量和回應延遲，每秒可以連續讀寫的資料量影響日誌的讀寫效能，一般採用 RAID Cache（快取）快取讀寫，以提升資料庫提交時的效能。

- 隨機讀寫主要是資料型資料的讀寫。例如 ibd 檔、ibdata 檔等。針對底層檔案系統，它關注的是 IOPS 和回應延遲，每秒可以在多個位置點讀取的列資料，影響了資料庫列資料的讀寫效能。由於資料檔案的資料一般又允許同步或非同步讀寫，因此，為了最大程度地提高 IOPS，建議底層採用 SSD 固態硬碟或 Flash 卡等高速的 I/O 存放裝置，以提升資料庫的更新和查詢效率。

28.1.2 儲存系統軟體層

Linux 系統利用 VFS 層遮罩掉底層不同檔案系統之間的差異，以保證上層應用存取檔案的透明性。將 MySQL 的資料從 NFS 檔案系統複製到本地的 Ext4 上，不用修改任何程式碼，MySQL 就可以繼續運行，這就是 VFS 的好處。

儲存系統層級的示意圖，如圖 28-1 所示。

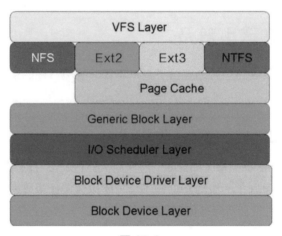

圖 28-1

當 MySQL 的 I/O 請求發往作業系統時，作業系統根據所在的目錄呼叫對應的檔案系統介面，再將 I/O 請求分發到指定的檔案系統來處理。經過 Page Cache 確認是否有檔案快取（對應 linux free 命令輸出中的 cache），如果命中則直接返回；否則，此 I/O 請求會轉換為區塊資料存取請求。由於以前機械磁碟 IOPS 的效能比較差，Linux 對區塊設備的 I/O 請求便會進行排序和合併（I/O Scheduler），例如 CFQ（完全公平佇列）調度演算法會公平對待每個 I/O，導致只有少量 I/O 的 SQL 語句（例如：update tb1 set col1=2 where id=1 只需要修改一個欄位，僅要求少量 I/O），需要跟那些要求大量 I/O 的 SQL 語句（例如：mysqldump 備份資料）排隊爭取調度。在資料庫中，CFQ 調度策略明顯不適合，建議將 MySQL 調度策略設為 Deadline。

經過 I/O 調度後，區塊設備的存取請求會轉發給 Linux 作業系統區塊設備的驅動程式（Block Device Driver），最終傳送給儲存系統硬體（Block Device）轉換為真正的硬體 I/O 操作。

硬體層的返回結果逆向逐級返回上層，直到 MySQL 接收到 I/O 回應成功的訊息。

當然，上述相關層級都有自己的錯誤處理和重試機制，由於定義的區塊大小不同，也有 I/O 拆分和合併等設計。有興趣的讀者可以跟專門負責儲存的相關人員學習與瞭解。

28.1.3　儲存系統硬體層

Linux 把 I/O 請求傳送給底層存放裝置驅動程式後，還需經過一系列轉換，才會變為真正的資料讀取或寫入。例如：對於傳統機械磁碟來說，「寫入」對應的是指定位置磁極翻轉，亦即磁頭手臂旋轉到指定位置磁化的磁區。對於 Flash 設備來說，「寫入」對應的是狀態轉換，亦即主控晶片在儲存單元電晶體的閘（Gate）中注入電子，以改變其狀態。當然，現實環境中由於存放裝置廠商各有不同，而且伺服器儲存系統本身也一直在升級，因此儲存系統遠不止這麼簡單。

首先，Linux 支援各種儲存協定，從最古老的慢速 ATA（即 IDE）到 SATA（Serial ATA），從 SCSI 到 SAS（Serial Attached SCSI），Linux 一直使用標準的儲存系統介面和底層設備進行通訊。但隨著 Flash 高速 I/O 媒介的流行，普通的 SAS SSD、SATA SSD 無法充分發揮 Flash 媒介的高速特性，各個廠家透過 PCIe 介面直接與 CPU 連通，並以原生的驅動程式避免低速儲存協定（SATA/SAS）的瓶頸。Intel 在此看到機會，即時提供 NVME 協定統一高速 Flash 媒介的存取，這也是目前資料庫儲存的新趨勢。

其次，儲存系統還提供眾多實體設備來連通 CPU 和儲存媒介。一般來說，I/O 都需要經過 RAID 卡、SAS 線、硬碟背板，才能真正連通到硬碟。雖然硬碟背板也區分為直通背板和擴展背板，連通硬碟背板和 RAID 卡的 SAS 線也有 3Gb/s、6Gb/s 的規格，但是大部分伺服器廠商都已經提供最佳化配置，這些地方不會出現故障或者效能問題。儲存效能的最佳化，基本上都在 RAID 卡做文章。例如：RAID 快取大小、寫入策略（Write Policy）、讀取策略（Read Policy）、條帶的大小（Stripe Size），以及後面準備詳細介紹的巡讀、一致性檢查和充放電策略等。

由於篇幅的原因，關於儲存系統的知識只能點到為止，有興趣的讀者可以參考冬瓜哥的《大話儲存》，以便詳細瞭解儲存與儲存協定相關內容。

28.2 每隔 45 天的效能抖動

某天，有一個客戶發現 MySQL 每隔一段時間就會出現效能下降的問題。我們檢查了資料庫監控，發現資料庫平時的負載並不高，QPS 平均只有 1000 左右，慢查詢也為 0。只有在客戶説的時間範圍內有一些慢查詢，但這些慢查詢直接到資料庫執行都很快，不存在需要索引最佳化或者 SQL 語句最佳化的問題。

進一步分析，我們比對了前一天和上周同一天的效能，並無效能下降或者抖動（懷疑作業系統是否存在對應的定時任務或者相關機制，導致每天這個時間影響資料庫效能）。透過與客戶溝通，發現資料庫效能下降其實是有規律的，比較分析監控資料，每隔 45 天資料庫都發生效能下降的問題。分析這段時間的定時任務與作業系統活動，也沒有發現異常。但是從監控顯示，此時底層儲存系統的回應時間明顯變慢，iostat 中的 svctm，由之前低於 1ms 增加到 3ms 以上。

因此，我們判斷並不是資料庫效能問題，而是底層儲存系統回應時間的增加，導致資料庫的回應時間變長。

由於客戶採用的是 6 顆磁碟組合的 RAID 10，並且時間有規律性，所以自然想到是 RAID 卡巡讀、一致性檢查或者電池充放電導致的效能下降。他們採用的是 LSI 的 RAID 卡，於是透過 MegaCli 查看設備的日誌記錄如下：

```
[root@localhost ~]# MegaCli -AdpEventLog -GetEvents -f /tmp/mega_events.
log -aall
Success in AdpEventLog
Exit Code: 0x00


#vi /tmp/mega_events.log
seqNum: 0x0000826c
Time: Wed Jan 17 22:47:53 2020


Code: 0x000000a0
Class: 0
Locale: 0x08
Event Description: Battery relearn will start in 5 hours
Event Data:
============
None



seqNum: 0x0000826d
Time: Thu Jan 18 03:49:03 2020
```

```
Code: 0x0000009b
Class: 0
Locale: 0x08
Event Description: Battery relearn pending: Battery is under charge
Event Data:
===========
None


seqNum: 0x0000826e
Time: Thu Jan 18 05:15:43 2020

Code: 0x00000097
Class: 0
Locale: 0x08
Event Description: Battery relearn started
Event Data:
===========
None

seqNum: 0x0000826f
Time: Thu Jan 18 05:16:48 2020

Code: 0x00000094
Class: 0
Locale: 0x08
Event Description: Battery is discharging
Event Data:
===========
None


seqNum: 0x00008270
Time: Thu Jan 18 05:16:48 2020

Code: 0x00000098
Class: 0
Locale: 0x08
Event Description: Battery relearn in progress
Event Data:
===========
None


seqNum: 0x00008271
Time: Thu Jan 18 06:19:18 2020
```

```
Code: 0x000000a2
Class: 1
Locale: 0x08
Event Description: Current capacity of the battery is below threshold
Event Data:
============
None


seqNum: 0x00008272
Time: Thu Jan 18 06:19:18 2020


Code: 0x000000c3
Class: 1
Locale: 0x08
Event Description: BBU disabled; changing WB virtual disks to WT, Forced WB
```
VDs are not affected ## 注意：這裡 WB（Write Backup）的虛擬磁碟變成 WT（Write Through），
效能會受到影響
```
Event Data:
============
None



seqNum: 0x00008273
Time: Thu Jan 18 07:27:33 2020


Code: 0x00000099
Class: 0
Locale: 0x08
Event Description: Battery relearn completed
Event Data:
============
None



seqNum: 0x00008274
Time: Thu Jan 18 07:27:48 2020


Code: 0x000000a2
Class: 1
Locale: 0x08
Event Description: Current capacity of the battery is below threshold
Event Data:
============
None


seqNum: 0x00008275
```

```
Time: Thu Jan 18 07:27:48 2020


Code: 0x00000093
Class: 0
Locale: 0x08
Event Description: Battery started charging
Event Data:
===========
None




seqNum: 0x00008276
Time: Thu Jan 18 08:26:18 2020


Code: 0x000000a3
Class: 0
Locale: 0x08
Event Description: Current capacity of the battery is above threshold
Event Data:
===========
None




seqNum: 0x00008277
Time: Thu Jan 18 08:26:18 2020


Code: 0x000000c2
Class: 0
Locale: 0x08
Event Description: BBU enabled; changing WT virtual disks to WB ##
```
這裡 WT（Write Through）的虛擬磁碟才變成 WB（Write Back）。充電前，WB 變成 WT，無法快取資料，充電完以後恢復為 WB，效能恢復
```
Event Data:
===========
None


seqNum: 0x00008278
Time: Thu Jan 18 12:01:53 2020


Code: 0x000000f2
Class: 0
Locale: 0x08
Event Description: Battery charge complete
Event Data:
===========
None
```

```
seqNum: 0x0000894c
Time: Thu Mar 1 07:27:41 2020

Code: 0x0000009d
Class: 0
Locale: 0x08
Event Description: Battery relearn will start in 4 days
Event Data:
============
None
```

由此得知，每隔 45 天就有一筆充放電的記錄，這也是為什麼每隔 45 天 I/O 效能下降的真相。

28.3 影響 I/O 效能的三種 RAID 策略

上面介紹儲存系統的一些知識，本節詳細說明影響 I/O 效能的三種 RAID 策略：

- 電池充放電。
- 巡讀。
- 一致性檢查。

28.3.1 電池充放電

現在的 RAID 卡內部都有一個快取，可以設定 RAID 快取模式為 Write Back，這樣資料在寫到實際的硬碟前會先寫入 RAID 快取，效能非常高（跟存取記憶體的 latency 同一個等級，比存取 SSD、Flash 設備更快）。在 MySQL 的環境下，binlog 和 InnoDB redo log 允許存放到 Write Back 模式的 RAID 快取中，就算在 sync_binlog=1 的高並行場景下，效率也非常好。

但是，如果伺服器突然斷電，由於 RAID 快取採用的是跟記憶體一樣的 SDRAM，斷電後資料就沒了，可能導致資料遺失。所以，目前大部分的 RAID 卡都配有鋰電池或者電容，當伺服器斷電以後，還能夠透過鋰電池或者電容供電，以保證 RAID 快取的資料回寫到後端的磁碟。

由於鋰電池存在效能衰減的問題，如果不即時充放電，當電池容量達到「無法支援一次將快取的所有資料回寫到後端的磁碟」時，就存在資料遺失的風險。建

議開啟電池充放電模式，每隔 28~90 天（根據廠商不同）會自動對電池充放電一次，以延長鋰電池壽命和校準電池容量。如圖 28-2 所示為 RAID 卡電池外觀，以及 RAID 卡的連接方式。

圖 28-2

在電池充放電期間（分鐘等級），Write Back 會變成 Write Through，I/O 效能會從記憶體等級（0.1ms）變成磁碟等級（1ms）。具體效能下降多少視底層磁碟的效能而定。

下面列出了 CPU 存取各層儲存子系統的大致時間 [6]，讀者可以對比儲存系統效能的層次變化。

```
Latency Comparison Numbers (~2012)
----------------------------------
L1 cache reference                      0.5 ns
Branch mispredict                       5   ns
L2 cache reference                      7   ns             14x L1 cache
Mutex lock/unlock                       25  ns
Main memory reference                   100 ns             20x L2 cache, 200x L1
cache
Compress 1K bytes with Zippy         3,000  ns         3 us
Send 1K bytes over 1 Gbps network   10,000  ns        10 us
Read 4K randomly from SSD*         150,000  ns       150 us   ~1GB/sec SSD
Read 1 MB sequentially from memory 250,000  ns       250 us
Round trip within same datacenter  500,000  ns       500 us
Read 1 MB sequentially from SSD* 1,000,000  ns     1,000 us    1 ms   ~1GB/
sec SSD, 4X memory
Disk seek                       10,000,000  ns    10,000 us   10 ms   20x
datacenter roundtrip
Read 1 MB sequentially from disk 20,000,000 ns    20,000 us   20 ms   80x
memory, 20X SSD
```

6　https://gist.github.com/jboner/2841832。

```
Send packet CA->Netherlands->CA 150,000,000    ns 150,000 us       150 ms

Notes
-----
1 ns = 10^-9 seconds
1 us = 10^-6 seconds = 1,000 ns
1 ms = 10^-3 seconds = 1,000 us = 1,000,000 ns
```

以 LSI 的 MegaCli 為例，可以使用 MegaCli -AdpBbuCmd -aAll 查看 BBU 的相關情況：

```
[root@localhost ~]# MegaCli -AdpBbuCmd -aAll

BBU status for Adapter: 0

BatteryType: CVPM03
Voltage: 9521 mV
Current: 0 mA
Temperature: 31 C
Battery State: Optimal
BBU Firmware Status:

  Charging Status                              : None
  Voltage                                      : OK
  Temperature                                  : OK
  Learn Cycle Requested                        : No
  Learn Cycle Active                           : No
  Learn Cycle Status                           : OK
  Learn Cycle Timeout                          : No
  I2c Errors Detected                          : No
  Battery Pack Missing                         : No
  Battery Replacement required                 : No
  Remaining Capacity Low                       : No
  Periodic Learn Required                      : No
  Transparent Learn                            : No
  No space to cache offload                    : No
  Pack is about to fail & should be replaced   : No
  Cache Offload premium feature required       : No
  Module microcode update required             : No

BBU GasGauge Status: 0x64e5
  Pack energy            : 229 J
  Capacitance            : 100
  Remaining reserve space : 0

  Battery backup charge time : 0 hours
```

```
BBU Design Info for Adapter: 0


Date of Manufacture: 08/16, 2014
Design Capacity: 288 J
Design Voltage: 9500 mV
Serial Number: 24080
Manufacture Name: LSI    ## LSI 的 RAID 卡
Firmware Version   : 19731-01
Device Name: CVPM03
Device Chemistry: EDLC
Battery FRU: N/A
TMM FRU: N/A
Module Version = 19731-01
  Transparent Learn = 1
  App Data = 0


BBU Properties for Adapter: 0

  Auto Learn Period: 28 Days   ## 每隔 28 天做一次電池充放電
  Next Learn time: Fri Aug 18 08:02:41 2020 ## 下一次電池充放電時間
  Learn Delay Interval:0 Hours
  Auto-Learn Mode: Transparent


Exit Code: 0x00
```

可以使用 MegaCli-AdpEventLog 查看電池充放電的資訊：

```
[root@localhost ~]# MegaCli -AdpEventLog -GetEvents -f /tmp/RAID_EVENT.
log -aAll
  seqNum: 0x000001b5
  Time: Fri Jun 16 23:16:31 2020


  Code: 0x0000009b
  Class: 0
  Locale: 0x08
  Event Description: Battery relearn pending: Battery is under charge  ## 準
備充放電
  Event Data:
  ===========
  None



  seqNum: 0x000001b6
  Time: Fri Jun 16 23:16:36 2020
```

```
Code: 0x00000097
Class: 0
Locale: 0x08
Event Description: Battery relearn started ## 開始充放電
Event Data:
============
None


seqNum: 0x000001b7
Time: Fri Jun 16 23:17:36 2020

Code: 0x00000098
Class: 0
Locale: 0x08
Event Description: Battery relearn in progress ## 充放電過程中
Event Data:
============
None

seqNum: 0x000001b8
Time: Fri Jun 16 23:18:41 2020

Code: 0x00000099
Class: 0
Locale: 0x08
Event Description: Battery relearn completed ## 充放電完成
Event Data:
============
None


seqNum: 0x000001b9
Time: Mon Jul 10 21:18:56 2020

Code: 0x0000009d
Class: 0
Locale: 0x08
Event Description: Battery relearn will start in 4 days ## 4 天后進行下一次充
放電
Event Data:
============
None

...

seqNum: 0x000001bc
```

```
Time: Fri Jul 14 16:18:56 2020


Code: 0x000000a0
Class: 0
Locale: 0x08
Event Description: Battery relearn will start in 5 hours  ## 5 小時後開始充放電
Event Data:
===========
None



seqNum: 0x000001bd
Time: Fri Jul 14 21:20:06 2020


Code: 0x0000009b
Class: 0
Locale: 0x08
Event Description: Battery relearn pending: Battery is under charge
Event Data:
===========
None
```

可以使用 MegaCli -FwTermLog -Dsply -aALL 獲得詳細的韌體日誌，其中就包括電池充放電的相關資訊。截取如下：

```
  07/24/17  3:05:33: C0:EVT#06383-07/24/17  3:05:33: 158=Battery relearn will
start in 2 day^M
  07/25/17  3:05:18: C0:EVT#06384-07/25/17  3:05:18: 159=Battery relearn will
start in 1 day^M
  07/25/17 22:04:58: C0:EVT#06385-07/25/17 22:04:58: 160=Battery relearn will
start in 5 hours^M
  07/26/17  3:06:08: C0:EVT#06386-07/26/17  3:06:08: 155=Battery relearn
pending: Battery is under charge^M
  07/26/17  3:06:13: C0:EVT#06387-07/26/17  3:06:13: 151=Battery relearn
started^M
  07/26/17  3:06:13: C1:setLearnInProgress: Learn Got initiated on Supercap^M
  07/26/17  3:07:13: C1:Learn in progress^M
  07/26/17  3:07:13: C1:Learn in progress^M
  07/26/17  3:07:13: C0:EVT#06388-07/26/17  3:07:13: 152=Battery relearn in
progress^M
  07/26/17  3:08:18: C1:Learn in progress^M
  07/26/17  3:08:18: C1:Learn completed Successfully^M
  07/26/17  3:08:18: C0:EVT#06389-07/26/17  3:08:18: 153=Battery relearn
completed^M
  07/26/17  3:08:18: C1:Next Learn will start on 08 23 2020 at 01:08^M
  07/26/17  3:08:18: C1:Given BBUMode 0, is the same as Current BBUMode ^M
```

```
07/26/17  3:08:18: C1:   *** SUPERCAP FEATURE PROPERTIES ***^M
07/26/17  3:08:18: C1:   _____^M
^M
07/26/17  3:08:18: C1:   Auto Learn Period      : 27  days^M
07/26/17  3:08:18: C1:   Next Learn Time        : 556765698^M
07/26/17  3:08:18: C1:   TFM ID             : 21115e73^M
07/26/17  3:08:18: C1:   SuperCap ID            : 479c074c^M
07/26/17  3:08:18: C1:   Next Learn scheduled on: 08 23 2020   1: 8:18^M
07/26/17  3:08:18: C1:   _____^M
```

為了防止充放電對儲存系統效能造成影響，一般採取以下三種策略。

（1）電容保護快取／透明充放電技術

採用電容而不是電池（或者採用透明充放電技術的電池）來保護 RAID 快取。

該策略的優勢在於電容不用頻繁地充放電，不存在充放電時效能下降的問題。DELL 採用透明充放電技術可以自動檢查剩餘電量並進行充電，避免變成 Write Through 對 I/O 效能有影響；在沃趣的硬體標準中，RAID 卡 9361-8i 就是透明充放電模式。劣勢在於很多 RAID 卡都不支援電容，需要更換 RAID 卡而協調停機時間等也比較麻煩。另外，電容相對更容易老化。

（2）手動充放電

關閉自動充放電，或者在自動充放電的前一個晚上手動充放電。淘寶採用的就是這種策略。

以 LSI 的 MegaCli 為例，關閉自動充放電的命令為 MegaCli -AdpBbuCmd -ScheduleLearn -Dsbl-aAll；手動充放電的命令為 MegaCli -AdpBbuCmd -BbuLearn-aAll。

該策略的優勢在於可以手動控制充放電時間，在業務低峰期充放電，對業務的效能影響較小。劣勢在於必須編寫自動化任務，對自動化任務的管理（是否成功、沒成功怎麼補償）會額外增加工作量。

（3）充放電不關閉 Write Back

設置 RAID 在充放電時不切換到 Write Through。以 LSI 的 MegaCli 為例，設置在充放電時不切換到 Write Through 的命令為 MegaCli -LDSetProp CachedBadBBU -Lall -aAll。

　　該策略的優勢在於充放電不會引起效能下降。劣勢在於如果電池壞了，並且伺服器的兩路電源都壞了，機房沒有 UPS 後備電源，則會造成資料丟失。而一般機房都有巡檢，發現電池壞了可以及時更換。另外，MySQL 資料庫一般都有備庫（將備庫放在同城的另外一個機房，風險更小），如果資料損壞了，則可以考慮從備庫恢復。

　　上述三種策略並不是互斥的，第二種策略和第三種策略可以組合起來一起使用。

28.3.2 巡讀

　　為了儘早發現磁碟上的壞軌或者其他磁碟錯誤，RAID 卡會每隔 168 小時自動巡讀（Patrol Read）一次底層的普通磁碟。但是新的 RAID 卡對 SSD（固態硬碟）會自動忽略巡讀，因為 SSD 有磨損均衡演算法，會自己進行資料移轉和檢查，錯誤的機率會小很多。讀者可以諮詢伺服器廠商或者對應的 RAID 卡廠商，瞭解自己使用到底是怎樣的 RAID 卡巡讀策略。

　　巡讀對效能的影響跟 PatrolReadRate 有關（預設為 30%），PatrolReadRate 越大，對效能的影響越大，可以透過 MegaCli -AdpGetProp PatrolReadRate-aALL 取得巡讀速度。

　　巡讀間隔時間預設為 7 天，可以透過 MegaCli-AdpPR SetDelay 720-aALL 來設置巡讀間隔時間。

　　巡讀的持續時間跟 PatrolReadRate 和底層磁碟大小有關，一般需要幾個小時。

　　以 LSI 的 MegaCli 為例，可以使用 MegaCli -AdpPR -info -aALL 來查看是否開啟巡讀、巡讀間隔時間、對 SSD 是否巡讀以及下一次巡讀的時間。

```
[root@localhost ~]# MegaCli -AdpPR -info -aALL

Adapter 0: Patrol Read Information:

Patrol Read Mode: Disabled               ## 是否開啟巡讀
Patrol Read Execution Delay: 720 hours ## 巡讀間隔時間
Number of iterations completed: 0       ## 完成巡讀次數
Next start time: 08/01/2020, 19:00:00   ## 下一次巡讀時間
Current State: Stopped ## 目前是否開啟巡讀
Patrol Read on SSD Devices: Disabled    ## 是否打開 SSD 設備的巡讀

Exit Code: 0x00
```

可以使用 MegaCli-AdpEventLog 查看巡讀的情況：

```
[root@localhost ~]# MegaCli -AdpEventLog -GetEvents -f /tmp/RAID_EVENT.
log -aAll

Success in AdpEventLog

Exit Code: 0x00


[root@localhost ~]# cat /tmp/RAID_EVENT.log
seqNum: 0x000088a1
Time: Sat Jul 22 11:00:02 2020

Code: 0x00000124
Class: 1
Locale: 0x20
Event Description: Patrol Read can't be started, as PDs are either not
ONLINE, or are in a VD with an active process, or are in an excluded VD
Event Data:
===========
None
```

可以使用 MegaCli -FwTermLog Dsply -aALL 獲得詳細的韌體日誌，其中就包括
巡讀的相關資訊。截取如下：

```
  1257:09/01/12 11:35:37: EVT#05429-09/01/12 11:35:37: 110=Corrected medium
error during recovery on PD 04(e0x20/s4) at e1e8c767
  1258:09/01/12 11:35:37: EVT#05430-09/01/12 11:35:37:  93=Patrol Read
corrected medium error on PD 04(e0x20/s4) at e1e8c767
  1271:09/01/12 11:35:40: EVT#05432-09/01/12 11:35:40: 110=Corrected medium
error during recovery on PD 04(e0x20/s4) at e1e8c768
  1272:09/01/12 11:35:40: EVT#05433-09/01/12 11:35:40:  93=Patrol Read
corrected medium error on PD 04(e0x20/s4) at e1e8c768
  1284:09/01/12 11:35:43: EVT#05435-09/01/12 11:35:43: 110=Corrected medium
error during recovery on PD 04(e0x20/s4) at e1e8c76b
  1285:09/01/12 11:35:43: EVT#05436-09/01/12 11:35:43:  93=Patrol Read
corrected medium error on PD 04(e0x20/s4) at e1e8c76b
  1297:09/01/12 11:35:46: EVT#05438-09/01/12 11:35:46: 110=Corrected medium
error during recovery on PD 04(e0x20/s4) at e1e8c76c
  1298:09/01/12 11:35:46: EVT#05439-09/01/12 11:35:46:  93=Patrol Read
corrected medium error on PD 04(e0x20/s4) at e1e8c76c
```

建議採用 SSD 儲存 MySQL 資料，並且關閉巡讀。

以 LSI 的 MegaCli 為例，關閉 RAID 卡的巡讀命令為 MegaCli64 -AdpPR -Dsbl
-aALL。

關閉巡讀，能夠避免 RAID 卡巡讀對資料庫效能造成影響，但是如果資料庫是儲存在機械磁碟上，則可能無法提前發現機械磁碟本身的錯誤。

28.3.3 一致性檢查

為了檢查 RAID 1、RAID 5 等條帶之間的一致性，避免 RAID 條帶間的資料不一致，RAID 卡會每隔 168 小時自動執行一次一致性檢查（Consistency Check），以檢查底層的普通磁碟[7]。

一致性檢查對效能的影響跟 CCRate 有關（預設為 30%），CCRate 越大，對效能的影響越大，透過 MegaCli -AdpGetProp CCRate -aALL 命令可以獲得一致性檢查速度。

一致性檢查的間隔時間預設為 7 天，可以透過 MegaCli -AdpCcSched -SetDelay 720 -aall 命令設定一致性檢查間隔時間。

一致性檢查的持續時間跟 CCRate 和底層磁碟大小有關，一般需要幾個小時。

以 LSI 的 MegaCli 為例，可以使用 MegaCli -AdpCcSched -Info -aall 命令查看一致性檢查目前是平行模式還是串列模式、一次性檢查間隔時間以及下一次一次性檢查的時間等。

```
[root@localhost ~]# MegaCli -AdpCcSched -Info -aall

Adapter #0

Operation Mode: Concurrent
Execution Delay: 168      ## 一次性檢查間隔時間
Next start time: 08/05/2020, 03:00:00 ## 下一次一致性檢查的時間
Current State: Stopped
Number of iterations: 24  ## 一共執行過多少次一致性檢查
Number of VD completed: 4 ## 對多少個 VD 執行過一次性檢查
Excluded VDs         : None

Adapter #1

Operation Mode: Concurrent
Execution Delay: 168
Next start time: 08/05/2020, 03:00:00
Current State: Stopped
Number of iterations: 0
```

---

7   RAID 0 忽略。

```
Number of VD completed: 0
Excluded VDs          : None
Exit Code: 0x00
```

可以使用 MegaCli-AdpEventLog 命令查看一致性檢查的情況：

```
[root@localhost ~]# MegaCli -AdpEventLog -GetEvents -f /tmp/RAID_EVENT.
log -aAll

Success in AdpEventLog

Exit Code: 0x00


[root@localhost ~]# cat /tmp/RAID_EVENT.log
seqNum: 0x000018f6
Time: Sat Jul 29 03:00:00 2020

Code: 0x00000042
Class: 0
Locale: 0x01
Event Description: Consistency Check started on VD 00/0
Event Data:
===========
Target Id: 0

...

seqNum: 0x000019f1
Time: Sat Jul 29 06:14:58 2020

Code: 0x0000003a
Class: 0
Locale: 0x01
Event Description: Consistency Check done on VD 03/3
Event Data:
===========
Target Id: 3
```

可以使用 MegaCli -FwTermLog Dsply -aALL 命令獲得詳細的韌體日誌，其中就包括一致性檢查的相關資訊。截取如下：

```
   07/29/20  3:00:00: C0:EVT#06390-07/29/20  3:00:00:  66=Consistency Check
started on VD 00/0^M
   07/29/20  3:00:00: C0:EVT#06391-07/29/20  3:00:00:  66=Consistency Check
started on VD 01/1^M
   07/29/20  3:00:00: C0:EVT#06392-07/29/20  3:00:00:  66=Consistency Check
```

```
started on VD 02/2^M
   07/29/20  3:00:00: C0:EVT#06393-07/29/20  3:00:00:  66=Consistency Check
started on VD 03/3^M
   07/29/20  3:00:01: C0:LdDcmdRaidMapCompleteExt: Completing FW_RAID_MAP
cmd^M
   07/29/20  3:00:01: C0:ldIsFPCapable: LD 00 disabled reason BG OPs^M
   07/29/20  3:00:01: C0:ldIsFPCapable: LD 01 disabled reason LD properties^M
   07/29/20  3:00:01: C0:ldIsFPCapable: LD 02 disabled reason LD properties^M
   07/29/20  3:00:01: C0:ldIsFPCapable: LD 03 disabled reason BG OPs^M
   07/29/20  3:00:01: C0:ld sync: all LDs sync'd^M
   07/29/20  3:00:19: C0:EVT#06394-07/29/20  3:00:19:  65=Consistency Check
progress on VD 02/2 is 2.99%(19s)^M
   07/29/20  3:00:21: C0:EVT#06395-07/29/20  3:00:21:  65=Consistency Check
progress on VD 01/1 is 2.99%(21s)^M
   07/29/20  3:00:30: C0:EVT#06396-07/29/20  3:00:30:  65=Consistency Check
progress on VD 00/0 is 1.99%(30s)^M
   07/29/20  3:00:39: C0:EVT#06397-07/29/20  3:00:39:  65=Consistency Check
progress on VD 02/2 is 5.99%(39s)^M
   07/29/20  3:00:41: C0:EVT#06398-07/29/20  3:00:41:  65=Consistency Check
progress on VD 01/1 is 5.99%(41s)^M
   07/29/20  3:00:59: C0:EVT#06399-07/29/20  3:00:59:  65=Consistency Check
progress on VD 00/0 is 3.99%(59s)^M
```

為了防止一致性檢查對儲存系統效能造成影響，一般採取以下兩種策略。

（1）關閉一致性檢查

以 LSI 的 MegaCli 為例，關閉 RAID 卡的一致性檢查的命令為 MegaCli -AdpCcSched -Dsbl -aALL。

該策略的優勢在於避免 RAID 卡的一致性檢查對資料庫效能造成影響。風險是對於 QData Oracle 而言，底層磁碟直接做 RAID 0，上層用 ASM 進行管理，不需要做條帶檢查。

（2）設定一致性檢查時間為業務低峰期

加大一致性檢查的間隔時間，並設定一致性檢查時間為業務低峰期。

該策略的優勢在於 SSD 出現錯誤的機率相對較低，可以調大一致性檢查的間隔時間，設定一致性檢查時間為業務低峰期能避免對業務的效能造成影響。風險在於一致性檢查時間需要對應每個業務的低峰期，由於一致性檢查時間不確定，有可能超過業務低峰期影響業務。MySQL 底層一般使用 RAID 10 或者 RAID 50，然後再做 XFS/Ext4 檔案系統，需要依賴底層硬體的一致性檢查。

需要注意 RAID 卡的時間是否跟業務時間一致，RAID 卡的時間一般是 UTC 時間，而中國採用東八區的 CST（UTC+8）時間，應避免出現設為業務低峰期的 CST 時間，結果 RAID 卡在業務高峰期開始做一致性檢查。

28.4 本章小結

本章從每隔一段時間的效能抖動案例引申開來，介紹影響 MySQL 效能的第一要素，即 Linux 基礎儲存知識，特別是其中比較關鍵、影響 I/O 效能的三種 RAID 策略。建議讀者根據自己的伺服器情況參考文中給出的建議詳細評估，選擇適合自己的方案。另外，現在越來越多的伺服器採用 NVMe 儲存介質，讀者可以瞭解如何設計 NVMe 的 RAID 策略。

## 第 29 章

無法自動釋放 MySQL 連接

本章透過一個 MySQL 無法即時釋放連接的例子，引出作業系統網路逾時對資料庫的影響，為遇到網路問題的 DBA 提供相關想法。

29.1 環境組態

- 伺服器：DELL PowerEdge R730。
- CPU：E5-2650。
- 記憶體：96GB。
- MySQL：mysql-8.0.20-linux-glibc2.12-x86_64。
- 作業系統：RHEL 6.7。
- 核心：2.6.32-573。
- MySQL 架構：讀寫分離架構（其中一個 Master 是讀寫實例，兩個 Slave 是讀取實例。採用 keepalived + LVS + MySQL 半同步，做高可用切換和讀取請求輪詢（Round Robin）的負載均衡分派）。

29.2 問題現象

有客戶反映：應用端採用長連接方式，透過 LVS 作為負載均衡連接到唯讀資料庫。作為唯讀實例的 MySQL Slave 在 Master 上做高可用切換時，連接數就會翻兩倍，而且每次切換都會翻倍，大概兩小時以後，釋放舊的連接，連接數才會恢復正常。針對這種情況，當組態 Slave 時為了避免連接被拒絕，因此專門把 MySQL 的最大連接數參數（max_connections）設為 Master 實例的兩倍。

29.3 診斷分析

請客戶在測試環境建置一套同樣的 Keepalived + LVS + MySQL 半同步架構,並觀察資料庫的連接數。發現同一台應用程式伺服器切換後,在唯讀資料庫會建立一個新的連接,但一直無法釋放舊的連接。使用 SHOW PROCESSLIST 查看,舊連接始終處於 Sleep 狀態,需要等到 7200s 後才一起釋放。

這種情況很容易跟 MySQL 的 interactive_timeout 和 wait_timeout 參數關聯在一起。這兩個參數是為了避免不活躍連接長期佔用 MySQL 連接池,造成資源浪費而設計的逾時時間。MySQL 在指定的逾時時間後,將主動關閉不活躍連接。interactive_timeout 用來指定帶 CLIENT_INTERACTIVE 選項的互動式連接的逾時時間,wait_timeout 則用來指定不帶 CLIENT_INTERACTIVE 選項的非互動式連接的逾時時間。查看這兩個參數值後,發現都不是 7200s,而是預設的 28800s(即 8 小時)。也就是說,並不是 wait_timeout 和 interactive_timeout 控制的連接逾時時間導致這個問題。另外,net_read_timeout 和 net_write_timeout 用於指定應用請求互動時的逾時時間,它們分別被設為 30s 和 60s,也不是 7200s。所以,在 MySQL 尋找對應的逾時參數宣告失敗。

由於是在唯讀實例發現問題,應用連接伺服器則是透過 LVS,筆者懷疑是 LVS 的相關問題導致舊連接無法釋放。在本案例中,為了避免所有的流量都經由 LVS,因此 LVS 採用了 DR 模式。DR 模式又稱為三角模式——用戶端連接 LVS,LVS 轉發請求給唯讀備援庫,而唯讀備援庫直接將封包回傳給用戶端,形成一個三角形。那麼,有沒有可能應用跟 LVS 中斷連接,但 LVS 按照自己的機制,還保持著跟唯讀備援庫的連接,沒有釋放呢?如果是這樣的話,資料庫的連接要一直等到 LVS 主動釋放才行。排查發現,LVS 的逾時時間也不是 7200s。換句話說,問題並不是出現在 LVS 的逾時時間設定。LVS 的逾時時間查看結果如下:

```
[root@localhost ~]# ipvsadm -l --timeout
Timeout (tcp tcpfin udp): 900 120 300
```

再次審視這個問題時,筆者祭出了超級武器:tcpdump,特別抓取切換時網路互動和 7200s 舊連接釋放時的封包,發現一個 length 為 0 的 Keepalive TCP 心跳封包,如圖 29-1 所示。

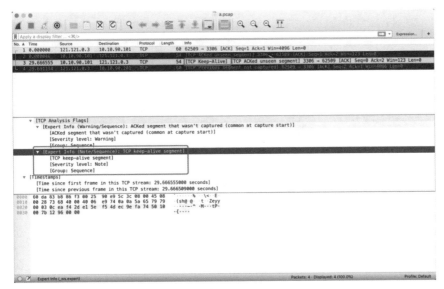

圖 29-1

　　舊連接需要持續 7200s 才釋放，就是由 TCP 的 Keepalive 造成。這裡需要介紹一下 TCP 的 Keepalive，它是從 Linux Kernel 2.2 開始引入的心跳封包，主要是為了驗證長時間沒有互動的連接是否仍然存活，因此設計的網路探測機制。假設 A 和 B 透過 3 向交握建立 TCP 連接，由於各種原因 B 突然中斷了，此時 A 如果一直沒有跟 B 通訊，便永遠無法發現其間的連接有異常，對應的連接狀態也一直被誤認為 ESTABLISHED。引入 TCP Keepalive 機制的連接，每隔 tcp_keepalive_time（預設 7200s）就會探測一次，確認連接沒有異常。如果有些連接已經中斷，便可儘早檢測到，以釋放資源。

　　TCP 的 Keepalive 機制模式預設為未開啟，如果打算開啟的話，需要在 Socket 連接時設定 SO_KEEPALIVE 選項。MySQL 為了避免連接被長期佔用，建立連接時會設定這個選項，以開啟 TCP 的 Keepalive 機制。原始碼如下：

```
# vio/viosocket.c
int vio_keepalive(Vio* vio, my_bool set_keep_alive)
{
  int r=0;
  uint opt = 0;
  DBUG_ENTER("vio_keepalive");
  DBUG_PRINT("enter", ("sd: %d  set_keep_alive: %d",
            mysql_socket_getfd(vio->mysql_socket), (int)set_keep_alive));
  if (vio->type != VIO_TYPE_NAMEDPIPE)
  {
```

```
    if (set_keep_alive)
      opt = 1;
    r = mysql_socket_setsockopt(vio->mysql_socket, SOL_SOCKET, SO_
KEEPALIVE,
                                (char *)&opt, sizeof(opt));
  }
  DBUG_RETURN(r);
}
```

關鍵函數呼叫堆疊如下，有興趣的讀者可以閱讀對應的原始碼。

```
handle_connection                      # 使用者連接建立初始化執行緒函數
  for (;;)
    thd_prepare_connection(thd)        # 初始化連接
      login_connection()               # 建立連接並設定讀寫 net_timeout
        check_connection()             # MySQL 握手，使用者名稱和密碼認證，並驗證 ACL
          vio_keepalive(net->vio, TRUE); # 設定 SO_KEEPALIVE
```

舊連接需要等待 7200s 後才釋放的問題找到了，相對的，在資料庫伺服器上是否能看到具體 Keepalive 心跳還剩多少時間，以進行下一次重發？當然可以，透過 netstat 的 -o、--timers 選項，便可查詢下一次重發時間。如下所示，10.10.90.221 的 33763 埠的用戶端，以 TCP 協定連接到 10.10.90.220 的 3306 埠的 MySQL 伺服器，可以看到還有 88.11s 就會收到 mysqld 服務處理程序發出的 Keepalive 心跳封包。

```
[root@localhost ~]# $netstat -nalpo |grep mysql
tcp        0      0 10.10.90.221:33763  10.10.90.220:3306  ESTABLISHED
6449/mysqld keepalive (88.11/0/0)
```

那麼，什麼原因導致連接數翻倍呢？這個問題很簡單。新建的連接是切換後由應用重新發起，之前發起的舊連接仍然連到資料庫上，自然連接數就是原來的兩倍。程式確實釋放舊的連接，但是由於切換後原來的 LVS 是以 kill -9 直接清理掉，釋放連接訊息無法透過原來的 LVS 傳給 mysqld 伺服器，導致資料庫接收不到相關的資訊，因此一直沒有釋放這個連接，最終造成 MySQL 伺服器上有兩倍的連接數（其實有一半連接都已經「死」了），直到下一次 mysqld 的 TCP Keepalive 心跳探測發起，才釋放舊的連接。

29.4　解決方案

解決這個問題，主要有兩種方式。

（1）只需要在 MySQL 所在的 Linux 系統，設定 net.ipv4.tcp_keepalive_time 為較小的值就行，例如 90，即每隔 90s mysqld 就發送一個心跳封包，用來探測連接是否已經中斷。但如果 net.ipv4.tcp_keepalive_time 的值過小，頻繁地探測網路連接，對網路以及系統資源的消耗比較大；也可以透過主動連接唯讀 MySQL 實例釋放對應的連接等方式，以解決雙倍連接的問題。

（2）正常切換時，並不釋放原來的 LVS，這樣應用釋放連接的資訊便可轉發到唯讀實例，進而釋放舊的連接。但是，這種方式避免不了當 LVS 所在的伺服器崩潰時，釋放連接的資訊無法轉發的問題。

29.5　本章小結

本章透過在 Keepalived + LVS + MySQL 半同步架構下，唯讀 MySQL 實例無法釋放舊連接的案例，介紹 MySQL 連接逾時釋放的大致分析概念，以及 Linux 網路對資料庫效能的影響，建議參考相關內容分析遇到的資料庫連接問題。

MySQL 有很多逾時參數，可以閱讀官方文件或者本書附錄的相關參數說明。另外，本案例只解釋對於空閒連接，MySQL 需要等 TCP Keepalive 心跳逾時（透過 net.ipv4.tcp_keepalive_time 設定）才會中斷連接。如果不是空閒，而是活躍的連接，在網路斷開時，MySQL 已經傳送了資料，正等待用戶端確認；或者，MySQL 正好要發送資訊給用戶端，此時 Linux 網路有哪些控制參數？有興趣的讀者可以在網路搜尋相關內容，或者系統性地學習「神級人物」W. Richard Stevens 的《TCP/IP 詳解（卷 1）：協定》《TCP/IP 詳解（卷 3）：TCP 交易協定、HTTP、NNTP 和 UNIX 網域協定》等經典著作，詳細瞭解電腦網路的相關內容。

NOTE

## 第 30 章

查詢 MySQL 偶爾比較慢

　　本章透過同一個客戶網路和伺服器效能最佳化的案例，示範相對較複雜的情況下，多因素導致資料庫效能下降的場景和效能最佳化的方法，建議舉一反三，對自己的環境進行最佳化和驗證。

30.1 環境組態

- 伺服器：HUAWEI RH2288 V3。
- CPU：E5-2650。
- 記憶體：96GB。
- MySQL：mysql-8.0.20-linux-glibc2.12-x86_64。
- 作業系統：RHEL 6.7。
- 核心：2.6.32-573。
- MySQL 架構：PHP + MHA + MySQL 非同步複製。

30.2 問題現象

　　客戶抱怨資料庫偶爾會特別慢，查看應用的日誌後發現，一道簡單、根據資料庫主鍵查詢語句的執行時間，竟然都達到秒等級 [8]。

8　這個問題現象的描述非常短，其實大部分客戶的描述也是如此。問題的定義、診斷排查，本來就是 DBA 的工作，日常工作中 DBA 需要不斷詢問問題的細節，抽絲剝繭，以找到問題的根源。

30.3 診斷分析

首先確認是否為 MySQL 本身執行時間的問題，檢查 long_query_time 的設定，它的值為 0.5；接著又查看慢日誌，發現 MySQL 伺服器統計的慢查詢，平均每秒不到一個，跟用戶端統計的每秒 30 個並不符合。請客戶提供應用執行的 SQL 語句，在 MySQL 伺服器手動執行這些 SQL 語句時，速度都很快，也沒有被 MySQL 伺服器記錄為慢查詢；透過 explain 檢查 SQL 語句的執行計畫，使用的是主鍵索引，看起來都沒有問題。

接下來請客戶直接發起一個查詢，在 MySQL 伺服器透過 tcpdump 抓封包來追蹤這個問題，具體的工具與方法請參考「第 26 章 SQL 語句執行慢真假難辨」，此處便不詳述具體細節。筆者和網路工程師一起分析整個鏈路，最終發現問題的根源。原來用戶端連接 MySQL 伺服器採用 DNS 的方式，其中一台應用程式伺服器對應的閘道組態有誤，導致 DNS 伺服器連接到異地機房的 DNS 伺服器，增加額外的網路延遲，進而造成請求的回應時間很長。一旦修改為正確的 DNS 伺服器以後，就沒有問題了。

說到 DNS，MySQL DBA 首先想到的可能還有一個參數，即 skip-name-resolve，它用來避免 DNS 反解析。如果沒有禁用，MySQL 需要根據用戶端的 IP 位址反解析網域名稱，確定是否拒絕存取，導致連線速度比較慢。一般來說，建議 MySQL 設定 skip-name-resolve，亦即沒有必要在 MySQL 保留用戶端的網域名稱，只需以 IP 位址作為 MySQL 登錄認證的識別字就行。注意：skip-name-resolve 用來設定 MySQL 伺服器端是否需要反解析網域名稱，與用戶端連接 MySQL 伺服器是否採用 DNS 的方式沒有關係。也就是說，即使設定了 skip-name-resolve，用戶端以 DNS 連接 MySQL 伺服器也沒有問題。

解決這個問題以後，查看 MySQL 伺服器的慢查詢日誌仍有部分疑點。客戶的業務壓力是間歇性的，每次間歇性的高峰剛到達時，還是有資料庫 SQL 語句執行緩慢的問題，一些平時效能還不錯的 SQL 語句都會進入慢查詢中。

手動執行對應 SQL 語句的時間，基本上都在 500ms 以下。SQL 語句的寫法和執行計畫都沒有問題，慢查詢只在業務壓力突然增加的時候出現。接下來筆者又做了下列排查：

- 排查空閒時是否有部分分頁被交換出去。如果是，便會導致 SQL 存取的資料不在記憶體，進而出現效能問題。但是檢查 swap 交換區，發現其空間一直為 0，所以剔除這個原因。

- 是不是在業務高峰期時，之前的記憶體分頁已經刷新到磁碟，所以必須從中讀取資料，導致 SQL 回應延遲增加？但是業務的熱點資料遠遠小於緩衝池的大小，dump 正常回應時間和業務高峰期的緩衝池進行分析，發現兩者的差距並不明顯。

在一個偶然的情況下，我們以 cat /proc/cpuinfo 查看 CPU，發現一個奇怪的現象：

```
model name : Intel(R) Xeon(R) CPU E5-2650 v2 @ 2.60GHz
...
cpu MHz : 1724.023
```

　　2.60GHz 的 CPU 只有 1.7GHz（1724.023）？！有經驗的讀者應該能猜到，這其實是節能模式惹的禍（詳情請參考 30.5 節「CPU 節能模式」）。解決方案很簡單：從 BIOS 到作業系統關閉節能模式，調整主機板為最大效能模式，才算徹底解決這個業務的 SQL 效能問題。

30.4　選擇 VIP 還是 DNS 存取 MySQL

30.4.1　VIP 之殤

　　相信操作過 MySQL 高可用方案的讀者一定熟悉 VIP，甚至有人使用 Keepalived 或者類似的軟體設計過 MySQL 的 VIP 切換方案——在 MySQL 主儲存庫出現服務異常時，即時切換到備援庫提供服務。

　　為了保證業務的連貫性，避免由於某台伺服器或作業系統異常導致業務異常，將 VIP 即時切換到新的 MySQL 實例，既能立即對外提供資料庫服務，又能避免應用必須設定新的資料庫位址。透過 VIP 遮罩資料庫存取位址切換的問題，對應用程式來說相對友善一些。

　　但是 VIP 也有一些既有的問題。

　　（1）二層網路問題

　　進行 VIP 切換之前，必須打通二層網路，如果主備機在兩個不同的機房，機房間又沒有打通二層網路，那麼這個 VIP 就無法透通。當發生故障時，應用無法存取備援機器，進而導致業務中斷。

（2）交換機問題

由於交換機出現 Bug 等問題，無法將 VIP 切換到新的備援機存取。對於這類硬體的問題，只能請硬體廠商的工程師到現場解決。但是，此時業務可能已經中斷了好幾個小時。

30.4.2 DNS 之痛

當查詢網站資訊或者以 App 取得服務，一般都是透過 DNS 來進行。主要有兩大好處：一是 DNS 名稱容易記住，例如 www.woqutech.com 要比 114.215.101.180 這種 IP 位址好記得多；二是 DNS 不要求後台伺服器位於一個二層網路環境中。

但是，如果要以 DNS 做 MySQL 的高可用切換方案，也有一些缺陷。

（1）用戶端 / 瀏覽器快取

DNS 一般都有用戶端或者瀏覽器快取，如果後台的 MySQL 伺服器切換，之前的 DNS 仍然指向原來的主儲存庫，那麼應用的請求就會出錯。在這種情況下，可要求用戶端的 DNS 快取淘汰和過期時間設得比較短，以便儘快完成切換。

（2）伺服端快取

提供 DNS 服務的伺服器也有快取，並且一般還不止一個，可能有上下好幾層。此時若想確保所有伺服端的 DNS 快取都更新為新的位址，將是一個比較大的挑戰。

當然，DNS 快取失效還有一個小訣竅，就是在切換到新的主儲存庫前，可將 DNS 設為一個錯誤的位址，以加快 DNS 快取的失效淘汰速度。

30.4.3 VIP 切換還是 DNS 切換

整體來說，建議經驗比較豐富、網路系統管理員的能力足夠強、SA 系統管理員對整個鏈路足夠瞭解的團隊選擇 DNS 切換方案，否則還是使用 Keepalived 等 VIP 切換軟體，建置 MySQL 的高可用切換方案。

30.5 CPU 節能模式

細心的讀者可能在伺服器發現過一個有趣的現象：當執行 cat /proc/cpuinfo 時，看到 CPU 顯示的目前頻率，竟然跟出廠標示的頻率不一樣：

```
[root@localhost ~]# cat /proc/cpuinfo
processor       : 5
model name      : Intel(R) Xeon(R) CPU E5-2620 0 @ 2.00GHz
...
cpu MHz         : 1200.000
```

這是一顆 Intel E5-2620 的 CPU，2.00GHz×24，但是查看 CPU 頻率時，發現第 5 顆 CPU 的頻率只有 1.2GHz。它來自 CPU 的最新技術：節能模式。具有節能功能的 CPU，允許有多種節能等級，對應至不同的 C-states，並且風扇的轉數也會由於節能而降低。作業系統和 CPU 硬體需彼此配合，在系統不繁忙時，為了節約電能和降低溫度，它會將 CPU 降頻。這對於環保人士和抵制地球變暖來説是一個福音，但是對於 MySQL 而言可能是一場災難。

為了保證 MySQL 能夠充分利用 CPU 的資源，建議將 CPU 設為最大效能模式。可分別在 BIOS 和作業系統設定，但是建議在前者進行更好、更徹底。由於各種 BIOS 類型的區別，設定 CPU 為最大效能模式千差萬別，例如 DELL 的 BIOS 如下：

```
SystemBios->System Profile Settings --> System Profile = Performance
IDRAC Setting->Thermal --> Thermal Base Algorithm = Maximum
performance(Performance optimized)
            User option = Fan Speed Offset
            Fan Speed Offset = High Fan Speed Offset
```

稍微延伸一下，CPU 作為服務中最大的耗能設備將預設為節能模式，而風扇、記憶體、磁碟、網卡、PCIe 介面等都有相關的節能設定，請儘量關閉節能模式。

30.6 本章小結

本章從客戶連接 MySQL 緩慢的兩個案例出發，介紹 DNS 和 CPU 節能模式對 MySQL 效能的影響。建議在資料庫伺服器上儘量關閉節能模式，充分發揮底層硬體的全部能力。

NOTE

第 31 章

MySQL 最多只允許 214 個連接

本章從原理和原始碼兩方面著手，解析 MySQL 經典的最大連接數為 214 的案例，引出作業系統資源限制的話題，並結合目前最熱門的雲端計算和容器技術，介紹資源分佈和組合趨勢的相關概念。

31.1 環境組態

- 伺服器：DELL PowerEdge R740。
- CPU：E5-2650 V3。
- 記憶體：64GB。
- MySQL：mysql-8.0.20-linux-glibc2.12-x86_64。
- 作業系統：RHEL 7.4。
- 核心：2.6.32-504。
- MySQL 架構：MHA + MySQL 非同步複製。

31.2 問題現象

有客戶反應資料庫連不上，希望幫忙解決一下。此處以應用的 MySQL 用戶端遠端登入，嘗試連接 MySQL 資料庫，錯誤訊息為「ERROR 1040 (HY000): Too many connections」，也就是說，資料庫達到最大連接數，不接受新的連接了。

31.3 診斷分析

這個錯誤很經典，錯誤訊息也很明確，就是應用端連接超出 MySQL 允許的最大連接數（max_connections），通常只要把 max_connections 設得更大，或者限制應用端的資料庫連接數就行了。客戶使用 Java 連接池連接資料庫，有兩台伺服器，組態的最大連接數都是 200。查看 MySQL 設定檔 my.cnf，max_connections 設為 800。200 × 2 = 400 遠遠小於 800，同時檢查了應用程式伺服器，確認連接數並沒有超過 400。為什麼連接數沒有達到 MySQL 的連接數限制，MySQL 卻報錯說連接數過多，難道是 MySQL 的 Bug？

還好，雖然應用的帳號連接不上，但利用後台的維運管理帳號卻沒有問題，首先檢查最大連接數：

```
mysql> show variables like 'max_connections';
+-----------------+-------+
| Variable_name   | Value |
+-----------------+-------+
| max_connections | 214   |
+-----------------+-------+
1 row in set (0.00 sec)
```

提示：為了避免在連接數滿溢的情況下無法維護資料庫，從 MySQL 4.1 版本開始支援的最大連接數是 max_connections+1。除了支援使用者最多可以有 max_connections 個連接以外，還允許擁有 SUPER 權限的帳號多一個連接，好在資料庫進行操作。自 MySQL 8.0.14 版以後，可以設定 MySQL 開啟獨立的管理員維護埠給有 SERVICE_CONNECTION_ADMIN 權限的帳號連接，這個埠完全不受 max_connections 的限制。

雖然 MySQL 設定檔要求設定的最大連接數為 800，但實際上最多只允許 214 個連接。檢查 MySQL 開機記錄，看到 MySQL 限制 max_connections 為 214 的錯誤訊息如下：

```
 2020-08-15T14:10:20.263671Z 0 [Warning] Could not increase number of max_
open_files to more than mysqld (request: 65535)
 2020-08-15T14:10:20.266872Z 0 [Warning] Changed limits: max_connections:
214 (requested 2000)
 2020-08-15T14:10:20.266902Z 0 [Warning] Changed limits: table_open_cache:
400 (requested 4096)
```

　　這個問題很容易解決，應用端主動釋放資料庫連接（不管是用戶端 MySQL 連接還是應用程式的連接），或者在 MySQL 資料庫增加最大連接數，如下所示：

```
mysql> show variables like 'max_connections'\G
*************************** 1. row ***************************
Variable_name: max_connections
        Value: 214
1 row in set (0.01 sec)

mysql> set global max_connections=800\G
Query OK, 0 rows affected (0.00 sec)
```

　　此時，應用程式就可以正常存取了。

　　當然，上述解法只是一個臨時的解決方案，當 MySQL 重啟後，max_connections 又會恢復為 214。

　　為了徹底解決這個問題，再次確認客戶的設定檔，只有一個 /etc/my.cnf 檔案，沒有其他設定檔覆蓋的問題，其中的 max_connections 也確實設為 800。但是，上面連接 MySQL 伺服器時，查到的 max_connections 實際上為 214。

```
max_connections = 800
```

　　作為「專業」的 MySQL DBA，看到 max_connections 為 214 應該覺得很熟悉，這明顯是作業系統處理程序可開啟的檔案控制代碼大小限制為 1024 的問題。如果打算解決的話，只需使用 ulimit 提高此數字就行。但是，使用 ulimit -a 命令查看後，發現 open files 的大小限制已經擴充為 65535。

```
[root@localhost ~]# ulimit -a
...
open files (-n) 65535
...
```

　　既然檔案控制代碼大小限制已經這麼高，mysqld 為什麼還要限制 max_connections 為 214 ？建議闔上本書思考一下，還可以排查哪些地方？

　　筆者確實也找了很久，才發現問題：

```
[root@localhost ~]# ps -ef|grep '\<mysqld\>'
mysql 28192 26787 0 12:40 pts/7 00:00:06 /usr/local/mysql/bin/mysqld
--defaults-file =/home/mysql/conf/my1.cnf --basedir=/usr/local/mysql --datadir=/
home/mysql/data/mysqldata1 /mydata --plugin-dir=/usr/local/mysql/lib/plugin
--log-error=/home/mysql/data/mysqldata1/ log/error.log --open-files-limit=
65535 --pid-file=/home/mysql/data/mysqldata1/sock/mysql. pid --socket=/home/
```

```
mysql/data/mysqldata1/sock/mysql.sock --port=3306
  mysql 29137 25101 0 12:56 pts/7 00:00:00 grep --color=auto \<mysqld\>

  [root@localhost ~]# cat /proc/28192/limits
  Limit Soft Limit Hard Limit Units
  Max cpu time unlimited unlimited seconds
  Max file size unlimited unlimited bytes
  Max data size unlimited unlimited bytes
  Max stack size 8388608 unlimited bytes
  Max core file size 21474836480 21474836480 bytes
  Max resident set unlimited unlimited bytes
  Max processes 4096 7273 processes
  Max open files 1024 4096 files # 由此得知 mysqld 的最大檔案控制代碼大小為 1024
  Max locked memory unlimited unlimited bytes
  Max address space unlimited unlimited bytes
  Max file locks unlimited unlimited locks
  Max pending signals 7273 7273 signals
  Max msgqueue size 819200 819200 bytes
  Max nice priority 0 0
  Max realtime priority 0 0
  Max realtime timeout unlimited unlimited us
```

　　mysqld 處理程序的最大檔案控制代碼大小限制為 Max open files 1024 4096 files，軟性限制為 1024，說明在 MySQL 啟動時，最大檔案控制代碼大小限制還只是 1024，並不是當下使用 ulimit -a 看到的 65535。詢問客戶後才瞭解，他們比較熟悉 Linux 系統，當看到錯誤以後，參考網路上的文章執行 ulimit 修改了此數字，以及 /etc/security/limits.conf 檔。但由於對 MySQL 不熟悉，並沒有登錄 MySQL 伺服器更改 max_connections 參數值，也沒有特別重啟伺服器和 MySQL 處理程序，於是導致系統明明已經放開處理程序的最大檔案控制代碼大小為 65535，但是對於已經正常運行的 mysqld 處理程序來說，其實最大的檔案控制代碼大小仍然是 1024。對於 DBA 來說，這就等同於修改 my.cnf 設定檔的對應變數，但是並沒有更改正在運行的 MySQL 的變數值，因此該變數自然沒有生效。

31.4 解決方案

1. MySQL 線上修改最大連接數

　　若想修改 MySQL 伺服器的最大連接數，可先登錄 MySQL 並執行「set global max_connections=800」命令，設定最大連接數為 800。

```
mysql> set global max_connections=800\G
Query OK, 0 rows affected (0.00 sec)
```

2. Linux 提高處理程序最大檔案控制代碼大小限制

此參數的修改，可以使用 ulimit 命令線上更改 Linux 系統的最大檔案控制代碼大小限制。若想使修改永久生效，還得編輯 limits.conf 檔，將 ulimit 命令加到 rc.local 檔案，以便 sshd 能以 65535 這個最大檔案控制代碼大小限制啟動，然後重啟伺服器。ulimit 命令和檔案修改範例如下：

```
[root@localhost ~]# ulimit -HSn 65535

[root@localhost ~]# cat /etc/security/limits.conf
...
* soft nofile 65535
* hard nofile 65535
...

[root@localhost ~]# cat /etc/rc.local
...
/etc/init.d/sshd stop
ulimit -HSn 65535
/etc/init.d/sshd start
...
```

31.5 MySQL 最大連接數為 214 的原始碼解析

為什麼 Linux 限制最大檔案控制代碼大小為 1024，導致 MySQL 限制 max_connections 為 214，而不是 500 或者其他值？具體可以看一下 sql/mysqld.cc 的 adjust_open_files_limit() 和 adjust_max_connections() 函數。截取部分原始碼如下：

```
void adjust_max_connections(ulong requested_open_files)
{
  ulong limit;

  limit= requested_open_files - 10 - TABLE_OPEN_CACHE_MIN * 2;

  if (limit < max_connections)
  {
    sql_print_warning("Changed limits: max_connections: %lu (requested %lu)",
                      limit, max_connections);
```

```
    // This can be done unprotected since it is only called on startup.
    max_connections= limit;
  }
}
...
```

可以看到，limit= requested_open_files - 10 - TABLE_OPEN_CACHE_MIN * 2。MySQL 的最大連接數受到 requested_open_files 的限制，而巨集定義 TABLE_OPEN_CACHE_MIN = 400，因此最大檔案控制代碼大小只能達到 1024-10-400×2=214，這就是數字 214 的由來。其實並不是每個連接都需要這麼多檔案控制代碼，**所以可以手動把連接數臨時改大一點，MySQL 不一定馬上就會遇到此參數的限制。**

下面順便解釋一下幾個「魔數」。

- 減去 10：主要是預留給二進位日誌檔、中繼日誌檔、慢查詢日誌檔等檔案控制代碼。

- 乘以 2：雖然對於 InnoDB 儲存引擎採用了 innodb_file_per_table，開啟每個 InnoDB 資料表只需要一個檔案控制代碼，但是由於 MyISAM 儲存引擎有 MYD 資料檔案和 MYI 索引檔兩個控制碼，MySQL 無法保證底層的儲存引擎一定就是 InnoDB，所以按照最大值來計算，採用 TABLE_OPEN_CACHE_MIN×2。

31.6 Linux 資源限制

讀者可能會對 Linux 的資源限制覺得反感，所有的資源都開放給 MySQL 使用就好了，檔案控制代碼有限制，處理程序數有限制，網路快取有限制，不是故意「找碴」嗎？關於資源限制這個問題說來話長，要從電腦最開始的多使用者系統，說到目前非常火熱的雲端計算和容器技術。本節先做一個簡單的概括，並介紹實際工作中 DBA 可能會遇到的 Linux 資源限制，以及 MySQL 本身的資源限制情況。

31.6.1 資源拆分和組合

1. 資源拆分

電腦剛剛出現時是一種巨大且昂貴的資源，從最開始的紙帶輸入到組合語言階段，就開始出現多使用者的雛形。程式人員總是把作業做成批次處理才申請電腦資源，以批量方式持續地運行，而不是一個人佔據電腦逐字敲入程式碼。

加上作業系統以後，電腦很快成了多使用者系統，更多的人允許同時操作同一台電腦的資源，而感覺不到其他人的使用（資料庫中 ACID 的 Isolation（隔離性），就想達到這個目標）。Linux 藉助資源隔離實現此目標，而虛擬化、容器，以及結合兩者的虛擬化容器技術，則為這個目標提供更進一步的解決方案。現在公有雲和私有雲的興起和不斷增長的需求，更放大了此功能的價值。

此外，Linux 本身對處理程序資源的拆分比較有限，而電腦的共用資源非常多，怎麼保證使用者在意識不到其他人共用機器，以及不影響他人使用的情況下，能夠正常地操作機器資源，包括儲存（IOPS、儲存空間等）、記憶體（空間大小、NUMA 節點分配）、CPU（佔用的 CPU 核心數，在更嚴格的情況下會改用 vCPU 的概念，進而確定使用者能夠使用的 CPU 數量）、網路（各種網路設備、路由表的獨立性）、命名空間（各個使用者的處理程序序號的獨立性）等呢？

為了達到最大程度的隔離，電腦科學家首先採用虛擬化技術實作資源的共享，在作業系統上虛擬另外一套作業系統。使用者在一個作業系統的操作和更新，會被轉換成另外一個作業系統的請求來完成，虛擬出來的兩個作業系統彼此完全隔離，兩個系統上的使用者相互之間沒有任何影響。由此也湧現出 VMWare、VirtualBox（被 Oracle 收購）、KVM、Xen 等一系列優秀的虛擬化軟體。

但是，由於虛擬化需要轉換使用者所有的指令，除了 CPU 指令外，還有 I/O 請求以及網路請求，導致效能損耗非常大，現在業界常規的虛擬化損耗約為 14% 左右。為了避免這種情況，虛擬化軟體引入大量的穿透技術，讓宿主機的一些資源可以分派給指定的虛擬機器，例如利用 SR-IOV 根據硬體進行網路虛擬化映射。

經過 Cgroup、LXC、Container 的演變，容器逐漸取代部分虛擬化，以完成部分資源隔離的任務。雖然容器還是需要共享一部分資源（作業系統核心），但是它有自己獨立的命令空間，並且保證運行於各個容器的處理程序 CPU、記憶體相互不影響，處理程序 PID 也彼此隔離。容器最大的好處就是額外的資源消耗少，啟動、停止也非常快。不過缺點也很明顯，資源隔離沒有虛擬機器那麼好。

2. 資源組合

很多軟體並不是嫌資源多而是嫌少，例如大數據 Hadoop，動輒透過幾百甚至上萬台伺服器執行 Map/Reduce 完成一個任務。談到關聯式資料庫，Oracle 的 RAC 叢集可以藉由 ASM 利用多個磁碟的 I/O 能力，MySQL 的 NDB 設計希望充分利用多台伺服器的計算和儲存能力，阿里巴巴開源的 Cobar 以及由此發展出來的 Mycat 中介軟體，也希望透過整合多個分區，為業務提供更強的資料庫存取能力。

3. 拆分並組合

資源的拆分和組合並不是對立的，拆分並組合是未來的一種趨勢。資源拆分考慮的是各個應用程式之間相互的隔離性，而組合更多資源應對日益膨脹的業務需求，也是必然的事實，一切都為了業務的靈活性、穩定性和可擴展性。就分庫分表的分散式中介軟體來說，它把各個分區的資源整合起來，好對業務提供一個統一的存取介面，但是後台的 MySQL 可能是虛擬機器或容器。為了靈活性的考量，這些虛擬化資源都需要相互隔離，以進行資源拆分。

31.6.2 處理程序資源限制

本小節簡單介紹與處理程序資源限制相關的命令和檔案，亦即 ulimit、limit.conf 和 /proc/$pid/limits。

1. ulimit 命令

ulimit 主要是 Linux 用來限制處理程序對資源使用的命令，它支援各種類型的限制，例如處理程序資料區塊的大小限制、處理程序最大控制代碼數限制等。

透過「ulimit -a」可以看到 Linux 處理程序有哪些資源限制：

```
[root@localhost ~]# ulimit -a
core file size          (blocks, -c) 20971520
data seg size           (kbytes, -d) unlimited
scheduling priority             (-e) 0
file size               (blocks, -f) unlimited
pending signals                 (-i) 7273
max locked memory       (kbytes, -l) unlimited
max memory size         (kbytes, -m) unlimited
open files                      (-n) 65535
pipe size            (512 bytes, -p) 8
POSIX message queues     (bytes, -q) 819200
real-time priority              (-r) 0
stack size              (kbytes, -s) 8192
cpu time               (seconds, -t) unlimited
max user processes              (-u) 16384
virtual memory          (kbytes, -v) unlimited
file locks                      (-x) unlimited
```

MySQL DBA 比較關心的資源限制項目如下。

- core file size (blocks, -c) 20971520：core dump（轉儲）檔案的大小限制。0 表示 mysqld 崩潰，不記錄 core dump 檔。

- max locked memory (kbytes, -l) unlimited：最大鎖定記憶體大小。如果 MySQL
  服務要開啟大分頁，由於需要鎖定記憶體，所以要設成最大鎖定記憶體大小，
  一般是「unlimited」（無限制）。

- open files (-n) 65535：單個處理程序可以開啟的檔案控制代碼大小。MySQL
  服務是根據檔案系統（不像 Oracle 是根據區塊設備）存取儲存裝置，最大檔
  案控制代碼數可以設得比較大，一般系統設為 65535 就已足夠。

- max user processes (-u) 16384：單個處理程序可以擁有的最多子處理程序
  數 量。RHEL 6 新 增 了 /etc/security/limits.d/90-nproc.conf（RHEL 7 為 /etc/
  security/limits.d/20-nproc.conf），專門用於設定每個處理程序可以 fork 的子
  處理程序數，此設定也有可能限制 MySQL 新建的執行緒個數，報錯「Can't
  create a new thread (errno 11)」。所以，建議直接清理 /etc/security/limit.d 下的
  *nproc.conf 檔案，並於 limits.conf 設定較大的值，例如 16384。

2. limits.conf 檔案

ulimit 命令只能線上修改 Linux 的資源限制，如果要保證重啟後也能生效，必須
修改 /etc/security/limits.conf 設定處理程序的資源限制。例如，MySQL 伺服器可以刪
除 limits.d/20-nproc.conf 或者 limits.d/90-nproc.conf，並設定 limits.conf 如下：

```
* soft nproc 16384
* hard nproc 16384
* soft nofile 65536
* hard nofile 65536
* hard memlock unlimited
* soft memlock unlimited
```

提示：大部分資料庫伺服器「繼承」的是系統管理員 SA 對 core 檔的大小限制，
因此 limits.conf 就不單獨列出這部分的內容。

3. /proc/$pid/limits 檔案

當處理程序執行後，它的資源限制會記錄到對應至該處理程序的 /proc/$pid/limits
檔案。以 ulimit 命令修改全域的系統資源限制，並不會影響已經運行的處理程序。若
想查詢已經運行的處理程序的資源限制，應該直接開啟上述的 /proc/$pid/limits 檔案，
$pid 指的就是該處理程序的序號。

31.6.3 MySQL 內部資源限制

從系統的資源隔離和限制方面來說，MySQL 比 Oracle 等商業資料庫要不足一些。

MySQL 在建立帳號時，可以加上對該帳號每小時發起的最大語句數（MAX_QUERIES_PER_HOUR）、最大更新語句數（MAX_UPDATES_PER_HOUR）、最大連接數（MAX_CONNECTIONS_PER_HOUR）等限制，或者是對該帳號同一時刻的並行連接數（MAX_USER_CONNECTIONS）等。使用者資源限制語法如下：

```
resource_option: {
    MAX_QUERIES_PER_HOUR count
  | MAX_UPDATES_PER_HOUR count
  | MAX_CONNECTIONS_PER_HOUR count
  | MAX_USER_CONNECTIONS count
}
```

除此之外，MySQL 對磁碟空間、CPU 使用等，並沒有更細微性的限制。

31.7 本章小結

本章從 MySQL 連接數最多只能為 214 的案例出發，介紹 Linux 資源限制對 MySQL 效能的影響。Linux 和 MySQL 都是多使用者系統，都希望使用者之間相互不影響，進而進行一些限制。隨著虛擬化、容器、雲端計算等新技術的發展，資源限制和隔離必然會越來越精細化。如果 DBA 發現 MySQL 處理程序有申請資源出錯的情況，便可查看是否受到相關的限制。

第 **32** 章
MySQL 掛起診斷概念

本章透過 MySQL 效能陡降為 0、無法繼續提供服務的案例，介紹在極端情況下問題的解決思緒和診斷方法。建議直接參考，儘量縮減資料庫故障時間。

32.1 環境組態

- 伺服器：DELL PowerEdge R740。
- CPU：E5-2696 V3。
- 記憶體：256GB。
- MySQL：mysql-8.0.20-linux-glibc2.5-x86_64。
- 作業系統：RHEL 6.6。
- 核心：2.6.32-504。
- MySQL 架構：主備非同步複製。

32.2 問題現象

客戶考慮「雙 11」的壓力比較大，特意配備了較高效能的伺服器，並於上線前以 sysbench 做了最簡單的效能壓力測試，結果發現 MySQL 資料庫在 insert、update 高並行的情況下會出現掛起（hang 住）的現象。

sysbench 採用 1.0.9 版本，壓力測試指令如下：

```
[root@localhost ~]# sysbench --db-driver=mysql --time=60000 --report-interval=1 --mysql-host=10.244.0.3 --mysql-port=3306 --mysql-user=sbtest --mysql-password=sbtest --mysql-db=sbtest -tables=24 --table-size=500000 --db-ps-mode=disable oltp_insert run  --threads=256
```

sysbench 壓力測試結果如圖 32-1 所示。

由此得知，當壓力測試到 653s 時出現 MySQL 無法寫入的問題。此時，在 MySQL 進行任何更新操作都會掛住，沒有回應。

```
[ 639s] threads: 256, tps: 0.00, reads: 0.00, writes: 22490.85, response time: 32.03ms (95%), errors: 0.00, reconnects:  0.00
[ 640s] threads: 256, tps: 0.00, reads: 0.00, writes: 22720.42, response time: 31.67ms (95%), errors: 0.00, reconnects:  0.00
[ 641s] threads: 256, tps: 0.00, reads: 0.00, writes: 23794.83, response time: 30.00ms (95%), errors: 0.00, reconnects:  0.00
[ 642s] threads: 256, tps: 0.00, reads: 0.00, writes: 23133.62, response time: 30.87ms (95%), errors: 0.00, reconnects:  0.00
[ 643s] threads: 256, tps: 0.00, reads: 0.00, writes: 23014.08, response time: 31.06ms (95%), errors: 0.00, reconnects:  0.00
[ 644s] threads: 256, tps: 0.00, reads: 0.00, writes: 28469.78, response time: 26.67ms (95%), errors: 0.00, reconnects:  0.00
[ 645s] threads: 256, tps: 0.00, reads: 0.00, writes: 32949.78, response time: 19.57ms (95%), errors: 0.00, reconnects:  0.00
[ 646s] threads: 256, tps: 0.00, reads: 0.00, writes: 33127.94, response time: 18.92ms (95%), errors: 0.00, reconnects:  0.00
[ 647s] threads: 256, tps: 0.00, reads: 0.00, writes: 33022.58, response time: 20.50ms (95%), errors: 0.00, reconnects:  0.00
[ 648s] threads: 256, tps: 0.00, reads: 0.00, writes: 26919.61, response time: 27.65ms (95%), errors: 0.00, reconnects:  0.00
[ 649s] threads: 256, tps: 0.00, reads: 0.00, writes: 24795.50, response time: 27.22ms (95%), errors: 0.00, reconnects:  0.00
[ 650s] threads: 256, tps: 0.00, reads: 0.00, writes: 24615.63, response time: 28.43ms (95%), errors: 0.00, reconnects:  0.00
[ 651s] threads: 256, tps: 0.00, reads: 0.00, writes: 25146.26, response time: 26.55ms (95%), errors: 0.00, reconnects:  0.00
[ 652s] threads: 256, tps: 0.00, reads: 0.00, writes: 9779.34, response time: 26.27ms (95%), errors: 0.00, reconnects:  0.00
[ 653s] threads: 256, tps: 0.00, reads: 0.00, writes: 0.00, response time: 0.00ms (95%), errors: 0.00, reconnects:  0.00
[ 654s] threads: 256, tps: 0.00, reads: 0.00, writes: 0.00, response time: 0.00ms (95%), errors: 0.00, reconnects:  0.00
[ 655s] threads: 256, tps: 0.00, reads: 0.00, writes: 0.00, response time: 0.00ms (95%), errors: 0.00, reconnects:  0.00
[ 656s] threads: 256, tps: 0.00, reads: 0.00, writes: 0.00, response time: 0.00ms (95%), errors: 0.00, reconnects:  0.00
[ 657s] threads: 256, tps: 0.00, reads: 0.00, writes: 0.00, response time: 0.00ms (95%), errors: 0.00, reconnects:  0.00
[ 658s] threads: 256, tps: 0.00, reads: 0.00, writes: 0.00, response time: 0.00ms (95%), errors: 0.00, reconnects:  0.00
[ 659s] threads: 256, tps: 0.00, reads: 0.00, writes: 0.00, response time: 0.00ms (95%), errors: 0.00, reconnects:  0.00
```

圖 32-1

32.3 診斷分析

1. 是否為系統資源等明顯錯誤導致

排除磁碟已滿、磁碟故障、網路連通、硬體故障等顯而易見的原因。

2. 問題是否可重現

在同一台伺服器、同一套 Linux 作業系統和 MySQL 版本上可以重現。

3. 類似環境比較

測試發現，只有在 insert、update 高並行的情況下才會出現這個問題。於 OLTP、delete、select 測試場景都沒有問題；insert、update 的 QPS 在 30,000 以下時不會出現這個問題；更換 CPU 測試，發現在 E5-2680 V3 的 CPU 上不會出現這個問題，而 E5-2696 V3 的 CPU 則會。

筆者在阿里巴巴工作時也遇過類似的問題，當時單台伺服器部署了多個 MySQL 實例，在系統組同事的協助下透過綁定 CPU 規避掉此問題，但是套用到本環境後卻沒有效果。

嘗試以 pstack 追蹤問題後發現，使用 gdb 和 pstack 查看 MySQL 的處理程序堆疊情況，能夠讓掛起的 MySQL 恢復服務，繼續執行 insert、update 壓力測試。撰寫腳

本每隔 1 分鐘執行一次 pstack $mysql_pid，測試 24 小時之後，沒有出現 MySQL 掛起的問題。如果客戶急著上線，那麼這個方法可以作為臨時解決方案。

4. 深入分析

透過 gdb 和 pstack 輸出 MySQL 掛起時的資訊，可以看到 MySQL 阻塞在 group_commit 的 pthread_cond_wait() 上，聯繫 MySQL 核心原始碼專家分析，並沒有發現我們關心的 Mutex（互斥鎖）相互等待鎖死等相關問題。

聯合 Linux 系統核心專家一起檢查，懷疑是 RHEL 6.6 核心的 futex_wait() Bug，該 Bug 在執行 gdb attach 或 strace attach 命令連接到掛起的 MySQL 處理程序，並斷開連接時便能解決此問題（pstack 本身是一個 shell 腳本，呼叫 gdb 取得處理程序的堆疊資訊）。

限於篇幅和本書主要定位為 MySQL 效能最佳化，這裡就不涉及更深層級 Linux 鎖的實作等細節，有興趣的讀者可於 RHEL 網站搜尋 futex_wait 關鍵字，以便查詢相關內容。

32.4 掛起時先做什麼

在實際的業務場景下，當 MySQL 掛起無法提供服務時，是否需要按照上述案例的方法一步步排查，找到原因，再制定解決方案？當真正出現影響業務連續性的問題時，DBA 首先要做的不是去分析和解決問題，而是讓業務繼續對外服務，保證業務的連續性。編寫一個腳本，每隔 1 分鐘執行一次 pstack $mysql_pid 作為臨時解決方案，為自己爭取分析的時間乃是首要任務。筆者建議先進行以下事情。

1. 業務可用性第一

優先保證業務可用性，正常情況下，都會對 MySQL 建置高可用方案，不管是自動切換還是手動切換。在無法支援業務繼續運作的情況下，優先考慮切換到備援庫為第一要務。

2. 保留現場資訊

如果可能的話，可以幫助核心碼的同事採集一些處理程序堆疊等故障資訊。利用 pstack 取得 MySQL 處理程序堆疊資訊，如果故障的發生有一定的機率，則可利用 pt-stalk 在條件觸發的情況下收集相關資訊。

3. 事後重現、排查解決問題

上述操作只是臨時解決問題，若想找到最終原因與解決方案，就需要事後的資料分析、重現故障以及驗證解決方案。

- 根據現場採集的處理程序堆疊資訊或者透過 pt-stalk 收集的資訊，利用 pt-pmp 或 pt-sift 分析故障現場情況。

- 根據已有的資訊，藉由 Google、MySQL Bugs 網站等確認其他人是否也遭遇過類似的問題 [9]，是否為同樣的現象。如果找不到類似的問題，建議提交 Bug 到 MySQL 官方，請相關人員提供幫助。

- 根據已有的資訊嘗試於離線環境重現問題，確認是一樣的現象，以驗證對故障問題的猜測。

- 根據解決方案解決問題，確認問題不再重現。

後面的工作就交給側重於資料庫原理和原始碼的高階 DBA 來做吧！他們對這兩部分的內容都有更深入的瞭解。

32.5 本章小結

本章透過一個 MySQL 掛起的案例，簡單介紹著重於核心和原始碼等級 DBA 的日常工作，並列出 MySQL 掛起時相關的處理建議。

9　有問題去搜尋 Google 可能會顯得很 low，但解決問題是第一要務。許多專家在搜尋自己的「事實性知識庫」時，一時找不到相關資訊，也會到 Google 瀏覽相關頁面，以便建立那些在記憶角落裡知識的關聯。Daniel T.Willingham 的《學生為什麼不喜歡上學》一書中，對大腦怎麼記憶、專家和非專家在思考和解決問題時的區別有詳細描述。

## 第 33 章

硬體和系統調校

本章彙總之前硬體或者作業系統對 MySQL 效能影響的因素，並分類列出從底層最佳化資料庫效能的相關方法。

33.1 硬體和系統調校概覽

前面章節透過案例介紹在硬體和系統層面最佳化資料庫效能的方法，本章便運用「獨孤九劍」，從 I/O、CPU、網路、處理程序等方面，具體說明如何破解硬體和系統層面的效能瓶頸，「料敵機先，攻其必救」。

除了 MySQL 外，所有的資料庫系統對 I/O 都特別敏感，基本上 80% 的系統效能瓶頸都在 I/O 上 [10]。

存放裝置的效能如表 33-1 所示。

表 33-1

硬體	ns	μs	ms	效能比較
L1 快取	0.5			
L2 快取	7			14 倍 L1 快取
記憶體存取	100			20 倍 L2 快取 200 倍 PCIe 4KB 寫入
Flash/NVMe 存取	20,000	20		200 倍記憶體存取
SSD 4KB 隨機寫入	65,000	65		600 倍記憶體存取
機械磁碟尋道	10,000,000	10,000	10	100,000 倍記憶體存取

---

10 這裡的 I/O 是指廣義上的 I/O 系統，包括記憶體和存放裝置，以及系統的 I/O 相關參數和檔案系統。

從 CPU 快取到記憶體、SSD 到 HDD，CPU 存取資料的效率逐步下降，這也是為什麼資料庫管理員需要聚焦於最佳化和提升 I/O 效能，解決資料庫瓶頸的原因。

1. 存放裝置

（1）強烈建議採用 Flash 設備，優先使用 NVMe 和 PCIe 介面的 Flash 設備

如果交易並行修改較多的話，代表底層存放裝置的讀寫壓力非常大，倘若其效能無法支撐這麼大量的 I/O 請求，MySQL 將被阻塞，無法提升資料庫並行處理能力。

一般的 SAS 硬碟使用磁碟，透過機械手臂、磁頭等存取和儲存資料，由於轉速限制，IOPS 一般在 150 次 / 秒左右，I/O 存取延遲為毫秒（ms）等級。而 Flash 裝置是電子設備，IOPS 一般為 4 ～ 10 萬次 / 秒，延遲一般是微秒（μs）等級。針對資料庫這種對 I/O 敏感的系統，便能大幅提升並行處理能力。

隨著 Flash 設備的逐漸普及，於是出現不同介面類型的 Flash 設備，如 SATA、PCIe、NVMe。

SATA 介面的 SSD，外觀上與一般的機械磁碟一樣。以 Intel S3700 為例，4KB 隨機寫入的 IOPS 能夠達到 3.6 萬次 / 秒（一般磁碟的 200 倍），延遲降到 65μs（一般機械磁碟的 1/10）。SSD 的外觀如圖 33-1 所示。

PCIe Flash 卡需要插在主機板的專門介面，不透過硬碟背板和 RAID 卡的轉發，因此速率更高。以 HGST 的 Ultrastar SN150 為例，IOPS 為 14 萬次 / 秒，是一般 SSD 的 3 倍，延遲在 20μs 以下，是一般 SSD 的 1/3。但是它的更換需要打開主機殼，相較之下，SATA 介面的 SSD 不用打開主機殼，可以隨時插拔磁碟，所以在維運方面會更麻煩一點。Flash 卡的外觀如圖 33-2 所示。

圖 33-1   圖 33-2

SATA 介面的磁碟使用 AHCI 介面標準，無法充分發揮 Flash 媒介的效能；PCIe Flash 媒介採用的都是各個廠商私有的介面標準，無法統一管理。2011 年，Intel 領頭發佈 NVMe 介面標準，以適配高速低延遲的存放裝置。支援 NVMe 介面標準的固態

硬碟和 PCIe Flash 卡，同樣可以達到 10 萬次 / 秒以上的 IOPS，以及 20μs 以下的 I/O 延遲。

（2）分開 binlog、redo 日誌檔和資料檔案

為了保證不丟失資料庫的資料，一般會設定 sync_binlog=1 和 innodb_flush_log_at_trx_commit=1。由於資料庫屬於 WAL 日誌先行，對日誌型的 I/O 存取，最主要的需求是循序寫延遲低；而一般資料由於是非同步 I/O 方式，對底層儲存最主要的需求是隨機讀寫 IOPS 高、並行 I/O 處理能力強。在 I/O 請求非常高的情況下，如果日誌型和資料檔案型的請求都落在同一個儲存系統，將出現相互衝突的情況。

由於 RAID 卡的快取速率跟記憶體速率屬於同一個等級，一般 HDD 和 SSD 的循序 I/O 也能達到 200MB/s 以上，已能滿足絕大多數 binlog 和 redo 日誌的循序 I/O。將這類對循序讀取和延遲要求較高的請求，放到帶有 RAID 卡快取的一般磁碟，既能獲得記憶體等級的回應延遲，也有快速的循序 I/O 能力，並且成本較低。

資料檔案要求隨機 I/O 並行處理能力強，只能透過 PCIe Flash 儲存或者不帶快取（Write Through）的 SSD，以提供 10 萬等級以上的高效能隨機 I/O 讀寫能力。不使用 RAID 快取的原因，主要是為了避免搶佔日誌型儲存的資源，避免競爭，而且 SSD 本身的 IOPS 能力已經足夠支撐大部分資料庫的 I/O 並行作業，不需要合併於快取中。

（3）如果使用 SSD 的話，請關閉 RAID 卡的自動一致性讀取和充放電設定

前面章節已經介紹過 RAID 卡的一致性讀取和充放電設定，這裡便不再贅述。

（4）考慮 SSD 批次問題

由於 SSD 電子設備的特性，有可能在同一個批次具有相同的缺陷，如果應用於同一台實體機或者主備庫，有機會出現整台機器或者主備庫的資料失效、無法提供服務等問題。若有條件的話，建議在同一台機器或者主備庫採用不同批次的 SSD。

2. 記憶體

下面主要探討記憶體方面的最佳化。

（1）記憶體空間越大越好

原則上，記憶體空間越大越好，如果業務需要存取的資料都可以放到記憶體，那麼存取效率一定是最高的。

（2）建議關閉 NUMA

如果追求極致效能的話，可以考慮每個 NUMA 節點一個 MySQL 實例，否則請關閉 NUMA。

NUMA（Non-Uniform Memory Access，非一致記憶體存取）是最新的記憶體管理技術，它對應至 SMP（Symmetric Multi-Processor，對稱式多處理器）。SMP 和 NUMA 架構的比較如圖 33-3 所示。

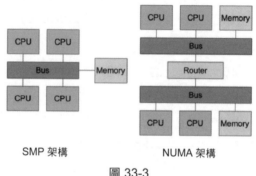

SMP 架構　　　　　NUMA 架構

圖 33-3

通過圖 33-3 可以直觀地看到，在 SMP 架構下，存取記憶體都是一樣的代價；但是在 NUMA 架構下，本地記憶體和非本地記憶體的存取是不一樣的代價。根據這個特性，作業系統便可設定處理程序的記憶體分配方式。目前支援的方式包括：

- --interleave=nodes，記憶體互動分配策略。記憶體會在 nodes[11] 上循環（Round Robin）分配。

- --membind=nodes，綁定記憶體至 nodes 上。如果該 nodes 沒有記憶體可用，則記憶體分配將失敗。

- --cpunodebind=nodes，綁定至 nodes 的 CPU 上。

- --physcpubind=cpus，綁定至指定的 cpus 核心上。

- --localalloc，只分配至目前的 node。

- --preferred=node，優先在 node 分配記憶體，如果記憶體不夠，便可分配到其他 node。

11　nodes 指的是 --interleave=nodes 中的參數 nodes。

簡單來說，可以指定記憶體是在本地端，還是在指定的幾個 CPU 節點上分配或者循環分配。對於 --interleave=nodes 循環分配方式，只要還有剩餘的實體記憶體，資料庫申請時便可在任意 NUMA 節點上分配；否則，即使其他 NUMA 節點還有剩餘記憶體，Linux 也不會將其分配給這個處理程序，進而導致資料庫記憶體被交換出去。有經驗的系統管理員或 DBA，應該都知道記憶體 swap 造成資料庫效能的下降有多大。

所以，最簡單的方法還是關閉這個特性。當然，如果對 NUMA 非常熟悉，一台伺服器有多個 MySQL 實例，並且 CPU 本地端記憶體足夠，希望就在本地分配記憶體，那麼也可指定 NUMA 節點分配。

這裡介紹關閉 NUMA 的方法。下列三種方法簡單、有效，能夠避免 NUMA 造成的交換。

- 從 BIOS 直接關閉 NUMA。由於各種 BIOS 類型的區別，如何關閉 NUMA 天差地別。圖 33-4 是在 DELL 的 BIOS 中，設定關閉記憶體 NUMA 的截圖。

```
System Memory Size .......... 12.0 GB
System Memory Type .......... ECC DDR3
System Memory Speed ......... 1067 MHz
System Memory Voltage ....... 1.5V
Video Memory ................ 8 MB
System Memory Testing ....... Enabled
Memory Operating Mode ....... Optimizer Mode
Node Interleaving ........... Enabled
```

圖 33-4

- 在作業系統核心啟動時關閉 NUMA。此法可以直接在 /etc/grub.conf 檔案 kernel 列的最後加上 numa=off，並且在 sysctl.conf 檔案設定 vm.zone_reclaim_mode=0 儘量回收記憶體。

```
[root@localhost ~]# cat /etc/grub.conf
......
kernel /vmlinuz-2.6.32-220.el6.x86_64 ro root=/dev/mapper/VolGroup-root
rd_NO_LUKS LANG=en_US.UTF-8 rd_LVM_LV=VolGroup/root rd_NO_MD quiet SYSFONT=
latarcyrheb-sun16 rhgb crashkernel=auto rd_LVM_LV=VolGroup/ swap  rhgb
crashkernel=auto quiet  KEYBOARDTYPE=pc KEYTABLE=us rd_NO_DM numa=off
```

- 在處理程序啟動時關閉 NUMA。下例是在啟動 MySQL 時關閉 NUMA 特性。

```
[root@localhost ~]# numactl --interleave=all mysqld &
```

（3）設定較小的 vm.swappiness 值

　　vm.swappiness 是作業系統控制實體記憶體交換的策略，其值是一個百分比，最小值為 0，最大值為 100，預設值為 60。vm.swappiness 設為 0 表示儘量少交換，100 表示儘量將 inactive 記憶體交換出去。可於 MySQL 所在的伺服器設定 vm.swappiness=10。

　　基本上，當記憶體溢滿時，系統會根據這個參數判斷是把記憶體很少用到的 inactive 記憶體交換出去（顧名思義，inactive 記憶體就是指那些由應用程式申請（mapped），但是「長時間」不用的記憶體），還是釋放舊資料的快取（快取存放的是從磁碟讀出的資料，根據程式的局部性原理，接下來的程式存取有可能會用到這些資料）。

　　通常可以使用 vmstat（關於 vmstat 工具的具體介紹，請參考「工具篇」的第 40 和第 41 章）查看 inactive 記憶體的大小：

```
[root@localhost ~]# vmstat -an 1
procs -----------memory---------- ---swap-- -----io----- --system-- ---cpu---
 r  b   swpd     free   inact  active  si  so   bi   bo   in   cs us sy id wa st
 1  0      0 27522384 326928 1704644   0   0    0  153   11   10  0  0 100  0  0
 0  0      0 27523300 326936 1704164   0   0    0   74  784  590  0  0 100  0  0
 0  0      0 27523656 326936 1704692   0   0    8    8  439 1686  0  0 100  0  0
 0  0      0 27524300 326916 1703412   0   0    4   52  198  262  0  0 100  0  0
```

透過 /proc/meminfo 則可看到更詳細的資訊：

```
[root@localhost ~]# cat /proc/meminfo  | grep -i inact
Inactive:         326972 kB
Inactive(anon):      248 kB
Inactive(file):   326724 kB
```

　　MySQL DBA 可能不太瞭解到底 inactive 記憶體是什麼，這裡詳細介紹一下。Linux 的記憶體可能處於三種狀態：free、active 和 inactive。眾所周知，Linux 核心在內部維護很多 LRU 清單用來管理記憶體，例如 LRU_INACTIVE_ANON、LRU_ACTIVE_ANON、LRU_INACTIVE_FILE、LRU_ACTIVE_FILE、LRU_UNEVICTABLE。其中 LRU_INACTIVE_ANON、LRU_ACTIVE_ANON 用來管理匿名頁，LRU_INACTIVE_FILE、LRU_ACTIVE_FILE 用來管理分頁快取，剛存取過的頁面置於 active list，長時間未存取的頁面則放進 inactive list。

　　一般來說，MySQL（特別是 InnoDB）管理記憶體快取，佔用的記憶體比較多，不常存取的記憶體也不少。如果 Linux 錯誤地交換出去這些記憶體，將浪費許多 CPU 和 I/O 資源。

所以，MySQL 伺服器最好設定 vm.swappiness=10。方法是在 sysctl.conf 檔案加入下列一行，並透過 sysctl -p 使該設定生效。

```
[root@localhost ~]# echo "vm.swappiness = 10" >>/etc/sysctl.conf
```

（4）考慮開啟大分頁

Oracle DBA 會建議開啟伺服器的大分頁，這樣每個記憶體分頁為 2MB 而不是 4KB，保證記錄處理程序映射的記憶體分頁表（假設為 w）足夠小，避免許多處理程序（假設為 n）都各自映射大量的快取空間，導致分頁表浪費大量的記憶體空間 n×w（分頁表佔用記憶體空間的大小）。大分頁確實能大幅降低分頁表的大小（減少為 2MB/4KB），另一個作用則是避免記憶體交換。

MySQL 是單處理程序、多執行緒，分頁表再大，也只是一個處理程序的分頁表佔用多一點記憶體，並不會像 Oracle 的多處理程序一般，每個處理程序的分頁表都會浪費那麼多的記憶體空間。

雖然 MySQL 使用大分頁有一些好處，但是也為維運人員造成一定的困擾。Linux 不能把所有空間都分配為大分頁，當記憶體分配不足時，MySQL 只會使用非大分頁記憶體空間啟動。由於系統不會自動釋放大分頁，使得預分配的大分頁記憶體閒置，而 MySQL 記憶體只能在非大分頁的剩餘空間分配，導致發生交換等問題。

（5）從 BIOS 設定為最大效能模式。

在 BIOS 中將 Memory Speed 等設為最大效能。「第 30 章 查詢 MySQL 偶爾比較慢」有詳細描述，這裡便不再贅述。

3. 檔案系統

（1）檔案系統選擇 XFS 或者 Ext4

不像 Oracle 經常利用 ASM 運行於裸裝置，MySQL 一般運行於檔案系統上，於是對檔案系統的選擇就非常關鍵。XFS 和 Ext4 對大檔案的讀寫更友善（使用 drop table 刪除一個檔案非常快），同時也經過大量線上環境的驗證。

（2）檔案系統的 mount 參數加上 noatime、nobarrier

如果使用 noatime mount 的話，檔案系統在程式存取對應的檔案或資料夾時，不會更新對應的 Access 時間。一般來説，Linux 的檔案記錄三個時間：Change 時間、Modify 時間和 Access 時間。可以透過 stat 查看檔案的三個時間：

```
[root@localhost ~]# stat libnids-1.16.tar.gz
  File: 'libnids-1.16.tar.gz'
  Size: 72309          Blocks: 152        IO Block: 4096   regular file
Device: 302h/770d      Inode: 4113144     Links: 1
Access: (0644/-rw-r--r--)  Uid: (0/   root)  Gid: (0/    root)
Access: 2020-05-27 15:13:03.000000000 +0800
Modify: 2020-03-10 12:25:09.000000000 +0800
Change: 2020-05-27 14:18:18.000000000 +0800
```

其中 Access 時間指最後一次讀取檔案的時間，Modify 時間則是檔案的內容最後發生變化的時間，Change 時間指檔案的 inode（例如位置、使用者屬性、群組屬性等）最後發生變化的時間。

一般來說，檔案都是讀多寫少，通常也很少關心最近什麼時間存取某個檔案。所以建議採用 noatime，如此檔案系統就不會記錄 Access 時間，避免浪費資源。

現今很多檔案系統都會在提交資料時，強制底層設備刷新快取，稱為 Write Barrier（寫入屏障）。但是，資料庫伺服器底層存放裝置若非採用 RAID 卡，便是採用 Flash 卡，它們都有自我保護機制，保證資料不遺失，因此可以安全地使用 nobarrier 掛載檔案系統。設定方法如下：

對於 Ext3、Ext4 和 ReiserFS，可於掛載時指定 barrier=0；對於 XFS，也可指定 nobarrier 選項。

（3）將調度策略設為 Deadline

檔案系統還有一個提高 I/O 效能的最佳化萬能鑰匙，那就是 Deadline。

採用 Flash 技術之前，一般都是使用機械磁碟儲存資料，機械磁碟的尋道時間是影響速度的最重要因素，直接導致 IOPS 非常有限。為了儘量排序和合併多個請求，以達到一次尋道能夠滿足多次 I/O 請求的目的，Linux 檔案系統設計了多種 I/O 調度策略，以適用各種場景和存放裝置。

Linux 的 I/O 調度策略包括：Deadline、Anticipatory、CFQ（Completely Fair Queuing）和 NOOP。這裡主要介紹 CFQ 和 Deadline。CFQ 是 Linux 核心 2.6.18 之後的預設調度策略，它聲稱每一個 I/O 請求都是公平的，這種調度策略適用於大部分應用。但是如果資料庫有兩個請求，一個請求 3 次 I/O，一個請求 10,000 次 I/O，由於強調絕對公平，3 次 I/O 的請求需要跟 10,000 次 I/O 的請求競爭，可能要等待上千次 I/O 完成才能返回，導致回應時間非常長。此外，如果處理的過程又有很多 I/O 請求陸續發送過來，部分 I/O 請求甚至可能一直無法得到調度被「餓死」。Deadline 則要

求 I/O 在指定的時間內被調度，避免一個請求在佇列中長時間得不到處理，導致「餓死」。這種調度策略對於資料庫應用來說，可說是更加適用。

可透過下列命令，將 SDA 的調度策略設為 Deadline。

```
[root@localhost ~]# echo deadline >/sys/block/sda/queue/scheduler
```

33.2 CPU

解決底層儲存節點的 I/O 問題以後，CPU 的瓶頸就凸顯出來。本節介紹底層 CPU 硬體和系統允許進行哪些調校最佳化。

1. 選擇頻率較高、核心數較多的 CPU

MySQL 早期版本對多核 CPU 的支援較弱，到了 5.6 版本以後，MySQL 便能使用 48 核以上的 CPU。但是，由於 MySQL 不支援 SQL 語句的平行執行，所以 CPU 的頻率較高、核心數較多會更有優勢。挑選硬體時，請儘量選擇頻率較高、核心數較多的 CPU。

2. 關閉節能模式

前面章節已經介紹過關於 CPU 的節能模式，這裡便不再贅述。

33.3 網路

1. 避免網域名稱反解析

MySQL 預設在記憶體會維護 Host 快取，保存 IP 位址和主機名稱的映射關係。如果用戶端連接使用的 IP 位址不在 Host 快取，MySQL 就得反解析網域名稱，導致連線時間較長。建議設定 skip_name_resolve=on 避免網域名稱解析，用戶端授權則以 localhost 或者 IP 位址表示，而非 DNS 名稱。

2. 關閉 iptables 和 SELinux

許多資料安全公司提供的檢查項目，大都建議在資料庫伺服器開啟 iptables 或者 SELinux。但是對於高並行和大壓力情況的 MySQL 資料庫來說，開啟 iptables 會造成佇列溢滿，開啟 SELinux 則會導致 MySQL 存取檔案權限出現問題，遠遠大於所謂

的安全檢查項目帶來的好處。採用 SSH 登錄埠修改，在網路交換機設定安全性原則，要比於資料庫開啟 iptables 和 SELinux 好很多。

3. 網卡多佇列避免 CPU 的 IRQ 瓶頸

網卡傳送和接收資料封包需要透過 IRQ 插斷要求 CPU 處理，但是在 Linux 系統上，部分網卡的所有插斷要求只藉由一個 CPU 處理，進而導致 CPU 成為效能瓶頸。使用 mpstat 查看資訊如下：

```
04:18:08 PM CPU %usr   %nice  %sys   %iowait %irq  %soft %steal %guest %idle
04:18:09 PM all 46.88  0.00   9.45   1.23    0.00  3.77  0.00   0.00   38.66
04:18:09 PM 0    7.14  0.00   2.04   0.00    0.00  90.82 0.00   0.00   0.00
04:18:09 PM 1   64.95  0.00   11.34  3.09    0.00  0.00  0.00   0.00   20.62
04:18:09 PM 2   60.82  0.00   13.40  2.06    0.00  0.00  0.00   0.00   23.71
```

在上述資訊中，CPU 0 的 soft IRQ 佔了 90.82%，idle 為 0%，因此成為效能瓶頸。

解決這個問題很簡單，可以使用多佇列的網卡（一般 Intel 的較新網卡都支援多佇列），或者在確定是 IRQ 中斷的問題時，手動將網卡軟中斷均分到多個 CPU 上。

4. 在短連接下降低 TIME_WAIT Socket 連接

前面章節已經介紹過關於 TIME_WAIT 狀態的 Socket 連接，這裡便不再贅述。

5. 考慮調整 sysctl.conf 的參數

```
net.core.rmem_default = 16777216
net.core.wmem_default = 16777216
net.core.rmem_max = 16777216
net.core.wmem_max = 16777216
net.ipv4.ip_local_port_range = 1024 65535
net.ipv4.ip_forward = 0
net.ipv4.conf.default.rp_filter = 1
net.ipv4.conf.default.accept_source_route = 0
net.ipv4.tcp_syncookies = 0
net.ipv4.tcp_rmem = 4096 87380 16777216
net.ipv4.tcp_wmem = 4096 65536 16777216
```

33.4 其他

1. 處理程序資源限制

　　前面章節介紹過 nofile 處理程序資源限制，導致 MySQL 連接數受限的問題，其實 /etc/security/limits.conf 檔案還有很多參數可以調整。下面是相關的配置，建議根據 MySQL 業務系統的壓力適當地調整。

```
soft nproc 16384
hard nproc 16384
soft nofile 65536
hard nofile 65536
hard memlock unlimited
soft memlock unlimited
soft stack 32768
hard stack 32768
```

2. 使用 64 位元 Linux 系統

　　不知道還有沒有 DBA 在 32 位元的 Linux 系統使用 MySQL，如果還有的話，請自己找一個角落面壁思過吧！

33.5 本章小結

　　本章內容涉及許多 Linux 本身的問題，有些問題可以請專業的網路工程師、系統管理員解決。但是身為DBA，必須知道大概是什麼問題；至於怎麼排查，可以參考「金字塔」理論，建立自己的系統思維和系統方法。

NOTE

## 第 34 章

並行刪除資料造成鎖死

第 20 章講解了 MySQL 加鎖的分析，還需要將這些理論知識運用到現實中。從本章開始將介紹幾個鎖死案例，首先是如何查看 MySQL 的鎖死日誌。

34.1 問題現象

相信大家都遇過資料庫鎖死的情況，但是卻無法說明原因，有時給客戶的答覆也是模稜兩可，其中很大的因素是不去查看鎖死日誌，或者是看不懂。很多人都說 MySQL 鎖死日誌的可讀性很糟，其實只要細心分析並結合第 20 章的知識，就會發現鎖死日誌不會很難閱讀。本章案例是客戶在夜間批量執行資料處理時發生鎖死，這是由不同的工作階段並行刪除資料所引起。此問題的原因比較簡單，但是想透過這個案例讓大家熟悉如何排查鎖死、如何閱讀鎖死日誌才是目的。藉由模擬鎖死現象，得到的鎖死日誌如下：

```
*** (1) TRANSACTION:
TRANSACTION 39474, ACTIVE 58 sec starting index read
mysql tables in use 1, locked 1
LOCK WAIT 3 lock struct(s), heap size 1200, 4 row lock(s), undo log entries 3
MySQL thread id 9, OS thread handle 123145525800960, query id 77 localhost
root updating
DELETE FROM t1 WHERE id = 4
*** (1) WAITING FOR THIS LOCK TO BE GRANTED:
RECORD LOCKS space id 114 page no 4 n bits 80 index PRIMARY of table
'dhy'.'t1' trx id 39474 lock_mode X locks rec but not gap waiting
Record lock, heap no 5 PHYSICAL RECORD: n_fields 4; compact format; info
bits 32
 0: len 4; hex 00000004; asc     ;;
 1: len 6; hex 000000009a33; asc      3;;
 2: len 7; hex 02000001471399; asc     G  ;;
 3: len 2; hex 6464; asc dd;;
```

```
*** (2) TRANSACTION:
TRANSACTION 39475, ACTIVE 46 sec starting index read
mysql tables in use 1, locked 1
3 lock struct(s), heap size 1200, 4 row lock(s), undo log entries 3
MySQL thread id 10, OS thread handle 123145526104064, query id 78 localhost
root updating
DELETE FROM t1 WHERE id = 3
*** (2) HOLDS THE LOCK(S):
RECORD LOCKS space id 114 page no 4 n bits 80 index PRIMARY of table
'dhy'.'t1' trx id 39475 lock_mode X locks rec but not gap
 Record lock, heap no 5 PHYSICAL RECORD: n_fields 4; compact format; info bits 32
  0: len 4; hex 00000004; asc     ;;
  1: len 6; hex 000000009a33; asc      3;;
  2: len 7; hex 02000001471399; asc     G ;;
  3: len 2; hex 6464; asc dd;;

 Record lock, heap no 6 PHYSICAL RECORD: n_fields 4; compact format; info bits 32
  0: len 4; hex 00000005; asc     ;;
  1: len 6; hex 000000009a33; asc      3;;
  2: len 7; hex 02000001471375; asc     G u;;
  3: len 2; hex 6565; asc ee;;

 Record lock, heap no 7 PHYSICAL RECORD: n_fields 4; compact format; info bits 32
  0: len 4; hex 00000006; asc     ;;
  1: len 6; hex 000000009a33; asc      3;;
  2: len 7; hex 02000001471351; asc     G Q;;
  3: len 2; hex 6666; asc ff;;

*** (2) WAITING FOR THIS LOCK TO BE GRANTED:
RECORD LOCKS space id 114 page no 4 n bits 80 index PRIMARY of table
'dhy'.'t1' trx id 39475 lock_mode X locks rec but not gap waiting
 Record lock, heap no 4 PHYSICAL RECORD: n_fields 4; compact format; info bits 32
  0: len 4; hex 00000003; asc     ;;
  1: len 6; hex 000000009a32; asc      2;;
  2: len 7; hex 01000001462e1f; asc     F. ;;
  3: len 2; hex 6363; asc cc;;

*** WE ROLL BACK TRANSACTION (2)
```

34.2 如何閱讀鎖死日誌

　　排查鎖死問題之前，首先要學會如何閱讀鎖死日誌。MySQL 的鎖死日誌看起來不是很直觀，需要一步一步地耐心分析。

將上面的鎖死日誌拆分閱讀，可以得到下列資訊。

（1）兩個交易的交易 ID

```
TRANSACTION 39474
TRANSACTION 39475
```

（2）交易 39474 在執行 DELETE 語句時，發生了鎖等待

```
mysql> DELETE FROM t1 WHERE id = 4
*** (1) WAITING FOR THIS LOCK TO BE GRANTED:
RECORD LOCKS space id 114 page no 4 n bits 80 index PRIMARY of table
'dhy'.'t1' trx id 39474 lock_mode X locks rec but not gap waiting
  Record lock, heap no 5 PHYSICAL RECORD: n_fields 4; compact format; info
bits 32
  0: len 4; hex 00000004; asc    ;;           // 叢集索引的值
  1: len 6; hex 000000009a33; asc    3;;       // 交易 ID
  2: len 7; hex 02000001471399; asc    G  ;;   //undo 還原段指標
  3: len 2; hex 6464; asc dd;;                 // 非主鍵欄位的值
```

透過以上資訊得知，當交易 39474 執行 DELETE 語句時，在申請 id=4 這筆記錄的 X 鎖時發生鎖等待：lock_mode X locks rec but not gap waiting。

（3）交易 39475 持有鎖的資訊

```
*** (2) HOLDS THE LOCK(S):
RECORD LOCKS space id 114 page no 4 n bits 80 index PRIMARY of table
'dhy'.'t1' trx id 39475 lock_mode X locks rec but not gap
  Record lock, heap no 5 PHYSICAL RECORD: n_fields 4; compact format; info bits 32
  0: len 4; hex 00000004; asc    ;;
  1: len 6; hex 000000009a33; asc    3;;
  2: len 7; hex 02000001471399; asc    G  ;;
  3: len 2; hex 6464; asc dd;;

  Record lock, heap no 6 PHYSICAL RECORD: n_fields 4; compact format; info bits 32
  0: len 4; hex 00000005; asc    ;;
  1: len 6; hex 000000009a33; asc    3;;
  2: len 7; hex 02000001471375; asc    G u;;
  3: len 2; hex 6565; asc ee;;

  Record lock, heap no 7 PHYSICAL RECORD: n_fields 4; compact format; info bits 32
  0: len 4; hex 00000006; asc    ;;
  1: len 6; hex 000000009a33; asc    3;;
  2: len 7; hex 02000001471351; asc    G Q;;
  3: len 2; hex 6666; asc ff;;
```

交易 39475 持有 id=4、5、6 記錄的 X 鎖。

（4）交易 39475 在執行 DELETE 語句時，同樣發生了鎖等待

```
*** (2) TRANSACTION:
TRANSACTION 39475, ACTIVE 46 sec starting index read
mysql tables in use 1, locked 1
3 lock struct(s), heap size 1200, 4 row lock(s), undo log entries 3
MySQL thread id 10, OS thread handle 123145526104064, query id 78 localhost
root updating
DELETE FROM t1 WHERE id = 3

*** (2) WAITING FOR THIS LOCK TO BE GRANTED:
RECORD LOCKS space id 114 page no 4 n bits 80 index PRIMARY of table
'dhy'.'t1' trx id 39475 lock_mode X locks rec but not gap waiting
 Record lock, heap no 4 PHYSICAL RECORD: n_fields 4; compact format; info bits 32
  0: len 4; hex 00000003; asc     ;;
  1: len 6; hex 000000009a32; asc      2;;
  2: len 7; hex 01000001462e1f; asc     F. ;;
  3: len 2; hex 6363; asc cc;;
```

在申請 id=3 記錄的 X 鎖時發生了鎖等待，SQL 語句是「DELETE FROM t1 WHERE id = 3」。由此得知交易 39474 在 id=3 記錄持有 X 鎖，但是在鎖死日誌並沒有顯示出相關的資訊。

那麼，這兩個交易加鎖的順序應該是：

① 交易 39474 持有 id=3 記錄的 X 鎖。

② 交易 39475 持有 id=4 記錄的 X 鎖。

③ 交易 39474 在申請 id=4 記錄的 X 鎖時，發生了鎖等待，執行的語句是「DELETE FROM t1 WHERE id = 4」。

④ 交易 39475 在申請 id=3 記錄的 X 鎖時，觸發了鎖死，因為此時雙方都在申請對方持有的鎖，而無法繼續執行。

（5）交易 2 被還原。

```
*** WE ROLL BACK TRANSACTION (2)
```

（6）交易 39475 持有 id = 4、5、6 記錄的 X 鎖是由哪道語句引起，無法直觀地從鎖死日誌看出。可以改由普通日誌、binlog 或業務程式碼查看整個交易的邏輯。

34.3 資料表結構及操作步驟

資料表結構及資料如下：

```
mysql> CREATE TABLE t1 (id int unsigned NOT NULL PRIMARY KEY, c1 varchar(10));
mysql> INSERT INTO t1 VALUES (1, 'aa'), (2, 'bb'), (3, 'cc'), (4, 'dd'),
(5, 'ee'), (6, 'ff');
```

操作步驟如表 34-1 所示。

表 34-1

Session 1	Session 2
START TRANSACTION; DELETE FROM t1 WHERE id = 1;	
	START TRANSACTION; DELETE FROM t1 WHERE id = 6;
DELETE FROM t1 WHERE id = 2;	
	DELETE FROM t1 WHERE id = 5;
DELETE FROM t1 WHERE id = 3;	
	DELETE FROM t1 WHERE id = 4;
DELETE FROM t1 WHERE id = 4;	
	DELETE FROM t1 WHERE id = 3; // 發生鎖死

34.4 本章小結

本案例是兩個工作階段在同時刪除資料時，沒有控制好刪除的順序造成鎖死。這就要求在開發應用時，資料庫的操作一定要注意資料的前後關係、是否有相關的依賴，以及工作階段之間是否會操作同樣的資料等。

透過這個案例的介紹，相信大家都會覺得鎖死日誌也不難閱讀，只要按照本章講述的方法，將日誌拆分閱讀，肯定就能清晰地分析出鎖死原因，希望大家在工作中能夠充分發揮鎖死日誌的價值。

NOTE

第 **35** 章
刪除不存在的資料造成的鎖死

第 34 章介紹如何查看鎖死日誌，其中的場景相對簡單，屬於教科書版本的鎖死。本章將透過一個案例加深讀者對 RR 隔離等級下加鎖規則的理解，閱讀鎖死日誌後，便能將理論知識運用到實際中。

35.1 問題現象

無論是開發人員還是 DBA，一定都聽過不建議使用 RR（REPEATABLE-READ）隔離等級。如果是開發人員，詢問 DBA 為何這樣做？得到的答案可能是：容易產生鎖死，或者鎖等待等。MySQL RR 隔離等級的 GAP 鎖，確實是一個很容易「中招」的地方，如果不瞭解 GAP 鎖的機制，就很容易造成鎖等待或者鎖死。本章準備分析一個刪除不存在的資料造成鎖死的案例，好讓大家更深入地瞭解在 RR 隔離等級下，為何會容易造成鎖等待或者鎖死。

一般可能很難理解刪除不存在的資料如何會造成鎖死，下面一起來分析，首先看一下複現後的鎖死日誌：

```
*** (1) TRANSACTION:
TRANSACTION 27685, ACTIVE 43 sec inserting
mysql tables in use 1, locked 1
LOCK WAIT 3 lock struct(s), heap size 1200, 2 row lock(s)
MySQL thread id 81, OS thread handle 123145529880576, query id 4475
localhost root update
INSERT INTO t1 VALUES (2)
*** (1) WAITING FOR THIS LOCK TO BE GRANTED:
RECORD LOCKS space id 39 page no 4 n bits 72 index PRIMARY of table 'dhy'.'t1'
trx id 27685 lock_mode X locks gap before rec insert intention waiting
   Record lock, heap no 3 PHYSICAL RECORD: n_fields 3; compact format; info
bits 0
   0: len 4; hex 00000005; asc     ;;
   1: len 6; hex 000000006c1b; asc       l ;;
```

```
   2: len 7; hex 01000000e11133; asc        3;;

*** (2) TRANSACTION:
TRANSACTION 27686, ACTIVE 28 sec inserting
mysql tables in use 1, locked 1
3 lock struct(s), heap size 1200, 2 row lock(s)
MySQL thread id 82, OS thread handle 123145528971264, query id 4476
localhost root update
INSERT INTO t1 VALUES (4)
*** (2) HOLDS THE LOCK(S):
RECORD LOCKS space id 39 page no 4 n bits 72 index PRIMARY of table
'dhy'.'t1' trx id 27686 lock_mode X locks gap before rec
Record lock, heap no 3 PHYSICAL RECORD: n_fields 3; compact format; info
bits 0
   0: len 4; hex 00000005; asc        ;;
   1: len 6; hex 000000006c1b; asc      l ;;
   2: len 7; hex 01000000e11133; asc        3;;

*** (2) WAITING FOR THIS LOCK TO BE GRANTED:
RECORD LOCKS space id 39 page no 4 n bits 72 index PRIMARY of table 'dhy'.'t1'
trx id 27686 lock_mode X locks gap before rec insert intention waiting
 Record lock, heap no 3 PHYSICAL RECORD: n_fields 3; compact format; info
bits 0
   0: len 4; hex 00000005; asc        ;;
   1: len 6; hex 000000006c1b; asc      l ;;
   2: len 7; hex 01000000e11133; asc        3;;

*** WE ROLL BACK TRANSACTION (2)
```

35.2 問題分析

第 34 章已經學會如何查看鎖死日誌，從其內的資訊可以看出，交易 27685 在執行 INSERT 語句申請插入意向鎖時，發生了鎖等待，插入的語句是「INSERT INTO t1 VALUES (2)」。交易 27686 在主鍵值為 5 的記錄上持有 GAP 鎖，GAP 鎖的範圍應該是 (x,5)，x 代表未知。因為如果在這筆記錄之前還有其他記錄，則 GAP 鎖的範圍是從 x 到 5，「lock_mode X locks gap before rec」代表 X-GAP 鎖。同時，交易 27686 在執行「INSERT INTO t1 VALUES (4)」語句申請插入意向鎖時，發生了鎖等待，而且鎖等待記錄的主鍵值是 5，說明交易 27685 持有主鍵值為 5 這筆記錄的間隙鎖，鎖定的範圍是 (x,5)。

根據上面的分析得知，兩個交易分別對資料表主鍵值為 5 的記錄持有 GAP 鎖。交易 27685 在執行「INSERT INTO t1 VALUES (2)」申請插入意向鎖時，與交易 27686 持有的 GAP 鎖發生衝突，之後交易 27686 在執行「INSERT INTO t1 VALUES (4)」時，同樣與交易 27685 持有的 GAP 鎖發生衝突，此時兩個交易都在互相申請對方的鎖而不能釋放，於是造成了鎖死。

35.3 問題擴展

透過鎖死日誌分析鎖死的原因，但還需要繼續探索為何刪除不存在的資料也會造成鎖死。前面分析 GAP 鎖的範圍是 (x,5)，如何產生這個範圍？

例如，資料表有兩筆記錄 id=1、id=5，執行「DELETE FROM T1 WHERE ID =2」時，加鎖的情況如圖 35-1 所示（查詢 MySQL 8.0 的 performance.data_locks 資料表）。

ENGINE_LOCK_ID	ENGINE_TRANSACTION_ID	THREAD_ID	OBJECT_SCHEMA	OBJECT_NAME	INDEX_NAME	LOCK_TYPE	LOCK_MODE	LOCK_STATUS	LOCK_DATA
28225:1096	28225	54	dhy	t1	NULL	TABLE	IX	GRANTED	NULL
28225:39:4:3	28225	54	dhy	t1	PRIMARY	RECORD	X,GAP	GRANTED	5

圖 35-1

主鍵值為 5 的記錄上加了 GAP 鎖，鎖定的範圍應是 (1,5)。此時插入的值在這個範圍內都會被阻塞，原因是防止這個範圍內再插入新的資料，造成幻讀。

當執行「INSERT INTO t1 VALUES (3)」時，id=3 這筆記錄在範圍 (1,5) 內，所以會發生鎖等待。加鎖情況如圖 35-2 所示。

ENGINE_LOCK_ID	ENGINE_TRANSACTION_ID	THREAD_ID	OBJECT_SCHEMA	OBJECT_NAME	INDEX_NAME	LOCK_TYPE	LOCK_MODE	LOCK_STATUS	LOCK_DATA
28226:1096	28226	55	dhy	t1	NULL	TABLE	IX	GRANTED	NULL
28226:39:4:3	28226	55	dhy	t1	PRIMARY	RECORD	X,GAP,INSERT_INTENTION	WAITING	5
28225:1096	28225	54	dhy	t1	NULL	TABLE	IX	GRANTED	NULL
28225:39:4:3	28225	54	dhy	t1	PRIMARY	RECORD	X,GAP	GRANTED	5

圖 35-2

但是，當插入的記錄不在 (1,5) 範圍時，則不會發生鎖等待。

```
mysql> INSERT INTO t1 VALUES (0);
Query OK, 1 row affected (0.00 sec)
```

由此得知，當刪除的記錄不存在時，GAP 鎖的範圍比較大，很容易造成鎖等待。如果資料表在 id=1 與 id=5 之間還存在值，便會將鎖定的範圍減小；但是倘若刪除的記錄比 id=5 這筆記錄大，則鎖定的範圍變成 (5,+∞)。

35.4 資料表結構及操作步驟

資料表結構及資料如下：

```
mysql> CREATE TABLE t1 (id int unsigned NOT NULL PRIMARY KEY) ;
mysql> INSERT INTO t1 VALUES (1), (5);
```

操作步驟如表 35-1 所示。

表 35-1

Session 1	Session 2
START TRANSACTION; DELETE FROM t1 WHERE id = 2;	
	START TRANSACTION; DELETE FROM t1 WHERE id = 4;
INSERT INTO t1 VALUES (2);	
	INSERT INTO t1 VALUES (4); // 發生鎖死

35.5 本章小結

透過本章的案例，相信對於不建議使用 RR 隔離等級有了一定的瞭解。此隔離等級下必須深刻理解 GAP 鎖的範圍，有時候發生鎖死就是由於一時的疏忽。針對刪除不存在的資料，如果對 GAP 鎖沒有深刻的認識，則在開發應用程式時很容易發生鎖死問題。建議結合第 20 章介紹的各種加鎖實驗，逐漸加深 GAP 鎖的印象。

## 第 36 章

插入意向鎖鎖死

本章介紹一種比較不常見的鎖死現象，和一般瞭解的鎖死發生過程不太一樣，有助於對鎖死現象有新的理解。

36.1 問題現象

大家肯定都遇過鎖死情況，第 34 章和第 35 章也介紹了兩個鎖死案例。本章的案例是客戶在線上系統碰到的鎖死現象，但是無法理解在當時情況下為何會發生。通常，發生鎖死的情況如圖 36-1 所示。

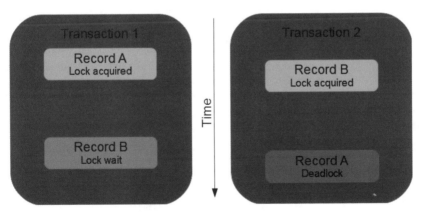

圖 36-1（圖片來自網路）

當兩個交易都試圖取得另一個交易已擁有的鎖時，就會發生鎖死。

交易 1（Transaction 1）獲得記錄 A（Record A）的鎖，交易 2（Transaction 2）則取得記錄 B（Record B）的鎖。隨後每個交易都嘗試獲取另一個交易持有的鎖，於是觸發鎖死。

但是，本案例中鎖死的產生和上述情況有些不一樣，底下試著模擬一下。

（1）環境資訊

- 交易隔離等級：RR

- MySQL 版本：8.0.20

（2）複現情況

資料表結構及資料如下：

```
mysql> CREATE TABLE t (a INT UNSIGNED NOT NULL PRIMARY KEY, b INT);
mysql> INSERT INTO t VALUES(10,0),(20,0);
```

操作步驟如表 36-1 所示。

表 36-1

Session 1	Session 2

BEGIN;
UPDATE t SET b=1 WHERE a=20;
// 執行成功	

	BEGIN;
	SELECT * FROM t LOCK IN SHARE MODE;
	// 發生阻塞

INSERT INTO t VALUES(11,1);	// 同一時刻 Session 2 報出鎖死錯誤 SELECT * FROM t LOCK IN SHARE MODE; ERROR 1213 (40001): Deadlock found when trying to get lock; try restarting transaction

Session 1 先執行 UPDATE 語句，隨後 Session 2 執行一個全表查詢，並且帶上 IN SHARE MODE 加了共用鎖，接下來 Session 1 再次執行 INSERT 語句，同時 Session 2 直接報出鎖死，然後還原交易。

36.2 問題分析

針對上述情況，有下列幾點令人疑惑的地方：

- 兩個交易之間如何加鎖？

- 為何產生鎖死？

- 發生鎖死後，為什麼是 Session 2 的交易被還原？

之前分析鎖死問題時，都是透過鎖死日誌，這次改用 MySQL 8.0 的 performance.data_locks 資料表，藉由分析每一道語句執行後的加鎖情況，進而分析這個問題。

兩個交易之間如何加鎖？

當 Session 1 執行完 UPDATE 語句後，加鎖情況如圖 36-2 所示。

```
| ENGINE_LOCK_ID | ENGINE_TRANSACTION_ID | THREAD_ID | OBJECT_SCHEMA | OBJECT_NAME | INDEX_NAME | LOCK_TYPE | LOCK_MODE      | LOCK_STATUS | LOCK_DATA |
| 31033:1112     |                 31033 |        56 | dhy           | t           | NULL       | TABLE     | IX             | GRANTED     | NULL      |
| 31033:55:4:3   |                 31033 |        56 | dhy           | t           | PRIMARY    | RECORD    | X,REC_NOT_GAP  | GRANTED     | 20        |
```

圖 36-2

這裡可以看到對資料表加上 IX 鎖，同時對記錄 20 增加 X 鎖。Session 2 執行 SELECT * FROM t LOCK IN SHARE MODE 語句後，加鎖情況如圖 36-3 所示。

```
| ENGINE_LOCK_ID            | ENGINE_TRANSACTION_ID | THREAD_ID | OBJECT_SCHEMA | OBJECT_NAME | INDEX_NAME | LOCK_TYPE | LOCK_MODE      | LOCK_STATUS | LOCK_DATA |
| 31037:1112                |                 31037 |        60 | dhy           | t           | NULL       | TABLE     | IX             | GRANTED     | NULL      |
| 31037:55:4:3              |                 31037 |        60 | dhy           | t           | PRIMARY    | RECORD    | X,REC_NOT_GAP  | GRANTED     | 20        |
| 281479759065408:1112      |       281479759065408 |        62 | dhy           | t           | NULL       | TABLE     | IS             | GRANTED     | NULL      |
| 281479759065408:55:4:2    |       281479759065408 |        62 | dhy           | t           | PRIMARY    | RECORD    | S              | GRANTED     | 10        |
| 281479759065408:55:4:3    |       281479759065408 |        62 | dhy           | t           | PRIMARY    | RECORD    | S              | WAITING     | 20        |
```

圖 36-3

Session 2 執行後，總共會申請三個鎖：

- 對資料表增加 IS 鎖。
- 對 a=10 這筆記錄增加 Next-Key Lock（S）鎖。
- 對 a=20 這筆記錄增加 Next-Key Lock（S）鎖。

第 20 章曾介紹過 LOCK_MODE 各種顯式結果對應的鎖類型，S 鎖就是代表 GAP 鎖 +S 記錄鎖的組合，相當於 Next-Key Lock（S）。

Session 2 執行時會發生阻塞，因為 a=20 這筆記錄已經被 Session 1 持有的 X 鎖，以及將要申請的 S 鎖衝突。請特別注意 Session 2 執行完 SELECT * FROM t LOCK IN SHARE MODE 語句後，上鎖的類型應該是 Next-Key Lock（S）鎖，這道語句鎖定的範圍是 (-∞,10], (10,20], (20,+∞)。由於在申請 a=20 記錄的 S 鎖時發生阻塞，因此看不到「supremum pseudo-record」，如果單獨執行這道語句，則加鎖情況如圖 36-4 所示。

```
| ENGINE_LOCK_ID            | ENGINE_TRANSACTION_ID | THREAD_ID | OBJECT_SCHEMA | OBJECT_NAME | INDEX_NAME | LOCK_TYPE | LOCK_MODE | LOCK_STATUS | LOCK_DATA               |
| 281479941473672:1B92      |       281479941473672 |        70 | dhy           | t           | NULL       | TABLE     | IS        | GRANTED     | NULL                    |
| 281479941473672:35:4:1    |       281479941473672 |        70 | dhy           | t           | PRIMARY    | RECORD    | S         | GRANTED     | supremum pseudo-record  |
| 281479941473672:35:4:2    |       281479941473672 |        70 | dhy           | t           | PRIMARY    | RECORD    | S         | GRANTED     | 10                      |
| 281479941473672:35:4:3    |       281479941473672 |        70 | dhy           | t           | PRIMARY    | RECORD    | S         | GRANTED     | 20                      |
```

圖 36-4

接下來 Session 1 執行 INSERT 語句增加插入意向鎖（Insert Intention Lock），如圖 36-5 所示。

```
| ENGINE_LOCK_ID | ENGINE_TRANSACTION_ID | THREAD_ID | OBJECT_SCHEMA | OBJECT_NAME | INDEX_NAME | LOCK_TYPE | LOCK_MODE              | LOCK_STATUS | LOCK_DATA |
| 27448:1092     |                 27448 |        54 | dhy           | t           | NULL       | TABLE     | IX                     | GRANTED     | NULL      |
| 27448:35:4:3   |                 27448 |        54 | dhy           | t           | PRIMARY    | RECORD    | X,REC_NOT_GAP          | GRANTED     | 20        |
| 27448:35:4:3   |                 27448 |        54 | dhy           | t           | PRIMARY    | RECORD    | X,GAP,INSERT_INTENTION | GRANTED     | 20        |
```

圖 36-5

為何產生鎖死？

首先看一下 Next-Key Lock 與插入意向鎖的相容情況，如表 36-2 所示。

表 36-2

	Next-Key Lock（X）鎖	Next-Key Lock（S）鎖	插入意向鎖
Next-Key Lock（X）鎖	×	×	×
Next-Key Lock（S）鎖	×	√	×
插入意向鎖	×	×	√

根據表 36-2，接著再分析這個鎖問題，如表 36-3 所示。

表 36-3

Session 1	Session 2
a=20 -> lock(x) 記錄鎖 X	
	a=10 -> lock(s) a=20 -> lock wait session1 Next-Key Lock（S）鎖
插入意向鎖	

Session 2 等待 Session 1 釋放 X 鎖，隨後的插入意向鎖與 Session 2 的 Next-Key Lock（S）鎖不相容，因此造成 Session 1 與 Session 2 都不能繼續執行，進而造成鎖死。

發生鎖死後，為什麼是 Session 2 的交易被還原？

發生鎖死時，InnoDB 選擇還原佔用資源最少的交易，透過 innodb_trx 資料表的 trx_weight 判斷佔用資源的多寡。本案例單獨執行 SQL 語句，查詢 innodb_trx 資料表後，得知分別對應的 trx_weight 如表 36-4 所示。由於 Session 2 執行的 SELECT 語句，其對應的 trx_weigt 小於 Session 1，所以選擇還原 Session 2 的交易。

表 36-4

語　句	trx_weight
UPDATE	3
SELECT	2
INSERT	5

36.3 本章小結

　　本案例分析了鎖死的產生過程，此處的鎖死與通常的情況不太一樣。文中透過 performance_schema.data_locks 資料表分析每一道語句執行後的加鎖情況，最終分析出鎖死的原因。重點是分析插入意向鎖與 Next-Key Lock 鎖是否相容，同時也知道 InnoDB 是如何選擇還原作業。

NOTE

第 37 章

分頁查詢最佳化

分頁查詢是很常見的一種業務需求,因此,它的效能問題就是重點所在。本章案例會介紹三種分頁查詢的寫法,以便應付分頁查詢的效能問題。

案例使用的資料表及資料,可從 https://github.com/datacharmer/test_db 下載。

37.1 問題現象

客戶的業務系統要求分頁查詢功能,但是隨著查詢頁數的增加,越往後面查詢效能越差,有時一個查詢可能需要 1 分鐘左右的時間。分頁查詢的寫法類似:

```
select * from employees limit 250000, 5000;
```

這是最傳統的一種分頁查詢寫法,但問題也是最多。隨著 limit M, N 值的增大,往往越往後翻頁,速度就越慢。原因是 MySQL 會讀取資料表的前 M+N 筆資料,當 M 越大,效能就越差。

此外,在服務的眾多客戶中,還是有很多客戶採用這種傳統的分頁查詢寫法,主要有兩點原因:①系統早期建置時資料量不大,沒有暴露出效能問題;②很多開發廠商把這種寫法固化到產品框架,導致後期開發人員根本不關心這類問題。

37.2 最佳化方案

1. 一般最佳化寫法

針對分頁查詢,可以使用最簡單的一種最佳化寫法:

```
select * from (select emp_no from employees limit 250000, 5000) b ,
employees a where a.emp_no = b.emp_no;
```

這種寫法會先查詢翻頁需要的 N 筆資料的主鍵值（emp_no），然後根據主鍵值查詢所需的 N 筆資料。在此過程中，查詢 N 筆資料的主鍵 id 在索引中完成，所以效率會高一些。

2. 業務最佳化寫法

雖然上述寫法可以達到一定程度的最佳化，但還是存在效能問題。最佳的方式是從業務面配合修改為下列語句：

```
select * from employees where emp_no > #last_emp_no# order by emp_no limit 20;
```

採用這種寫法後，頁面上只能透過點擊 More 獲得更多資料，而不是純粹的翻頁。因此，每次查詢只需要使用上次資料中的 id，進而取得接下來的資料即可，但這種寫法需要從業務面配合。

3. 效能比較

傳統的分頁查詢寫法：

```
mysql> select * from employees limit 250000, 5000;
5000 rows in set (1.31 sec)
```

執行計畫（關於執行計畫詳解，可參考本書下載資源的「附錄 D」）如圖 37-1 所示。

```
+----+-------------+-----------+------------+------+---------------+------+---------+------+--------+----------+-------+
| id | select_type | table     | partitions | type | possible_keys | key  | key_len | ref  | rows   | filtered | Extra |
+----+-------------+-----------+------------+------+---------------+------+---------+------+--------+----------+-------+
|  1 | SIMPLE      | employees | NULL       | ALL  | NULL          | NULL | NULL    | NULL | 299423 | 100.30   | NULL  |
```

圖 37-1

最佳化寫法：

```
mysql> select * from (select emp_no from employees limit 250000, 5000) b
, employees a where a.emp_no = b.emp_no;
5000 rows in set (0.94 sec)
```

執行計畫如圖 37-2 所示。

```
+----+-------------+-------------+------------+-------+---------------+---------+---------+---------+--------+----------+-------------+
| id | select_type | table       | partitions | type  | possible_keys | key     | key_len | ref     | rows   | filtered | Extra       |
+----+-------------+-------------+------------+-------+---------------+---------+---------+---------+--------+----------+-------------+
|  1 | PRIMARY     | <derived2>  | NULL       | ALL   | NULL          | NULL    | NULL    | NULL    | 255000 | 100.00   | NULL        |
|  1 | PRIMARY     | a           | NULL       | eq_ref| PRIMARY       | PRIMARY | 4       | b.emp_no| 1      | 100.00   | NULL        |
|  2 | DERIVED     | employees   | NULL       | index | NULL          | PRIMARY | 4       | NULL    | 275103 | 100.00   | Using index |
```

圖 37-2

　　從執行計畫中得知，首先執行子查詢的 employees 資料表，根據主鍵做索引全資料表掃描，然後與 a 資料表透過 emp_no 做主鍵關聯查詢，相較於傳統寫法的全資料表掃描，效率會高一些。兩種寫法的效能有一定的差距，雖然不是十分明顯，但隨著資料量的增大，兩者的執行效率便會體現出來。

NOTE

## 第 38 章

子查詢最佳化──子查詢轉換為連接

子查詢最佳化是 MySQL DBA 必備的一個技能，原因如下：

- MySQL 對子查詢的處理並不好，不允許像 Oracle 一樣改寫子查詢。
- 根據代價的查詢最佳化工具並不完善（MySQL5.7 版本之後逐漸加強）。

本章講解幾個子查詢最佳化案例，以便加深子查詢的印象。

本案例使用的資料表及資料，可從 https://github.com/datacharmer/test_db 下載。

38.1 問題現象

每日夜間對客戶系統的備份總是不成功，導致整個系統無法正常運行，排查後發現是該備份操作與一道查詢 SQL 語句發生衝突。這裡不多解釋其原因，重點在於分析 SQL 語句為何執行緩慢。SQL 語句的結構如下：

```
select count(*) from employees as a where exists (select emp_no from
dept_emp b where a.emp_no = b.emp_no and b.dept_no = 'd007');
```

這是一個很簡單的子查詢，但是早期的 MySQL 版本（客戶使用的是 5.5 版）對子查詢的處理，並不是先執行子查詢，然後再與外資料表進行關聯，而是巡訪 employees（a）資料表的每一筆記錄，再代入子查詢中。這道查詢語句的執行計畫，如圖 38-1 所示。

id	select_type	table	type	possible_keys	key	key_len	ref	rows	Extra
1	PRIMARY	a	index	NULL	PRIMARY	4	NULL	299512	Using where; Using index
2	DEPENDENT SUBQUERY	b	eq_ref	PRIMARY,dept_no	PRIMARY	8	employees.a.emp_no,const	1	Using where; Using index

圖 38-1

從執行計畫（關於執行計畫詳解，請參考本書下載資源的「附錄 D」）得知，先執行的是 b 資料表，但它的 select_type 是「DEPENDENT SUBQUERY」，表示這

個子查詢依賴於外資料表查詢，而不是先執行子查詢。MySQL 早期版本不能展開 in 操作的子查詢，但是新版本已做了一些最佳化，允許展開子查詢。例如，下面 SQL 語句的執行計畫如圖 38-2 所示。

```
mysql> explain select count(*) from employees as a where emp_no in (select
emp_no from dept_emp b where b.emp_no = a.emp_no and b.dept_no = 'd007');
```

id	select_type	table	type	possible_keys	key	key_len	ref	rows	filtered	Extra
1	SIMPLE	b	ref	PRIMARY,dept_no	dept_no	4	const	91566	100	Using ; Using index
1	SIMPLE	a	eq_ref	PRIMARY	PRIMARY	4	employees.b.emp_no	1	100	Using index

```
2 rows in set, 2 warnings (0.00 sec)

mysql> show warnings;
| Note | 1003 | /* select# */ select count() AS `count
```

圖 38-2

在執行計畫中，透過 explain 查到語句已經轉換為連接，此時的計畫是先執行 b 資料表，再與 a 資料表做關聯查詢。

38.2 最佳化方案

在 MySQL 的有些版本中，如果不能展開子查詢，可將 SQL 語句改寫為關聯查詢的形式，如下所示。

```
select count(*) from employees as a,(select distinct emp_no from dept_emp
where dept_no = 'd007')b where a.emp_no = b.emp_no;
```

改寫為關聯查詢後，最佳化效果和展開子查詢的效果一樣（這裡的 distinct 是為了去除重覆值，如果 emp_no 存在重覆的資料，則執行結果集便不正確。其實此處不需要加上 distinct，因為 dept_no 與 emp_no 是聯合主鍵），執行計畫如圖 38-3 所示。

```
mysql> explain select count() from employees as a,(select distinct emp_no from dept_emp where dept_no = 'd007')b where  a.emp_no = b.emp_no;
```

id	select_type	table	type	possible_keys	key	key_len	ref	rows	Extra
1	PRIMARY	<derived2>	ALL	NULL	NULL	NULL	NULL	91566	NULL
1	PRIMARY	a	eq_ref	PRIMARY	PRIMARY	4	b.emp_no	1	Using index
2	DERIVED	dept_emp	ref	PRIMARY,dept_no	dept_no	4	const	91566	Using where; Using index

圖 38-3

從執行計畫得知，SQL 語句先執行 dept_emp（b）資料表，然後再與 employees（a）資料表做關聯查詢。兩種查詢花費時間的比較如下：

```
mysql> select count(*) from employees as a where exists (select emp_no
from dept_emp b where a.emp_no = b.emp_no and b.dept_no = 'd007');
+----------+
| count(*) |
+----------+
|    52245 |
+----------+
1 row in set (0.44 sec)

mysql> select count(*) from employees as a,(select distinct emp_no from
dept_emp where dept_no = 'd007')b where a.emp_no = b.emp_no;
+----------+
| count(*) |
+----------+
|    52245 |
+----------+
1 row in set (0.07 sec)
```

增大資料量級後，兩種查詢的執行效果會更加明顯。透過上面的例子，底下總結出子查詢最佳化的概念如下：

- 驅動表是小資料表，因為它需要做全資料表掃描，21.2 節已講過這點。

- 儘量讓子查詢先過濾結果集，這樣才能讓更小的結果集驅動大資料表。

- 查看執行計畫判斷是否展開子查詢，倘若沒有，則將子查詢轉換為連接。

NOTE

第 39 章

子查詢最佳化——使用 delete 刪除資料

前面兩章的案例都是關於查詢問題，但是有時候在做刪除、更新時，同樣會遇到效能問題，而解法類似。本章講解的就是一個刪除資料時存在效能問題的案例。

39.1 問題現象

通常刪除資料都是針對單一資料表，加上一個 where 條件。有時根據業務需求，也會在以 delete 刪除資料時依賴其他資料表，合起來就是一個子查詢，例如：

```
delete from  e_cons_snap
 where cons_id in  (select 1
          from c_cons
        where mr_sect_no = '1'
          and status_code='9');
```

e_cons_snap 和 c_cons 這兩個資料表的資料量都是百萬級，執行時間需要 10s 左右，執行計畫如圖 39-1 所示。

圖 39-1

透過執行計畫得知，這個子查詢的 select_type 是「DEPENDENT SUBQUERY」，表示依賴於外資料表查詢，而不是先執行子查詢。這裡的問題，其實與第 38 章描述的情況一樣。

39.2 最佳化方案

已知是執行計畫的問題，導致 SQL 語句的效能太差，所以將 SQL 語句改寫為關聯查詢。MySQL 針對 delete 語句有一種特殊的寫法，就是在 from 後面加上多個資料表，於是上面的子查詢便改寫成下列 SQL 語句：

```
delete a from e_cons_snap a,c_cons b
where b.status_code='9' and b.mr_sect_no = '1'
and a.cons_id=b.cons_id
```

改寫後關聯查詢的執行計畫如圖 39-2 所示。

```
mysql> explain
    -> 
    -> delete a from  e_cons_snap a,c_cons b
    -> where b.status_code='9'  and  b.mr_sect_no = '1'
    -> and a.cons_id=b.cons_id
    -> ;
+----+-------------+-------+------+---------------+-------------+---------+---------------+------+-------------+
| id | select_type | table | type | possible_keys | key         | key_len | ref           | rows | Extra       |
+----+-------------+-------+------+---------------+-------------+---------+---------------+------+-------------+
|  1 | SIMPLE      | b     | ref  | idx_sect_no   | idx_sect_no | 18      | const         |    1 | Using where |
|  1 | SIMPLE      | a     | ref  | idx_cons_id1  | idx_cons_id1| 9       | test.b.cons_id|    1 | NULL        |
+----+-------------+-------+------+---------------+-------------+---------+---------------+------+-------------+
2 rows in set (0.00 sec)
```

圖 39-2

此執行計畫先執行 c_cons 資料表（b 資料表），過濾後只有一筆記錄，再與 a 資料表（e_cons_snap 資料表）根據 cons_id 做關聯查詢，此時 a 資料表掃描的記錄就會變得很少。經過線上環境的實際驗證，改寫後 SQL 語句的執行時間不到 1s。

工具篇

假如提供一台伺服器，要求在上面安裝一個 MySQL 實例，然後儲存公司重要的業務資料，並保證資料庫 7×24 小時不間斷地高效運行。如何辦到呢？

正式上線前，需要知道伺服器各項硬體效能指標的「天花板」、根據該伺服器運行的資料庫服務能力「天花板」，以便心裡有數，日後遇到資料庫回應緩慢的情況時，不至於分不清是服務能力瓶頸、業務 SQL 語句太爛，抑或是其他原因導致。因此，本篇對硬體的基準測試工具 FIO、資料庫的基準測試工具 sysbench 和 HammerDB 等進行詳細的介紹，同時包括常用來查看硬體規格和型號的命令，有助於建立效能基準資料庫。

正式上線後，如果遇到資料庫回應緩慢或者故障，身為資料庫管理員，自然需要排查問題、解決問題。如何排查呢？伺服器不會主動通知它出了什麼問題，必須藉助一些行之有效的工具查看伺服器的各項狀態指標。因此，文內也將詳細說明常用來查看系統負載、資料庫負載和狀態的工具。

如果無法透過伺服器和資料庫的目前負載與狀態資訊判斷出問題，那麼也許就得藉助一定時間範圍內的同樣資訊進行分析，以便找出一些關鍵效能與狀態指標值的增長趨勢、變化規律。這裡需要一套能夠長時間持久化負載與狀態資訊的監控系統，因此詳實解說了目前最炫酷的 Prometheus+Grafana。

另外，有一些效能尖峰值出現的時間極短，監控系統在採集週期內來不及收集，此時就需要藉助一種觸發式採集資料的工具。一旦找到「罪魁禍首」有待解決時，例如：假設是一道爛 SQL 語句造成的問題（實際上，資料庫回應緩慢大多數都是如此），那麼可能還需要一個能夠統計分析一定時間範圍內出現的爛 SQL 語句的工具。因此，文內也詳細介紹了 Percona Toolkit 工具包與效能採集和分析相關的工具。

最後，有時候會誤操作資料庫，需要恢復這些誤操作的資料。當資料量少時可以考慮以反向操作恢復資料，一旦資料量過大或者無法透過簡單的方法補救時，可能就得使用備份資料進行恢復。因此，文中詳細解說目前 MySQL 主流的備份工具，以及主流的閃回工具。

第 **40** 章

常用的硬體規格查看命令詳解

本章將詳細介紹查看硬體規格的常用命令，例如：查詢 CPU 的型號和頻率、記憶體的型號和頻率、磁碟型號、網卡型號等。這些工具命令由 lshw、dmidecode、util-linux-ng、smartmontools、lsscsi、pciutils、ethtool 等套裝軟體提供，請根據需求自行以 yum 命令安裝即可，例如：yum install lshw -y。

40.1 通用命令

40.1.1 lshw

lshw 命令能夠查看伺服器硬體設定的詳細資訊，包括在支援 DMI 的 x86 或 IA-64 系統，以及某些 PowerPC 機器上輸出記憶體組態、韌體版本、主機板組態、CPU 版本、CPU 頻率、快取、匯流排速度等資訊（已知 PowerMac G4 可以運作）。目前該命令支援查看 DMI（僅限 x86 和 IA-64）、OpenFirmware 設備樹（僅限 PowerPC）、PCI/AGP、CPUID（x86）、IDE/ATA/ATAPI、PCMCIA（僅在 x86 上測試）、SCSI 和 USB 等資訊。

使用方法：

```
lshw [ -version ]
lshw [ -help ]
lshw [ -X ]
lshw [ -html | -short | -xml | -businfo ] [ -class class ... ] [ -disable
test ... ] [ -enable test ... ] [ -sanitize ] [ -numeric ] [ -quiet ]
```

1. 命令列選項

● -version：顯示 lshw 程式的版本。

● -help：顯示可用的命令列選項。

- -X：啟動 X11 GUI（如果可用的話）。
- -html：將設備樹輸出資訊儲存為 HTML 格式（不支援同時使用 -short 選項）。
- -xml：將設備樹輸出資訊儲存為 XML 格式（不支援同時使用 -short 選項）。
- -short：輸出簡短硬體路徑的設備樹資訊，十分類似 HP-UX 的 ioscan 輸出格式。
- -businfo：輸出匯流排資訊的設備清單（包含匯流排位址資訊），詳細說明 SCSI、USB、IDE 和 PCI 的匯流排位址。
- -class：僅顯示給定的硬體類別資訊。有效值為以 lshw -short 或 lshw -businfo 輸出資訊的 class 名稱（第三行）。-C 為 -class 的別名，相當於簡短格式選項。
- -enable/-disable：啟用或禁用某項檢測。有效值如下。

  - dmi，用於 DMI/SMBIOS 擴充。
  - device-tree，用於 OpenFirmware 設備樹。
  - spd，用於記憶體串列存在檢測。
  - memory，用於記憶體大小猜測啟發式。
  - cpuinfo，用於核心報告資訊的 CPU 檢測。
  - cpuid，用於 CPU 檢測。
  - pci，用於 PCI/AGP 存取。
  - isapnp，用於 ISA PnP 擴充。
  - pcmcia，用於 PCMCIA/PCCARD。
  - ide，用於 IDE/ATAPI。
  - usb，用於 USB 設備。
  - scsi，用於 SCSI 設備。
  - network，用於網路介面檢測。

- -quiet，不顯示狀態。
- -sanitize，從輸出資訊刪除可能敏感的資訊（如 IP 位址、序號等）。
- -numeric，顯示數字 ID（用於 PCI 和 USB 設備）。

2. 查看硬體型號

先以 lsblk 命令查看磁碟的設備名稱和容量的對應關係：

```
[root@localhost ~]# lsblk
NAME MAJ:MIN RM SIZE RO TYPE MOUNTPOINT
sda 8:0 0 1.8T 0 disk
......
sdb 8:16 0 3.7T 0 disk
......
sdc 8:32 0 1.5T 0 disk
......
```

再以 ip addr 命令查看網卡介面名稱和 IP 位址的對應關係：

```
[root@localhost ~]# ip addr
1: lo: <LOOPBACK,UP,LOWER_UP> mtu 65536 qdisc noqueue state UNKNOWN qlen 1
......
7: enp3s0f1: <BROADCAST,MULTICAST> mtu 1500 qdisc noop state DOWN qlen 1000
    link/ether 00:25:90:5b:06:db brd ff:ff:ff:ff:ff:ff
8: br0: <BROADCAST,MULTICAST,UP,LOWER_UP> mtu 1500 qdisc noqueue state UP
qlen 1000
    link/ether 00:25:90:5b:06:da brd ff:ff:ff:ff:ff:ff
    inet 10.10.30.16/24 brd 10.10.30.255 scope global br0
 ......
```

lshw 命令可以一次性查看大部分設備的型號資訊（或者不使用簡短格式，但是詳盡格式內容過長，不便閱讀其文字）：

```
[root@localhost ~]# lshw -short
H/W path Device Class Description
==============================================================================
                              system X9QR7-(J)TF/X9QRi-F (070F15D9)
/0 bus X9QR7-(J)TF   # 主機板型號
/0/0 memory 64KiB BIOS
/0/4 processor Intel(R) Xeon(R) CPU E5-4627 v2 @ 3.30GHz   # CPU 型號
/0/4/5 memory 512KiB L1 cache
/0/4/6 memory 2MiB L2 cache
/0/4/7 memory 16MiB L3 cache
/0/6 processor Intel(R) Xeon(R) CPU E5-4627 v2 @ 3.30GHz   # CPU 型號
/0/6/9 memory 512KiB L1 cache
/0/6/a memory 2MiB L2 cache
/0/6/b memory 16MiB L3 cache
/0/7 processor Intel(R) Xeon(R) CPU E5-4627 v2 @ 3.30GHz   # CPU 型號
/0/7/d memory 512KiB L1 cache
/0/7/e memory 2MiB L2 cache
/0/7/f memory 16MiB L3 cache
```

```
/0/9 processor Intel(R) Xeon(R) CPU E5-4627 v2 @ 3.30GHz   # CPU 型號
/0/9/11 memory 512KiB L1 cache
/0/9/12 memory 2MiB L2 cache
/0/9/13 memory 16MiB L3 cache
/0/38 memory 240GiB System Memory  # 簡短格式無法看到記憶體型號
/0/38/0 memory 16GiB DIMM DDR3 1866 MHz (0.5 ns)
/0/38/1 memory DIMM Synchronous [empty]
......
/0/100/1/0 storage SAS2308 PCI-Express Fusion-MPT SAS-2
/0/100/2 bridge Xeon E7 v2/Xeon E5 v2/Core i7 PCI Express Root Port 2a
/0/100/2/0 scsi0 storage MegaRAID SAS-3 3108 [Invader]  # 磁碟陣列卡存放裝置
/0/100/2/0/0.18.0 generic SAS2X36
/0/100/2/0/2.0.0 /dev/sda disk 1999GB MR9361-8i  # 裸設備 /dev/sda 對應的型號為
MR9361-8i，這是磁碟陣列卡型號
/0/100/2/0/2.0.0/1 /dev/sda1 volume 1MiB Linux filesystem partition
/0/100/2/0/2.0.0/2 /dev/sda2 volume 512MiB Linux filesystem partition
/0/100/2/0/2.0.0/3 /dev/sda3 volume 1861GiB Linux LVM Physical Volume
partition
/0/100/2/0/2.1.0 /dev/sdb disk 3999GB MR9361-8i  # 裸設備 /dev/sdb 對應的型號為
MR9361-8i，這是磁碟陣列卡型號
/0/100/2.2 bridge Xeon E7 v2/Xeon E5 v2/Core i7 PCI Express Root Port 2c
/0/100/2.2/0 enp3s0f0 network Ethernet Controller 10-Gigabit X540-AT2
# 網卡介面 enp3s0f0 對應的網卡型號為 X540-AT2
/0/100/2.2/0.1 enp3s0f1 network Ethernet Controller 10-Gigabit X540-AT2
# 網卡介面 enp3s0f1 對應的網卡型號為 X540-AT2
/0/100/3 bridge Xeon E7 v2/Xeon E5 v2/Core i7 PCI Express Root Port 3a
......
/0/1 bridge Xeon E7 v2/Xeon E5 v2/Core i7 PCI Express Root Port 1a
/0/1/0 storage SAS2308 PCI-Express Fusion-MPT SAS-2
......
/0/103 bridge Xeon E7 v2/Xeon E5 v2/Core i7 PCI Express Root Port 2a
/0/103/0 enp129s0f0 network I350 Gigabit Network Connection   # 網卡介面
enp129s0f0 對應的網卡型號為 I350
/0/103/0.1 enp129s0f1 network I350 Gigabit Network Connection # 網卡介面
enp129s0f1 對應的網卡型號為 I350
/0/104 bridge Xeon E7 v2/Xeon E5 v2/Core i7 PCI Express Root Port 3a
/0/104/0 enp131s0f0 network I350 Gigabit Network Connection   # 網卡介面
enp131s0f0 對應的網卡型號為 I350
/0/104/0.1 enp131s0f1 network I350 Gigabit Network Connection # 網卡介面
enp131s0f1 對應的網卡型號為 I350
......
/0/2 bridge Xeon E7 v2/Xeon E5 v2/Core i7 PCI Express Root Port 2a
/0/3 bridge Xeon E7 v2/Xeon E5 v2/Core i7 PCI Express Root Port 3a
/0/3/0 scsi10 storage SSS6200 PCI-Express Flash SSD  # PCIe Flash SSD 設備
/0/3/0/1.0.0 /dev/sdc disk 1600GB NWD-BLP4-1600  # 裸設備 /dev/sdc 對應的型號為
NWD- BLP4-1600，這是 PCIe Flash SSD 設備型號
/0/3/0/1.0.0/1 /dev/sdc1 volume 1490GiB EFI partition
```

　　由於簡短格式無法看到記憶體型號資訊，所以下面採用詳盡格式，並加上 -class 選項指定簡短格式的 class 輸出行為 memory 字串。

```
[root@localhost ~]# lshw -class memory
  *-firmware    # 此命令會連同 BIOS 的 Firmware 資訊一併列印
        description: BIOS
        vendor: American Megatrends Inc
        physical id: 0
        version: 3.0
        date: 02/21/2014
        size: 64KiB
        capacity: 8MiB
        capabilities: pci upgrade shadowing cdboot bootselect socketedrom
edd int13floppy1200 int13floppy720 int13floppy2880 int5printscreen int9keyboard
int14serial int17printer acpi usb biosbootspecification uefi
  *-cache:0   # 此命令會連同 CPU 的 L1\L2\L3 Cache 一併列印
        description: L1 cache
        physical id: 5
        slot: CPU Internal L1
        size: 512KiB
        capacity: 512KiB
        capabilities: internal write-back
        configuration: level=1
  *-cache:1
        description: L2 cache
        physical id: 6
        slot: CPU Internal L2
        size: 2MiB
        capacity: 2MiB
        capabilities: internal write-back unified
        configuration: level=2
  *-cache:2
        description: L3 cache
        physical id: 7
        slot: CPU Internal L3
        size: 16MiB
        capacity: 16MiB
        capabilities: internal write-back unified
        configuration: level=3
 ......
  *-memory
        description: System Memory
        physical id: 38
        slot: System board or motherboard
        size: 240GiB
        capabilities: ecc
        configuration: errordetection=multi-bit-ecc
```

```
    *-bank:0
        description: DIMM DDR3 1866 MHz (0.5 ns)
        product: 36JSF2G72PZ-1G9NZ   # 記憶體型號
        vendor: Micron
        physical id: 0
        serial: DFC8B37E
        slot: P1_DIMMA1
        size: 16GiB
        width: 64 bits
        clock: 1866MHz (0.5ns)
......
    *-bank:23
        description: DIMM DDR3 1866 MHz (0.5 ns)
        product: 36JSF2G72PZ-1G9NZ # 記憶體型號
        vendor: Micron
        physical id: 17
        serial: DFC8B2B7
        slot: P4_DIMMT1
        size: 16GiB
        width: 64 bits
        clock: 1866MHz (0.5ns)
```

lshw 命令還能產生一個詳盡的 HTML 格式檔，以瀏覽器開啟之後更容易查看設備型號資訊（包括哪些網卡介面、磁碟分割是屬於同一個設備）。

```
[root@localhost ~]# lshw -html > hardware.html
```

以瀏覽器開啟這個 HTML 檔，通常更容易找到設備型號資訊。

查看主機板型號，如圖 40-1 所示。

圖 40-1

查看 CPU 型號，如圖 40-2 所示。

```
id:             cpu:0
description:    CPU
product:        Intel(R) Xeon(R) CPU E5-4627 v2 @ 3.30GHz
vendor:         Intel Corp.
vendor_id:      GenuineIntel
physical id:    4
bus info:       cpu@0
version:        Intel(R) Xeon(R) CPU E5-4627 v2 @ 3.30GHz
slot:           SOCKET 0
size:           3300MHz
capacity:       4GHz
width:          64 bits
clock:          100MHz
capabilities:   lm fpu fpu_exception wp vme de pse tsc msr pae mce cx8 apic sep mtrr pge r
                pebs bts rep_good nopl xtopology nonstop_tsc aperfmperf eagerfpu pni pclr
                xsave avx f16c rdrand lahf_lm ida arat epb pln pts dtherm tpr_shadow vnmi fr
configuration:  cores        = 8
                enabledcores = 8
                threads      = 8
```

圖 40-2

查看記憶體型號，如圖 40-3 所示。

```
id:             bank:0
description:    DIMM DDR3 1866 MHz (0.5 ns)
product:        36JSF2G72PZ-1G9NZ
vendor:         Micron
physical id:    0
serial:         DFC8B37E
slot:           P1_DIMMA1
size:           16GiB
width:          64 bits
clock:          1866MHz (0.5ns)
```

圖 40-3

查看磁碟陣列卡型號，如圖 40-4 和圖 40-5 所示。

```
id:             disk:0
description:    SCSI Disk
product:        MR9361-8i
vendor:         AVAGO
physical id:    2.0.0
bus info:       scsi@0:2.0.0
logical name:   /dev/sda
version:        4.65
serial:         00624eb209d8265220c01f360ab00506
size:           1862GiB (1999GB)
capabilities:   partitioned partitioned:dos
configuration:  ansiversion     = 5
                logicalsectorsize = 512
                sectorsize      = 512
                signature       = 000f29fd
```

圖 40-4

```
id:              disk:1
description:      SCSI Disk
product:          MR9361-8i
vendor:           AVAGO
physical id:      2.1.0
bus info:         scsi@0:2.1.0
logical name:     /dev/sdb
version:          4.65
serial:           ARYBkj-FwL4-QIFD-bQnC-udLZ-JbEX-XwPQUt
size:             3725GiB (3999GB)
capacity:         3725GiB (3999GB)
capabilities:     lvm2
configuration:    ansiversion    = 5
                  logicalsectorsize = 512
                  sectorsize     = 512
```

圖 40-5

查看 PCIe Flash SSD 型號，如圖 40-6 所示。

```
id:              disk
description:      SCSI Disk
product:          NWD-BLP4-1600
vendor:           LSI
physical id:      1.0.0
bus info:         scsi@10:1.0.0
logical name:     /dev/sdc
version:          0002
serial:           544484169177915585
size:             1490GiB (1599GB)
capacity:         1490GiB (1600GB)
capabilities:     15000rpm gpt-1.00 partitioned partitioned:gpt
configuration:    ansiversion    = 6
                  guid           = 334f8340-5b43-4c19-8a1f-3dcaaa5f9e8c
                  logicalsectorsize = 512
                  sectorsize     = 512
```

圖 40-6

查看網卡型號，如圖 40-7 所示。

```
id:              network:0
description:      Ethernet interface
product:          Ethernet Controller 10-Gigabit X540-AT2
vendor:           Intel Corporation
physical id:      0
bus info:         pci@0000:03:00.0
logical name:     enp3s0f0
version:          01
serial:           00:25:90:5b:06:da
size:             100Mbit/s
capacity:         10Gbit/s
width:            64 bits
clock:            33MHz
```

圖 40-7

查看顯示卡型號，如圖 40-8 所示。

```
id:            display
description:   VGA compatible controller
product:       MGA G200eW WPCM450
vendor:        Matrox Electronics Systems Ltd.
physical id:   1
bus info:      pci@0000:07:01.0
version:       0a
width:         32 bits
clock:         33MHz
capabilities:  pm vga_controller bus_master cap_list rom
configuration: driver     = mgag200
               latency    = 64
               maxlatency = 32
               mingnt     = 16
resources:     irq        : 16
               memory : b8000000-b8ffffff
               memory : bb000000-bb003fff
               memory : ba800000-baffffff
```

圖 40-8

40.1.2　dmidecode

dmidecode 命令能夠讀取與解析 /dev/mem 二進位檔案，然後以人類可讀的格式轉存電腦的 DMI（或者 SMBIOS）表內容，該表包含系統硬體元件的描述，以及其他有用的資訊（例如：BIOS 序號和版本資訊）。藉助此表的資訊，雖然可以不需要實際去機房查看硬體的型號，但也使得這些資訊或許不可靠。

SMBIOS 代表系統管理 BIOS，而 DMI 代表桌面管理介面。這兩個標準都與 DMTF（桌面管理任務組）的開發緊密相關。

使用方法：

```
dmidecode [OPTIONS]
```

1. 命令列選項

- -d, --dev-mem FILE：指定設備檔路徑，透過設備檔讀取記憶體資訊（預設值為 /dev/mem）。

- -q, --quiet：顯示簡短的輸出訊息。不顯示未知、非活躍和 OEM 特定條目資訊，並隱藏中繼資料和控制碼參考資訊。

- -s, --string KEYWORD：僅顯示指定的 DMI 類型字串 KEYWORD 所對應的資訊。

- KEYWORD 必須是有效的關鍵字：bios-vendor、bios-version、bios-release-date、system-manufacturer、system-product-name、system-version、system-serial-number、system-uuid、baseboard-manufacturer、baseboard-product- name、baseboard- version、baseboard-serial-number、baseboard-asset-tag、chassis- manufacturer、chassis-type、chassis-version、chassis-serial-number、chassis-asset-tag、processor-family、processor-manufacturer、processor-version、processor-frequency。

- 每個關鍵字表示一種 DMI 類型，但是伺服器環境並非都支援。根據硬體設定的不同，在每個環境中每種類型返回的資訊也不一樣（例如：某些關鍵字可能會在某些系統回傳多個結果，因為它們可能於其上存在多個不同型號的 CPU）。如果未提供 KEYWORD 資訊或者無效，則會輸出全部有效的關鍵字列表，並報錯退出。

- 此選項不能多次使用。

- -t, --type TYPE：僅顯示指定的 TYPE 類型字串對應的資訊。

  - TYPE 可以是 DMI 類型編號，或者是以逗號分隔的類型編號列表（DMI 類型編號詳見下文的「DMI 類型編號列表」）。

  - TYPE 也可以是關鍵字列表的一個或多個關鍵字（類似 DMI 類型編號的組合名稱，其對應關係詳見下文的「DMI 類型編號與 DMI 類型關鍵字的對應關係」）。

  - 可以多次使用本選項。如果這麼做的話，將輸出所有指定類型的資訊。如果未提供 TYPE 資訊或者無效，便列印全部有效的關鍵字列表，並報錯退出。

- -u, --dump：不解碼記錄，而是將其內容轉存為十六進位形式（仍然是文字資訊，而非二進位資料）。每個條目的字串顯示為十六進位形式和 ASCII 碼。此選項主要用於偵錯。

- --dump-bin FILE：不解碼記錄，而是將 DMI 資料轉存為二進位檔案。此二進位檔案用於 --from-dump 選項讀入。

- --from-dump FILE：指定從 --dump-bin 選項產生的二進位檔案讀取 DMI 資料。

- -h, --help：顯示說明資訊。

- -V, --version：顯示版本資訊。

提示：輸出格式選項 --string、--type 和 --dump-bin 彼此互斥。

DMI 類型編號列表：

```
Type Information
-------------------------------------------
   0 BIOS
   1 System
   2 Baseboard
   3 Chassis
   4 Processor
   5 Memory Controller
   6 Memory Module
   7 Cache
   8 Port Connector
   9 System Slots
  10 On Board Devices
  11 OEM Strings
  12 System Configuration Options
  13 BIOS Language
  14 Group Associations
  15 System Event Log
  16 Physical Memory Array
  17 Memory Device
  18 32-bit Memory Error
  19 Memory Array Mapped Address
  20 Memory Device Mapped Address
  21 Built-in Pointing Device
  22 Portable Battery
  23 System Reset
  24 Hardware Security
  25 System Power Controls
  26 Voltage Probe
  27 Cooling Device
  28 Temperature Probe
  29 Electrical Current Probe
  30 Out-of-band Remote Access
  31 Boot Integrity Services
  32 System Boot
  33 64-bit Memory Error
  34 Management Device
  35 Management Device Component
  36 Management Device Threshold Data
  37 Memory Channel
  38 IPMI Device
  39 Power Supply
  40 Additional Information
  41 Onboard Devices Extended Information
  42 Management Controller Host Interface
```

DMI 類型編號與 DMI 類型關鍵字的對應關係：

```
Keyword Types
-------------------------------
bios 0, 13
system 1, 12, 15, 23, 32
baseboard 2, 10, 41
chassis 3
processor 4
memory 5, 6, 16, 17
cache 7
connector 8
slot 9
```

2. 查看硬體型號

使用 dmidecode 命令查看主機板型號資訊：

```
[root@localhost ~]# dmidecode -t baseboard
# dmidecode 3.0
Scanning /dev/mem for entry point.
SMBIOS 2.7 present.

Handle 0x0002, DMI type 2, 15 bytes
Base Board Information
 Manufacturer: Supermicro                    # 廠商
 Product Name: X9QR7-(J)TF                    # 主機板型號
 Version: 123456789
 Serial Number: WM13BS000262
.......
```

使用 dmidecode 命令查看 CPU 型號資訊：

```
# 加上 -s 選項
[root@localhost ~]# dmidecode -s processor-version
Intel(R) Xeon(R) CPU E5-4627 v2 @ 3.30GHz        # CPU 型號
......

# 加上 -t 選項
[root@localhost ~]# dmidecode -t processor
# dmidecode 3.0
......
 Version: Intel(R) Xeon(R) CPU E5-4627 v2 @ 3.30GHz   # CPU 型號
 Voltage: 0.0 V
 External Clock: 100 MHz
 Max Speed: 4000 MHz
 Current Speed: 3300 MHz
```

```
Status: Populated, Enabled
Upgrade: Socket LGA2011  # CPU 介面
L1 Cache Handle: 0x0005
L2 Cache Handle: 0x0006
L3 Cache Handle: 0x0007
......
```

使用 dmidecode 命令查看記憶體型號資訊：

```
[root@localhost ~]# dmidecode -t memory
......
Total Width: 72 bits
 Data Width: 64 bits
 Size: 16384 MB
 Form Factor: DIMM
 Set: None
 Locator: P1_DIMMA1
 Bank Locator: Node0_Bank0
 Type: DDR3
 Type Detail: Registered (Buffered)
 Speed: 1866 MHz
 Manufacturer: Micron
 Serial Number: DFC8B37E
 Asset Tag: Dimm0_AssetTag
 Part Number: 36JSF2G72PZ-1G9NZ          # 記憶體型號
 Rank: 1
 Configured Clock Speed: 1866 MHz
......
```

使用 dmidecode 命令查看網卡型號（內建設備）資訊：

```
[root@localhost ~]# dmidecode -t 10
......
Handle 0x0034, DMI type 10, 12 bytes
On Board Device 1 Information
 Type: Video
 Status: Enabled
 Description: Onboard Matrox G200          # 內建顯卡
On Board Device 2 Information
 Type: Ethernet
 Status: Enabled
 Description: Onboard Intel X540/I350       # 網卡型號，這裡只有內建的網卡型號，
但不夠直觀，無法看出是哪種網路介面
On Board Device 3 Information
 Type: SAS Controller                        # 內建磁碟陣列卡
 Status: Enabled
 Description: Onboard LSI SAS 2308
```

```
On Board Device 4 Information
 Type: SAS Controller                        # 內建磁碟陣列卡
 Status: Enabled
 Description: Onboard LSI SAS 2308
```

提示：dmidecode 命令可能不支援 PCI 設備資訊的顯示（即無法查詢外部設備資訊），實作時並未找到 PCIe Flash SSD 設備的型號資訊。

40.1.3 dmesg

dmesg 命令用來列印或控制核心環形緩衝區（Kernel Ring Buffer）的內容。

用法：

```
dmesg[options]
```

1. 命令列選項

- -c：列印核心環形緩衝區的內容之後，清除緩衝區。
- -r：列印原始核心環形緩衝區的內容，亦即保留每列日誌的日誌等級前綴。
- -s, --buffer-size <size>：使用指定大小的緩衝區查詢核心環形緩衝區。預設值為 16392 位元組（預設核心 syslog 緩衝區的原始大小為 4096 位元組，從 2.1.54 版本開始變為 8192 位元組，從 2.1.113 版本開始變成 16384 位元組）。如果將核心環形緩衝區設成大於預設值，表示可以查看整個核心環形緩衝區的內容（因為有足夠的空間存放資料）。
- -n level：設定將訊息記錄到控制台（Console）的等級。例如，-n 1 可以防止除了 panic 等級訊息之外的其他訊息輸出到控制台，但所有等級的訊息仍然會寫入 /proc/kmsg 檔案。
  - 加上 -n 選項時，dmesg 不會輸出與清除核心環形緩衝區的內容。
  - 如果多次使用該選項，只有最後一個選項會生效。

2. 查看硬體型號

先以 lsblk 命令查看磁碟設備名稱和容量的對應關係：

```
[root@localhost ~]# lsblk
NAME MAJ:MIN RM SIZE RO TYPE MOUNTPOINT
sda 8:0 0 1.8T 0 disk
......
```

```
sdb 8:16 0 3.7T 0 disk
......
sdc 8:32 0 1.5T 0 disk
......
```

然後以 dmesg 命令查看硬體型號資訊：

```
[root@localhost ~]# dmesg > a.txt
# 從檔案中慢慢找尋各種硬體的型號資訊
......
[ 0.000000] SMBIOS 2.7 present.
[ 0.000000] DMI: Supermicro X9QR7-(J)TF/X9QRi-F/X9QR7-(J)TF, BIOS 3.0
02/21/2014  # 主機板型號
......
[ 0.158840] smpboot: CPU0: Intel(R) Xeon(R) CPU E5-4627 v2 @ 3.30GHz (fam:
06, model: 3e, stepping: 04)  # CPU 型號
......
[ 2.295377] scsi host0: Avago SAS based MegaRAID driver
[ 2.296583] scsi 0:0:24:0: Enclosure LSI SAS2X36 0e12 PQ: 0 ANSI: 5  # 型號
為 LSI SAS2X36 的內建磁碟陣列卡
......
[ 2.652482] scsi 0:2:0:0: Direct-Access AVAGO MR9361-8i 4.65 PQ: 0 ANSI: 5
# SCSI 設備的型號 AVAGO MR9361-8i，這是磁碟陣列卡型號
......
[ 2.915678] sd 0:2:0:0: [sda] 3905945600 512-byte logical blocks: (1.99 TB/
1.81 TiB)  # 這是型號為 MR9361-8i 磁碟陣列卡劃分的一個分區，容量為 1.81TB，裸設備名稱為
SDA
[ 2.915770] sd 0:2:1:0: [sdb] 7811891200 512-byte logical blocks: (3.99 TB/
3.63 TiB)  # 這是型號為 MR9361-8i 磁碟陣列卡劃分的一個分區，容量為 3.63TB，裸設備名稱為
SDB
......
[ 7.028378] scsi 10:1:0:0: Direct-Access LSI NWD-BLP4-1600 0002 PQ: 0 ANSI:
6  # SCSI 設備的型號 NWD-BLP4-1600，這是 PCIe Flash SSD 的型號
......
[ 7.040728] sd 10:1:0:0: [sdc] 3124999680 512-byte logical blocks: (1.59
TB/1.45 TiB)  # PCIe Flash SSD 卡，容量為 1.45TB，裸設備名稱為 SDC
```

從以上內容來看，無法找到記憶體和網卡設備的型號資訊。

40.2 CPU 相關命令

lscpu 命令能夠從 sysfs 和 /proc/cpuinfo 收集 CPU 架構資訊，並解析與最佳化為易閱讀的格式。相關資訊包括：CPU 的執行緒、核心、通訊端數量和非一致記憶體存取（NUMA）節點的數量，以及 CPU 快取、共用快取、系列、型號等資訊。

使用方法：

```
lscpu [-a|-b|-c] [-x] [-s directory] [-e [=list]|-p [=list]]
lscpu -h|-V
```

1. 命令列選項

- -a, --all：在輸出資訊包含線上和離線 CPU 的資訊列。此選項只能與 -e 或 -p 選項一起使用。

- -b, --online：只顯示線上 CPU 的資訊列。此選項只能與 -e 或 -p 選項一起使用。

- -c, --offline：只顯示離線 CPU 的資訊列。此選項只能與 -e 或 -p 選項一起使用。

- -e, --extended [=list]：以人類可讀的格式顯示 CPU 資訊，可以指定需顯示哪些行作為參數（有效參數清單詳見下文的「輸出行詳解」部分）。如果省略 list 參數，則列印目前可用的所有資訊行；指定 list 參數時，必須透過「=」指定，不能有任何空格（例如，-e=cpu,node 或 --extended=cpu,node）。

- -h, --help：顯示説明訊息。

- -p, --parse [=list]：以利於解析的格式輸出（主要是便於程式解析，以逗號隔開各個輸出行值。注意：快取與其他行之間以兩個逗號分隔）。

  - 可以指定顯示哪些行作為參數（有效參數清單與 -e 選項的清單一致，詳見下文的「輸出行詳解」部分）。如果省略 list 參數，則列印目前可用的所有資訊行；指定 list 參數時，必須透過「=」指定，不能有任何空格（例如，-e=cpu,node 或 --extended=cpu,node）。

  - 如果以 -p 選項明確指定 cache 參數，則 CPU 的各級快取之間便用冒號分隔，而不是預設的逗號。

- -s, --sysroot directory：指定 lscpu 命令需要讀取資料的目錄，該目錄下能讀到有效的 CPU 相關資料。

- -x, --hex：在僅使用 -x 選項（例如 lscpu -x）的輸出結果中，對於表示 CPU 核心數的列表值以十六進位遮罩值代替。例如，預設情況下，On-line CPU(s) list 行顯示為 0 ～ 31，當使用 -x 選項時，On-line CPU(s) list 行則顯示為 0xffffffff。

- -V, --version：顯示版本資訊。

輸出行詳解（-e 和 -p 選項可以結合這些行名稱一起使用，不區分大小寫）：

- CPU，顯示邏輯 CPU 核心編號。

- CORE，顯示實體核心編號。一個實體核心可以包含多個邏輯 CPU（如果 CPU 支援超執行緒並且啟用，則一個實體核心通常包含兩個邏輯 CPU）。

- SOCKET，顯示 CPU 槽位編號（一個槽位對應到主機板的一個實體插槽）。一個槽位編號允許包含多個實體核心。

- NODE，顯示邏輯 NUMA 節點編號。如果關閉 NUMA，則透過 lscpu 命令看到的所有 node 值，都將顯示為 0。

- CACHE，顯示有關如何在 CPU 之間共用的快取記憶體資訊（注意：該行名稱在輸出結果顯示為 L1d:L1i:L2:L3）。

- ADDRESS，顯示 CPU 的實體位址。

- ONLINE，顯示 Linux 實例目前正在使用的邏輯 CPU 編號狀態。

- CONFIGURED，顯示管理程式是否已將 CPU 分配給執行 Linux 實例的虛擬硬體。CPU 允許由 Linux 實例線上進行設定。此行僅包含硬體系統，以及管理程式支援動態 CPU 資源配置時的資料。

- POLARIZATION，顯示虛擬硬體運行 Linux 實例的資料，其中虛擬機器管理程式可以切換 CPU 調度模式。此行僅包含硬體系統，以及虛擬機器監控程序支援 CPU POLARIZATION 功能時的資料。

- MAXMHZ，顯示 CPU 支援的最大頻率（EL 6 及以下版本不支援）。

- MINMHZ，顯示 CPU 支援的最小頻率（EL 6 及以下版本不支援）。

2. 查看硬體型號

使用 lscpu 命令查看 CPU 型號資訊：

```
[root@localhost ~]# lscpu
Architecture: x86_64
CPU op-mode(s): 32-bit, 64-bit
Byte Order: Little Endian
CPU(s): 32
On-line CPU(s) list: 0-31
Thread(s) per core: 1
Core(s) per socket: 8
Socket(s): 4
NUMA node(s): 4
```

```
Vendor ID: GenuineIntel
CPU family: 6
Model: 62
Model name: Intel(R) Xeon(R) CPU E5-4627 v2 @ 3.30GHz  # CPU 型號
Stepping: 4
CPU MHz: 2910.960
CPU max MHz: 3600.0000
CPU min MHz: 1200.0000
BogoMIPS: 6599.93
Virtualization: VT-x
L1d cache: 32K
L1i cache: 32K
L2 cache: 256K
L3 cache: 16384K
NUMA node0 CPU(s): 0-7   # NUMA 節點資訊
NUMA node1 CPU(s): 8-15
NUMA node2 CPU(s): 16-23
NUMA node3 CPU(s): 24-31
......
```

使用 lscpu 命令查看可讀格式的擴展清單資訊：

```
[root@localhost ~]# lscpu -e=CPU, CORE, SOCKET, BOOK, NODE, CACHE,
ADDRESS, ONLINE, CONFIGURED, POLARIZATION, MAXMHZ, MINMHZ
  CPU CORE SOCKET BOOK NODE L1d:L1i:L2:L3 ADDRESS ONLINE CONFIGURED
POLARIZATION MAXMHZ MINMHZ
  0 0 0 - 0 0:0:0:0 - yes - - 3600.0000 1200.0000
  1 1 0 - 0 1:1:1:0 - yes - - 3600.0000 1200.0000
  2 2 0 - 0 2:2:2:0 - yes - - 3600.0000 1200.0000
  ......
  15 15 1 - 1 15:15:15:1 - yes - - 3600.0000 1200.0000
  ......
```

40.3 磁碟相關命令

40.3.1 smartctl

smartctl 是一個能夠控制和監控磁碟的 SMART（Self-Monitoring，Analysis and Reporting Technology，自我監測、分析和報告技術）命令。

用法：

```
smartctl [options] device
```

提示：該命令只能查看裸設備的型號資訊，如果是磁碟陣列卡，則只能看到磁碟陣列卡型號；如果是 PCIe Flash SSD 設備，則有可能不支援相關資訊的顯示。

1. 命令列選項

smartctl 命令的選項眾多，區分為下列幾個類別。

（1）顯示選項（由於本書不涉及 SMART 技術的深入解讀，所以這裡只介紹顯示選項，如果有其他需求，請自行查閱說明手冊）

- h, --help, --usage：顯示說明資訊。

- -V, --version, --copyright, --license：顯示版本、版權和許可證資訊。

- -i, --info：顯示裝置的身份資訊。

- -g NAME, --get=NAME： 取 得 設 備 設 定 all、aam、apm、lookahead、security、wcache 等資訊。

- -a, --all：顯示裝置的所有 SMART 資訊。

- -x, --xall：顯示裝置的所有資訊。

- --scan：掃描設備。

- --scan-open：掃描並嘗試開啟每個給定的設備。

（2）SMARTCTL 執行時行為控制選項

（3）設備功能啟用 / 禁用選項

（4）讀取與顯示資料選項

（5）設備自測選項

2. 查看硬體型號

使用 smartctl 命令從 SMART 資訊取得設備型號：

```
# SATA 裸設備
[root@localhost ~]# smartctl -a /dev/sdc  # 注意：需要指定設備，而不是分區名稱
smartctl 5.43 2012-06-30 r3573 [x86_64-linux-2.6.32-573.el6.x86_64] (local
build)
Copyright (C) 2002-12 by Bruce Allen, http://smartmontools.sourceforge.net

=== START OF INFORMATION SECTION ===
Device Model:     SDLFNCAR-960G-1HA1                      # 型號
```

```
Serial Number:      00058D13
LU WWN Device Id: 5 001173 10052644c
Firmware Version: ZZ22RC93
User Capacity:      960,197,124,096 bytes [960 GB]      # 容量
Sector Size:        512 bytes logical/physical          # 磁區大小（區塊大小）
Device is:          Not in smartctl database [for details use: -P showall]
ATA Version is:     7
ATA Standard is:    ATA/ATAPI-7 T13 1532D revision 4a
Local Time is:      Mon Oct 16 19:04:25 2017 CST
SMART support is: Available - device has SMART capability.
SMART support is: Enabled
......
```

磁碟陣列卡

```
[root@localhost ~]# smartctl -a /dev/sdb
smartctl 6.2 2013-07-26 r3841 [x86_64-linux-3.10.0-514.26.2.el7.x86_64]
(local build)
Copyright (C) 2002-13, Bruce Allen, Christian Franke, www.smartmontools.org

=== START OF INFORMATION SECTION ===
Vendor: AVAGO   # 磁碟陣列卡廠商
Product: MR9361-8i   # 磁碟陣列卡型號
Revision: 4.65
User Capacity: 3,999,688,294,400 bytes [3.99 TB]   # 作業系統中看到在磁碟陣列卡
劃分的分區容量（裸設備）
Logical block size: 512 bytes
Logical Unit id: 0x600605b00a361fc0205226fd0be66f3e
Serial number: 003e6fe60bfd265220c01f360ab00506
Device type: disk
Local Time is: Tue Oct 2 12:29:15 2018 CST
SMART support is: Unavailable - device lacks SMART capability.
......
```

虛擬磁碟

```
[root@localhost ~]# smartctl -a /dev/sda
smartctl 5.43 2012-06-30 r3573 [x86_64-linux-2.6.32-573.22.1.el6.x86_64]
(local build)
Copyright (C) 2002-12 by Bruce Allen, http://smartmontools.sourceforge.net

Vendor: VMware,                                    # 虛擬磁碟廠商
Product: VMware Virtual S                           # 虛擬磁碟型號
Revision: 1.0
User Capacity: 322,122,547,200 bytes [322 GB]      # 虛擬磁碟容量
Logical block size: 512 bytes
Device type: disk
......
```

40.3.2　lsscsi

lsscsi 命令能夠列出所有 SCSI 設備（主機）及其屬性。

用法：

```
lsscsi [options]
```

提示：該命令只能查看裸設備的型號資訊，至於磁碟陣列卡設備，只能看到磁碟陣列卡型號。

1. 命令列選項

- -c, --classic：輸出資訊類似於執行 cat /proc/scsi/scsi 命令的輸出內容。

- -d, --device：與不帶任何選項時輸出的資訊類似，但是透過該選項，在輸出 SCSI 設備名稱之後，還會以一個中括弧額外輸出設備的主要和次要設備編號（例如「/dev/sda [8:0]」）。

- -g, --generic：輸出 SCSI 通用設備檔名（輸出資訊的最後一行）。請注意，如果 sg 驅動程式是模組，且沒有載入的設備，則該行可能顯示「-」。

- -h, --help：顯示說明資訊。

- -H, --hosts：輸出目前連接到系統的 SCSI 主機資訊。如果未加上此選項，則預設輸出 SCSI 設備資訊。

- -k, --kname：使用 Linux 預設演算法命名設備。與不使用任何選項的輸出結果類似。

- -L, --list：輸出每個設備的詳細屬性資訊，屬性格式為「<attribute_name> = <value>」，每列屬性緊跟在設備輸出資訊行之後，加上兩個空格再輸出。此選項與 -lll 選項（-lll 表示連續使用三次 -l 選項，下文不再贅述）具有相同的效果。

- -l, --long：輸出每個 SCSI 設備（主機）的附加資訊。可以多次使用該選項，以獲得更多的輸出資訊（但超過 3 次之後的效果與 3 次相同，當使用大於或等於 3 次時，其效果與 -L 選項的效果相同，例如 -lll）。

- -p, --protection：輸出附加資料的完整性（保護）資訊。

- -t, --transport：輸出傳輸資訊。結合使用 -lll、-L 與 -H 選項後，便可輸出更詳細的傳輸訊息。

- -v, --verbose：輸出每個設備名稱的同時，輸出設備對應的路徑資訊等。

- -V, --version：輸出版本資訊。

- -y, --sysfsroot=PATH：假設 sysfs 安裝在 PATH 路徑，而不是預設的「/sys」路徑下，則可使用該選項進行指定。PATH 必須是絕對路徑（即以「/」開頭）。

2. 查看硬體型號

先以 lsblk 命令找到設備名稱與掛載路徑、設備容量的對應關係：

```
[root@localhost ~]# lsblk
......
```

接下來以 lsscsi 命令查看磁碟型號資訊：

```
[root@localhost ~]# lsscsi -d
[0:0:24:0] enclosu LSI SAS2X36 0e12 -          # LSI SAS2X36 為磁碟陣列卡型號
[0:2:0:0] disk AVAGO MR9361-8i 4.65 /dev/sda [8:0] #  AVAGO MR9361-8i 為磁碟
陣列卡型號
[0:2:1:0] disk AVAGO MR9361-8i 4.65 /dev/sdb [8:16]
[10:1:0:0] disk LSI NWD-BLP4-1600 0002 /dev/sdc [8:32]  # LSI NWD-BLP4-1600
為 PCIe Falsh SSD 設備型號
[0:0:3:0]    disk    ATA        SDLFNCAR-960G-1H RC93  /dev/sdd [8:35]  #
SDLFNCAR- 960G-1H 為 ATA 裸設備型號
```

提示：如果 I/O 設備是磁碟陣列卡，則需要使用對應的磁碟陣列管理工具查看。底下以 MegaRAID 磁碟陣列卡為例進行說明：

```
# 先查看磁碟陣列卡型號
[root@localhost linux]# /opt/MegaRAID/MegaCli/MegaCli64 -AdpAllInfo -aALL

Adapter #0

============================================================================
                      Versions
                ================
Product Name : AVAGO MegaRAID SAS 9361-8i   # 磁碟陣列卡型號在此
Serial No : SV51309863
FW Package Build: 24.15.0-0026
......

# 然後查看所有的磁碟型號
[root@localhost linux]# /opt/MegaRAID/MegaCli/MegaCli64 -PDList -aALL
......
Raw Size: 1.819 TB [0xe8e088b0 Sectors]
Non Coerced Size: 1.818 TB [0xe8d088b0 Sectors]
```

```
Coerced Size: 1.818 TB [0xe8d00000 Sectors]
Firmware state: Online, Spun Up
SAS Address(0): 0x50030480015ab08c
Connected Port Number: 0(path0)
# 下面的 Inquiry Data 列顯示的整個字串格式可能是：Z1X3XX2H（8 位的 sn）+ ST2000NM0033
（12 位的 mode number）+ 9ZM175（6 位的 pn）+ SN04（4 位的 fw），所以從中截取的磁碟型號為
ST2000NM0033
Inquiry Data: Z1X3XX2HST2000NM0033-9ZM175 SN04
......
Device Speed: 6.0Gb/s
Link Speed: 6.0Gb/s
Media Type: Hard Disk Device
......
```

40.4 網卡相關命令

40.4.1 lspci

lspci 命令可以顯示系統的 PCI 匯流排，以及連接到它們的設備資訊，預設情況下是一個簡短格式的設備清單。但是，建議加上「lspci -vvx」或「lspci -vvxxx」，以呈現更詳細的設備資訊，其中包含 PCI 設備驅動程式或 lspci 本身的錯誤訊息等。

用法：

```
lspci [options]
```

1. 命令列選項

（1）基本顯示模式選項

- -m：以向後相容、機器可讀形式輸出 PCI 設備資料。

- -mm：以機器可讀形式輸出 PCI 設備資料，以便透過腳本輕鬆地解析與處理（實測後，與使用 -m 選項輸出的資訊完全一樣）。

- -t：列印包含所有匯流排、橋接器、設備和它們之間連接的樹狀圖資訊。

（2）顯示選項

- -v：列印詳細的說明，並顯示所有設備的詳細資訊。

- -vv：列印非常詳細的說明，並顯示更多的設備細節資訊。

- -vvv：列印比使用 -vv 選項更加冗長的說明，並顯示 lspci 命令能夠解析的所有設備細節。

- -k：列印處理每個設備的核心驅動程式以及核心模組資訊。預設情況下，以 -v 選項顯示的內容包含 -k 選項的輸出（目前僅適用於核心 2.6 或更高版本的 Linux）。

- -x：顯示組態空間標準部分的十六進位輸出資訊（CardBus 橋接器的前 64 或 128 位元組）。

- -xxx：顯示整個 PCI 組態空間的十六進位輸出資訊。

- -xxxx：顯示 PCI-X 2.0 和 PCI Express 匯流排上可用的擴充（4096 位元組），以及 PCI 組態空間的十六進位輸出資訊（比使用 -xxx 選項更加詳細）。

- -b：匯流排中心視圖，顯示所有的 IRQ 號和位址等資訊。

- -D：始終顯示 PCI 的 domain（網域）號。預設情況下，lspci 在只有 domain 0 的電腦上不顯示 domain 號（例如，省略完整匯流排位址資訊 0000:03:00.1 中的 0000，只呈現 03:00.1。domain 0 表示伺服器只有一條匯流排）。

（3）控制將設備 ID 解析為名稱的選項

- -n：將 PCI 供應商名稱和設備代碼顯示為數字，而不是名稱。

- -nn：同時顯示 PCI 供應商和設備代碼的數字與名稱。

- -q：如果在本地 pci.ids 檔案找不到設備，則利用 DNS 查詢中央 PCI ID 資料庫。如果 DNS 查詢成功，便將結果快取於 ~/.pciids-cache 中，即使不再使用 -q 選項，也能在後續運行中從快取識別。自動化腳本請謹慎使用此選項，以避免資料庫伺服器超載。

- -qq：作用與 -q 相同，但會重置本地快取。

- -Q：查詢中央 PCI ID 資料庫，即使是本地能夠識別的條目，也仍然查詢中央 PCI ID 資料庫（例如，如果懷疑顯示的條目錯誤，則可加上此選項）。

（4）選擇（指定）設備的選項

- -s [[[[]:]]:][][.[]]：僅顯示指定 domain 號的設備（如果電腦具有多個橋接器，則可共用公共匯流排編號空間，或者每個橋接器都存取自己的 PCI domain，domain 號從 0 到 ffff）、匯流排（編號從 0 到 ff）、插槽（編號從 0 到 1f）、功能（編號從 0 到 7）中的設備資訊。例如，「0」表示匯流排 0 的所

有設備；「0.1」表示在所有匯流排選擇設備 0 的第一個功能；「.4」表示每條匯流排的第四個功能設備。

（5）其他選項

- -i <file>：使用 <file> 作為 PCI ID 列表而不是 /usr/share/hwdata/pci.ids 檔案。

- -p<file>：使用 <file> 作為核心模組處理的 PCI ID 映射。預設情況下，lspci 使用 /lib/modules/kernel_version/modules.pcimap 檔案。它僅適用於具有最新模組工具的 Linux 系統。

- -M：呼叫匯流排映射模式，徹底掃描所有的 PCI 設備，包括錯誤設定的橋接器設備等。此選項僅在直接硬體存取模式才有意義，要求 root 權限。請注意，匯流排映射器僅掃描 PCI domain 0。

- --version：顯示 lspci 版本資訊。此選項不要和其他選項組合使用。

2. 查看硬體型號

使用 lspci 命令查看網卡型號資訊：

```
# 先使用 lspci -vvv 查看結果，並重新導向到一個文字檔
[root@localhost ~]# lspci -vvv > a.txt

# 然後以 vim 命令開啟這個文字檔，找尋「Ethernet controller」關鍵字
......
03:00.0 Ethernet controller: Intel Corporation Ethernet Controller
10-Gigabit X540-AT2 (rev 01)     # 第一塊網卡型號為 X540-AT2 的 10Gb 網卡
     Subsystem: Super Micro Computer Inc Device 1528
......
03:00.1 Ethernet controller: Intel Corporation Ethernet Controller
10-Gigabit X540-AT2 (rev 01)        # 同上
     Subsystem: Super Micro Computer Inc Device 1528
......
81:00.0 Ethernet controller: Intel Corporation I350 Gigabit Network
Connection (rev 01)              # 第二塊網卡型號為 I350 的 1Gb 網卡
     Subsystem: Intel Corporation Ethernet Server Adapter I350-T2
81:00.1 Ethernet controller: Intel Corporation I350 Gigabit Network
Connection (rev 01)          # 同上
     Subsystem: Intel Corporation Ethernet Server Adapter I350-T2
83:00.0 Ethernet controller: Intel Corporation I350 Gigabit Network
Connection (rev 01)          # 同上
83:00.1 Ethernet controller: Intel Corporation I350 Gigabit Network
Connection (rev 01)          # 同上
```

使用 lspci 命令查看 PCI 擴充設備（PCIe Flash SSD 也屬於 PCI 設備）資訊：

```
# 使用之前匯出的文字檔 a.txt，找尋「SCSI」關鍵字
c2:00.0 Serial Attached SCSI controller: LSI Logic / Symbios Logic SSS6200
PCI-Express Flash SSD (rev 03)
    Subsystem: LSI Logic / Symbios Logic Nytro NWD-BLP4-1600  # 發現一個型號
為 NWD-BLP4-1600 的 PCIe Flash SSD 設備
```

使用 lspci 命令查看 RAID 卡型號資訊：

```
# 使用之前匯出的文字檔 a.txt，找尋「RAID」關鍵字
02:00.0 RAID bus controller: LSI Logic / Symbios Logic MegaRAID SAS-3 3108
[Invader] (rev 02)
    Subsystem: LSI Logic / Symbios Logic MegaRAID SAS 9361-8i  # 發現一塊型號
為 MegaRAID SAS 9361-8i 的磁碟陣列卡
```

40.4.2 ethtool

ethtool 命令能夠查看或控制網路驅動程式，且允許設定網路設備的組態。

用法：

```
ethtool [options] devname
```

1. 命令列選項

ethtool 命令的功能繁多，這裡僅介紹幾個查詢選項，如果有其他需求，請自行翻閱說明手冊。

- -h --help：查看說明資訊。
- --version：查看版本資訊。
- -a --show-pause：查看指定的網路設備，以取得暫停參數資訊。
- -c --show-coalesce：查看指定的網路設備，以取得合併資訊。
- -g --show-ring：查看指定的網路設備，以取得 rx/tx 環形參數資訊。
- -i --driver：查看指定的網路設備，以取得驅動程式資訊。
- -k --show-features --show-offload：查看指定的網路設備，以瞭解協定卸載狀態等資訊。
- -P --show-permaddr：查看指定的網路設備，以取得永久硬體位址（MAC 位址）資訊。

2. 查看網卡驅動程式、速率和設備型號

先以 ip addr 命令查看網卡介面和線上狀態，確定待查看的網卡介面名稱：

```
[root@localhost ~]# ip addr
1: lo: <LOOPBACK,UP,LOWER_UP> mtu 65536 qdisc noqueue state UNKNOWN qlen 1
......
6: enp3s0f0: <BROADCAST,MULTICAST,UP,LOWER_UP> mtu 1500 qdisc mq master br0
state UP qlen 1000　# 狀態為 UP 的線上網卡
    link/ether 00:25:90:5b:06:da brd ff:ff:ff:ff:ff:ff
    inet6 fe80::225:90ff:fe5b:6da/64 scope link
      valid_lft forever preferred_lft forever
7: enp3s0f1: <BROADCAST,MULTICAST> mtu 1500 qdisc noop state DOWN qlen 1000
# 狀態為 DOWN 的離線網卡，可能網路網線沒插好，或者未啟動網卡
    link/ether 00:25:90:5b:06:db brd ff:ff:ff:ff:ff:ff
8: br0: <BROADCAST,MULTICAST,UP,LOWER_UP> mtu 1500 qdisc noqueue state UP
qlen 1000　# 狀態為 UP 的線上網卡
    link/ether 00:25:90:5b:06:da brd ff:ff:ff:ff:ff:ff
    inet 10.10.30.16/24 brd 10.10.30.255 scope global br0
......
```

接下來使用 ethtool 命令查看網卡狀態和速率（這裡以線上網卡介面 enp3s0f0 為例）：

```
[root@localhost ~]# ethtool enp3s0f0
Settings for enp3s0f0:
 Supported ports: [ TP ]
 Supported link modes: 1000baseT/Full　# 網卡支援的連線速率和模式
                       10000baseT/Full
 Supported pause frame use: No
 Supports auto-negotiation: Yes
 Advertised link modes: 100baseT/Full
                        1000baseT/Full
                        10000baseT/Full　# 網卡支援的最大連線速率
 Advertised pause frame use: No
 Advertised auto-negotiation: Yes
 Speed: 100Mb/s　# 網卡速率為 100Mb/s。這裡請注意，網卡的最大速率為 10000Mb/s，但
是實際協商速率為 100Mb/s，說明連接的兩端無法正常協商最大速率
 Duplex: Full　　# 網卡模式為全雙工
......
Link detected: yes　# 網卡狀態為線上
```

查看網卡的驅動程式類型及版本、匯流排位址等資訊：

```
[root@localhost ~]# ethtool -i enp3s0f0
driver: ixgbe　# 驅動程式類型
version: 4.4.0-k-rh7.3　# 驅動程式版本
```

```
firmware-version: 0x80000260    # Firmware 版本
expansion-rom-version:
bus-info: 0000:03:00.0   # 匯流排位址資訊
supports-statistics: yes
supports-test: yes
supports-eeprom-access: yes
supports-register-dump: yes
supports-priv-flags: no
```

根據 bus-info 位址資訊，便可結合 lshw 命令查看網卡型號：

```
# 先以 lshw 命令匯出文字資訊
[root@localhost ~]# lshw > a.txt
```

```
# 在 a.txt 檔案找尋 bus-info 為 0000:03:00.0 的關鍵字（也可使用 firmware-version 的關
鍵字 0x80000260，或者直接以網卡介面 enp3s0f0 搜尋）
              *-network:0
                      description: Ethernet interface
                      product: Ethernet Controller 10-Gigabit X540-AT2
                      # 找到網卡型號為 X540-AT2
                      vendor: Intel Corporation
                      physical id: 0
                      bus info: pci@0000:03:00.0
                      logical name: enp3s0f0   # 網卡介面
                      version: 01
                      serial: 00:25:90:5b:06:da
                      size: 100Mbit/s
                      capacity: 10Gbit/s
                      width: 64 bits
                      clock: 33MHz
......
```

根據 bus-info 位址資訊，也可結合 lspci 命令查看網卡型號：

```
# 先以 lspci 命令匯出文字資訊
[root@localhost ~]# lspci -vvv -D > b.txt
```

```
# 然後開啟 b.txt 檔，搜尋關鍵字 0000:03:00.0
0000:03:00.0 Ethernet controller: Intel Corporation Ethernet Controller
10-Gigabit X540-AT2 (rev 01)   # 找到網卡型號為 X540-AT2
    Subsystem: Super Micro Computer Inc Device 1528
```

40.5 HCA 卡相關命令

使用不同廠商的 InfiniBand 設備，可能需要到不同廠商的官網下載相關的工具包。例如，Matrox 的 HCA 卡操作命令，由 infiniband-diags-1.6.5.MLNX20150902. 0e83419-0.1.x86_64 工具包提供。由於這類工具的功能與廠商有關，而且是針對特定設備，所以未使用 HCA 設備的讀者可跳過本節的內容。

ibstat 命令能夠輸出從本地 IB 驅動程式取得的基本資訊。內容包括 LID、SMLID、埠狀態、鏈路頻寬（協商速率）和埠實體狀態等。與 ibstatus 實用程式類似，但 ibstat 是一個二進位程式而非腳本，而且可以顯示比 ibstatus 更多的資訊。

用法：

```
ibstat [options] <ca_name> [portnum]
```

1. 命令列選項

（1）一般選項

- -l, --list_of_cas：列出所有 IB 設備（單獨使用）。

- -s, --short：使用簡短格式輸出（單獨使用）。

- -p, --port_list：顯示埠清單（單獨使用）。

- -V, --version：顯示版本資訊。

- -h, --help：顯示說明資訊。

（2）偵錯 flags 標誌選項

- -d：提高 IB 偵錯等級，以輸出更多的資訊。該選項允許多次使用（例如 -ddd 或 -d -d -d）。

- -v, --verbose：增加應用程式輸出資訊的詳細程度。該選項允許多次使用（例如 -vv 或 -v -v -v）。

（3）設定 flags 標誌選項

- --config, -z <config>：指定備用設定檔路徑，預設值為 /etc/infiniband-diags/ibdiag. conf。

2. 查看硬體型號

先使用 ibstat 命令查看 Firmware 版本，然後根據 Firmware 版本再以 lshw 命令匯出硬體資訊，便於後續搜尋：

```
[root@localhost ~]# ibstat
#ibstat
CA 'mlx4_0'
    CA type: MT4099
    Number of ports: 2
    Firmware version: 2.35.5100  # Firmware 版本
    Hardware version: 1
    Node GUID: 0x0002c9030030c310
    System image GUID: 0x0002c9030030c313
    Port 1:
        State: Active
        Physical state: LinkUp
        Rate: 40
        Base lid: 1
        LMC: 0
        SM lid: 1
        Capability mask: 0x0251486a
        Port GUID: 0x0002c9030030c311
        Link layer: InfiniBand
    Port 2:
        State: Active
        Physical state: LinkUp
        Rate: 40
        Base lid: 2
        LMC: 0
        SM lid: 1
        Capability mask: 0x02514868
        Port GUID: 0x0002c9030030c312
        Link layer: InfiniBand

## 以 lshw 命令匯出資訊
[root@localhost ~]# lshw > a.txt

## 使用 Firmware 版本 2.35.5100 搜尋以 lshw 命令匯出的資訊
        *-network
                description: interface
                product: MT27500 Family [ConnectX-3]
                # HCA 卡型號 (注意：Firmware 版本在最後一列)
                vendor: Mellanox Technologies # HCA 卡廠商
                physical id: 0
```

```
            bus info: pci@0000:08:00.0
            logical name: scsi21
            logical name: scsi22
            version: 00
            serial: a0:00:02:20:fe:80
            capacity: 1Gbit/s
            width: 64 bits
            clock: 33MHz
......
```

除了 lshw 命令之外，還可以使用 lspci 命令查看：

```
# 首先以 lspci -vvv 命令將資訊匯出到一個文字檔
[root@localhost ~]# lspci -vvv > b.txt

# 然後在該檔案搜尋關鍵字「Infiniband controller」
08:00.0 Infiniband controller: Mellanox Technologies MT27500 Family
[ConnectX-3]  # Mellanox Technologies MT27500 就是 HCA 卡的型號
        Subsystem: Mellanox Technologies Device 0050
```

NOTE

第 **41** 章
常用的系統負載查看命令詳解

本章將詳細介紹日常工作中常用的 10 個系統負載查看命令，這些命令由 procps、sysstat、dstat、iftop、iotop、iperf3 等套裝軟體提供[12]。

41.1 top

top 命令能夠查看正在運行的系統的動態即時狀態資訊，包括系統摘要，以及 Linux 核心目前正在管理的任務列表。它支援靜態輸出，以及互動式輸出，還可以在 啟動前讀取回應的設定檔，以便決定如何顯示處理程序的狀態資訊。

用法：

```
top -hv | -abcHimMsS -d delay -n iterations [-u user | -U user] -p pid [,pid ...]
```

該命令由 procps 套裝軟體提供。

41.1.1 命令列選項

- -a：按照記憶體使用情況排序處理程序。

- -b：靜態輸出（非互動模式），可用於程式抓取資料。在此模式下，top 不 接受互動式命令。

- -c：顯示整個命令列（程式執行的處理程序資訊），而不只是命令（程式） 名稱。

---

12 本章內容主要根據 RedHat 6.x 系統編寫，部分命令的選項在 RedHat 7.x 系統會有差異， 若無特殊說明，預設皆為 RedHat 6.x 系統。

- -d：指定刷新螢幕的間隔時間。當然，可以透過 s 互動式命令改變間隔時間（包括小數，但不允許負數，使用該選項會覆蓋設定檔的值。另外，如果 top 加上 -s 選項以安全模式執行，則不允許以互動式命令修改刷新間隔時間）。

- -h：列印說明資訊。

- -H：列印執行緒資訊（預設情況下，top 只顯示處理程序資訊）。

- -i：不顯示任何空閒或者掛住的處理程序資訊。

- -m：以 USED 代替 VIRT 行，USED 為處理程序 rss 和 swap 計數的總和。

- -M：在 top 資訊前頭的 Mem 和 Swap 輸出列的數值，改以 MB 取代 kb，且支援浮點數顯示。

- -n：設定狀態資訊刷新總次數，靜態模式和互動模式都支援。

- -p：透過處理程序 ID 監控指定處理程序的狀態。該選項最多允許同時使用 20 次（一次指定一個處理程序 ID），或者使用一次，但加上一個以逗號分隔、包含 20 個處理程序 ID 的清單。也可以兩種方式混用，但最多只支援 20 個處理程序 ID。

- -s：在安全模式下執行 top 命令（安全模式不支援部分互動式命令），這將避免互動式命令帶來的潛在危險。它不能和 -d 選項同時使用。

- -S：指定累計模式，該模式下每個處理程序的 CPU 使用時間，都包括本身和已經死掉的子處理程序時間。

- -u：只列印以給定帳號身份運行的處理程序所對應的狀態資訊。

- -U：只列印以給定帳號身份運行的處理程序所對應的狀態資訊，但允許輸出指定使用者的更多資訊。

- -v：列印版本資訊。

41.1.2 互動式命令選項

- q：退出 top 命令。

- 空白鍵：立即刷新。

- s：設定刷新間隔時間。

- c：顯示命令完全模式。

- t：顯示或隱藏處理程序和 CPU 狀態資訊。

- m：顯示或隱藏記憶體狀態資訊。

- l：顯示或隱藏 uptime 資訊。

- f：增加或減少處理程序顯示標誌。

- S：累計模式，會把已完成或退出的子處理程序佔用的 CPU 時間，累計到父處理程序的 TIME+。

- P：按 %CPU 排序。

- T：按 TIME+ 排序。

- M：按 %MEM 排序。

- u：顯示指定使用者處理程序。

- r：修改處理程序 renice 值。

- k：kill 處理程序。

- i：只顯示正在執行的處理程序。

- W：將對 top 的設定存放到檔案 ~/.toprc 中，下次啟動將自動呼叫該檔的設定。

- h：說明命令。

41.1.3 輸出結果解讀

在命令列視窗直接輸入 top 命令（不帶任何選項），輸出結果如下：

```
[root@localhost ~]# top
# 13:36:00 表示目前時間，up 21:35 代表系統運行了多長時間，1 user 表示目前用戶數，load
average: 0.15, 0.05, 0.01 表示 CPU 在 1 分鐘、5 分鐘、15 分鐘內的平均佇列長度
top - 13:36:00 up 21:35,  1 user,  load average: 0.15, 0.05, 0.01
# 2135 total 表示整體的處理程序數，1 running 表示正在執行的處理程序數，2134 sleeping
表示睡眠的處理程序數，0 stopped, 0 zombie 表示停止處理程序數和僵屍處理程序數
Tasks: 2135 total,  1 running, 2134 sleeping,  0 stopped,  0 zombie
# 0.0%us 表示使用者空間處理程序佔用百分比，0.0%sy 表示核心空間處理程序佔用百分比，0.0
%ni 表示在使用者處理程序空間內改變過優先順序的處理程序佔用 CPU 百分比，99.9%id 表示空閒 CPU
百分比，0.0%wa 表示 I/O 等待的百分比，0.0%hi 表示硬體 CPU 中斷佔用百分比，0.0%si 表示軟中斷
佔用百分比，0.0%st 表示虛擬化軟體從該 VM 佔用的時間百分比（通常在虛擬主機會發生此情況）
Cpu(s):  0.0%us,  0.0%sy,  0.0%ni,99.9%id,  0.0%wa,  0.0%hi,  0.0%si,
0.0%st
#  264418504k total 表示整體的記憶體大小，5782816k used 表示已經使用的記憶體大小，
258635688k free 表示空閒的記憶體大小，303764k buffers 表示用於核心快取的記憶體大小
Mem: 264418504k total,  5782816k used, 258635688k free,  303764k buffers
# 16383996k total 表示 swap 總大小，0k used 表示使用的 swap 總大小，16383996k free
表示空閒的 swap 總大小，472176k cached 表示快取的 swap 總大小，記憶體的內容被換到 swap，隨
```

後又被換入記憶體，但尚未釋放用過的 swap，該數值即為這些資料已位於記憶體的 swap 大小，再次換出對應的記憶體時，可以不必再寫入 swap

```
Swap: 16383996k total, 0k used, 16383996k free,  472176k cached

  PID USER       PR  NI  VIRT  RES  SHR S %CPU %MEM    TIME+  COMMAND
69513 root       20   0 16636 2860  924 R  1.0  0.0  0:00.35 top
```

PID：處理程序 ID
USER：處理程序的擁有者
PR：優先順序
NI：nice 值，負值表示高優先順序，正值表示低優先順序
VIRT：處理程序使用的虛擬記憶體總量（VIRT=SWAP+RES），單位為 kb
RES：處理程序使用、未被換出的實體記憶體大小（RES=CODE+DATA），單位為 kb
SHR：共用記憶體大小，單位為 kb
S：處理程序狀態（D=不間斷的睡眠狀態，R=正在執行，S=睡眠，T=追蹤/停止，Z=僵屍處理程序）
%CPU：上次更新到現在的 CPU 時間佔用百分比
%MEM：處理程序目前使用的實體記憶體百分比
TIME+：處理程序使用的 CPU 時間總計，單位為 1/100s
COMMAND：程式或處理程序的完整執行字串資訊（最多 512 個字元，超過會被截斷）

靜態模式只會輸出 mysql 使用者執行的處理程序，包括所有的執行緒資訊：

```
[root@localhost ~]# top -U mysql -c -H
top - 23:10:14 up 4:10, 3 users, load average: 0.12, 0.05, 0.05
Tasks: 314 total, 1 running, 313 sleeping, 0 stopped, 0 zombie
Cpu(s): 0.1%us, 0.1%sy, 0.0%ni, 99.8%id, 0.0%wa, 0.0%hi, 0.0%si, 0.0%st
Mem: 8053664k total, 933408k used, 7120256k free, 92972k buffers
Swap: 2031612k total, 0k used, 2031612k free, 154764k cached

  PID USER PR NI VIRT RES SHR S %CPU %MEM TIME+ COMMAND
 3781 mysql 20 0 2866m 406m 11m S 0.3 5.2 0:00.47 /usr/local/mysql/bin/
mysqld --basedir=/usr/local/mysql --datadir=/home/mysql/data/mysqldata1/
mydata --plugin-dir=/ usr/local/mysql/lib/plugin --user=mysql --log-error=/
home/mysql/data/mysqldata1/log/error. log -
 3841 mysql 20 0 2866m 406m 11m S 0.3 5.2 0:35.84 /usr/local/mysql/bin/
mysqld --basedir=/ usr/local/mysql --datadir=/home/mysql/data/mysqldata1/
mydata --plugin-dir=/usr/local/mysql /lib/plugin --user=mysql --log-error=/
home/mysql/data/mysqldata1/log/error.log
 ......
```

41.2 dstat

dstat 是一個產生系統資源統計資訊的通用命令。

用法：

```
dstat [-afv] [options..] [delay [count]]
```

該命令由 dstat 套裝軟體提供。

41.2.1 命令列選項

- -c, --cpu：開啟 CPU 使用率狀態資訊。
  - -C 0,3,total：指定監控某個具體的CPU核心，多個核心編號則以逗號分隔。total 表示監控所有的 CPU 核心，此選項與直接使用 -c 選項的效果一樣。請注意，-C 為輔助限定選項，需要指定一個限定物件，且必須置於限定選項之後（例如，結合 -c 選項限定 CPU 核心）。

- -d, --disk：開啟磁碟吞吐狀態資訊。
  - -D total,hda：指定某個具體的 I/O 設備名稱，只需指定設備名稱，不包含路徑。如果指定為 total，表示監控所有的設備。total 選項與直接使用 -d 選項的效果一樣。請注意，-D 為輔助限定選項，需要指定一個限定物件，且必須置於限定選項之後（例如，結合 -d 選項限定 I/O 設備名稱）。

- -g, --page：開啟分頁交換狀態資訊，亦即記憶體即時的 swap 頁交換資訊。

- -i, --int：開啟網卡插斷要求狀態資訊，預設只列印一部分中斷狀態。
  - -I 5,eth2：指定某個具體插斷要求在某個介面的狀態資訊。請注意，-I 為輔助限定選項，需要指定一個限定物件，且必須置於限定選項之後（例如，結合 -i 選項限定網卡介面名稱）。

- -l, --load：開啟 CPU 平均負載資訊。

- -m, --mem：開啟記憶體狀態資訊。

- -n, --net：開啟網路流量狀態資訊。
  - -N eth1,total：指定某個具體網卡介面的流量狀態資訊，total 表示監控所有的網卡介面，此選項與直接使用 -n 選項的效果一樣。請注意，-N 為輔助限定選項，需要指定一個限定物件，且必須置於限定選項之後（例如，結合 -n 選項限定網卡介面名稱）。

- -p, --proc：開啟處理程序狀態資訊。

- -r, --io：開啟 I/O 狀態資訊，這裡是指已完成的 IOPS。

- -s, --swap：開啟 swap 狀態資訊。

  - -S swap1,total：指定某個具體的 swap 狀態資訊，total 表示監控所有的 swap 資訊，此選項與直接使用 -s 選項的效果一樣。請注意，-S 為輔助限定選項，需要指定一個限定物件，且必須置於限定選項之後（例如，結合 -s 選項限定 swap 名稱）。

- -t, --time：啟用時間格式的時間資訊，以便確定狀態的時間點。

- -T, --epoch：啟用時間戳記格式的時間資訊，以便確定狀態的時間點。

- -y, --sys：開啟系統狀態資訊，亦即 CPU 中斷和上下文切換狀態。

- --aio：開啟 AIO 狀態資訊。

- --fs, --filesystem：開啟檔案系統狀態資訊，亦即目前開啟的檔案數量和已使用的 inode 數量。

- --ipc：開啟 IPC 狀態資訊。

- --lock：開啟鎖狀態資訊。

- --socket：開啟 Socket 通訊狀態資訊。

- --tcp：開啟 TCP 狀態資訊。

- --udp：開啟 UDP 狀態資訊。

- --unix：開啟 UNIX Socket 連接狀態資訊。

- --vm：開啟 VM 狀態資訊。

- --plugin-name：啟用某個自訂外掛程式。也就是說，可以自行編寫採集腳本，然後放到 dstat 的 plugins 目錄下，再利用該選項指定。dstat 內建大量的外掛程式，可以透過 --list 選項查看。使用這些內建的外掛程式時，只需直接輸入 man 手冊中 plugins 標籤的外掛程式選項即可。

- --list：查看目前內建的有效外掛程式名稱。

- -a, --all：組合選項，相當於同時使用 -cdngy，這也是 dstat 不帶任何選項時的預設選項。當為 dstat 指定未知選項、錯誤的選項組合，或者需要列印的內容過多而終端視窗不夠寬時，便直接忽略指定的選項而採用預設選項。

- -f, --full：組合選項，自動展開 -C, -D, -I, -N, -S 等選項。例如，當同時使用 -d 和 -f 選項時，會列印所有 I/O 設備的狀態資訊，相當於以 -D 選項指定所有 I/O 設備清單。

- -v, --vmstat：組合選項，相當於同時使用 -pmgdsc -D total。

- --bits：輔助選項。在與流量相關的計數中，改用 bits 代替 bytes 單位。例如，結合 -n 選項可以查看網路流量，-d 選項則可查看磁碟吞吐狀態資訊。

- --float：輔助選項。在數值型統計中以小數進行計數，不做四捨五入。例如，結合 -c 選項可以查看 CPU 利用率狀態資訊。

- --integer：輔助選項。在數值型統計中以整數值來計數，會做四捨五入。例如，結合 -l 選項可以查看 CPU 平均負載資訊。

- --bw, --blackonwhite：輔助選項。發行版本無預設外掛程式模組，目前不支援。

- --nocolor：輔助選項。去掉顏色顯示，改用黑底白字。需要結合其他選項一起使用。

- --noheaders：輔助選項。禁止重覆列印輸出結果的標頭資訊，亦即當資訊滾出螢幕之後，便不再列印標頭資訊。需要結合其他選項一起使用。

- --output：輸出結果為 CSV 格式檔。請注意，需要在該選項之後自行指定檔案名稱作為參數。

- --profile：當 dstat 命令退出時顯示分析統計資訊，亦即需要輸出的狀態資訊檔。

- [delay [count]]：表示列印狀態資訊的間隔時間，以及整體列印次數。

41.2.2 輸出結果解讀

查看 CPU 使用率與平均負載資訊：

```
# 查看 CPU 使用率
[root@localhost ~]# dstat -c
----total-cpu-usage----
usr sys idl wai hiq siq
  1  1  98   0   0   0
  0  0 100   0   0   0
  0  0 100   0   0   1
  1  1  99   0   0   0


## 結果解讀
### usr：表示使用者空間處理程序佔用百分比
### sys：表示核心空間處理程序佔用百分比
### idl：表示空閒 CPU 百分比
### wai：表示 I/O 等待的百分比
### hiq：表示硬體 CPU 中斷佔用百分比
```

```
### siq：表示軟體中斷佔用百分比

# 可以結合 -f 選項，展開所有的 CPU 核心
[root@localhost ~]# dstat -c -f
-------cpu0-usage--------------cpu1-usage------
usr sys idl wai hiq siq:usr sys idl wai hiq siq
  1  1 98 0 0 0: 1 1 98 0 0 0
  0  0 100 0 0 0: 0 0 100 0 0 0
  0  0 100 0 0 0: 1 0 99 0 0 0

# 也可以結合 -C 選項指定具體的 CPU 編號，以查看指定編號的 CPU 核心狀態
[root@localhost ~]# dstat -c -C 0,1
-------cpu0-usage--------------cpu1-usage------
usr sys idl wai hiq siq:usr sys idl wai hiq siq
  0  0 99 0 0 0: 0 0 99 0 0 0
  0  0 100 0 0 0: 0 0 100 0 0 0
  0  0 100 0 0 0: 1 1 98 0 0 0

# 查看 CPU 平均負載資訊（無法單獨查看某個核心）
[root@localhost ~]# dstat -l
---load-avg---
 1m 5m 15m
0.12 0.08 0.05
0.12 0.08 0.05
0.11 0.08 0.05

## 結果解讀
### 1m：表示 CPU 在 1 分鐘內的平均佇列長度
### 5m：表示 CPU 在 5 分鐘內的平均佇列長度
### 15m：表示 CPU 在 15 分鐘內的平均佇列長度
```

查看 I/O 設備的輸送量和 IOPS 資訊：

```
# 查看所有 I/O 設備的整體輸送量資訊
[root@localhost ~]# dstat -d
-dsk/total-
 read writ
 103k 211k
   0 11k

## 結果解讀
### read：讀取輸送量
### writ：寫入輸送量

# 查看所有 I/O 設備各自的輸送量資訊
[root@localhost ~]# dstat -d -f
--dsk/sda-----dsk/sdb-----dsk/sdc--
```

```
 read writ: read writ: read writ
135B 13k:1187B 100k: 27k 700k
   0 0 : 0 36k: 0 823k
   0 0 : 0 56k: 0 239k
```

查看指定 I/O 設備的輸送量資訊

```
[root@localhost ~]# dstat -d -D sdb,sdc
--dsk/sdb-----dsk/sdc--
 read writ: read writ
1187B 100k: 27k 700k
   0 52k: 0 28k
   0 20k: 0 230k
```

查看所有 I/O 設備的整體 IOPS 資訊

```
[root@localhost ~]# dstat -r
--io/total-
 read writ
0.25 31.9
   0 253
   0 39.0
```

結果解讀
read：讀取 IOPS
writ：寫入 IOPS

查看所有 I/O 設備各自的 IOPS 資訊

```
[root@localhost ~]# dstat -r -f
---io/sda------io/sdb------io/sdc--
 read writ: read writ: read writ
0.01 0.30 :0.03 4.23 :0.22 27.4
   0 0 : 0 8.00 : 0 22.0
   0 0 : 0 0 : 0 4.00
```

查看指定 I/O 設備的 IOPS 資訊

```
[root@localhost ~]# dstat -r -D sdb,sdc
---io/sdb------io/sdc--
 read writ: read writ
0.03 4.23 :0.22 27.4
   0 19.0 : 0 24.0
   0 12.0 : 0 12.0
```

查看記憶體狀態資訊：

```
[root@localhost ~]# dstat -m
------memory-usage-----
 used buff cach free
3327M 0 6472M 5709M
```

```
3328M 0 6472M 5709M
3327M 0 6472M 5709M
```

```
# 結果解讀
## used：表示已經使用的記憶體大小
## buff：表示用於核心緩衝的記憶體量（也可以說是寫入緩衝）
## cach：表示用於磁碟快取的記憶體量（也可以說是讀取快取）
## free：表示空閒記憶體大小
```

查看網卡設備的流量和插斷要求狀態資訊：

```
# 查看所有網卡設備的流量彙總狀態資訊
[root@localhost ~]# dstat -n
-net/total-
 recv send
......
2035B 2491B
  16k 17k
```

```
## 結果解讀
### recv：網卡設備收到的流量
### send：網卡設備送出去的流量
```

```
# 查看所有網卡設備各自的流量狀態資訊
[root@localhost ~]# dstat -n -f
--net/br0---net/enp3s0f--net/vnet0---net/vnet1---net/vnet2---net/vnet3---net/
vnet4-
 recv send: recv send: recv send: recv send: recv send: recv send: recv send
......
 292B 1008B: 294B 1284B:2910B 20k: 19k 2232B: 836B 927B: 350B 564B:2138B 1186B
  92B 498B: 66B 626B: 32k 28k:8463B 7922B: 13k 18k:8442B 7678B: 74B 54B
```

```
# 查看指定網卡設備的流量狀態資訊
[root@localhost ~]# dstat -n -N br0,vnet0
--net/br0----net/vnet0-
 recv send: recv send
......
 144B 370B: 54B 128B
 208B 626B: 788B 1230B
```

```
# 查看網卡設備預設的插斷要求狀態資訊
[root@localhost ~]# dstat -i
----interrupts---
 28 32 34
  0 1 1
  0 8 4
```

```
# 查看網卡設備的所有插斷要求狀態資訊
[root@localhost ~]# dstat -i -f
-----------------------interrupts----------------------
  4 10 12 14 25 27 28 32 34
   0  0  0  1  1 70  0  1  1
   0  0  0  2  0  8  0  0  4
   0  0  0  0  0 15  0  4  0

# 查看網卡設備的指定插斷要求狀態資訊
[root@localhost ~]# dstat -i -I 27,32
-interrupts
  27 32
  70  1
  34  0
 128  8
```

查看 swap 使用量和即時分頁交換狀態資訊：

```
# 查看所有 swap 的整體狀態資訊
[root@localhost ~]# dstat -s
----swap---
 used free
1123M 877M
1123M 877M
1123M 877M

## 結果解讀
### used：近期已經使用的 swap 空間
### free：空閒的 swap 空間

# 查看所有 swap 各自的狀態資訊（這裡只有一個 swap，如果有多個 swap，則會同時統計各自的狀態資訊）
[root@localhost ~]# dstat -s -f
----swap---
 used free
1123M 877M
1123M 877M

# 查看指定 swap 的狀態資訊（指定具體的 swap 名稱，如果有多個 swap，則分別顯示各自的狀態資訊）
[root@localhost ~]# dstat -s -S swap1,swap2
----swap---
 used free
1123M 877M
1123M 877M
1123M 877M
```

```
# 查看 swap 的即時分頁交換狀態資訊
[root@localhost ~]# dstat -g
---paging--
 in out
 26B 548B
  0 0
  0 0


## 結果解讀
### in：表示從磁碟換入記憶體的 swap 分頁交換流量
### out：表示從記憶體換出到磁碟的 swap 分頁交換流量
```

查看上下文狀態資訊：

```
[root@localhost ~]# dstat -y
---system--
 int csw
4152 9575
 13k 28k
 11k 25k

# 結果解讀
## int：CPU 中斷訊號總量狀態資訊
## csw：上下文切換狀態資訊
```

可以使用 dstat 同時查看 CPU、記憶體、I/O 設備、網卡等資訊，如圖 41-1 所示，命令為「dstat -c -l -d -r -m -g -s -n -y-p」。

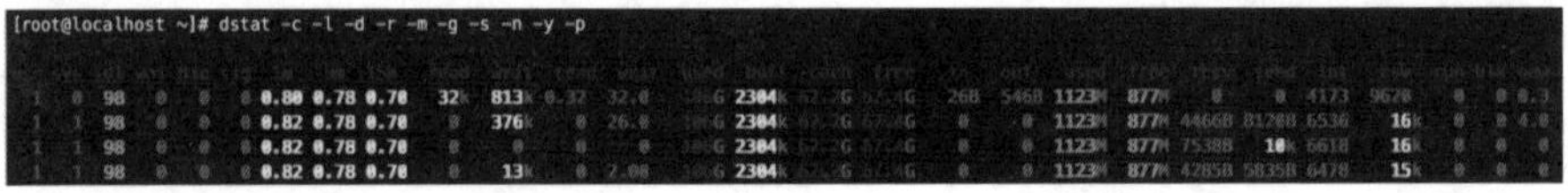

圖 41-1

41.3 mpstat

mpstat 命令能夠輸出較為詳細的 CPU 統計資訊。

用法：

```
mpstat [ -A ] [ -I { SUM | CPU | ALL } ] [ -u ] [ -P { cpu [,...] | ON |
ALL } ] [ -V ] [ interval [ count ] ]
```

該命令由 sysstat 套裝軟體提供。

41.3.1 命令列選項

- -I { SUM | CPU | ALL }：列印中斷統計資訊。-I 選項可指定下列三個有效參數。

    ■ SUM：此參數將列印所有 CPU 核心的中斷彙總資訊。

    ■ CPU：此參數會分別列印每個 CPU 核心每秒接收的中斷數量。

    ■ ALL：此參數相當於同時指定 SUM 和 CPU 參數，因此會同時列印上述資訊。

- -P { cpu [,...] | ON | ALL }：指定列印哪些 CPU 核心的狀態統計資訊。它有下列三個有效參數。

    ■ cpu：直接指定 CPU 核心的數字編號，多個 CPU 核心則以逗號分隔（例如 -P 0,1）。請注意，0 號 CPU 表示第一個處理器核心。

    ■ ON：表示只列印線上 CPU 核心的狀態統計資訊（有的伺服器支援關閉某些 CPU 的核心功能）。

    ■ ALL：列印所有線上和離線 CPU 核心的狀態統計資訊。

- -u：列印 CPU 利用率等狀態資訊。

- -A：組合選項，相當於同時指定 -I ALL -u -P ALL。

- -V：列印 mpstat 命令的版本後退出。

- interval：輸出資訊間隔時間，單位為秒。

- count：輸出資訊總次數。

41.3.2 輸出結果解讀

列印所有 CPU 核心的統計狀態資訊（每秒列印一次，一共列印一次）：

```
[root@localhost ~]# mpstat -P ALL 1 1
Linux 3.10.0-327.el7.x86_64 (node1) 09/25/2018 _x86_64_(8 CPU)

04:58:33 PM CPU %usr %nice %sys %iowait %irq %soft %steal %guest %gnice
%idle
04:58:34 PM all 0.00 0.00 0.00 0.00 0.00 0.00 0.00 0.00 0.00 100.00
04:58:34 PM 0 0.00 0.00 0.00 0.00 0.00 0.00 0.00 0.00 0.00 100.00
......
04:58:34 PM 6 0.00 0.00 0.00 0.00 0.00 0.00 0.00 0.00 0.00 100.00
04:58:34 PM 7 0.00 0.00 0.00 0.00 0.00 0.00 0.00 0.00 0.00 100.00
......
```

```
# 結果解讀
## CPU：CPU 核心編號。如果出現關鍵字 all，則表示所有 CPU 核心的平均統計值
## %usr：顯示在使用者等級（應用程式等級）執行時的 CPU 利用率百分比
## %nice：顯示在使用者等級設定優先順序的應用程式執行時的 CPU 利用率百分比
## %sys：顯示在系統等級（核心等級）執行時的 CPU 利用率百分比。請注意，這裡不包括硬體中斷
和軟體插斷的 CPU 時間開銷
## %iowait：顯示 CPU 用來等待未完成的磁碟 I/O 請求所花費的時間百分比
## %irq：顯示 CPU 用來維護硬體中斷所花費的時間百分比
## %soft：顯示 CPU 用於軟體插斷所花費的時間百分比
## %steal：顯示虛擬機器管理程式為另一個虛擬處理器提供服務時，虛擬 CPU 在非自願等待中所花
費的時間百分比
## %guest：顯示 CPU 執行虛擬處理器所花費的時間百分比
## %idle：顯示 CPU 空閒的時間百分比
```

查看 CPU 的中斷訊號統計資訊：

```
[root@localhost ~]# mpstat -I SUM -P ALL 1 1
Linux 3.10.0-327.el7.x86_64 (node1) 09/25/2018 _x86_64_ (8 CPU)

04:56:18 PM CPU intr/s
04:56:19 PM all 78.22
04:56:19 PM 0 21.78
......
04:56:19 PM 7 0.99
......

# 結果解讀
## CPU：處理器編號。如果出現關鍵字 all，表示所有 CPU 核心的統計資料
## intr/s：顯示 CPU 每秒接收的中斷數量
```

41.4 sar

sar 命令能夠收集與列印系統各種活動的詳細資訊。

用法：

```
sar [ 選項 ] [ <時間間隔> [ <次數> ] ]
```

該命令由 sysstat 套裝軟體提供。

41.4.1 命令列選項

- -A：組合選項，相當於同時使用 -bBdHqrRSuvwWy -I SUM -I XALL -m ALL -n ALL -u ALL -P ALL。

- -B：輸出分頁交換資訊（當加上 interval [count] 輔助選項之後，將按照給定頻率和次數列印；如果未指定，則會讀取核心提供的每日資料檔案 /var/log/sa/sadd，其中 dd 代表目前日期）。

- -b：列印讀寫 I/O 和 IOPS 統計資訊。

- -d：分別列印每個區塊設備的活動狀態資訊。

- -H：列印大分頁的使用率統計資訊。

- -h：顯示簡短格式的說明資訊。

- -p：結合 -d 選項列印區塊設備的名稱。

- -q：列印 CPU 的佇列長度和平均負載資訊（佇列長度只能按照彙總統計，無法按照單個 CPU 核心進行計算）。

- -R：列印記憶體的統計資訊。

- -r：列印記憶體的使用統計資訊。

- -S：列印 swap 空間的使用率統計資訊。

- -t：當從每日資料檔案讀取資料時，該選項告訴 sar 命令讀取原始的時間戳記；如果不使用該選項，則 sar 命令便會採用使用者環境的本地時間戳記。

- -u [ALL]：與 -P 選項類似，但是多了軟硬中斷等統計資訊。

- -V：列印 sar 命令的版本。

- -v：inode、檔案和其他核心表的狀態統計資訊。

- -W：swap 的狀態統計資訊。

- -w：任務建立和上下文切換統計資訊。

- -y：列印活躍的 TTY 統計資訊。

- -I { int [,...] | SUM | ALL | XALL }：列印給定的中斷訊號統計資訊，int 代表中斷訊號的數字編號，如果有多個中斷訊號，則以逗號分隔；SUM 參數表示列印每秒接收的整體中斷訊號統計資訊；ALL 參數表示列印前 16 個中斷訊號的統計資訊；XALL 參數表示列印所有中斷訊號的統計資訊（包括 APIC 中斷源）。

- -P { cpu [,...] | ALL }：列印指定 CPU 核心編號的處理器統計資訊（多個 CPU 核心的編號之間以逗號分隔），或者指定 ALL 參數直接列印所有 CPU 核心的狀態統計資訊。請注意，0 號代表第一個 CPU 核心。

- -n { keyword [,...] | ALL }：查看網路統計資訊，有效參數為 DEV、EDEV、NFS、NFSD、SOCK、IP、EIP、ICMP、EICMP、TCP、ETCP、UDP、SOCK6、IP6、EIP6、ICMP6、EICMP6、UDP6。

- DEV：列印網卡設備的狀態統計資訊。

    - EDEV：網卡設備的故障（錯誤）統計資訊。

    - NFS：NFS 用戶端的活動統計資訊。

    - NFSD：NFS 伺服端的活動統計資訊。

    - SOCK：使用中通訊端的統計資訊。

    - IP：關於 IPv4 網路流量的統計資料。

    - EIP：有關 IPv4 網路錯誤的統計資訊。

    - ICMP：關於 ICMPv4 網路流量的統計資料。

    - EICMP：關於 ICMPv4 錯誤訊息的統計資訊。

    - TCP：有關 TCPv4 網路流量的統計資料。

    - ETCP：有關 TCPv4 網路錯誤的統計資訊。

    - UDP：關於 UDPv4 網路流量的統計資料。

    - SOCK6：關於使用中通訊端的統計資訊（IPv6）。

    - IP6：有關 IPv6 網路流量的統計報告。

    - EIP6：有關 IPv6 網路錯誤的統計報告。

    - ICMP6：關於 ICMPv6 網路流量的統計資料。

    - EICMP6：關於 ICMPv6 錯誤訊息的統計資訊。

    - UDP6：關於 UDPv6 網路流量的統計資料。

- -j { ID | LABEL | PATH | UUID | ... }：顯示持久化設備名稱。該選項需要與 -d 選項一起使用（表示其實是磁碟設備）。使用 ID 參數時，將於 DEV 欄位列印更長的名稱（實體磁碟列印 ID 資訊，LVM 列印更長的設備名稱）。採用 PATH 參數時，實體設備將於 DEV 欄位列印 PCI 槽位的位址資訊。使用 UUID 參數時，實體設備將於 DEV 欄位列印 UUID 資訊。

- -f [filename]：告訴 sar 讀取資料檔案的狀態，該資料檔案由 -o 選項產生。如果指定 -f 選項但未給定具體的資料檔案，則預設會從 /var/log/sa/sadd 檔案讀取資料。請注意，-f 和 -o 選項互斥。

- -o filename：將讀取的狀態資料以二進位形式存放到檔案中，每次讀取的資料都單獨記錄一列。可以自行指定檔案名稱，如果未指定，則預設為每日資料檔案 /var/log/sa/sadd。請注意，-o 和 -f 選項互斥。

- -i interval：從資料檔案讀取狀態資料時，盡可能選擇列印由 -i 選項指定的間隔時間接近秒數的資料記錄，例如「sar -I 0,1 -i 1 -f 資料檔案」。

- interval [count]：列印狀態統計資訊的間隔時間和總次數。

41.4.2　輸出結果解讀

查看磁碟設備讀寫 I/O 和 IOPS 統計資訊：

```
[root@localhost ~]# sar -b 1 1
Linux 3.10.0-514.26.2.el7.x86_64 (localhost.localdomain) 09/25/2018 _
x86_64_(32 CPU)

10:35:10 PM tps rtps wtps bread/s bwrtn/s
10:35:11 PM 0.00 0.00 0.00 0.00 0.00
Average: 0.00 0.00 0.00 0.00 0.00


# 結果解讀
## tps：每秒傳送到實體設備的 I/O 傳輸總數（代表對實體設備的 I/O 請求）。多個邏輯請求可以
組合成針對實體設備的單個 I/O 請求。所以，一個 I/O 傳輸的資料區塊大小不固定
## rtps：每秒傳送到實體設備的讀取傳輸請求總數
## wtps：每秒傳送到實體設備的寫入傳輸請求總數
## bread/s：每秒從實體設備讀取的資料區塊總量（區塊相當於磁區，大小為 512 位元組）
## bwrtn/s：每秒寫入實體設備的資料區塊總量
```

分別查看每個區塊設備的狀態統計資訊：

```
# 不帶 -p 選項
[root@localhost ~]# sar -d 1 1
Linux 3.10.0-327.el7.x86_64 (node1) 09/26/2018 _x86_64_(8 CPU)

01:21:16 AM DEV tps rd_sec/s wr_sec/s avgrq-sz avgqu-sz await svctm %util
01:21:17 AM dev252-0 0.00 0.00 0.00 0.00 0.00 0.00 0.00 0.00
01:21:17 AM dev252-16 0.00 0.00 0.00 0.00 0.00 0.00 0.00 0.00
01:21:17 AM dev8-0 0.00 0.00 0.00 0.00 0.00 0.00 0.00 0.00
01:21:17 AM dev253-0 0.00 0.00 0.00 0.00 0.00 0.00 0.00 0.00
01:21:17 AM dev253-1 0.00 0.00 0.00 0.00 0.00 0.00 0.00 0.00
......


# 結果解讀
## DEV：預設情況下，如果只使用 -d 選項，則輸出的磁碟設備名稱類似於「dev 主設備號 – 次要設
備號」，如 dev8-16（設備號可以透過 ls -lh /dev/block 查看）。倘若需要查看更易讀的資訊，則
```

可結合 -p 選項列印磁碟設備名稱（例如 sda）

　　## tps：表示每秒傳送到磁碟設備的請求傳輸次數。多個邏輯請求可以合併成單個 I/O 請求。所以，一次傳輸的資料區塊大小不固定

　　## rd_sec/s：每秒從磁碟設備讀取的磁區數。磁區大小為 512 位元組

　　## wr_sec/s：每秒寫入磁碟設備的磁區數。磁區大小為 512 位元組

　　## avgrq-sz：對磁碟設備送出的平均請求大小（單位為磁區）

　　## avgqu-sz：傳送到磁碟設備的平均請求佇列長度

　　## await：對被服務的磁碟設備發出 I/O 請求的平均時間（以毫秒為單位），包括在請求佇列的排隊時間，以及真正執行 I/O 服務的時間

　　## svctm：對磁碟設備發出 I/O 請求的平均服務時間（以毫秒為單位）。請注意，該值並不可靠，將於後續的 sysstat 版本中刪除

　　## %util：對設備發出 I/O 請求的執行時間百分比（設備的頻寬利用率）。當該值接近 100% 時，表示設備飽和

```
# -p 選項可以列印磁碟設備名稱，而不是在 DEV 欄位顯示為「dev 主設備號 - 次設備號」的格式
[root@localhost ~]# sar -d 1 1 -p
Linux 3.10.0-327.el7.x86_64 (node1) 09/26/2018 _x86_64_(8 CPU)

01:21:36 AM DEV tps rd_sec/s wr_sec/s avgrq-sz avgqu-sz await svctm %util
01:21:37 AM vda 0.00 0.00 0.00 0.00 0.00 0.00 0.00 0.00
01:21:37 AM vdb 0.00 0.00 0.00 0.00 0.00 0.00 0.00 0.00
01:21:37 AM sda 0.00 0.00 0.00 0.00 0.00 0.00 0.00 0.00
01:21:37 AM VolGroup-root 0.00 0.00 0.00 0.00 0.00 0.00 0.00 0.00
01:21:37 AM VolGroup-swap 0.00 0.00 0.00 0.00 0.00 0.00 0.00 0.00
......
```

查看記憶體大分頁的使用率統計資訊：

```
[root@localhost ~]# sar -H 1 1
Linux 3.10.0-514.26.2.el7.x86_64 (localhost.localdomain) 09/26/2018 _
x86_64_(32 CPU)

01:38:23 AM kbhugfree kbhugused %hugused
01:38:24 AM 0 0 0.00
Average: 0 0 0.00

# 結果解讀
## kbhugfree：未分配的大分頁記憶體空間（以 KB 為單位）
## kbhugused：已分配的大分頁記憶體空間（以 KB 為單位）
## %hugused：已分配的大分頁記憶體佔據整體大分頁記憶體的百分比
```

查看中斷訊號統計資訊：

```
# 查看每秒中斷訊號的統計資訊
[root@localhost ~]# sar -I SUM 1 1
Linux 3.10.0-514.26.2.el7.x86_64 (localhost.localdomain) 09/26/2018 _
x86_64_(32 CPU)
```

```
01:56:41 AM INTR intr/s
01:56:42 AM sum 1984.00
Average: sum 1984.00

# 結果解讀
## INTR：中斷訊號，sum 關鍵字表示所有的中斷訊號彙總
## intr/s：表示每秒收到的整體中斷訊號量

# 查看指定中斷訊號的統計資訊
[root@localhost ~]# sar -I 0,1 1 1
Linux 3.10.0-514.26.2.el7.x86_64 (localhost.localdomain) 09/26/2018 _
x86_64_(32 CPU)

02:00:04 AM INTR intr/s
02:00:05 AM 0 0.00
02:00:05 AM 1 0.00
......

# 查看前 16 個中斷訊號各自的統計資訊
[root@localhost ~]# sar -I ALL 1 1
Linux 3.10.0-514.26.2.el7.x86_64 (localhost.localdomain) 09/26/2018 _
x86_64_(32 CPU)

01:58:37 AM INTR intr/s
01:58:38 AM 0 0.00
01:58:38 AM 1 0.00
......
01:58:38 AM 15 0.00
......
```

查看持久化設備的名稱資訊：

```
# 結合 -d 和 -j 選項，查看持久化設備的 ID 名稱
[root@localhost ~]# sar -d -j ID 1 1
Linux 3.10.0-327.el7.x86_64 (node1) 09/26/2018 _x86_64_(8 CPU)

02:24:43 AM DEV tps rd_sec/s wr_sec/s avgrq-sz avgqu-sz await svctm %util
02:24:44 AM vda 0.00 0.00 0.00 0.00 0.00 0.00 0.00 0.00
02:24:44 AM vdb 0.00 0.00 0.00 0.00 0.00 0.00 0.00 0.00
02:24:44 AM scsi-0QEMU_QEMU_HARDDISK_drive-scsi0-0-0-0 0.00 0.00 0.00 0.00
0.00 0.00 0.00 0.00
02:24:44 AM dm-name-VolGroup-root 0.00 0.00 0.00 0.00 0.00 0.00 0.00 0.00
02:24:44 AM dm-name-VolGroup-swap 0.00 0.00 0.00 0.00 0.00 0.00 0.00 0.00
......

# 結合 -d 和 -j 選項，查看持久化設備的實體位址（槽位號資訊）
[root@localhost ~]# sar -d -j PATH 1 1
```

```
Linux 3.10.0-327.el7.x86_64 (node1) 09/26/2018 _x86_64_ (8 CPU)


02:25:09 AM DEV tps rd_sec/s wr_sec/s avgrq-sz avgqu-sz await svctm %util
02:25:10 AM virtio-pci-0000:00:04.0 0.00 0.00 0.00 0.00 0.00 0.00 0.00 0.00
02:25:10 AM virtio-pci-0000:00:05.0 0.00 0.00 0.00 0.00 0.00 0.00 0.00 0.00
02:25:10 AM pci-0000:00:0a.0-scsi-0:0:0:0 0.00 0.00 0.00 0.00 0.00 0.00
0.00 0.00
02:25:10 AM VolGroup-root 0.00 0.00 0.00 0.00 0.00 0.00 0.00 0.00
02:25:10 AM VolGroup-swap 0.00 0.00 0.00 0.00 0.00 0.00 0.00 0.00
......

# 結合 -d 和 -j 選項，查看持久化設備的 UUID 資訊
[root@localhost ~]# sar -d -j UUID 1 1
Linux 3.10.0-327.el7.x86_64 (node1) 09/26/2018 _x86_64_ (8 CPU)


02:25:25 AM DEV tps rd_sec/s wr_sec/s avgrq-sz avgqu-sz await svctm %util
02:25:26 AM 2273a4ab-00a0-4db2-bfa0-40a4b6e0ff79 0.00 0.00 0.00 0.00 0.00
0.00 0.00 0.00
02:25:26 AM 92049399-af18-46b4-ac9d-df73d63a2cd2 0.00 0.00 0.00 0.00 0.00
0.00 0.00 0.00
02:25:26 AM sda 0.00 0.00 0.00 0.00 0.00 0.00 0.00 0.00
02:25:26 AM cf4c127d-24d5-4947-b1ed-c22f00854087 0.00 0.00 0.00 0.00 0.00
0.00 0.00 0.00
02:25:26 AM 4d43b43f-bfe4-4f9e-88ea-7e262df2196a 0.00 0.00 0.00 0.00 0.00
0.00 0.00 0.00
```

查看網路統計資訊（這裡只示範 DEV 和 NFS 兩個參數）：

```
# DEV 參數
[root@localhost ~]# sar -n DEV 1 1
Linux 3.10.0-514.26.2.el7.x86_64 (localhost.localdomain) 09/26/2018 _
x86_64_ (32 CPU)


02:32:28 AM IFACE rxpck/s txpck/s rxkB/s txkB/s rxcmp/s txcmp/s rxmcst/s
02:32:29 AM br0 4.00 1.00 0.20 0.11 0.00 0.00 0.00
02:32:29 AM enp3s0f0 3.00 4.00 0.19 0.29 0.00 0.00 0.00
......
02:32:29 AM enp131s0f1 0.00 0.00 0.00 0.00 0.00 0.00 0.00
02:32:29 AM vnet3 0.00 1.00 0.00 0.06 0.00 0.00 0.00
02:32:29 AM lo 0.00 0.00 0.00 0.00 0.00 0.00 0.00
02:32:29 AM vnet0 3.00 4.00 0.15 0.24 0.00 0.00 0.00
02:32:29 AM vnet2 0.00 1.00 0.00 0.06 0.00 0.00 0.00
......

## 結果解讀
### IFACE：統計資料的網路介面名稱
### rxpck/s：每秒接收的資料封包總數（單位：幀數）
```

txpck/s：每秒傳輸（發送）的資料封包總數（單位：幀數）
rxkB/s：每秒接收的流量總數（單位：kB）
txkB/s：每秒傳輸（發送）的流量總數（單位：kB）
rxcmp/s：每秒接收的壓縮封包總數（用於 cslip 等）
txcmp/s：每秒傳輸（發送）的壓縮封包總數
rxmcst/s：每秒接收的多播資料封包總數

```
# NFS 參數
[root@localhost ~]# sar -n NFS 1 1
Linux 3.10.0-514.26.2.el7.x86_64 (localhost.localdomain) 09/26/2018 _
x86_64_(32 CPU)

02:33:05 AM call/s retrans/s read/s write/s access/s getatt/s
02:33:06 AM 0.00 0.00 0.00 0.00 0.00 0.00
Average: 0.00 0.00 0.00 0.00 0.00 0.00
```

結果解讀
call/s：每秒發出的 RPC 請求總數
retrans/s：每秒發出的 RPC 重新請求數量（由於 RPC 請求失敗，需要重新請求，例如 RPC 請求逾時）
read/s：每秒發出「read」RPC 呼叫的數量
write/s：每秒發出「write」RPC 呼叫的數量
access/s：每秒發出「access」RPC 呼叫的數量
getatt/s：每秒發出「getattr」RPC 呼叫的數量

查看 CPU 的狀態統計資訊：

```
# 查看指定 CPU 核心編號的 CPU 狀態統計資訊
[root@localhost ~]# sar -P 0,1 1 1
Linux 3.10.0-327.el7.x86_64 (node1) 09/26/2018 _x86_64_(8 CPU)

03:24:43 AM CPU %user %nice %system %iowait %steal %idle
03:24:44 AM 0 0.00 0.00 0.00 0.00 0.00 100.00
03:24:44 AM 1 0.00 0.00 0.00 0.00 0.00 100.00
......
```

結果解讀
CPU：CPU 核心編號，當出現 all 關鍵字時，表示所有 CPU 核心整體的統計資訊
%user：顯示在使用者等級（應用程式等級）執行時的 CPU 利用率百分比
%nice：顯示在使用者等級設定優先順序的應用程式執行時的 CPU 利用率百分比
%system：顯示在系統等級（核心等級）執行時的 CPU 利用率百分比。請注意，這裡不包括硬體和軟體插斷的 CPU 時間開銷
%iowait：顯示 CPU 用來等待未完成的磁碟 I/O 請求時，所花費的時間百分比
%steal：顯示虛擬機器管理程式為另一個虛擬處理器提供服務時，虛擬 CPU 在非自願等待中所花費的時間百分比
%idle：顯示 CPU 空閒的時間百分比

```
# 查看所有 CPU 核心編號的 CPU 狀態統計資訊
[root@localhost ~]# sar -P ALL 1 1
Linux 3.10.0-327.el7.x86_64 (node1) 09/26/2018 _x86_64_ (8 CPU)

03:25:39 AM CPU %user %nice %system %iowait %steal %idle
03:25:40 AM all 0.00 0.00 0.12 0.00 0.00 99.88
03:25:40 AM 0 0.00 0.00 0.00 0.00 0.00 100.00
......
03:25:40 AM 7 0.00 0.00 0.00 0.00 0.00 100.00
......
```

查看 CPU 的佇列長度和平均負載資訊：

```
[root@localhost ~]# sar -q 1 1
Linux 3.10.0-327.el7.x86_64 (node1) 09/26/2018 _x86_64_ (8 CPU)

03:32:43 AM runq-sz plist-sz ldavg-1 ldavg-5 ldavg-15 blocked
03:32:44 AM 0 260 0.00 0.01 0.05 0
Average: 0 260 0.00 0.01 0.05 0

# 結果解讀
## runq-sz：執行佇列長度（等待運行的任務數量）
## runq-sz：任務列表中的任務數量
## ldavg-1：最近 1 分鐘的系統平均負載。平均負載為可運行或正在運行的任務數量（R 狀態的任
務），以及在不間斷睡眠（D 狀態的任務）中超過指定值任務數量的平均值
## ldavg-5：最近 5 分鐘的系統平均負載
## ldavg-15：最近 15 分鐘的系統平均負載
## blocked：目前阻塞的任務數量，亦即正在等待 I/O 完成的任務
```

查看記憶體統計資訊：

```
# 查看記憶體統計資訊
[root@localhost ~]# sar -R 1 1
Linux 3.10.0-327.el7.x86_64 (node1) 09/26/2018 _x86_64_ (8 CPU)

03:44:51 AM frmpg/s bufpg/s campg/s
03:44:52 AM 54.00 0.00 0.00
Average: 54.00 0.00 0.00

## 結果解讀
### frmpg/s：系統每秒釋放的記憶體頁數。負值表示系統分配的頁數。請注意，根據機器架構的不
同，頁面的大小可能是 4KB 或 8KB
### bufpg/s：系統每秒用於緩衝區的額外記憶體頁數。負值表示系統使用較少的頁面作為緩衝區
### campg/s：系統每秒快取的額外記憶體頁數。負值表示快取中的頁面較少

# 查看記憶體使用統計資訊
[root@localhost ~]# sar -r 1 1
```

```
Linux 3.10.0-327.el7.x86_64 (node1) 09/26/2018 _x86_64_(8 CPU)


03:45:51 AM kbmemfree kbmemused %memused kbbuffers kbcached kbcommit %commit
kbactive kbinact kbdirty
03:45:52 AM 8401740 7479148 47.10 0 5721328 13034640 73.51 3561956 3419388 0
Average: 8401740 7479148 47.10 0 5721328 13034640 73.51 3561956 3419388 0
```

結果解讀
kbmemfree：可用的空閒記憶體（單位為 KB）
kbmemused：已使用的記憶體（單位為 KB）。請注意，這裡並沒有考慮核心本身使用的記憶體
%memused：已使用記憶體的百分比
kbbuffers：核心用於緩衝區的記憶體（單位為 KB）
kbcached：核心用於快取資料的記憶體（單位為 KB）
kbcommit：目前工作負載所需的記憶體（單位為 KB）。這是估算需要多少 RAM/swap，以保證記憶體永遠不會耗盡的依據
%commit：目前工作負載所需的記憶體佔整體記憶體（RAM+swap）的百分比。此數值可能大於 100%，因為核心通常會重載記憶體
kbactive：活動記憶體（單位為 KB）（最近使用的記憶體，除非絕對必要，否則通常不會回收）
kbinact：非活動記憶體（單位為 KB）（最近較少使用的記憶體，更適合用於其他目的，所以可能會被回收）
kbdirty：等待寫入磁碟的記憶體（單位為 KB）

查看 swap 空間使用統計資訊：

```
[root@localhost ~]# sar -S 1 1
Linux 3.10.0-327.el7.x86_64 (node1) 09/26/2018 _x86_64_(8 CPU)


04:20:06 AM kbswpfree kbswpused %swpused kbswpcad %swpcad
04:20:07 AM 1768240 83148 4.49 1604 1.93
Average: 1768240 83148 4.49 1604 1.93
```

結果解讀
kbswpfree：空閒的 swap 空間（單位為 KB）
kbswpused：已使用的 swap 空間（單位為 KB）
%swpused：已使用的 swap 空間的百分比
kbswpcad：快取的 swap 記憶體（單位為 kB）。這是曾經被換出的記憶體，但仍然留存在 swap 區域（如果需要挪出記憶體，這部分的資料就不需要再次換出，進而節省 I/O 操作）
%swpcad：快取的 swap 記憶體佔據已使用 swap 空間的百分比（請注意，不是佔整體 swap 空間的百分比）

查看 inode、檔案和其他核心表的狀態統計資訊：

```
[root@localhost ~]# sar -v 1 1
Linux 3.10.0-327.el7.x86_64 (node1) 09/26/2018 _x86_64_(8 CPU)


04:41:15 AM dentunusd file-nr inode-nr pty-nr
04:41:16 AM 425209 1216 46876 2
```

```
Average: 425209 1216 46876 2

# 結果解讀
## dentunusd：目錄快取中未使用的快取條目數量
## file-nr：系統已使用的檔案控制代碼數量
## inode-nr：系統已使用的 inode 數量
## pty-nr：系統已使用的虛擬終端數量
```

查看 swap 的狀態統計資訊：

```
[root@localhost ~]# sar -W 1 1
Linux 3.10.0-327.el7.x86_64 (node1) 09/26/2018 _x86_64_(8 CPU)

04:42:55 AM pswpin/s pswpout/s
04:42:56 AM 0.00 0.00
Average: 0.00 0.00

# 結果解讀
## pswpin/s：系統每秒換入的 swap 頁總數量
## pswpout/s：系統每秒換出的 swap 頁總數量
```

查看任務建立和上下文切換統計資訊：

```
[root@localhost ~]# sar -w 1 1
Linux 3.10.0-327.el7.x86_64 (node1) 09/26/2018 _x86_64_(8 CPU)

04:44:08 AM proc/s cswch/s
04:44:09 AM 1.00 170.00
Average: 1.00 170.00

# 結果解讀
## proc/s：每秒建立的任務總數量
## cswch/s：每秒上下文切換的總數量
```

41.5 vmstat

vmstat 命令能夠輸出有關處理程序、記憶體、swap 分頁交換、區塊設備 IOPS、系統中斷、上下文切換以及 CPU 活動狀態等資訊。

用法：

```
vmstat [-V] [-n] [delay [count]]
```

該命令由 procps 套裝軟體提供。

41.5.1 命令列選項

- -a：顯示活躍與非活躍記憶體的開關選項。加上本選項時，memory 部分的 cache 和 buff 會被覆蓋為 inact 和 active 結果。

- -f：顯示自系統啟動以來，作業系統整體的 fork 處理程序數，包括 fork、vfork 和一些系統呼叫，等價於作業系統建立的任務總數。每個處理程序可能都有一個或多個任務（例如單處理程序多執行緒的程式），具體有多少個任務取決於執行緒的使用情況。該計數器不會重覆列印。

- -t：輸出狀態資訊時，一併包含時間戳記。

- -m：列印 slab 分配機制下的各種資源配置資訊。

- -n：關閉標題循環列印，亦即只列印一次標題。

- -s：以清單顯示 vmstat 命令所有結果行的統計值，並且不會重覆列印。

- [delay] [count]：指定狀態資訊輸出間隔時間和總次數，如果只加上輸出間隔時間，則預設次數為無限制。

- -d：輸出磁碟統計資訊。

- -w：拉寬 memory 部分的顯示寬度，使得狀態資訊更加整齊。

- -p：指定一個 I/O 設備的分區名稱（只能指定 I/O 設備的分區名稱），以取得設備分區的詳細統計資料。

- -S：指定位元組資料的單位，有效值為 k（表示 kb）、K（表示 KB）、m（表示 mb）、M（表示 MB），預設值為 K。請注意，這幾個有效值分別對應的大小為 k—1000、K—1024、m—1,000,000、M—1,048,576。

- -V：列印版本資訊。

41.5.2 輸出結果解讀

在 vm 模式下查看 CPU、記憶體、磁碟的狀態資訊：

```
[root@localhost ~]# vmstat -t 1 1
procs -----------memory--------- ---swap-- -----io---- --system-- -----cpu----- ---timestamp---
 r b swpd free buff cache si so bi bo in cs us sy id wa st
 0 0 0 6857444 91776 438296 0 0 11 1 49 93 0 0 100 0 0  2020-09-26 15:13:05 CST


# 結果解讀
## procs 部分
```

r：正在等待執行的處理程序數量
b：持續不間斷處於睡眠狀態的處理程序數量
memory 部分（預設單位為 kb）
swpd：已使用的虛擬記憶體數量
free：空閒記憶體的數量
buff：用於緩衝區的記憶體數量
cache：用於快取的記憶體數量
inact：非活躍的記憶體數量（需要加上 -a 選項）
active：活躍的記憶體數量（需要加上 -a 選項）
swap 部分
si：從磁碟每秒換入記憶體的數量
so：從記憶體每秒換出到磁碟的數量
io 部分
bi：從區塊設備每秒接收的區塊數量
bo：每秒發送到區塊設備的區塊數量
system 部分
in：每秒中斷的數量，包括時鐘中斷
cs：每秒上下文切換的數量
cpu 部分（單位為百分比）
us：執行非核心程式碼的 CPU 時間開銷百分比（使用者狀態的 CPU 時間開銷，包含具有優先順序的 CPU 時間百分比）
sy：執行核心程式碼的 CPU 時間開銷百分比（核心狀態的 CPU 時間開銷）
id：空閒 CPU 時間百分比。在 Linux 2.5.41 版之前，該值包括 I/O 等待的 CPU 時間開銷
wa：花費在 I/O 等待的 CPU 時間開銷百分比。在 Linux 2.5.41 版之前，該值內含於空閒 CPU 時間
st：虛擬化管理程式從虛擬機器佔用的 CPU 時間百分比

```
# 可以使用 -S 選項指定位元組資料的單位，例如：以 MB 為單位顯示
[root@localhost ~]# vmstat -t 1 1 -S M
procs---------memory------ ---swap-- ---io--- --system-- -----cpu----
---timestamp---
 r b swpd free buff cache si so bi bo in cs us sy id wa st
 0 0 0 6696 89 428 0 0 10 1 48 93 0 0 100 0 0   2020-09-26 15:25:15 CST
```

在 disk 模式下查看 I/O 設備的狀態資訊：

```
[root@localhost ~]# vmstat -d 1 1
disk- ------------reads------------ ------------writes----------- ---IO---
       total merged sectors ms total merged sectors ms cur sec
ram0 0 0 0 0 0 0 0 0 0 0
......
ram15 0 0 0 0 0 0 0 0 0 0
loop0 0 0 0 0 0 0 0 0 0 0
......
loop7 0 0 0 0 0 0 0 0 0 0
sr0 0 0 0 0 0 0 0 0 0 0
sda 28873 13120 1090862 109973 3817 10428 143681 79589 0 91
```

```
dm-0 39761 0 1046170 293771 14064 0 112512 235790 0 88
dm-1 322 0 2576 1461 0 0 0 0 0 0
dm-2 1146 0 35398 7590 178 0 31151 884 0 5
```

```
# 結果解讀
## disk：表示區塊設備名稱
## reads 部分
### total：已成功完成的總讀取次數
### merged：合併分組讀取的次數（一個分組只產生一次 I/O）
### sectors：成功讀取的磁區數
### ms：讀取操作花費的毫秒數
## writes 部分
### total：已成功完成的總寫入次數
### merged：合併分組寫入的次數（一個分組只產生一次 I/O）
### sectors：成功寫入的磁區數
### ms：寫入操作花費的毫秒數
## IO 部分
### cur：目前的 I/O 數量
### s：I/O 花費的秒數
```

在 disk partition 模式下查看分區設備的狀態資訊：

```
[root@localhost ~]# vmstat -p /dev/sda2 1 1
sda2 reads read sectors writes requested writes
          28122 1084936 3940 145159
```

```
# 結果解讀
## reads：該分區實際執行的讀取總次數
## read sectors：該分區實際執行的讀取總磁區數量
## writes：該分區實際執行的寫入總次數
## requested writes：對該分區發出寫入請求的總次數
```

41.6 iostat

　　iostat 命令能夠輸出 I/O 設備、分區設備、網路檔案系統（NFS）和 CPU 的一些狀態統計資訊。iostat 命令支援三種類型的報告：CPU 利用率、I/O 設備利用率和網路檔案系統。

　　用法：

```
iostat [ 選項 ] [ < 時間間隔 > [ < 次數 > ] ]
```

　　該命令由 sysstat 套裝軟體提供。

41.6.1 命令列選項

- -c：顯示 CPU 利用率資訊報告。

- -d：顯示 I/O 設備狀態資訊報告。

- -h：顯示網路檔案系統的狀態資訊報告，結合 -n 選項輸出格式更容易閱讀。加上 -h 選項後，也會同時列印 CPU 利用率資訊。

- -j { ID | LABEL | PATH | UUID | ... } [device [...] | ALL]：顯示持久化設備的名稱。

  - ID：於 Device 欄位列印更長的名稱（實體磁碟是 ID 資訊，LVM 則是更長的設備名稱）。

  - PATH：於 Device 欄位列印 PCI 槽位的位址資訊。

  - UUID：於 Device 欄位列印 UUID 資訊。

  - [device [...] | ALL]：指定待列印持久化設備的路徑資訊，例如 /dev/sda1，如果有多個設備或者分區，則以空格隔開。

- -k：以 KB 為單位顯示資料統計資訊。

- -m：以 MB 為單位顯示資料統計資訊。

- -N：顯示任何 Mapper 設備的註冊名稱。對 LVM2 的統計資料很有用（如果 I/O 設備使用 LVM 分區，加上該選項時，便會以 LVM 的映射名稱代替分區名稱）。

- -n：顯示網路檔案系統的狀態統計資訊。該選項只適用於 2.6.17 及更新版本的核心（EL 7 版本已刪除該選項）。

- -p [{ device [,...] | ALL }]：指定實體設備的名稱（不能指定分區名稱）後，則顯示對應設備及其所有分區的統計資訊。如果給定 ALL 參數，便顯示伺服器上所有實體設備及其對應的分區統計資訊（包括從未使用的分區）。倘若需要同時指定多個設備，則以空格或逗號隔開。

- -t：在每次的輸出資訊中都增加一個時間戳記。

- -V：列印版本資訊。

- -x：顯示擴充的統計資料。該選項適用於 2.5 及更新版本的核心，因為它需要使用 /proc/diskstats 檔案或掛載的 sysfs 取得統計資訊。

- -y：如果列印的次數超過兩次，加上該選項時會跳過第一次（即不包括自系統啟動以來的統計資訊）。

- **-z**：每次的輸出資訊忽略不活躍 I/O 設備的輸出（各項資料為 0 的 I/O 設備，當存在大量 I/O 設備且多數設備沒有負載時，可大幅減少輸出資訊量）。

- **[interval [count]]**：輸出資訊的間隔時間和總次數。

41.6.2 輸出結果解釋

查看 CPU 利用率的統計資訊：

```
[root@localhost ~]# iostat -c 1 1
Linux 2.6.32-573.22.1.el6.x86_64 (localhost.localdomain) 09/26/2020 _
x86_64_(4 CPU)

avg-cpu: %user %nice %system %iowait %steal %idle
         0.01 0.00    0.03    0.06    0.00   99.91


# 結果解讀
## %user：顯示在使用者等級（應用程式）執行時 CPU 利用率的百分比
## %nice：顯示在使用者等級執行時 CPU 利用率的百分比，且是帶有優先順序的應用程式
## %system：顯示在系統等級（核心）執行時 CPU 利用率的百分比
## %iowait：顯示 CPU 用來等待一個未完成磁碟 I/O 請求的閒置時間百分比
## %steal：顯示虛擬機器管理程式為另一個虛擬處理器提供服務時，虛擬 CPU 在非自願等待所花費
的時間百分比
## %idle：顯示 CPU 空閒的時間百分比（不包括 iowait 開銷）
```

查看磁碟設備的統計資訊：

```
# 不使用 -x 擴充選項（EL 6 系統）
[root@localhost ~]# iostat -d /dev/sda2 1 1
Linux 2.6.32-573.22.1.el6.x86_64 (localhost.localdomain) 09/26/2020 _
x86_64_(4 CPU)
Device: tps Blk_read/s Blk_wrtn/s Blk_read Blk_wrtn
sda2 0.90 27.34 4.79 1090752 191015


# 不使用 -x 擴充選項（EL 7 系統）
[root@localhost ~]# iostat -d /dev/sda2 1
Linux 3.10.0-327.el7.x86_64 (localhost.localdomain) 09/26/2020 _x86_64_
(4 CPU)
Device: tps kB_read/s kB_wrtn/s kB_read kB_wrtn
sda2 3.43 108.72 4.12 304228 11542


## 結果解讀（注意，該結果為 EL 6 系統的資訊）
### Device：顯示 I/O 設備的名稱或者分區名稱，分區名稱與 /dev 目錄下的設備名稱相對應
### tps：顯示每秒傳送到 I/O 設備的傳輸次數。傳輸指的是針對設備的 I/O 請求，多個邏輯請求可
以組合成單個 I/O 請求，所以單個傳輸的位元組大小不固定
```

Blk_read/s：表示每秒從 I/O 設備讀取的區塊數量（單位為磁區，一個磁區為 512 位元組，所以一個區塊的大小相當於 512 位元組）。無論輸出頻率如何，該欄位總是顯示每秒的數值

Blk_wrtn/s：表示每秒寫入 I/O 設備的區塊數量（單位為磁區，一個磁區為 512 位元組，所以一個區塊的大小相當於 512 位元組）。無論輸出頻率如何，該欄位總是顯示每秒的數值

Blk_read：表示目前從 I/O 設備讀取的區塊總數（每個列印間隔時間內的總區塊數，例如，指定間隔時間為 5 秒，那麼 Blk_read 就表示 5 秒內 Blk_read/s 值的總和）

Blk_wrtn：表示目前寫入 I/O 設備的區塊總數（每個列印間隔時間內的總區塊數）

結果解讀（注意，該結果為 EL 7 系統的資訊。後面四個欄位為位元組，而不是區塊狀態資訊）

Device：與 EL 6 資訊相同
tps：與 EL 6 資訊相同
kB_read/s：表示每秒從 I/O 設備讀取的資料量（單位為 kB）
kB_wrtn/s：表示每秒寫入 I/O 設備的資料量（單位為 kB）
kB_read：表示從 I/O 設備讀取的總資料量（每個列印間隔時間內的總數，單位為 kB）
kB_wrtn：表示寫入 I/O 設備的總資料量（每個列印間隔時間內的總數，單位為 kB）

使用 -x 擴充選項

```
[root@localhost ~]# iostat -d /dev/sda2 1 1 -x
Linux 2.6.32-573.22.1.el6.x86_64 (localhost.localdomain) 09/26/2020 _
x86_64_ (4 CPU)

Device: rrqm/s wrqm/s r/s w/s rsec/s wsec/s avgrq-sz avgqu-sz await svctm
%util
sda2 0.32 0.31 0.71 0.20 27.34 4.79 35.61 0.00 5.39 2.62 0.24
```

結果解讀
Device：顯示 I/O 設備的名稱或者分區名稱，分區名稱與 /dev 目錄下的設備名稱相對應
rrqm/s：每秒合併的讀取請求數量，這些請求會在設備中排隊
wrqm/s：每秒合併的寫入請求數量，這些請求會在設備中排隊
r/s：每秒發送給設備的讀取請求數量
w/s：每秒發送給設備的寫入請求數量
rsec/s：每秒從磁碟設備讀取的磁區數。磁區大小為 512 位元組（在 EL 7 系統該欄位將替換為 rkB/s）
wsec/s：每秒寫入磁碟設備的磁區數。磁區大小為 512 位元組（在 EL 7 系統該欄位將替換為 wkB/s）
avgrq-sz：對磁碟設備發出的平均請求大小（單位為磁區）
avgqu-sz：發送到磁碟設備的平均請求佇列長度
await：對被服務的磁碟設備發出 I/O 請求的平均時間（以毫秒為單位），包括在請求佇列排隊的時間，以及真正執行 I/O 服務的時間（新版本的 sysstat 還多了 r_await 和 w_await，分別表示讀取請求和寫入請求的平均等待時間）
svctm：對磁碟設備發出 I/O 請求的平均服務時間（以毫秒為單位）。注意：該值並不可靠，將於後續的 sysstat 版本中刪除
%util：對設備發出 I/O 請求的執行時間百分比（設備的頻寬利用率）。當該值接近 100% 時，表示設備飽和

查看網路檔案系統的統計資訊：

```
[root@localhost ~]# iostat -n 1 1
Linux 2.6.32-573.22.1.el6.x86_64 (localhost.localdomain) 09/26/2020 _
x86_64_ (4 CPU)

Filesystem: rBlk_nor/s wBlk_nor/s rBlk_dir/s wBlk_dir/s rBlk_svr/s wBlk_
svr/s ops/s rops/s wops/s
192.168.2.170:/home/nfs 0.00 0.00 0.00 0.00 0.00 0.00 0.00 0.00 0.00

# 結果解讀
## Filesystem：提供 NFS 服務的主機 IP 位址和網路檔案系統的目錄名稱，兩者之間以冒號分隔，
例如 ip:dir
## rBlk_nor/s：應用程式每秒透過 read(2) 系統呼叫介面，從 NFS 讀取的區塊數量，區塊大小為
512 位元組
## wBlk_nor/s：應用程式每秒透過 write(2) 系統呼叫介面，寫入 NFS 的區塊數量，區塊大小為
512 位元組
## rBlk_dir/s：每秒從以 odirect 標誌開啟的檔案讀取的區塊數量
## wBlk_dir/s：每秒對以 odirect 標誌開啟的檔案寫入的區塊數量
## rBlk_svr/s：每秒 NFS 用戶端透過 NFS READ 請求，從伺服端讀取的區塊數量
## wBlk_svr/s：每秒 NFS 用戶端透過 NFS WRITE 請求，寫入伺服端的區塊數量
## ops/s：每秒對 NFS 發出的操作數量
## rops/s：每秒對 NFS 發出的讀取操作數量
## wops/s：每秒對 NFS 發出的寫入操作數量
```

41.7　free

free 命令能夠查看系統中可用、已用的實體記憶體、swap 記憶體總量，以及核心使用的緩衝區大小。

用法：

```
free [-b | -k | -m |-g ] [-o] [-s delay ] [-t] [-l] [-V]
```

該命令由 procps 套裝軟體提供。

41.7.1　命令列選項

- -b：以位元組為單位顯示記憶體數量（EL 7 系統新增選項 --bytes）。

- -k：（預設值）以 kB 為單位顯示記憶體數量（EL 7 系統新增選項 --kilo）。

- -m：以 MB 為單位顯示記憶體數量（EL 7 系統新增選項 --mega）。

- -g：以 GB 為單位顯示記憶體數量（EL 7 系統新增選項 --giga）。

- --tera：以 TB 為單位顯示記憶體數量（EL 7 系統新增的選項）。

- -h：以更易閱讀的格式顯示記憶體數量（自動識別記憶體數值、自動判斷使用什麼計量單位，在 EL 7 系統新增選項 --human）。

- -w, --wide：切換到寬屏模式。此模式會擴展列寬度超過 80 個字元。同時 buffers 和 cached 將以兩個單獨的欄位輸出。

- -t：額外顯示 total 統計列，把 Mem 和 Swap 相同的狀態欄位相加之後再顯示（EL 7 系統新增選項 --total）。

- -o：禁用「-/+ buffers/cached」列的顯示。如果未指定 -o 選項，則 free 會從已用記憶體減去緩衝區記憶體，並且增加到回報的可用記憶體（EL 7 系統已刪除該選項，預設禁用「-/+ buffers/cached」列的顯示）。

  - - buffers/cached：表示從應用程式的角度來看，系統使用了多少記憶體。

  - + buffers/cached：表示從應用程式的角度來看，系統還剩下多少可用的記憶體（等於 free + buffers + cached）。

- -s：啟動循環列印模式（預設情況下只列印一次），該選項用來設定循環列印的間隔時間。最小時間單位允許到微秒等級，亦即可指定浮點數值（例如 0.01，呼叫 usleep() 函數來延遲時間）（EL 7 系統新增選項 --seconds）。

- --si：預設情況下，資料單位採用 1024 的倍數進行計量。加上該選項時，則以 1000 進行計量（EL 7 系統新增的選項）。

- -c：設定循環列印的總次數（EL 7 系統新增選項 --count）。

- -l：顯示詳細的低記憶體和高記憶體統計資訊（EL 7 系統新增選項 --lohi）。

- --help：顯示說明資訊（EL 7 系統新增的選項）。

- -V：顯示版本資訊（EL 7 系統新增選項 --version）。

41.7.2 輸出結果解讀

在 EL 6 系統中：

```
[root@localhost ~]# free -ho
              total used free shared buffers cached
Mem: 7.7G 896M 6.8G 252K 43M 260M
Swap: 1.9G 0B 1.9G

# 結果解讀
## total：總共安裝的記憶體數量（從 /proc/meminfo 檔案的 MemTotal 和 SwapTotal 欄位取得）
```

　　## used：已使用的記憶體數量（計算公式為：total - free - buffers - cached）
　　## free：未分配的空閒記憶體數量（從 /proc/meminfo 檔案的 MemFree 和 SwapFree 欄位取得）
　　## shared：共享記憶體數量，表示 tmpfs（記憶體檔案系統）的記憶體使用量（從 /proc/meminfo 檔案的 Shmem 欄位取得，適用於核心 2.6.32 版本，如果不存在 tmpfs，則顯示為 0）
　　## buffers：核心緩衝區使用的記憶體數量（從 /proc/meminfo 檔案的 Buffers 欄位取得），主要用來提高核心對磁碟設備寫入資料的效能
　　## cached：用於快取頁面和 slabs 的記憶體數量（從 /proc/meminfo 檔案的 Cached 和 Slab 欄位取得），主要用來提高核心從磁碟設備讀取資料的效能

　　在 EL 7 系統中：

```
# 預設情況下，EL 7 系統會一併顯示 buffers 和 cache
[root@localhost ~]# free -h
             total used free shared buff/cache available
Mem: 7.6G 746M 6.4G 9.1M 546M 6.7G
Swap: 2.0G 0B 2.0G

# 加上 -w 選項，便可分開顯示 buffers 和 cache
[root@localhost ~]# free -wh
             total used free shared buffers cache available
Mem: 7.6G 745M 6.4G 9.1M 1.4M 545M 6.7G
Swap: 2.0G 0B 2.0G
```

　　## 結果解讀
　　### total：總共安裝的記憶體數量（從 /proc/meminfo 檔案的 MemTotal 和 SwapTotal 欄位取得）
　　### used：已使用的記憶體數量（計算公式為：total - free - buffers - cache）。注意：在 EL 6 系統中，used 欄位包含 buffers 和 cached 的使用量，但是 EL 7 系統則不包括
　　### free：未分配的空閒記憶體數量（從 /proc/meminfo 檔案的 MemFree 和 SwapFree 欄位取得）
　　### shared：共享記憶體數量，表示 tmpfs（記憶體檔案系統）的記憶體使用量（從 /proc/meminfo 檔案的 Shmem 欄位取得，適用於核心 2.6.32 版本，如果不存在 tmpfs，則顯示為 0）
　　### buff/cache：buffers 和 cache 欄位值的總和
　　### available：預估可用於啟動新應用程式的記憶體數量（從應用程式的角度來看，系統還剩下多少可用的記憶體），但不包括 swap 空間，也不包括無法釋放的 slabs 使用的空間（從 /proc/meminfo 檔案的 MemAvailable 欄位取得，該欄位值在核心 3.14 版本才有效，在核心 2.6.27 及以後版本則是模擬資料；如果其他版本的核心存在該欄位，其值則與 free 欄位值相同）

41.8　iotop

　　iotop 命令能夠監視 Linux 核心輸出的 I/O 使用資訊（需要 2.6.20 或更新版本），同時顯示系統中每個處理程式或執行緒目前 I/O 的使用情況（至少得在 Linux 核心組態中啟用 CONFIG_TASK_DELAY_ACCT、CONFIG_TASK_IO_ACCOUNTING、CONFIG_TASKSTATS 和 CONFIG_VM_EVENT_COUNTERS 選項）。

用法：

```
iotop [OPTIONS]
```

該命令由 iotop 套裝軟體提供。

41.8.1 命令列選項

- --version：列印版本。

- -h,--help：列印說明資訊。

- -o：只顯示有實際 I/O 操作的處理程序或執行緒，而不是所有的執行緒或處理程序資訊（互動模式下可以輸入字母 O 切換）。

- -b：啟用非互動模式，主要用來將狀態資料記錄到檔案中。

- -n NUM：顯示整體的列印次數，主要用於非互動模式（非互動模式下指定列印次數，互動模式下則指定刷新次數）。

- -d SEC：設定列印間隔時間（單位為秒，可改以小數表示）（非互動模式下指定列印間隔時間，互動模式下則指定刷新間隔時間）。

- -p PID：指定需要監控的處理程序 PID（預設情況下監控所有的處理程序）。

- -u USER：指定需要監控的處理程序使用者（預設情況下監控所有的使用者）。

- -P, --processes：僅監控處理程序（預設情況下監控所有的執行緒和處理程序）。

- -k, --kilobytes：以 kB 為單位，這在抓取用於程式分析所需的資料時有用（預設情況下，根據位元組資料自動決定合適的計量單位）。

- -t, --time：在每一列輸出結果的最前面加上一個時間戳記（隱式啟用非互動模式）。

- -q, --quiet：刪除輸出結果中的標題，最多可同時使用該選項三次（隱式啟用非互動模式）。

    - -q：只列印一次標題欄位資訊。

    - -qq：從不列印標題欄位資訊。

    - -qqq：從不列印 I/O summary 欄位。

41.8.2 互動式命令選項

- 左、右箭頭：改變排序方式，預設是按照 I/O 排序。

- r：改變排列順序。

- o：只顯示有 I/O 輸出的處理程序。

- p：切換處理程序 / 執行緒的顯示方式。

- a：顯示累計使用量。

- q：退出。

- 其他任意鍵都會導致資料的刷新。

41.8.3 輸出結果解讀

使用 iotop 互動式命令查看各個處理程序的磁碟輸送量情況（直接在命令列輸入 iotop 命令，按 Enter 鍵即可），如圖 41-2 所示。

```
Total DISK READ :        0.00 B/s | Total DISK WRITE :       0.00 B/s
Actual DISK READ:        0.00 B/s | Actual DISK WRITE:       0.00 B/s
  TID  PRIO  USER     DISK READ  DISK WRITE  SWAPIN     IO>    COMMAND
    1 be/4 root        0.00 B/s    0.00 B/s  0.00 %    0.00 % systemd --switched-root --system --deserialize 21
    2 be/4 root        0.00 B/s    0.00 B/s  0.00 %    0.00 % [kthreadd]
    3 be/4 root        0.00 B/s    0.00 B/s  0.00 %    0.00 % [ksoftirqd/0]
    5 be/0 root        0.00 B/s    0.00 B/s  0.00 %    0.00 % [kworker/0:0H]
    6 be/4 root        0.00 B/s    0.00 B/s  0.00 %    0.00 % [kworker/u16:0]
    7 rt/4 root        0.00 B/s    0.00 B/s  0.00 %    0.00 % [migration/0]
    8 be/4 root        0.00 B/s    0.00 B/s  0.00 %    0.00 % [rcu_bh]
    9 be/4 root        0.00 B/s    0.00 B/s  0.00 %    0.00 % [rcuob/0]
   10 be/4 root        0.00 B/s    0.00 B/s  0.00 %    0.00 % [rcuob/1]
   11 be/4 root        0.00 B/s    0.00 B/s  0.00 %    0.00 % [rcuob/2]
   12 be/4 root        0.00 B/s    0.00 B/s  0.00 %    0.00 % [rcuob/3]
   13 be/4 root        0.00 B/s    0.00 B/s  0.00 %    0.00 % [rcuob/4]
   14 be/4 root        0.00 B/s    0.00 B/s  0.00 %    0.00 % [rcuob/5]
   15 be/4 root        0.00 B/s    0.00 B/s  0.00 %    0.00 % [rcuob/6]
   16 be/4 root        0.00 B/s    0.00 B/s  0.00 %    0.00 % [rcuob/7]
   17 be/4 root        0.00 B/s    0.00 B/s  0.00 %    0.00 % [rcu_sched]
   18 be/4 root        0.00 B/s    0.00 B/s  0.00 %    0.00 % [rcuos/0]
   19 be/4 root        0.00 B/s    0.00 B/s  0.00 %    0.00 % [rcuos/1]
   20 be/4 root        0.00 B/s    0.00 B/s  0.00 %    0.00 % [rcuos/2]
```

圖 41-2

```
# 輸出結果解釋
## 標題 I/O summary 欄位（由於 Linux 核心會發生資料快取和 I/O 操作重新排序，所以 Total
和 Actual 的值可能不相等）
### Total DISK READ：表示處理程序或執行緒與核心區塊設備子系統之間的讀取輸送量
### Total DISK WRITE：表示處理程序或執行緒與核心區塊設備子系統之間的寫入輸送量
### Actual DISK READ：表示核心區塊設備子系統與底層硬體之間實際發生的讀取輸送量
### Actual DISK WRITE：表示核心區塊設備子系統與底層硬體之間實際發生的寫入輸送量
## 標題欄位資訊部分
### TID：表示處理程序號
### PRIO：表示該處理程序設定的優先順序
### USER：表示執行處理程序的帳號
```

```
### DISK READ：表示處理程序的讀取輸送量
### DISK WRITE：表示處理程序的寫入輸送量
### SWAPIN：表示處理程序目前發生 SWAP IN 的輸送量，佔目前整個 SWAP 使用量的百分比
### IO>：表示處理程序目前 I/O 的輸送量，佔目前 I/O 設備所有輸送量的百分比
### COMMAND：表示處理程序目前正在執行的 COMMAND 文字
```

使用 iotop 非互動式命令查看各個處理程序的磁碟輸送量情況（指定待查看的處理程序號、列印次數和列印頻率）。

```
[root@localhost ~]# iotop -n 3 -d 1 -b -p 'pgrep mysqld |tail -1' -q
Total DISK READ : 0.00 B/s | Total DISK WRITE : 0.00 B/s
Actual DISK READ: 0.00 B/s | Actual DISK WRITE: 0.00 B/s
  TID PRIO USER DISK READ DISK WRITE SWAPIN IO COMMAND
......
Total DISK READ : 0.00 B/s | Total DISK WRITE : 0.00 B/s
Actual DISK READ: 0.00 B/s | Actual DISK WRITE: 0.00 B/s
......
Total DISK READ : 0.00 B/s | Total DISK WRITE : 0.00 B/s
Actual DISK READ: 0.00 B/s | Actual DISK WRITE: 210.55 K/s
 23116 be/4 teledb 0.00 B/s 0.00 B/s 0.00 % 0.00 % mysqld --defaults-file=/
home/teledb/mysql_6606/etc/mysql6606.cnf --basedir=/home/teledb/mysql_6606
--datadir=/fdata01/data6606/mysql_data6606/data --plugin-dir=/home/teledb/
mysql_6606/lib/plugin --log-error=/fdata01/data6606/mysql_data6606/logs/
error.log --pid-file=/fdata01/data6606/mysql_data6606/data/mysql.pid
--socket=/tmp/mysql_6606.sock --port=6606
```

41.9 iftop

iftop 命令能夠查看 IP 位址在某個網卡介面的網路頻寬使用情況。

用法：

```
iftop -h | [-npblNBP] [-i interface] [-f filter code] [-F net/mask] [-G
net6/mask6]
```

該命令由 iftop 套裝軟體提供。

41.9.1 命令列選項

- -h：列印說明資訊。

- -n：不找尋主機名稱，host 資訊預設直接顯示 IP 位址。

- -N：不將埠號解析為服務名稱（協定名稱）。

- -p：以混雜模式運行，因此不直接通過指定介面的流量也計算在內。

- -P：開啟埠號和服務名稱（協定名稱）顯示。

- -l：顯示和統計本地 IPv6 位址的資料封包往返資訊。預設情況下不顯示該網址類別。

- -b：不顯示流量刻度和標記多少流量的橫條圖資訊。

- -m：設定介面最上邊刻度的最大值，刻度分為五大段，例如 iftop -m 100M。

- -B：以位元組為單位顯示流量（預設是 bit）。

- -i：設定監控的網卡名稱，例如 iftop -i eth1。如果未指定網卡介面，則 iftop 會自動找尋有外部通訊流量的第一個介面，並顯示其流量使用情況。

- -f：指定需要統計流量的資料封包協定，預設值為 IP，不支援應用層協定。

- -F：指定需要統計流量的 IPv4 位址（網段）。當不指定時，便根據自動選擇的網卡介面決定統計流量的邊界；一旦指定後，統計流量的邊界則以它定義的網段進行界定，例如 10.0.0.0/255.0.0.0 或者 10.0.0.0/8。

- -G：指定用來統計 IPv6 位址的網路流量。

- -c：指定備用的設定檔，如果不指定，則從 ~/.iftoprc（如果存在）讀取組態資訊。

- -t：使用非 ncurses（ncurses 提供字元終端處理程式庫，包括面板和功能表）的文字介面，將輸出資訊到 stdout，以便其他程式處理這些資料。

41.9.2 互動式命令選項

- h：切換是否顯示說明資訊。

- n：切換顯示本機的 IP 位址或主機名稱。

- s：切換是否顯示本機的 host 資訊。

- d：切換是否顯示遠端目標主機的 host 資訊。

- t：切換顯示格式為兩列 / 一列 / 只顯示傳送流量 / 只顯示接收流量。

- N：切換顯示埠號或埠服務名稱。

- S：切換是否顯示本機的埠資訊。

- D：切換是否顯示遠端目標主機的埠資訊。

- p：切換是否顯示埠資訊。

- P：切換暫停 / 繼續顯示。

- b：切換是否顯示平均流量橫條圖。

- B：切換計算 2s、10s 或 40s 內的平均流量。

- T：切換是否顯示每個連接的總流量。

- l：開啟螢幕過濾功能，輸入待過濾的字元，例如 ip，按 Enter 鍵後，螢幕只顯示與這個 IP 位址相關的流量資訊。

- L：切換顯示介面上邊的刻度。刻度不同，流量橫條圖便有變化。

- j,k：可以向上或向下滾動螢幕顯示的連接記錄。

- 1,2,3：根據右側顯示的三行流量資料進行排序。

- <：根據左邊的本機名稱或 IP 位址排序。

- >：根據遠端目標主機的主機名稱或 IP 位址排序。

- o：切換是否固定只顯示目前的連接。

- f：編輯過濾程式碼。

- !：使用 shell 命令。

- q：退出監控。

41.9.3 輸出結果解讀

執行 iftop 命令（不加任何命令列選項），輸出資訊如圖 41-3 所示。

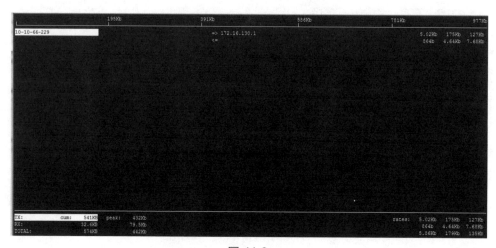

圖 41-3

```
# 輸出資訊解釋
## 第一列 195Kb,391Kb,... 為網卡流量刻度，用途為顯示流量橫條圖的尺規
## 第二列為流量往返方向以及 IP 位址，=>（<= 和 => 左、右箭頭，表示流量的方向）代表流量從
10-10-66-229 主機流向 172.16.130.1，在過去 2s、10s、40s 內的流量分別為 5.02Kb、175Kb、
127Kb；<= 方向同理
## 第三列為傳送流量統計，TX 表示傳送流量資訊列，cum 表示執行 iftop 到目前時間的總流量，
peak 表示流量峰值，rates 表示過去 2s、10s、40s 內的流量統計
## 第四列為接收流量統計，RX 表示接收流量資訊列，cum 欄位沒有寫入統計值名稱，只輸出統計值
32.6KB，peak 跟 cum 欄位一樣只列出統計值 79.5Kb，rates 與 cum 欄位一樣只列出統計值 864b、
4.64Kb、7.68Kb
## 第五列為整體流量統計，TOTAL 表示傳送和接收的總流量，統計值的說明同上
```

以文字模式輸出（可重新導向到檔案中）：

```
[root@localhost ~]# iftop -t |tee /tmp/iftop.txt
......
[root@localhost ~]# cat /tmp/iftop.txt
Listening on enp3s0f0
   # Host name (port/service if enabled)  last 2s  last 10s  last 40s
cumulative
--------------------------------------------------------------------------
   1 localhost.localdomain => 1.66Kb 1.66Kb 1.66Kb 426B
     public1.114dns.com    <= 1.76Kb 1.76Kb 1.76Kb 451B
   2 localhost.localdomain => 1.66Kb 1.66Kb 1.66Kb 424B
     121.121.0.82          <= 624b 624b 624b 156B
   3 10.10.30.165          => 240b 240b 240b 60B
     10.10.20.14           <= 0b 0b 0b 0B
   4 10.10.30.165          => 240b 240b 240b 60B
     10.10.88.8            <= 0b 0b 0b 0B
--------------------------------------------------------------------------
Total send rate:              3.32Kb 3.32Kb 3.32Kb
Total receive rate:           3.56Kb 3.56Kb 3.56Kb
Total send and receive rate:  6.88Kb 6.88Kb 6.88Kb
--------------------------------------------------------------------------
Peak rate (sent/received/total):   3.32Kb 3.55Kb 6.88Kb
Cumulative (sent/received/total):  850B 911B 1.72KB
==========================================================================
......
```

41.10 iperf3

iperf3 是一個網路輸送量、效能測試工具。iperf3 命令能夠測試 TCP 和 UDP 輸送量、頻寬品質、最大 TCP 頻寬、延遲抖動和資料封包丟失情況等。若想執行 iperf3 測試，必須同時建立伺服端和用戶端。

用法：

```
iperf3 -s [ options ]                # 啟動一個伺服端
iperf3 -c server [ options ]         # 啟動一個用戶端，並指定伺服端位址
iperf3 -u -s [ options ]             # 以 UDP 模式啟動一個伺服端
iperf3 -u -c server [ options ]      # 以 UDP 模式啟動一個用戶端，並指定伺服端位址
```

該命令由 iperf3 套裝軟體提供。

41.10.1 命令列選項

（1）常規選項

- -e, --enhanced：在結果中顯示增強的輸出資訊（EL 7 系統新增）。

- -f, --format：有效值為 [bkmgaBKMGA]，預設值為 a。

  - b：以 b/s 為單位進行計算。

  - k：以 Kb/s 為單位進行計算。

  - m：以 Mb/s 為單位進行計算。

  - g：以 Gb/s 為單位進行計算。

  - a：以 b/s 為單位自我調整計算（計算單位為 b/s、Kb/s、Mb/s、Gb/s）。

  - B：以 B/s 為單位進行計算。

  - K：以 KB/s 為單位進行計算。

  - M：以 MB/s 為單位進行計算。

  - G：以 GB/s 為單位進行計算。

  - A：以 b/s 為單位自我調整計算（計算單位為 B/s、KB/s、MB/s、GB/s）。

- -h, --help：列印說明資訊。

- -i, --interval n：設定列印狀態資訊的間隔時間，預設值為 0。例如 iperf3 -c 1.1.1.1 -i 1。

- -l, --len n：設定緩衝區大小，TCP 方式預設值為 8KB，UDP 方式預設值為 1470B。單位有效值為 [KM]，分別表示 KB 和 MB。例如 iperf3 -c 1.1.1.1 -l 16。

- -m, --print_mss：列印 TCP 資料封包最大資訊段的大小（指的是 MTU - TCP/IP 標頭）。

- -o, --output filename：將輸出結果和錯誤訊息輸出到指定檔案，例如 iperf3 -c 1.1.1.1 -o /tmp/iperf3log.txt。

- -p, --port n：指定伺服端使用或用戶端連接的埠號。例如 iperf3 -s -p 9999;iperf3 -c 1.1.1.1 -p 9999。

- -u, --udp：採用 UDP 而不是預設的 TCP 協定。

- -w, --window n[KM]：設定通訊端緩衝區的大小。對於 TCP 方式，代表 TCP 窗口大小；對於 UDP 方式，代表接收 UDP 資料封包的緩衝區大小，可限制封包的最大值，預設值是 8KB。單位有效值為 [KM]，分別表示 KB 和 MB。

- -z, --realtime：如果支援該選項，表示請求即時調度程式（EL 7 系統新增）。

- -B, --bind host：綁定一個主機位址或介面（適用於主機有多個位址或介面時）。

- -C, --compatibility：相容舊版本（適用於伺服端和用戶端版本不一樣時）。

- -M, --mss n：設定 TCP 資料封包的最大 MTU 值。可透過 TCP_MAXSEG 選項嘗試設定 TCP 資料封包最大資訊段的值。MSS 值的大小通常是 TCP/IP 標頭減去 40 位元組。在乙太網路中，MSS 值為 1460 位元組（MTU 為 1500 位元組）。許多作業系統不支援此選項。

- -N, --nodelay：設定 TCP 不延時。禁用 Nagle 演算法。

- -v, --version：列印版本。

- -V, --IPv6Version：設定傳輸 IPv6，而非 IPv4 資料封包。

- -x, --reportexclude [CDMSV]：指定排除 C（連接）、D（資料）、M（多播）、S（設定）、V（伺服器）的輸出資訊。

- -y, --reportstyle C|c：如果使用該選項並且設為 C 或 c，則將輸出資訊儲存為 CSV 格式（以逗號分隔數值）。

（2）伺服端專用選項

- -s, --server：以伺服器模式執行。

- -U, --single_udp：以純 UDP 模式執行，不包含 TCP。

- -D, --daemon：將伺服器作為常駐程式執行。如果是在 Windows 系統，便會安裝 Iperf3Service 服務。

- -R, --remove：刪除 Iperf3Service 服務（僅限 Windows 系統）。

（3）用戶端專用選項

- -b, --bandwidth n[KMG] | npps：將目標頻寬設為 n 位元/秒（預設值為 1 Mb/s），或每秒 n 個資料封包。適用於 TCP 或 UDP。

- -c, --client host：以用戶端模式執行，並指定伺服端主機。

- -d, --dualtest：同時進行雙向傳輸測試。這是預設的測試模式，如果想改用互動測試，建議使用 -r 選項。

- -n, --num n[KM]：設定測試所需的總傳輸位元組數。單位有效值為 [KM]，分別表示 KB 和 MB。例如 iperf3 -c 1.1.1.1 -n 100000。

- -r, --tradeoff：分別進行雙向傳輸測試。

- -t, --time n：設定測試所需的總時間，預設值為 10s。例如 iperf3 -c 1.1.1.1 -t 5。

- -B, --bind ip | ip:port：綁定從哪個埠或者 IP 位址發起流量（EL 7 系統新增）。

- -F, --fileinput name：使用檔案作為資料流來測試（用於測試的檔案）。

- -I, --stdin：使用 stdin 作為資料流來測試。

- -L, --listenport n：指定伺服端反向連接用戶端的埠號，預設情況下與伺服端埠號相同。

- -P, --parallel n：指定用戶端平行測試的執行緒數量，預設值為 1。

- -T, --ttl n：移出堆疊多播資料封包的 TTL 值。本質上就是資料通過路由器的跳數，預設值為 1。

- -Z, --linux-congestion algo：設定 TCP 擁塞控制演算法（僅限於 Linux 系統）。

41.10.2 輸出結果解讀

啟動一個伺服端（非常駐處理程序模式）：

```
[root@localhost ~]# iperf3 -s
---------------------------------------------------------------
Server listening on TCP port 5001
TCP window size: 85.3 KByte (default)
---------------------------------------------------------------
```

啟動一個用戶端進行測試：

```
[root@localhost ~]# iperf3 -c 10.10.30.164 -i 60 -t 60 -f a -P 3
---------------------------------------------------------------
Client connecting to 10.10.30.164, TCP port 5001
TCP window size: 85.0 KByte (default)
---------------------------------------------------------------
[ 4] local 10.10.30.163 port 56464 connected with 10.10.30.164 port 5001
[ 3] local 10.10.30.163 port 56463 connected with 10.10.30.164 port 5001
[ 5] local 10.10.30.163 port 56465 connected with 10.10.30.164 port 5001
[ ID] Interval Transfer Bandwidth
[ 4] 0.0-60.0 sec 43.8 GBytes 6.28 Gbits/sec
[ 4] 0.0-60.0 sec 43.8 GBytes 6.28 Gbits/sec
[ 4] MSS size 1448 bytes (MTU 1500 bytes, ethernet)
[ 3] 0.0-60.0 sec 43.8 GBytes 6.28 Gbits/sec
[SUM] 0.0-60.0 sec 132 GBytes 18.8 Gbits/sec
[ 3] 0.0-60.0 sec 43.8 GBytes 6.28 Gbits/sec
[ 3] MSS size 1448 bytes (MTU 1500 bytes, ethernet)
[ 5] 0.0-60.0 sec 43.9 GBytes 6.28 Gbits/sec
[ 5] 0.0-60.0 sec 43.9 GBytes 6.28 Gbits/sec
[ 5] MSS size 1448 bytes (MTU 1500 bytes, ethernet)
[SUM] 0.0-60.0 sec 132 GBytes 18.8 Gbits/sec

# 結果解讀
## ID：TCP 窗口的 ID，當該欄位值為 SUM 時，表示每次輸出的彙總資訊
## Interval：列印狀態資訊的間隔時間
## Transfer：目前已傳輸的總流量
## Bandwidth：目前測試得到的網路頻寬
```

NOTE

第 **42** 章

FIO 儲存效能壓測

本章主要介紹儲存效能壓測（即壓力測試）的利器 FIO，包括如何安裝、如何使用 FIO 測試設備的 I/O 效能、如何解讀 FIO 測試的結果，以及如何模擬 MySQL 資料庫進行 I/O 壓力測試[13]。

作為核心區塊設備的維護者，FIO 的原作者 Jens Axboe 除了維護 FIO 以外，還提供 blktrace 工具追蹤和分析 Linux 核心的區塊 I/O 請求，以及搭配使用 blkparse 和 btt 等工具，以便詳細地瞭解系統的 I/O 到底是慢在 I/O 重映射、I/O 拆分、I/O 調度，還是設備的回應時間。

FIO 用來對底層儲存設備進行壓力測試和驗證，至少支援 13 種不同的 I/O 引擎，包 括 sync、mmap、libaio、posixaio、SG v3、splice、null、network、syslet、guasi、solarisaio 等。本章主要使用的是 MySQL 的 I/O 模型——libaio。

42.1 安裝 FIO

1. yum 安裝

在作業系統直接以套件安裝工具安裝 FIO。例如，透過 Redhat Linux 系統的 yum 安裝，命令如下：

```
[root@localhost ~]# yum install fio.x86_64
```

2. 原始碼安裝

為了使用 FIO 的最新特性，一般是希望安裝最新的版本，可以直接下載最新的 FIO 版本編譯安裝。

13　類似的儲存效能測試工具還有 HD Tune、Iometer、IoZone 等。

（1）下載 FIO

FIO 的官網位址為 http://freshmeat.net/projects/fio/。目前最新的 FIO 版本為 3.3，可以利用 wget 下載：

```
[root@localhost ~]# wget https://github.com/axboe/fio/archive/fio-3.3.tar.gz
```

（2）原始碼安裝 FIO

為了測試非同步 I/O，因此需要安裝 libaio。可直接以下列命令安裝 libaio-devel 套件：

```
[root@localhost ~]# yum install libaio-devel
```

解壓縮 FIO 套裝軟體：

```
[root@localhost ~]# tar zxf fio-3.3.tar.gz
```

接下來就可以編譯與安裝 FIO。

```
[root@localhost ~]# cd fio-fio-3.3
[root@localhost ~]# ./configure
[root@localhost ~]# make
[root@localhost ~]# make install
```

42.2 測試 I/O 效能

一般可以利用 FIO 模擬測試各種不同類型的 I/O 請求，例如隨機寫、循序寫、隨機讀、循序讀、混合隨機讀寫，以及使用 FIO 設定檔測試。

42.2.1 隨機寫

```
[root@localhost ~]# fio -rw=randwrite -bs=4k -runtime=60 -iodepth 1
-numjobs=4 -size=10G -filename /data2/test1 -ioengine libaio -direct=1
-group_reporting -name iops_randwrite
```

這裡以 4 個執行緒對 /data2/test1 檔案做持續時間為 60s、佇列深度為 1、區塊大小為 4KB 的 direct 非同步隨機寫（libaio）壓力測試，該測試命名為 iops_randwrite。輸出結果不按照 4 個 job 分別示範，而是依照 group 彙總，這樣就能得到壓力下該檔案系統的隨機寫 IOPS。

- -filename 測試指定目錄下的檔名（測試檔案系統），或者是測試模擬 /dev/sdb 的設備名稱（測試裸設備）。

- 對檔案或者磁碟做「寫入」測試時會破壞原有資料，如有必要，請先備份相關的檔案。

- 如果 /data2/test1 檔案不存在，則在 /data2 目錄下新建一個 10GB 大小的 test1 檔進行測試；如果 test1 檔案存在，那麼只測試 /data2/test1 10GB 大小的區域；如果 test1 檔案存在，但是空間小於 10GB，那麼 FIO 會把該檔「撐大」到 10GB。

42.2.2　循序寫

```
[root@localhost ~]# fio -rw=write -bs=1m -runtime=60 -iodepth 1 -numjobs=4
-size=10G -filename/data2/test1 -ioengine libaio -direct=1 -group_reporting
-name bw_write
```

這裡以 4 個執行緒對 /data2/test1 檔案做持續時間為 60s、佇列深度為 1、區塊大小為 1MB 的 direct 非同步循序寫（libaio）壓力測試，該測試命名為 bw_write。輸出結果不按照 4 個 job 分別示範，而是依照 group 彙總，這樣就能得到壓力下該檔案系統的循序寫頻寬[14]。

該測試與隨機寫測試的主要區別在於：-rw=write，設為循序寫；-bs=1m，每次寫入 1MB 大小的區塊。

42.2.3　隨機讀

```
[root@localhost ~]# fio -readonly -rw=randread -bs=4k -runtime=60 -iodepth 1
-numjobs=8 -size=10G -filename /data2/test1 -ioengine libaio -direct=1 -group_
reporting -name iops_randread
```

這裡以 8 個執行緒對 /data2/test1 檔案做持續時間為 60s、佇列深度為 1、區塊大小為 4KB 的 direct 非同步隨機讀（libaio）壓力測試，該測試命名為 iops_randread。輸出結果不按照 8 個 job 分別示範，而是依照 group 彙總，這樣就能得到壓力下該檔案系統的隨機讀 IOPS。

14　對小 I/O（4KB）的隨機讀寫請求，主要考驗的是儲存設備的 IOPS 能力；而對大 I/O（1MB）的循序讀寫請求，主要考驗的是儲存設備的頻寬吞吐能力。

該測試與循序寫測試的主要區別在於：-rw=randread，設為隨機讀；-bs=4k，每次讀取 4KB 大小的區塊，並且設定 -readonly 保證對指定檔案唯讀。

42.2.4 循序讀

```
[root@localhost ~]# fio -readonly -rw=read -bs=1m -runtime=60 -iodepth 1
-numjobs=8 -size=10G -filename /data2/test1 -ioengine libaio -direct=1 -group_
reporting -name bw_read
```

這裡以 8 個執行緒對 /data2/test1 檔案做持續時間為 60s、佇列深度為 1、區塊大小為 1MB 的 direct 非同步循序讀（libaio）壓力測試，該測試命名為 bw_read。輸出結果不按照 8 個 job 分別示範，而是依照 group 彙總，這樣就能得到壓力下該檔案系統的循序讀頻寬。

該測試與隨機讀測試的主要區別在於：-rw= read，設為循序讀；-bs=1m，每次讀取 1MB 大小的區塊。

42.2.5 混合隨機讀寫

```
[root@localhost ~]# fio -rw=randrw -rwmixread=70 -bs=16k -runtime=60
-iodepth 1 -numjobs=8 -size=10G -filename /data2/test1 -ioengine libaio
-direct=1 -group_reporting -name iops_randrw
```

這裡以 8 個執行緒對 /data2/test1 檔案做持續時間為 60s、佇列深度為 1、區塊大小為 16KB 的 direct 非同步混合隨機讀寫（libaio）壓力測試，讀寫比例為 7：3，該測試命名為 iops_randrw。輸出結果不按照 8 個 job 分別展示，而是依照 group 彙總，這樣就能得到壓力下該檔案系統的混合隨機讀寫 IOPS。

該測試與循序讀測試的主要區別在於：-rw=randrw，設為混合隨機讀寫；-rwmixread=70，設定讀寫比例為 7：3；-bs=16k，每次讀寫 16KB 大小的區塊。

42.2.6 FIO 設定檔測試

```
[root@localhost ~]# fio /usr/share/doc/fio-2.2.8/examples/ssd-test.fio
```

這裡直接使用 FIO 提供的測試腳本依序執行循序讀、隨機讀、循序寫、隨機寫。

注意：測試前記得修改 ssd-test.fio 中的 directory=/data2，變為待測試檔案系統的目錄。

42.3　參數和結果詳解

42.3.1　關鍵參數解釋

由於 FIO 各個版本的參數不盡相同，這裡只介紹部分使用較為廣泛的關鍵參數。

- filename=/dev/sdb1：測試檔案或者磁碟名稱，通常選擇待測試磁碟的 data 目錄，或者存放資料的磁碟設備名稱。

- direct=1：測試過程繞過機器內建的緩衝區，使測試結果更真實。

- rw=randwrite：隨機寫。rw 可取值為 randwrite/randread/read/write/randrw/trim/randtrim/ trimwrite，分別用來測試隨機寫 / 隨機讀 / 循序讀 / 循序寫 / 混合隨機讀寫 /trim/ 隨機 trim/trim 後寫入的 I/O 效能。

- bs=16k：單次 I/O 的區塊大小為 16KB。單次 I/O 的區塊大小對 IOPS 的影響比較大，一般來說，若想得到最大的 IOPS，bs 越小越好。當然，這也與檔案系統最小區塊的大小有關。通常 Linux 下檔案分區最小區塊的大小為 512B、1KB、2KB、4KB、8KB 等，建議根據檔案系統的類型來選擇。

- size=5g：測試檔案大小為 5GB。

- ioengine=libaio：I/O 引擎使用 libaio。libaio 是非同步 I/O 引擎，一次提交一批 I/O，然後等待這批 I/O 完成，這種方式減少了互動的次數，會更有效率。FIO 至少支援 13 種不同的 I/O 引擎，包括 sync、mmap、libaio、posixaio、SG v3、splice、null、network、syslet、guasi、solarisaio 等。

- iodepth=4：I/O 佇列深度，主要根據設備的平行度來調整。通常有兩種 I/O 存取方式，即同步 I/O 和非同步 I/O。同步 I/O 一次只能發出一個 I/O 請求，等待核心完成才返回。對於單一執行緒來說，iodepth 總是小於 1，想要 iodepth 大於 1，可以透過多執行緒並行執行達到。非同步 I/O 一次提交多個 I/O 請求，等 I/O 完成或者間隔一段時間後一次「收割」。iodepth 一般用在非同步 I/O 模型（例如 libaio），指定一次發起多少個 I/O 請求。通常 Flash 儲存有多個平行單元，支援多個 I/O 並行執行，比較適合非同步 I/O 方式。

- numjobs=4：測試執行緒為 4 個。可以使用更多的執行緒，充分利用多執行緒並行執行能力對底層硬體進行壓力測試。針對 RAID 設備，如 RAID 1、RAID 5 或平行度高的設備，建議適當加大測試執行緒數。

- runtime=1000：測試時間為 1000s。此參數與 size 參數協同作用，屬於雙限制，亦即達到任何一個限制都會停止測試。

- rwmixread=70：在混合讀寫模式下，讀取佔 70%。

- group_reporting：設定顯示結果，指定 group_reporting 彙總每個處理程序的資訊。

42.3.2 設定檔

對於維運人員來說，一字不差地記住上述參數進行 I/O 測試，可説是一個比較大的挑戰。因此，FIO 也提供配置參數檔的方式，可將相關參數存放到一個設定檔中，以供下次測試或者在其他機器進行測試。此外，FIO 內建一系列標準的測試設定檔，只要參考對應的檔案，就能自行編寫 FIO 測試設定檔。

1. SSD 效能測試設定檔

這裡列出一個對 SSD 進行效能測試的 FIO 設定檔，內容如下：

```
[root@localhost ~]# cat examples/ssd-test.fio
# Do some important numbers on SSD drives, to gauge what kind of
# performance you might get out of them.
#
# Sequential read and write speeds are tested, these are expected to be
# high. Random reads should also be fast, random writes are where crap
# drives are usually separated from the good drives.
#
# This uses a queue depth of 4. New SATA SSD's will support up to 32
# in flight commands, so it may also be interesting to increase the queue
# depth and compare. Note that most real-life usage will not see that
# large of a queue depth, so 4 is more representative of normal use.
#
[global]
bs=4k
ioengine=libaio
iodepth=4
size=10g
direct=1
runtime=60
directory=/mount-point-of-ssd
filename=ssd.test.file

[seq-read]
rw=read
stonewall
```

```
[rand-read]
rw=randread
stonewall

[seq-write]
rw=write
stonewall

[rand-write]
rw=randwrite
stonewall
```

設定檔以「#」開頭的都是註解，以「[]」為標籤分組各項參數的配置，每組代表一個測試實例，例如 [seq-read] 表示 seq-read 組，其下的各種測試參數只對 seq-read 組有效。只有 [global] 例外，它的相關參數適用於各個測試。每個組分別表示一種類型的 I/O 測試。其中 stonewall 表示上一個測試結束之後，才執行下一個測試，其他參數的說明詳見上節。

上述腳本模擬的，就是對 /mount-point-of-ssd 下的 ssd.test.file 檔案（FIO 對裸設備、檔案都能進行測試）分別進行循序讀、隨機讀、循序寫、隨機寫的測試，以取得該設備 IOPS、延遲、頻寬等資料的設定檔。

提示：在下載的 FIO 原始碼目錄下有一個 example 目錄（如果是以 yum 安裝的話，目錄為 /usr/share/doc/fio-version/examples），其中有各種測試的設定檔，可利用這些設定檔測試各種情況下的 I/O 效能。這裡能夠看到各種類型的測試模式，以及針對不同設備的測試方式。

2. MySQL 資料庫 FIO 測試

既然本書的主題是資料庫效能最佳化，那麼自然要關注如何模擬資料庫的 I/O 發起 FIO 壓力測試。褚霸給出 MySQL 資料庫的 FIO 壓力測試設定檔如下：

```
[global]
runtime=86400
time_based
group_reporting
directory=/your_dir
ioscheduler=deadline
refill_buffers        # 保證每次產生的測試檔內容有充分的隨機性

[mysql-binlog]
filename=test-mysql-bin.log
```

```
bsrange=512-1024          # I/O 請求的區塊大小為 512 位元組的整數倍，最大為 1024 位元組
ioengine=sync
rw=write
size=24G
sync=1
rw=write
overwrite=1
fsync=100
rate_iops=64              # 定義 IOPS 的最大值為 64。由於 bsrange 為 512 ～ 1024 位元組，
對應的 IOPS 最大值為 64 個 512 位元組的 I/O（或者 32 個 1024 位元組的 I/O）
invalidate=1             # 使 buffer-cache（緩衝區）在開始 I/O 之前就失效
numjobs=64

[innodb-data]
filename=test-innodb.dat
bs=16K
ioengine=psync
rw=randrw
size=200G
direct=1
rwmixread=80             # 讀寫比例設為 8：2
numjobs=32


thinktime=600            # 從完成一個 I/O 到下一個 I/O 間隔 600ms
# 在全速 I/O 壓力下可以設定該參數為 0
thinktime_spin=200       # thinktime 中有 200ms 在消耗 CPU，剩下的 400ms 在睡眠
thinktime_blocks=2       # 允許一次 I/O 最多有兩個區塊等待一次 thinktime

[innodb-trxlog]
filename=test-innodb.log
bsrange=512-2048
ioengine=sync
rw=write
size=2G
fsync=1
overwrite=1
rate_iops=64
invalidate=1
numjobs=64
```

　　如果有需要，建議根據資料庫組態和壓力，修改 FIO 設定檔，以模擬 MySQL 資料庫對底層存放裝置的 I/O 存取。

42.3.3　結果解析

　　為了方便讀者直觀地查看 FIO 測試參數，後文以 FIO 參數而非設定檔的形式示範測試結果。

　　以下為隨機讀的 FIO 輸出結果：

```
[root@localhost ~]# fio -readonly -rw=randread -bs=4k -runtime=60 -iodepth
1 -filename  /data/voting.7g -ioengine libaio -direct=1 -name iops_randread
randread
iops_randread: (g=0): rw=randread, bs=4K-4K/4K-4K/4K-4K, ioengine= libaio,
iodepth=1
fio-2.0.14
Starting 1 process
Jobs: 1 (f=1): [r] [100.0% done] [608K/0K/0K /s] [152 /0 /0  iops] [eta
00m:00s]
iops_randread: (groupid=0, jobs=1): err= 0: pid=31919: Wed Mar 20 17:57:14
2013
  read : io=37272KB, bw=636098B/s, iops=155 , runt=60001msec
slat (usec): min=3 , max=91 , avg=66.61, stdev= 3.59
clat (usec): min=97 , max=56084 , avg=6370.22, stdev=2679.07
    lat (usec): min=161 , max=56088 , avg=6436.97, stdev=2678.29
clat percentiles (usec):
|  1.00th=[ 1832], 5.00th=[ 2480], 10.00th=[ 2992], 20.00th=[ 3856],
    | 30.00th=[ 4640], 40.00th=[ 5536], 50.00th=[ 6304], 60.00th=[ 7200],
    | 70.00th=[ 8032], 80.00th=[ 8896], 90.00th=[ 9664], 95.00th=[10176],
    | 99.00th=[10816], 99.50th=[11200], 99.90th=[18816], 99.95th=[32640],
    | 99.99th=[56064]
    bw (KB/s) : min=  486, max=710, per=100.00%, avg=621.25, stdev=35.11
lat (usec) : 100=0.01%, 250=0.02%, 500=0.01%
lat (msec) : 2=1.46%, 4=20.41%, 10=71.10%, 20=6.90%, 50=0.06%
lat (msec) : 100=0.02%
cpu         : usr=0.06%, sys=1.06%, ctx=9320, majf=0, minf=26
  IO depths  : 1=100.0%, 2=0.0%, 4=0.0%, 8=0.0%, 16=0.0%, 32=0.0%, >=64=0.0%
submit    : 0=0.0%, 4=100.0%, 8=0.0%, 16=0.0%, 32=0.0%, 64=0.0%, >=64=0.0%
complete  : 0=0.0%, 4=100.0%, 8=0.0%, 16=0.0%, 32=0.0%, 64=0.0%, >=64=0.0%
issued    : total=r=9318/w=0/d=0, short=r=0/w=0/d=0

Run status group 0 (all jobs):
  READ: io=37272KB, aggrb=621KB/s, minb=621KB/s, maxb=621KB/s,
mint=60001msec, maxt=60001msec

Disk stats (read/write):
   sda: ios=9303/32, merge=0/12, ticks=59701/1376, in_queue=61077,
util=99.51%
```

首先需要關注「io=37272KB, bw=636098 B/s, iops=155, runt= 60001msec」這一列資訊。它說明在此輪 60s 的測試中，隨機讀磁碟的 IOPS 為 155，傳輸量平均為 636098B/s（約 621kB/s）。透過這些資料，便可清晰地瞭解 I/O 的關鍵指標：IOPS 和傳輸量。

其次是 I/O 延遲 lat (usec)：min=161, max=56088, avg=6436.97。該訊息說明一次 I/O 消耗的平均時間為 6436.97μs（約 6ms）。這些指標用來衡量 I/O 效能的另一個關鍵測試資料：I/O 延遲。另外，clat percentiles (usec) 清楚地列出 I/O 延遲的分佈區間，在此範例中，95.00th=[10176] 表示 95% 的 I/O 延遲時間在 10ms 以下，99.90th=[18816] 代表只有 99.90% 的 I/O 延遲時間在 18ms 以下。

限於篇幅，本節便不再詳細描述其他 FIO 參數。

42.4 FIO 測試建議

前幾節簡單介紹了利用 FIO 測試 I/O 效能的方法。為了測試一般磁碟或 Flash 設備的 IOPS、傳輸量和延遲：

- 建議使用循序 I/O 和較大的 blocksize，以測試設備的傳輸量和延遲。

- 建議使用隨機 I/O 和較小的 blocksize，以測試設備 IOPS 和延遲。

- 在配置 numjobs 和 iodepth 測試底層儲存效能時，建議深入瞭解應用程式到底是採用同步 I/O 還是非同步 I/O（是多處理程序並行 I/O 請求，還是一次提交一批 I/O 請求）。也就是說，需要深入瞭解與模擬應用程式 I/O 請求模型來配置 numjobs 和 iodepth，以便利用最契合應用 I/O 請求的方式壓測底層磁碟，進而確定它是否能滿足需求。

42.5 課外閱讀

在某些場景下，不同的應用程式可能會使用同一種類型的磁碟，這時就要關注如何從磁碟本身衡量穩定性和效能。建議參考 ezfio（直接在 github.com 上搜尋 ezfio）查看 HGST 公司的 Earle F. Philhower, III，觀察它如何使用 FIO 測試磁碟效能，並輸出圖形化的測試結果。

## 第 43 章

HammerDB 線上交易處理測試

本章主要介紹如何安裝和配置 HammerDB，並利用 HammerDB 對 MySQL 進行 TPC-C 壓力測試。有很多與 HammerDB 類似的工具，例如 tpcc-mysql，但是就使用方便性和易用性而言，HammerDB 無疑更勝一籌。

HammerDB 是一個開源的資料庫負載測試和基準測試工具，可以針對 Oracle、SQL Server、DB2、TimesTen、MySQL、MariaDB、PostgreSQL、Postgres Plus Advanced Server、Greenplum、Redis、Amazon Aurora、Redshift 等進行壓力測試。

它主要模擬兩種不同的測試模型：TPC-C 測試模型和 TPC-H 測試模型。

- HammerDB 透過模擬批發商的貨物管理環境，實作了 TPC-C 測試模型，亦即線上交易處理（OLTP）的基準測試模型。測試結果由 TPC-C 吞吐率衡量，標準測試模型的單位是 tpmC（在 HammerDB 中，測試結果的單位是 tpm，不是 tpmC。tpm 表示每分鐘的交易數量，tpmC 則是 TPC-C 的交易單位）。

- HammerDB 透過模擬供應商和採購商之間的交易行為，實作了 TPC-H 測試模型，亦即線上分析處理（OLAP）的基準測試模型。測試結果由 TPC-H Power 來衡量，該值與資料量和交易平均時間有關，表示一小時內能夠完成複雜交易的數量。

關於 TPC-C 和 TPC-H 的詳細介紹，請參考 TPC 官方網站（http://www.tpc.org/）。

43.1 安裝和配置 HammerDB

43.1.1 下載安裝檔

```
[root@localhost ~]# wget https://jaist.dl.sourceforge.net/project/
hammerdb/HammerDB/ HammerDB-2.23/HammerDB-2.23-Linux-x86-64-Install
```

43.1.2 安裝 HammerDB

下載檔是一個安裝程式，直接執行即可安裝。

```
[root@localhost ~]# chmod +x HammerDB-2.23-Linux-x86-64-Install
[root@localhost ~]# ./HammerDB-2.23-Linux-x86-64-Install

This will install HammerDB on your computer.  Continue? [n/Y] y

Where do you want to install HammerDB? [/usr/local/HammerDB-2.23]

Installing HammerDB...
Installing Program Files...
Installation complete.
```

成功安裝以後，目錄如下：

```
[root@localhost ~]# cd /usr/local/HammerDB-2.23/
[root@localhost ~]# HammerDB-2.23]# ll
total 1508
drwx------   2 root    4096 Dec  5 15:51 agent
drwxr-xr-x  2 root    4096 Dec  5 15:51 bin
-rw-r--r--  1 root   25744 Jun 16 19:24 ChangeLog
-rw-r--r--  1 root   13789 Jun  8 01:05 config.xml
-rw-r--r--  1 root     618 Dec 20  2016 COPYRIGHT
-rw-r--r--  1 root   18009 Feb 16  2013 hammerdb.license
-rwxr--r--  1 root    7050 Mar 14  2017 hammerdb.tcl
drwxr-xr-x  2 root    4096 Dec  5 15:51 hdb-components
drwxr-xr-x  2 root    4096 Dec  5 15:51 hdb-modules
drwxr-xr-x  2 root    4096 Dec  5 15:51 include
drwxr-xr-x 21 root    4096 Dec  5 15:51 lib
-rw-r--r--  1 root     883 Mar 14  2017 readme
-rwxr-xr-x  1 root 1433874 Dec  5 15:51 uninstall
```

43.1.3 安裝 HammerDB GUI 依賴套件

1. 設定環境變數

```
[root@localhost HammerDB-2.23]# export MYSQL_HOME=/usr/local/mysql/
[root@localhost HammerDB-2.23]# echo 'export MYSQL_HOME=/usr/local/mysql/'
>> /etc/profile
[root@localhost HammerDB-2.23]# export LD_LIBRARY_PATH=/usr/local/
HammerDB-2.23/lib/:$MYSQL_HOME/lib
[root@localhost HammerDB-2.23]# echo 'export LD_LIBRARY_PATH=/usr/local/
HammerDB-2.23/lib/:$MYSQL_HOME/lib' >> /etc/profile
```

```
[root@localhost HammerDB-2.23]# export PATH=$MYSQL_HOME/bin:$PATH
[root@localhost HammerDB-2.23]# echo 'export PATH=$MYSQL_HOME/bin:$PATH'
>> /etc/profile
[root@localhost HammerDB-2.23]# yum install libXScrnSaver xorg-x11* -y
```

2. 驗證環境變數

```
[root@localhost HammerDB-2.23]# cd /usr/local/HammerDB-2.23/
[root@localhost HammerDB-2.23]# ll
total 1512
drwxr-xr-x 2 root    4096 Dec  5 09:29 bin
-rw-r--r-- 1 root   13849 Apr  7  2011 ChangeLog
-rw-r--r-- 1 root    4287 Apr  7  2011 config.xml
-rw-r--r-- 1 root     609 Mar 30  2011 COPYRIGHT
-rw-r--r-- 1 root   18009 Mar 14  2007 hammerora.license
-rwxr--r-- 1 root   38983 Mar 30  2011 hammerora.tcl
drwxr-xr-x 2 root    4096 Dec  5 09:29 hora-components
drwxr-xr-x 2 root    4096 Dec  5 09:29 include
drwxr-xr-x 9 root    4096 Dec  5 09:29 lib
-rw-r--r-- 1 root     608 Mar 30  2011 readme
-rwxr-xr-x 1 root 1434065 Dec  5 09:29 uninstall


[root@localhost HammerDB-2.23]# ./bin/tclsh8.6
% package require mysqltcl   # 檢測環境變數
3.05   # 這裡如果正常輸出版本而無報錯，說明環境變數的設定生效
% exit   # 退出互動視窗
```

提示：如果安裝了 sysbench 1.0，則可能報出下列錯誤。

```
[root@localhost HammerDB-2.23]# ./bin/tclsh8.6
% package require mysqltcl
couldn't load file "/usr/local/HammerDB-2.23/lib/mysqltcl-3.052/libmysqltcl3.
052.so": /usr/lib64/libmysqlclient.so.18: version 'libmysqlclient_18' not
found (required by /usr/local/HammerDB-2.23/lib/mysqltcl-3.052/
libmysqltcl3.052.so)

# 此時，去除 sysbench 1.0 中的 percona 依賴套件軟鏈接就行了
[root@localhost ~]# locate libmysqlclient.so.18
/home/mysql/program/mysql-5.6.34-linux-glibc2.5-x86_64/lib/libmysqlclient.
so.18
/home/mysql/program/mysql-5.6.34-linux-glibc2.5-x86_64/lib/libmysqlclient.
so.18.1.0
/home/woqu/qdata-dev-env/mysql5.5.25a/lib/libmysqlclient.so.18
/home/woqu/qdata-dev-env/mysql5.5.25a/lib/libmysqlclient.so.18.0.0
/usr/lib64/libmysqlclient.so.18
```

```
[root@localhost ~]# ll /usr/lib64/libmysqlclient.so.18
lrwxrwxrwx 1 root 22 Nov  1 11:56 /usr/lib64/libmysqlclient.so.18 ->
libmysqlclient_r.so.16
[root@localhost ~]# unlink /usr/lib64/libmysqlclient.so.18

[root@localhost ~]# ln -s /home/mysql/program/mysql-5.6.34-linux-
glibc2.5-x86_64/lib/libmysqlclient.so.18 /usr/lib64/libmysqlclient.so.18
```

3. 修改設定檔

　　HammerDB 的所有工作資料，都能在啟動 HammerDB 介面之後以功能表選項進行臨時配置。但是如果經常需要執行某項測試，希望這些設定持久化，就可以修改 HammerDB 工作目錄下的 config.xml 設定檔，當 HammerDB 啟動時將讀取此設定檔。可將相關配置選項修改為個人日常使用的參數，無須每次都臨時手動更改。如果 config.xml 檔案格式正確（無格式錯誤），那麼在測試過程選擇對應的功能表項目時，將應用設定檔對應的變數到 HammerDB 上。例如（這裡只查看 MySQL 的 TPC-C 部分）：

```
[root@localhost HammerDB-2.23]# pwd
/usr/local/hammerora-2.6
[root@localhost HammerDB-2.23]# cat config.xml
<?xml version="1.0" encoding="utf-8"?>
<hammerdb>
...
<benchmark>
    <rdbms>Oracle</rdbms>
    <bm>TPC-C</bm>
</benchmark>
<oracle>
...
</oracle>
...
<mysql>
    <connection>
        <mysql_host>127.0.0.1</mysql_host>
        <mysql_port>3306</mysql_port>
    </connection>
        <tpcc>
        <schema>
            <my_count_ware>128</my_count_ware>
            <mysql_num_threads>128</mysql_num_threads>
            <mysql_user>hammerdb</mysql_user>
            <mysql_pass>hammerdb</mysql_pass>
```

```
            <mysql_dbase>tpcc</mysql_dbase>
            <storage_engine>innodb</storage_engine>
            <mysql_partition>false</mysql_partition>
        </schema>
        <driver>
            <my_total_iterations>1000000</my_total_iterations>
            <my_raiseerror>false</my_raiseerror>
            <my_keyandthink>false</my_keyandthink>
            <mysqldriver>standard</mysqldriver>
            <my_rampup>2</my_rampup>
            <my_duration>5</my_duration>
            <my_allwarehouse>false</my_allwarehouse>
            <my_timeprofile>false</my_timeprofile>
        </driver>
    </tpcc>
...
</mysql>
...
</hammerdb>
```

注意：

- mysql_num_threads 的數量一定不能比 my_count_ware（倉庫數量）大，否則後面造數會卡在建立預存程序的地方。

- 對正式環境進行壓力測試，建議倉庫不少於 100 個，如果倉庫數量太少，當並行執行緒數（虛擬用戶數）增加時，會有大量執行緒因為操作同一列記錄導致大量鎖等待（基本在提交階段）。

- 在正式環境中，建議 my_total_iterations（整體的迭代查詢量）的設定不低於 5,000,000。這裡為了快速展示，於是保留預設的 1,000,000。

43.2 測試

1. 建立測試帳號

登錄待測試的 MySQL 實例，建立測試帳號：

```
mysql> grant all on tpcc.* to hammerdb@'%';
Query OK, 0 rows affected, 1 warning (0.03 sec)

mysql> grant all on *.* to hammerdb@'%';
Query OK, 0 rows affected, 1 warning (0.00 sec)
```

```
mysql>
```

2. 啓動 HammerDB

```
[root@localhost HammerDB-2.23]# cd /usr/local/HammerDB-2.23/
[root@localhost HammerDB-2.23]# ./hammerdb.tcl
```

HammerDB 介面如圖 43-1 所示。

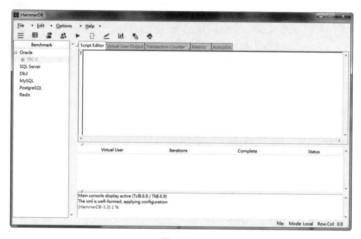

圖 43-1

如果在 Xshell 和 SecureCRT 終端機啟動時報錯，請按照 http://www.itshuji.com/technical-article/1764.html 介紹的方法處理（對於 Mac 版本的 SecureCRT，因為部分版本有 Bug，可能無法彈出視窗，因此可以使用虛擬機器。而 Xshell 雖然正常，但是卻沒有 Mac 版本）。

注意：設定完成後需要關閉終端機的連接，並重新連接才會生效。

3. 設定和準備資料

在 HammerDB 介面中，按兩下左側的「MySQL」，如圖 43-2 所示。

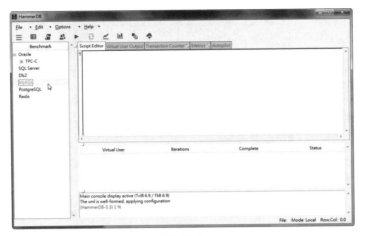

圖 43-2

在開啟的「Benchmark Options」視窗中，選擇「MySQL」和「TPC-C」，如圖
43-3 所示。

切換基準測試資料庫類型之後，依序展開 TPC-C→Schema Build，並按兩下
「Options」，如圖 43-4 所示。

圖 43-3

圖 43-4

在開啟的「MySQL TPC-C Build Options」視窗中，設定好相關的參數（由於之
前配置過 config.xml 檔，所以這裡已經有填寫好的預設值，直接保留即可），如圖
43-5 所示。

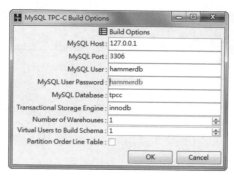

圖 43-5

按一下圖 43-6 所示的「Build」（或者按鈕），開始建立基準測試資料庫。

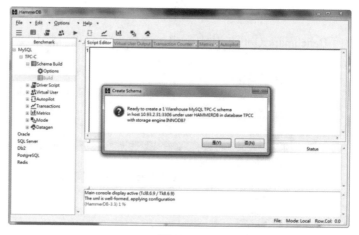

圖 43-6

輸出訊息如圖 43-7 所示。注意：中間窗格顯示的 Virtual User（虛擬使用者）1、2、3 等的 Status 行不能出現紅叉的情況，如果有則表示發生錯誤。當 Workers 完成後，監視執行緒會建立索引、預存程序並收集統計資訊。虛擬使用者 1 將顯示資訊「TPCC SCHEMA COMPLETE」，其他虛擬使用者則顯示已成功完成操作的訊息。如果沒有看到相關資訊，代表發生了錯誤，可在最下方的文字輸出框查看錯誤訊息，如圖 43-8 所示。

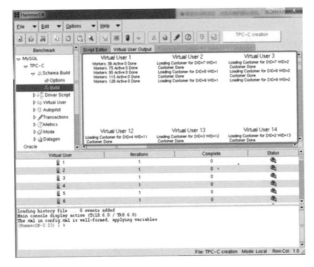

圖 43-7

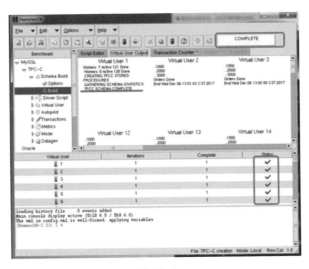

圖 43-8

　　接下來，以 MySQL 命令列用戶端登入資料庫，以便查看目前的連接處理程序和
資料庫、資料表。

```
mysql> show processlist;
......
| 7173 | hammerdb | 10.10.30.14:44066 | tpcc | Query | 1 | update | insert
into stock ('s_i_id', 's_w_id', 's_quantity', 's_dist_01', 's_dist_02', 's_
dist_03', 's_dist_ |
| 7174 | hammerdb | 10.10.30.14:44067 | tpcc | Sleep | 1 |     | NULL    |
| 7175 | hammerdb | 10.10.30.14:44068 | tpcc | Sleep | 2 |     | NULL    |
| 7176 | hammerdb | 10.10.30.14:44069 | tpcc | Sleep | 1 |     | NULL    |
| 7177 | hammerdb | 10.10.30.14:44070 | tpcc | Query | 0 | starting |
insert into stock ('s_i_id', 's_w_id', 's_quantity', 's_dist_01', 's_
dist_02', 's_dist_03', 's_dist_ |
| 7178 | hammerdb | 10.10.30.14:44071 | tpcc | Sleep | 1 |     | NULL    |
+------+----------+-------------------+-------+-------+---+---+----------+
131 rows in set (0.00 sec)

mysql> use tpcc;
Reading table information for completion of table and column names
You can turn off this feature to get a quicker startup with -A
Database changed
mysql> show tables;
+-----------------+
| Tables_in_tpcc  |
+-----------------+
| customer        |
| district        |
| history         |
| item            |
| new_order       |
| order_line      |
| orders          |
| stock           |
| warehouse       |
+-----------------+
9 rows in set (0.00 sec)
```

　　完成 schema 的建立之後，便可登入資料庫簡單查詢下列資料（注意：如果下列三道查詢語句有任意一筆查詢結果為空，說明資料初始化失敗，將導致後續 load 載入測試腳本失敗）。

```
# 查詢資料表的資料
mysql> use tpcc;
Database changed
mysql> select * from warehouse limit 1 \G
*************************** 1. row ***************************
    w_id:  1
   w_ytd:  3000000.00
   w_tax:  0.1700
```

```
    w_name:    QDomcHSyn
  w_street_1:  hEvTR42ePpREnM
  w_street_2:  0JfWR5A2quAudxrLyA
    w_city:    EzRKodmYv0
   w_state:    9l
    w_zip:     966011111
1 row in set (0.00 sec)
```

查詢資料表的索引
```
mysql> show indexes from warehouse \G
*************************** 1. row ***************************
        Table:  warehouse
   Non_unique:  0
     Key_name:  PRIMARY
 Seq_in_index:  1
  Column_name:  w_id
    Collation:  A
  Cardinality:  10
     Sub_part:  NULL
       Packed:  NULL
         Null:
   Index_type:  BTREE
      Comment:
Index_comment:
1 row in set (0.00 sec)
```

查詢預存程序
```
mysql> select routine_name from information_schema.routines where routine_
schema = 'TPCC';
+--------------+
| routine_name |
+--------------+
| DELIVERY     |
| NEWORD       |
| OSTAT        |
| PAYMENT      |
| SLEV         |
+--------------+
5 rows in set (0.01 sec)
```

　　完成資料的初始化之後，按一下「Destroy Virtual Users」按鈕停止造數的處理程
序，如圖 43-9 所示。

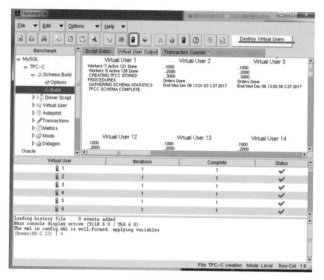

圖 43-9

4. 資料庫壓力測試

（1）設定驅動程式腳本

上面已經按照 TPC-C 模型（OLTP 模型）建立好測試資料庫 tpcc，現在則根據此資料庫進行 OLTP 測試。

在 HammerDB 介面的左側清單，按兩下「Driver Script」下的「Options」，如圖 43-10 所示。

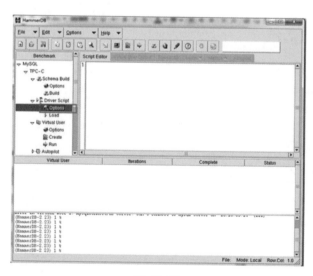

圖 43-10

開啟如圖 43-11 的對話方塊，這裡有兩個 TPC-C 驅動程式腳本，分別是「Standard Driver Script」（標準驅動程式腳本）和「Timed Test Driver Script」（定時測試驅動程式腳本）。選擇不同的項目，將動態修改「Driver Script」下「Load」載入的腳本內容，這是由「Virtual User」配置的虛擬使用者執行的腳本，用來執行基準測試。這兩個選項載入的不同驅動程式腳本的區別如下。

- 標準驅動程式腳本：不定時，無法估計測試時長，或者手動選擇恰當的時機終止的場景。選擇該項目，在「Virtual User Output」標籤頁或輸出日誌檔，便會列印具體執行的 SQL 語句。

- 定時測試驅動程式腳本：允許指定測試時長。選擇該項目，可以設定「Minutes of Rampup Time」和「Minutes for Test Duration」兩個項目，前者用於指定預熱時長，後者用於指定整體的基準測試時長。在「Virtual User Output」標籤頁或輸出日誌檔，只有虛擬使用者列表，不輸出具體執行的 SQL 語句。

提示：為了便於示範基準測試曲線，這裡選擇「Standard Driver Script」，如圖 43-11 所示。

按兩下「Driver Script」下的「Load」載入標準測試驅動程式腳本，如圖 43-12 所示。

圖 43-11

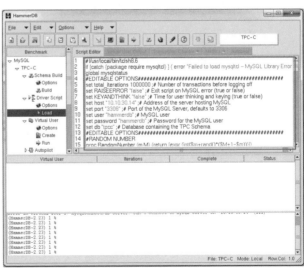

圖 43-12

（2）設定虛擬使用者

首先建立虛擬使用者。注意：這裡有一個主用戶，用來收集其他虛擬使用者的統計值和返回狀態。在指定的使用者數量之內包含主用戶，例如有 128 個使用者（128個並行連接數），那麼就需要建立 129 個使用者。如圖 43-13 所示，按兩下「Virtual User」下的「Options」。

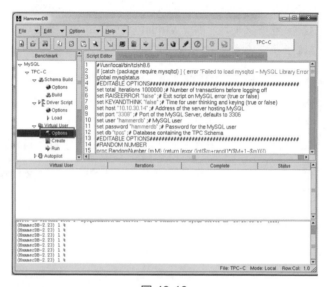

圖 43-13

開啟如圖 43-14 的對話方塊，建議勾選「Show Output」選項，否則在基準測試過程無法列印相關日誌的資訊（在「Virtual User Output」標籤頁）。相關選項的說明如下。

- Show Output：勾選後，在「Virtual User Output」標籤頁會列印虛擬使用者清單和相關日誌資訊。

- Log Output to Temp：勾選後，將建立 /tmp/hammerdb.log 檔，用來存放壓力測試過程的日誌資訊。

- Use Unique Log Name：勾選後，會為每次壓力測試都建立一個唯一的日誌輸出檔，用來存放壓力測試過程的日誌資訊，例如 /tmp/hammerdb_5A267 C6555F903E273734353.log。

- No Log Buffer：勾選後，則不緩衝日誌。

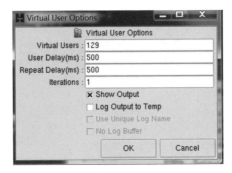

圖 43-14

按兩下「Virtual User」下的「Create」，建立虛擬使用者（準備並行連接執行緒，注意此時資料庫並未真正建立連接），如圖 43-15 和圖 43-16 所示。

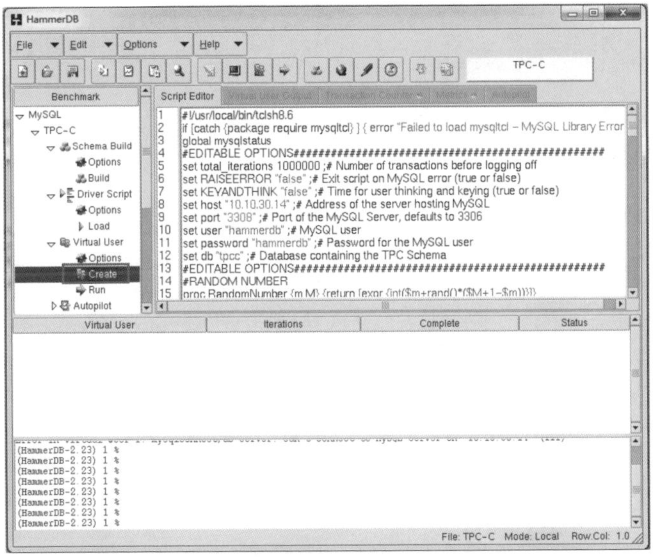

圖 43-15

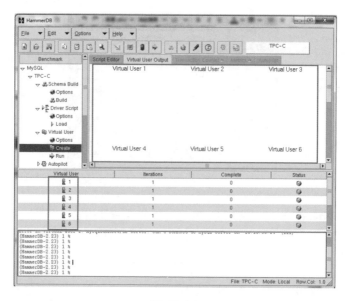

圖 43-16

（3）開始基準測試

按兩下「Virtual User」下的「Run」，開始執行基準測試，如圖 43-17 所示。

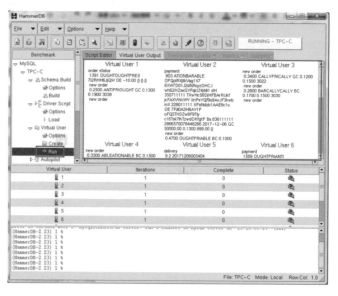

圖 43-17

此時，登入到資料庫，可以發現有 11 個 HammerDB 的執行緒在執行。

```
mysql> show processlist;
......
 |7302|hammerdb|10.10.30.14:44195|tpcc|Query|   0|closing tables|COMMIT|
 |7303|hammerdb|10.10.30.14:44196|tpcc|Sleep|   0|              |NULL|
 |7304|hammerdb|10.10.30.14:44197|tpcc|Query|   0|query end     |INSERT INTO
order_line (ol_o_id, ol_d_id, ol_w_id, ol_number, ol_i_id, ol_supply_w_id,
ol_quantity,|
 |7305|hammerdb|10.10.30.14:44198|tpcc|Query|   0|updating      |UPDATE
order_line SET ol_delivery_d = timestamp
 WHERE ol_o_id = d_no_o_id AND ol_d_id = d_d_id ANDo|
 |7306|hammerdb|10.10.30.14:44199|tpcc|Query|   0|optimizing    |SELECT s_
quantity, s_data, s_dist_01, s_dist_02, s_dist_03, s_dist_04, s_dist_05, s_
dist_06, s_dist_|
 |7307|hammerdb|10.10.30.14:44200|tpcc|Sleep|   0|              |NULL |
 |7308|hammerdb|10.10.30.14:44201|tpcc|Query|   0|NULL          |COMMIT|
 +----+--------+-----------------+----+-----+----+--------------+------+
131 rows in set (0.00 sec)
```

如果需要查看 tpm 值，可以按一下圖 43-18 所示的按鈕。

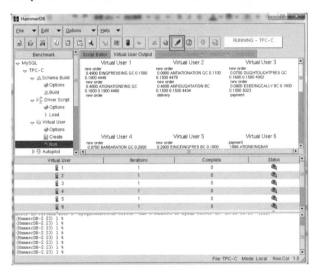

圖 43-18

等待幾十秒即可看到 tpm 值，如圖 43-19 所示，稍後可以看到曲線圖，如圖
43-20 所示。

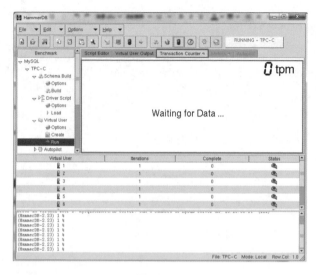

圖 43-19

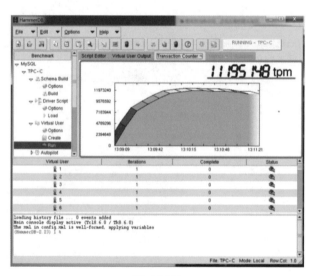

圖 43-20

如果要終止基準測試和 tpm 值的統計輸出，則可依序按一下圖 43-21 所示的兩個按鈕（第一個按鈕用來終止基準測試，第二個按鈕用來終止 tpm 值的統計輸出）。

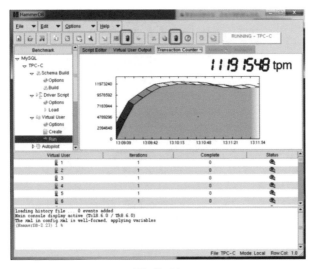

圖 43-21

43.3 課外閱讀

　　TPC-C 和 TPC-H 是關聯式資料庫驗證測試的基礎標準，若想比較資料庫各個版本的效能差異，以及不同資料庫的效能差異，都仰賴於該標準。

NOTE

第 44 章

sysbench 資料庫壓測工具

sysbench 是一套根據 LuaJIT 腳本的多執行緒基準測試工具。2004 年由 Peter Zaitsev（Percona 公司創始人）開發，在 0.5 版本可以使用 Lua 腳本實作 OLTP 測試。2016 年重構了 sysbench 程式碼，並於 2017 年 2 月針對新的硬體環境發表 1.0 版本，最佳化測試效能（0.5 版本的 6 倍，可以壓測 60 萬 TPS）和可擴充性（無 Mutex、無共用計數器、多執行緒擴充性更強）。

sysbench 不僅適用於資料庫基準測試，也可應用於伺服器其他工作的負載基準測試。本章主要以 1.0 版本為例介紹 sysbench，此版本新增與最佳化下列的一些特性。

- 收集有關速率和延遲時間的統計資料，包括延遲百分比和長條圖。
- 低開銷，能夠執行數以千計的並行執行緒，每秒產生和追蹤數億個事件。
- 透過 Lua 腳本輕鬆實作預定義的鉤子，以建立新的測試基準。
- 可以作為通用的 Lua 腳本解譯器，只需在 Lua 腳本將「#!/usr/bin/lua」替換為「#!/usr/bin/sysbench」即可。

44.1 安裝 sysbench

44.1.1 yum 安裝

執行下列命令，設定 yum repo 倉庫 /etc/yum.repos.d/akopytov_sysbench.repo，並直接以 yum 安裝。

```
# RHEL/CentOS
[root@localhost ~]# curl -s https://packagecloud.io/install/repositories/
akopytov/sysbench/script.rpm.sh | sudo bash
[root@localhost ~]# sudo yum -y install sysbench
```

44.1.2 RPM 套件安裝

手動下載 RPM 套件（僅限 RHEL/CentOS），但是在安裝 sysbench 前需要先安裝依賴套件。

```
[root@localhost ~]# yum install mysql-libs postgresql-libs -y
[root@localhost ~]# rpm -Uvh sysbench-1.0.7-13.el6.x86_64.rpm --nodeps
```

由於 sysbench 編譯時依賴 libmysqlclient 動態連結程式庫，所以要選擇對應版本的 sysbench，或者使用軟鏈接：

```
[root@localhost ~]# ln -s /usr/lib64/mysql/libmysqlclient.so.18 /usr/
lib64/ libmysqlclient_r.so.16
```

44.1.3 編譯安裝

安裝依賴的編譯環境：

```
# RHEL/CentOS
[root@localhost ~]# yum -y install make automake libtool pkgconfig libaio-
devel vim-common git
## For MySQL support, replace with mysql-devel on RHEL/CentOS 5
[root@localhost ~]# yum -y install mariadb-devel
## For PostgreSQL support
[root@localhost ~]# yum -y install postgresql-devel
```

最新的 sysbench 套裝程式網址為 https://github.com/akopytov/sysbench/releases，直接下載並解壓縮套裝檔案：

```
[root@localhost ~]# wget https://github.com/akopytov/sysbench/
archive/1.0.13.tar.gz
[root@localhost ~]# tar zxf sysbench-1.0.13.tar.gz
```

編譯與安裝：

```
[root@localhost ~]# cd sysbbench-1.0.13
[root@localhost ~]# ./autogen.sh
## Add --with-pgsql to build with PostgreSQL support
[root@localhost ~]# ./configure
[root@localhost ~]# make
[root@localhost ~]# make install
```

44.1.4 驗證安裝是否成功

查看版本資訊，如果可以正常看到版本而不報錯，説明 sysbench 安裝成功。

```
[root@localhost ~]# sysbench --version
```

44.2 測試案例

本節透過幾個測試案例，簡單介紹如何以 sysbench 對 MySQL 資料庫進行壓力測試。

sysbench 除了壓測資料庫效能之外，還能測試其他物件的效能，包括 CPU、記憶體、執行緒等，限於篇幅，這裡便不詳細介紹，請參考連結：https://wiki.gentoo.org/wiki/Sysbench 進一步瞭解。

測試前，請先建立好 MySQL 帳號 qbench@127.0.0.1（密碼為 qbench），確保該帳號可以正常連接資料庫，並且擁有 sbtest 資料庫的所有權限。下面就利用 4 個並行執行緒，對一個 MySQL 實例上 32 個 500 萬筆記錄的資料表（sbtest1、sbtest2、…、sbtest32）進行 180s 的壓力測試，以便查看 MySQL 資料庫在壓力下的表現。

44.2.1 造數

可直接使用 Lua 腳本前綴作為 testname，並以 prepare 命令造數。

```
[root@localhost ~]# sysbench --db-driver=mysql --time=180 --threads=4
--report-interval=1 --mysql-host=127.0.0.1 --mysql-port=3306 --mysql-
user=qbench --mysql-password=qbench --mysql-db=sbtest --tables=32 --table-
size=5000000 oltp_read_write --db-ps-mode=disable prepare
```

44.2.2 資料庫讀寫測試

1. oltp_read_write

對應 sysbench 0.5 版本的 oltp.lua 腳本，用來測試資料庫的 TPS 效能。

```
[root@localhost ~]# sysbench --db-driver=mysql --time=180 --threads=4
--report-interval=1 --mysql-host=127.0.0.1 --mysql-port=3306 --mysql-
user=qbench --mysql-password=qbench -mysql -db=sbtest --tables=32 --table-
size=5000000 oltp_read_write --db-ps-mode=disable run
```

2. oltp_read_only

對應 sysbench 0.5 版本的 select.lua 腳本，用來測試資料庫的唯讀效能。

```
[root@localhost ~]# sysbench --db-driver=mysql --time=180 --threads=4
--report-interval=1 --mysql-host=127.0.0.1 --mysql-port=3306 --mysql-
user=qbench --mysql-password=qbench --mysql-db=sbtest --tables=32 --table-
size=5000000 oltp_read_only --db-ps-mode=disable run
```

3. oltp_delete

對應 sysbench 0.5 版本的 delete.lua 腳本，用來測試資料庫的刪除效能。

```
[root@localhost ~]# sysbench --db-driver=mysql --time=180 --threads=4
--report-interval=1 --mysql-host=127.0.0.1 --mysql-port=3306 --mysql-
user=qbench --mysql-password=qbench --mysql-db=sbtest --tables=32 --table-
size=5000000 oltp_delete --db-ps-mode=disable run
```

4. oltp_update_index

對應 sysbench 0.5 版本的 update_index.lua 腳本，用來測試資料庫更新索引的效能。

```
[root@localhost ~]# sysbench --db-driver=mysql --time=180 --threads=4
--report-interval=1 --mysql-host=127.0.0.1 --mysql-port=3306 --mysql-
user=qbench --mysql-password=qbench --mysql-db=sbtest --tables=32 --table-
size=5000000 oltp_update_index --db-ps-mode=disable run
```

5. oltp_update_non_index

對應 sysbench 0.5 版本的 update_non_index.lua 腳本，用來測試資料庫更新非索引欄位的效能。

```
[root@localhost ~]# sysbench --db-driver=mysql --time=180 --threads=4
--report-interval=1 --mysql-host=127.0.0.1 --mysql-port=3306 --mysql-
user=qbench --mysql-password=qbench --mysql-db=sbtest --tables=32 --table-
size=5000000 oltp_update_non_index --db-ps-mode= disable run
```

6. oltp_insert

對應 sysbench 0.5 版本的 insert.lua 腳本，用來測試資料庫的插入效能。

```
[root@localhost ~]# sysbench --db-driver=mysql --time=180 --threads=4
--report-interval=1 --mysql-host=127.0.0.1 --mysql-port=3306 --mysql-
user=qbench --mysql-password=qbench --mysql-db=sbtest --tables=32 --table-
size=5000000 oltp_insert --db-ps-mode=disable run
```

7. oltp_write_only

sysbench 1.0.x 版本新增的測試案例,與原來的 oltp.lua 相比,少了 select 部分。

```
[root@localhost ~]# sysbench --db-driver=mysql --time=180 --threads=4
--report-interval=1 -mysql-host= 127.0.0.1 --mysql-port=3306 --mysql-user=
qbench --mysql-password=qbench -mysql -db=sbtest --tables=32 --table-
size=5000000 oltp_write_only --db-ps-mode=disable run
```

44.2.3 清理

使用 cleanup 命令清理 prepare 和 run 產生的資料,實際上是刪除對應的資料表。

```
[root@localhost ~]# sysbench --db-driver=mysql --time=180 --threads=4
--report-interval=1 --mysql-host=127.0.0.1 --mysql-port=3306 --mysql-
user=qbench --mysql-password=qbench --mysql-db=sbtest --tables=32 --table-
size=5000000 oltp_read_write --db-ps-mode=disable cleanup
```

44.3 sysbench 參數詳解

44.3.1 sysbench 命令語法

sysbench 命令語法如下:

```
sysbench [options]... [testname] [command]
```

- options(參數選項):指定 sysbench 的並行度、壓測時長等參數。
- testname(測試名稱):指定 sysbench 的基準測試名稱,可選項包括 oltp_read_write、oltp_read_only、oltp_write_only、oltp_insert、oltp_delete、oltp_update_index、oltp_update_non_index 等
- command(測試命令):指定 sysbench 執行什麼測試命令,可選項包括 prepare、run、cleanup 等。

44.3.2 options

下面逐一介紹相關選項。

1. 常規選項

- --threads=N：指定執行緒數，預設值為 1，相當於 sysbendh 0.5 及之前版本的 --num-threads=N 選項。

- --events=N：指定整體的請求數，預設值為 0，表示不限制，相當於 sysbench 0.5 及之前版本的 --max-requests 選項。

- --time=N：指定壓測時長，預設值為 10s，相當於 sysbench 0.5 及之前版本的 --max-time=N 選項。

- --forced-shutdown=STRING：有效值為 off、N、N%（預設值為 off）。off 表示不啟用強制關機功能；N 表示在 --time 選項指定的時間後，再過 N 秒強制關機；N% 表示在 --time 選項指定的時間後，再過 --time*N% 時間強制關機。

- --thread-stack-size=SIZE：指定每個執行緒的堆疊大小，預設值為 64KB。

- --rate=N：限定交易速率（tps），預設值為 0，表示不限制，相當於 sysbench 0.5 及之前版本的 --tx-rate=N 選項。

- --report-interval=N：指定中間統計結果回報的間隔時間，預設值為 0，表示關閉中間統計結果輸出。

- --report-checkpoints=[LIST,...]：以逗號分隔的一組清單值，執行 sysbench 壓測時將依序讀取這些值，表示執行多少秒就列印一次統計報告（例如 --report- checkpoints=10,20,30，代表當執行 10s、20s、30s 時分別輸出一次統計報告。注意，該數值是指從執行 sysbench 開始到現在的時間），預設值為空，表示在 --time 選項指定的時間後才列印統計報告。

- --debug[=on|off]：是否列印偵錯資訊，預設值為 off。

- --help[=on|off]：是否列印說明資訊，預設值為 off。

- --version[=on|off]：是否列印版本資訊，預設值為 off。

2. 偽亂數建立選項

- --rand-type=STRING：亂數分佈類型，可選項包括 uniform、gaussian、special、pareto，預設值為 special。

- --rand-spec-iter=N：亂數產生的迭代次數，預設值為 12 次。

- --rand-spec-pct=N：對特定亂數分佈來說被視為「特殊」值的百分比，預設值為 1。

- --rand-spec-res=N：對特定亂數分佈來説「特殊」值的百分比，預設值為 75。

- --rand-seed=N：亂數產生器的種子。當設定為 0 時，表示使用目前時間作為 RNG 種子。

- --rand-pareto-h=N：指定 pareto 隨機分佈的 h 參數，預設值為 0.2。

3. 日誌選項

- --verbosity=N：列印日誌的詳細程度，5 表示列印 debug 等級以上的日誌，0 表示只列印 critical 等級以上的日誌。預設值為 3。

- --percentile=N：延遲時間統計選擇哪個百分位數，可選範圍為（1 ～ 100），預設值為 95。如果設為 0，表示禁用延遲時間統計功能。

- --histogram[=on|off]：是否列印延遲時間長條圖報告，預設值為 off。

4. 常規資料庫選項

- --db-driver=STRING：指定資料庫驅動程式（即資料庫類型），目前版本支援 MySQL 和 PostgreSQL。

- --db-ps-mode=STRING：prepare 命令使用模式，有效值為 auto 和 disable，預設值為 auto，在高並行壓力下建議採用 disable。

- --db-debug[=on|off]：是否列印資料庫的偵錯資訊，預設值為 off。

5. MySQL 選項

- --mysql-host=MySQL 伺服器主機，預設值為 localhost。

- --mysql-port=MySQL 伺服器埠號，預設值為 3306。

- --mysql-socket= MySQL 伺服器 Socket 檔目錄。

- --mysql-user= 連接 MySQL 伺服器的帳號，預設值為 sbtest。

- --mysql-password= 連接 MySQL 伺服器的密碼。

- --mysql-db= 連接 MySQL 伺服器的資料庫名稱，預設值為 sbtest。

- --mysql-ssl[=on|off]：是否使用 SSL 連接 MySQL 伺服器，預設值為 off。

- --mysql-ssl-cipher= 連接 MySQL 伺服器使用 SSL 時的 Cipher。

- --mysql-compression[=on|off]：連接 MySQL 伺服器是否使用壓縮，預設值為 off。

- --mysql-debug[=on|off]：連接 MySQL 伺服器是否追蹤所有的用戶端資料庫呼叫，預設值為 off。

- --mysql-ignore-errors= 是 否 忽 略 MySQL 返 回 的 錯 誤，預 設 值 為 [1213,1020,1205]。

- --mysql-dry-run[=on|off]：是否空跑，只是呼叫 MySQL 用戶端 API，但不是真正執行。

6. pgsql 選項

- --pgsql-host= PostgreSQL 伺服器主機，預設值為 localhost。

- --pgsql-port= PostgreSQL 伺服器埠號，預設值為 5432。

- --pgsql-user= 連接 PostgreSQL 伺服器的帳號，預設值為 sbtest。

- --pgsql-password= 連接 PostgreSQL 伺服器的密碼。

- --pgsql-db= 連接 PostgreSQL 伺服器的資料庫名稱，預設值為 sbtest。

7. 其他選項

下列命令用來查看額外關於測試名稱（交易模型）的命令選項，只需要任意指定一個測試名稱即可。

```
# 指定 oltp_read_write 測試名稱，以查看額外的説明選項
[root@localhost ]# sysbench oltp_read_write help
......
oltp_read_write options:
  --distinct_ranges=N Number of SELECT DISTINCT queries per transaction [1]
  --sum_ranges=N Number of SELECT SUM() queries per transaction [1]
  --skip_trx[=on|off] Don't start explicit transactions and execute all
queries in the AUTOCOMMIT mode [off]
......
```

各選項的説明如下。

- --distinct_ranges=N：指定每個交易中 SELECT DISTINCT 查詢的執行次數，預設值為 1。

- -sum_ranges=N：指定每個交易中 SELECT SUM() 查詢的執行次數，預設值為 1。

- --skip_trx[=on|off]：指定在 AUTOCOMMIT（自動提交）模式下是否需要跳過啟動顯式交易（以 START 語句顯式啟動一個交易），預設值為 off。

- --secondary[=on|off]：是否需要使用一個二級索引代替主鍵索引，預設值為 off。

- --create_secondary[=on|off]：除了主鍵之外，是否還需要建立一個二級索引，預設值為 on。

- --index_updates=N：指定每個交易中使用索引執行 UPDATE 語句的次數，預設值為 1。

- --range_size=N：指定每個交易中範圍 SELECT 查詢的條件值，預設值為 100。

- --auto_inc[=on|off]：是否需要使用欄位的自增值作為主鍵值，如果不要，則以 sysbench 自動產生的 ID 值作為主鍵值，預設值為 on。

- --delete_inserts=N：指定每個交易中 DELETE/INSERT 組合語句的數量，預設值為 1。

- --tables=N：指定並行壓測的資料表數量。

- --mysql_storage_engine=STRING：指定資料表的儲存引擎，預設值為 InnoDB。

- --non_index_updates=N：指定每個交易中不使用索引執行 UPDATE 語句的次數，預設值為 1。

- --table_size=N：指定每個資料表的資料總量，預設值為 10,000。

- --pgsql_variant=STRING：當以 PostgreSQL 驅動程式執行時使用此變體。目前唯一支援的變體是「redshift」。一旦啟用後，將自動禁用 create_secondary，並將 --delete_inserts 選項設為 0。

- --simple_ranges=N：指定每個交易中簡單範圍 SELECT 查詢（指的是 BETWEEN 範圍查詢）的次數，預設值為 1。

- --order_ranges=N：指定每個交易中 SELECT ORDER BY 查詢的次數，預設值為 1。

- --range_selects[=on|off]：指定是否需要開啟或關閉所有的範圍 SELECT 查詢，預設值為 on。

- --point_selects=N：指定每個交易中單列 SELECT 查詢的次數，預設值為 10。

提示：

- 每一種測試名稱對應的 Lua 腳本，都定義了需要使用的 DML 測試語句類型。每一種 DML 語句類型皆可透過選項，單獨指定每一個交易中需要執行的次數。例如，在 oltp_read_write 測試名稱中，一共有 9 種 DML 語句類型，按照預設每一種語句的執行次數計算，每一個交易一共有 18 道語句，每一種 DML 語句類型的預設執行次數如下。

  - 簡單等值 SELECT 語句：預設為 10 次。

  - 範圍 SELECT（BETWEEN）語句：預設為 1 次。

  - SELECT SUM() 語句：預設為 1 次。

  - SELECT ORDER BY：預設為 1 次。

  - SELECT DISTINCT 語句：預設為 1 次。

  - DELETE 和 INSERT 組合語句：預設為 1 次。

  - 使用索引的 UPDATE 語句：預設為 1 次。

  - 不使用索引的 UPDATE 語句：預設為 1 次。

- 執行 oltp_read_write 測試時，從 MySQL 的 general_log 抓取每個交易的語句數量中，同時也證實預設的配置下，一個交易的語句數量為 18 道，如圖 44-1 所示。

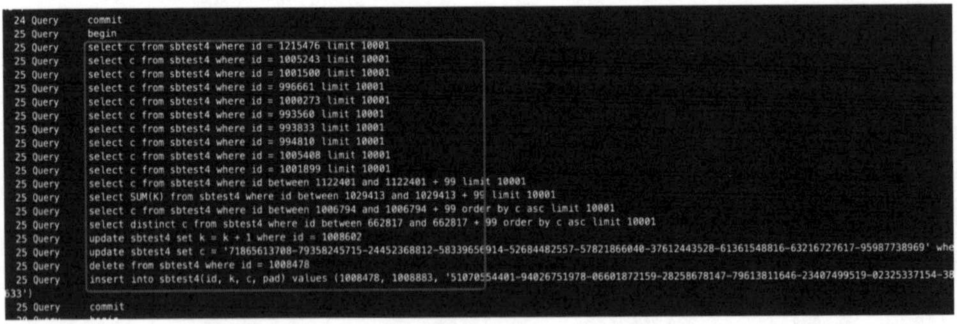

圖 44-1

44.3.3 testname

testname 用來指定 sysbench 的基準測試名稱。基準測試包括：

- oltp_*.lua，資料庫基準測試 Lua 腳本集合。這是 DBA 經常需要使用的測試腳本。

- fileio，檔案系統基準測試。

- cpu，簡單的 CPU 基準測試。

- memory，記憶體存取基準測試。

- threads，根據執行緒的調度器基準測試。

- mutex，POSIX 互斥基準測試。

提示：實際執行時，對於 Lua 新格式腳本，可以只寫腳本名稱（不加 .lua 副檔名），如 oltp_read_only，不再需要像 sysbench 0.5 及之前版本那般加上 --test 選項來指定。

1. sysbench Lua 腳本介紹

sysbench 1.0.x 版本的 Lua 腳本程式碼，要比 0.5.x 版本工整得多，並且重新設計了結構，大部分 SQL 語句都整合到 oltp_common.lua 腳本集中定義，其他 Lua 腳本只需載入這個腳本即可呼叫。另外，還改進原來的 delete.lua、select.lua、update*.lua、insert.lua 腳本的 SQL 語句，將其嵌入 begin 和 commit 語句中。

透過 RPM 套件安裝 sysbench 1.0.x 版本的 Lua 腳本有兩個目錄，如下所示。

```
[root@localhost ~]# ls -lh /usr/share/sysbench/ /usr/share/sysbench/tests/
include/oltp_legacy
/usr/share/sysbench/:   # 對於 sysbench 1.0.x 版本，建議使用這個目錄下最新的 Lua 腳本
。不過該腳本以 prepare 命令執行語句，需要建立大量的 prepare 命令物件，並調整參數的值
total 64K
-rwxr-xr-x 1 root root 1.5K May 15 22:14 bulk_insert.lua
-rw-r--r-- 1 root root  14K May 15 22:14 oltp_common.lua
-rwxr-xr-x 1 root root 1.1K May 15 22:14 oltp_delete.lua
-rwxr-xr-x 1 root root 2.0K May 15 22:14 oltp_insert.lua
-rwxr-xr-x 1 root root 1.3K May 15 22:14 oltp_point_select.lua
-rwxr-xr-x 1 root root 1.7K May 15 22:14 oltp_read_only.lua
-rwxr-xr-x 1 root root 1.8K May 15 22:14 oltp_read_write.lua
-rwxr-xr-x 1 root root 1.1K May 15 22:14 oltp_update_index.lua
-rwxr-xr-x 1 root root 1.2K May 15 22:14 oltp_update_non_index.lua
-rwxr-xr-x 1 root root 1.5K May 15 22:14 oltp_write_only.lua
-rwxr-xr-x 1 root root 1.9K May 15 22:14 select_random_points.lua
-rwxr-xr-x 1 root root 2.1K May 15 22:14 select_random_ranges.lua
drwxr-xr-x 4 root root 4.0K Jun 15 15:53 tests

/usr/share/sysbench/tests/include/oltp_legacy: # 對於 sysbench 1.0.x 版本，這
個目錄保留一些相容於之前版本寫法的 Lua 腳本
total 52K
-rw-r--r-- 1 root root 1.2K May 15 22:14 bulk_insert.lua
-rw-r--r-- 1 root root 4.6K May 15 22:14 common.lua
-rw-r--r-- 1 root root  366 May 15 22:14 delete.lua
```

```
-rw-r--r-- 1 root root 1.2K May 15 22:14 insert.lua
-rw-r--r-- 1 root root 3.0K May 15 22:14 oltp.lua
-rw-r--r-- 1 root root  368 May 15 22:14 oltp_simple.lua
-rw-r--r-- 1 root root  527 May 15 22:14 parallel_prepare.lua
-rw-r--r-- 1 root root  369 May 15 22:14 select.lua
-rw-r--r-- 1 root root 1.5K May 15 22:14 select_random_points.lua
-rw-r--r-- 1 root root 1.6K May 15 22:14 select_random_ranges.lua
-rw-r--r-- 1 root root  369 May 15 22:14 update_index.lua
-rw-r--r-- 1 root root  578 May 15 22:14 update_non_index.lua
```

關於 Lua 語法，請參考：http://www.runoob.com/lua/lua-tutorial.html。

2. 自訂 Lua 腳本

為了實現自訂測試，讀者也可以自訂 Lua 腳本，並以 sysbench 進行測試。

下面是一個簡單的範例。

```
function prepare()
    db_query("CREATE TABLE t (a INT)")
    db_query("INSERT INTO t VALUES (1)")
end

function event()
    db_query("UPDATE t SET a = a + " .. sb_rand(1, 1000))
end

function cleanup()
    db_query("DROP TABLE t")
end
```

使用 sysbench 測試如下：

```
# calls prepare()
[root@localhost ~]# sysbench --test=test.lua prepare
# calls event() in a loop
[root@localhost ~]# sysbench --test=test.lua --num-threads=16 --report-
interval=1 run
[ 1s] threads: 16, tps: 0.00, reads: 0.00, writes: 13788.65, response time:
1.43ms (95%)
[ 2s] threads: 16, tps: 0.00, reads: 0.00, writes: 14067.56, response time:
1.40ms (95%)
...
$ sysbench --test=test.lua cleanup # calls cleanup()
```

44.3.4 command

command 將由 sysbench 傳遞給內建的 testname 或 testname 指定的 Lua 腳本，該命令指定 testname 待執行的操作。

以下是典型的測試命令及其描述。

- prepare：執行準備工作。例如，在磁碟建立必要的測試檔進行 fileio 測試；或者在測試資料庫新建 100 萬筆資料，以執行資料庫基準測試。

- run：以 testname 參數指定的壓測腳本執行對應的測試。

- cleanup：測試結束後刪除臨時資料或檔案。

- help：顯示使用 testname 參數指定的壓測腳本的相關說明，包括腳本參數的完整清單。例如 sysbench oltp_write_only help，可以查看 oltp_write_only 壓測腳本支援的所有可選參數。

44.4 資料庫測試輸出資訊詳解

本節詳細介紹以 sysbench 測試 MySQL 資料庫的輸出結果。

```
[root@localhost ~]# sysbench --db-driver=mysql --time=10 --threads=4
--report-interval=1 --mysql-host=127.0.0.1 --mysql-port=3306 --mysql-
user=qbench --mysql-password=qb
[14/480]
ysql-db=sbtest --tables=32 --table-size=50000 oltp_read_write --db-ps-
mode=disable run
sysbench 1.0.7 (using bundled LuaJIT 2.1.0-beta2)

Running the test with following options:
Number of threads: 4
Report intermediate results every 1 second(s)
Initializing random number generator from current time


Initializing worker threads...

Threads started!

[ 1s ] thds: 4 tps: 374.23 qps: 7533.43 (r/w/o: 5280.08/977.98/1275.36) lat
(ms,95%): 17.95 err/s: 0.00 reconn/s: 0.00
[ 2s ] thds: 4 tps: 329.07 qps: 6604.49 (r/w/o: 4622.04/880.20/1102.25) lat
(ms,95%): 21.11 err/s: 0.00 reconn/s: 0.00
```

```
   [ 3s ] thds: 4 tps: 362.00 qps: 7225.05 (r/w/o: 5054.04/943.01/1228.01) lat
(ms,95%): 18.61 err/s: 0.00 reconn/s: 0.00
   [ 4s ] thds: 4 tps: 392.00 qps: 7847.05 (r/w/o: 5494.04/1069.01/1284.01)
lat (ms,95%): 17.63 err/s: 0.00 reconn/s: 0.00
   [ 5s ] thds: 4 tps: 331.01 qps: 6602.18 (r/w/o: 4625.12/894.02/1083.03) lat
(ms,95%): 20.37 err/s: 0.00 reconn/s: 0.00
   [ 6s ] thds: 4 tps: 334.99 qps: 6712.77 (r/w/o: 4698.84/929.97/1083.96) lat
(ms,95%): 19.65 err/s: 0.00 reconn/s: 0.00
   [ 7s ] thds: 4 tps: 356.97 qps: 7149.40 (r/w/o: 5002.58/985.92/1160.90) lat
(ms,95%): 19.29 err/s: 0.00 reconn/s: 0.00
   [ 8s ] thds: 4 tps: 333.01 qps: 6657.20 (r/w/o: 4663.14/926.03/1068.03) lat
(ms,95%): 20.37 err/s: 0.00 reconn/s: 0.00
   [ 9s ] thds: 4 tps: 347.03 qps: 6950.59 (r/w/o: 4860.41/972.08/1118.09) lat
(ms,95%): 20.37 err/s: 0.00 reconn/s: 0.00
   [ 10s ] thds: 4 tps: 342.97 qps: 6821.44 (r/w/o: 4773.61/932.92/1114.91)
lat (ms,95%): 19.29 err/s: 0.00 reconn/s: 0.00
   SQL statistics:
       queries performed:
           read: 49084
           write: 9513
           other: 11523
           total: 70120
       transactions: 3506 (350.33 per sec.)
       queries: 70120 (7006.63 per sec.)
       ignored errors: 0 (0.00 per sec.)
       reconnects: 0 (0.00 per sec.)

   General statistics:
       total time: 10.0062s
       total number of events: 3506

   Latency (ms):
              min: 4.56
              avg: 11.41
              max: 39.24
              95th percentile: 19.65
              sum: 39997.58

   Threads fairness:
       events (avg/stddev): 876.5000/5.22
       execution time (avg/stddev): 9.9994/0.00
```

44.4.1 輸出結果概述

sysbench 測試輸出結果主要分為三部分：

- 版本及關鍵測試參數輸出。

- 中間統計結果輸出。
- 整體統計結果輸出。

44.4.2 版本及關鍵測試參數輸出

在 sysbench 測試正常開始以後，首先輸出 sysbench 的版本、壓測執行緒個數、每隔幾秒輸出一次中間結果、亂數初始化等相關資訊。

44.4.3 中間統計結果輸出

指定 --report-interval 參數以後，每隔 report-interval 時間輸出一次中間統計結果，如下所示。

```
[ 6s ] thds: 4 tps: 334.99 qps: 6712.77 (r/w/o: 4698.84/929.97/1083.96) lat
(ms,95%): 19.65 err/s: 0.00 reconn/s: 0.00
```

- [6s]：表示目前已經壓測 6s。
- thds: 4：表示 4 個執行緒並行壓測。
- tps: 334.99：表示在 report-interval 時間間隔內的每秒交易數。
- qps: 6712.77：表示在 report-interval 時間間隔內的每秒查詢數。
- (r/w/o: 4698.84/929.97/1083.96)：表示在 report-interval 時間間隔內的每秒讀 /寫 / 其他請求數，用來補充說明 qps。
- lat (ms,95%):19.65：表示在 report-interval 時間間隔內的請求，有 95% 的延遲時間在 19.65ms 以下。
- err/s: 0.00：表示在 report-interval 時間間隔內的每秒失敗請求數。
- reconn/s: 0.00：表示在 report-interval 時間間隔內的每秒重連接數。

44.4.4 整體統計結果輸出

在 sysbench 全部測試完成以後，將輸出整體壓測的統計結果。主要分為四部分：

（1）SQL 統計結果

包括 sysbench 發起的讀 / 寫 / 其他 / 總計 SQL 查詢數量、總計交易數及每秒交易數、總計請求數及每秒請求數、總計錯誤數及每秒錯誤數、總計重連接數及每秒重連接數。

```
SQL statistics:
    queries performed:
        read: 49084
        write: 9513
        other: 11523
        total: 70120
    transactions: 3506 (350.33 per sec.)
    queries: 70120 (7006.63 per sec.)
    ignored errors: 0 (0.00 per sec.)
    reconnects: 0 (0.00 per sec.)
```

（2）通用統計值

包括總計執行的時間、所有的事件數量（這裡對應至發起的 MySQL 交易數）。

```
General statistics:
    total time: 10.0062s
    total number of events: 3506
```

（3）延遲時間統計結果

包括延遲時間最低值、平均值、最高值、第 95% 位值、總計值。

```
Latency (ms):
        min: 4.56
        avg: 11.41
        max: 39.24
        95th percentile: 19.65
        sum: 39997.58
```

（4）壓測執行緒統計結果

包括每個壓測執行緒的平均事件數及標準差、每個交易的平均執行時間及標準差。

```
Threads fairness:
    events (avg/stddev): 876.5000/5.22
    execution time (avg/stddev): 9.9994/0.00
```

44.5 課外閱讀

sysbench 有很多版本，讀者可以比較各個版本（特別是 0.4、0.5、1.0 版本）之間的差別，比較分析為什麼會有這些變化。

mysqladmin 和 innotop 工具詳解

mysqladmin 是一個可以列印一些 Debug（偵錯）資訊，以及按照一定頻率輸出 MySQL 狀態變數差異等狀態值的工具。innotop 則是一個互動式的工具，它能夠列印更多的 MySQL 狀態資訊，例如變數差異值、執行緒狀態、鎖等待資訊等。排查一些問題時，通常建議透過它們即時列印一些狀態訊息，以便更有效地找到問題的原因。下文將詳細介紹這兩個工具。

45.1 mysqladmin

mysqladmin 是 Oracle MySQL 官方提供、執行管理操作相關命令的用戶端，可用來檢查 MySQL 伺服器的組態資訊和運行狀態、建立和刪除資料庫、以快捷方式執行一些管理命令等。該用戶端工具的命令列選項分為兩大類，其中一類為 command 選項；另一類為標準格式選項，例如：使用 mysqladmin shutdown 便可快速關閉資料庫，或者結合 -u（帳號）、-p（密碼）、-P（埠號）、-S（Socket）、-h（IP 位址）等選項指定關閉哪一個資料庫實例。

45.1.1 命令列選項

1. command 選項

使用語法如下：

```
# 有些 command 選項會加上一個參數，例如：create 是用來建立資料庫的選項，必須指定一個資料
庫名稱，如 create db_name
mysqladmin [options] command [command-arg] [command [command-arg]] ...
```

command 選項的詳解如下。

- create db_name：建立一個名為 db_name 的資料庫，其作用類似於 create database db_name 語句。

- debug：將偵錯資訊寫入錯誤日誌，包括執行緒資訊、工作階段的部分鎖資訊，以及事件調度程式的資訊。使用者必須具有 SUPER 權限。

- drop db_name：刪除名為 db_name 的資料庫及其所有資料表，其作用類似於 drop database db_name 語句。

- extended-status：查看狀態變數，其作用類似於 show status 語句。

- flush-hosts：刷新所有主機的快取資訊，其作用類似於 flush hosts 語句。

- flush-logs [log_type ...]：刷新所有日誌，可以指定日誌類型，有效值為 binary、engine、error、general、relay、slow。如果指定多種日誌類型，便可使用逗號分隔。與 flush logs 語句的作用類似（但該語句不能同時指定一起刷新多種日誌類型，只支援在不指定日誌類型時刷新所有日誌）。

- flush-privileges：重新載入權限表（與 reload 選項的功用相同），其作用類似於 flush privileges 語句。

- flush-status：重置狀態變數，其作用類似於 flush status 語句。

- flush-tables：刷新所有資料表（關閉之後重新開啟資料表），其作用類似於 flush tables 語句。

- flush-threads：刷新執行緒快取。

- kill id,id,...：刪除用戶端執行緒。如果列出多個執行緒 ID，則列表中不能有空格。其作用類似於 kill query_id 語句（但該語句不能同時操作多個執行緒 ID）。使用者必須具有 SUPER 權限。

- password new_password：設定新密碼為 new_password。一旦修改成功之後，下次以同一個帳號執行 mysqladmin（或其他用戶端程式）時，便得使用新密碼。

  - 使用 mysqladmin 設定密碼不安全，因為其他人可以透過查看歷史命令的方式查到密碼明文。

  - 如果 new_password 包含空格或者命令解譯程式特有的特殊字元，則需要加上引號。在 Windows 系統上，請務必使用雙引號而不是單引號，因為單引號會被解釋為密碼的一部分。

  - 在 MySQL 8.0 中，可於 password 命令後省略新密碼參數。按下 Enter 鍵後，mysqladmin 用戶端會提示輸入新密碼，這樣便可避免在命令列輸入密碼。

　　但請注意，只有當新密碼參數為 mysqladmin 命令列的最後一個命令時，才能省略新密碼參數；否則，下一個參數字元將被視為密碼傳入。

- 如果以 --skip-grant-tables 選項啟動 MySQL 伺服器，則不要使用 password 命令修改密碼，因為這類指令會被忽略。但是，可以先用 mysqladmin flush-privileges 重新啟用權限表，然後單獨以 mysqladmin password 命令修改密碼。

- ping：檢查 MySQL 伺服器是否可用。如果 MySQL 伺服器正在運行，則 mysqladmin 的返回狀態為 0，否則為 1（即使返回 MySQL 伺服器拒絕存取等錯誤，狀態也為 0，代表這時 MySQL 伺服器是正常的，只是因為其他一些原因導致無法存取）。實際上，mysqladmin 在執行 ping 命令時，只是嘗試連接 MySQL 伺服器，連接成功即退出。

- processlist：查看活躍的用戶端執行緒列表。其作用類似於 show processlist 語句，如果加上 --verbose 選項，則等同於 show full processlist 語句。

- reload：重新載入權限表。

- refresh：刷新所有資料表，並重新開啟日誌檔。

- shutdown：正常停止 MySQL 伺服器。

- start-slave：在備援資料庫啟動複製執行緒，其作用類似於 start slave 語句。

- status：查看簡短格式的 MySQL 伺服器的狀態資訊。

- stop-slave：在備援資料庫停止複製執行緒，其作用類似於 stop slave 語句。

- variables：查看 MySQL 伺服器的系統變數資訊，其作用類似於 show variables 語句。

- version：查看 MySQL 伺服器的版本資訊，其作用類似於 select version() 語句。

提示：所有的 command 選項都能使用任意的間斷格式字串（只要保證縮寫的字串值在所有的 command 選項中唯一就行）。例如：

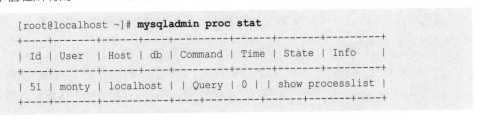

```
[root@localhost ~]# mysqladmin proc stat
+----+-------+-----------+----+---------+------+-------+----------------+
| Id | User  | Host      | db | Command | Time | State | Info           |
+----+-------+-----------+----+---------+------+-------+----------------+
| 51 | monty | localhost |    | Query   | 0    |       | show processlist |
+----+-------+-----------+----+---------+------+-------+----------------+
```

2. 標準格式選項

- --help, -?：查看説明資訊。

- --bind-address=ip_address：在具有多個網路介面的伺服器上，利用此選項指定連接 MySQL 伺服器的 IP 位址。

- --character-sets-dir=dir_name：指定安裝字元集的目錄。

- --compress, -C：如果連接 MySQL 伺服器的用戶端和 MySQL 伺服器兩者都支援壓縮，則此選項會壓縮用戶端和伺服器之間發送的所有訊息。

- --count=N, -c N：重覆執行 command 選項的次數。

- --debug[=debug_options], -# [debug_options]：啟用偵錯日誌。典型的 debug_options 字串參數值格式為 d:t:o,file_name。預設值為 d:t:o,/tmp/mysqladmin.trac。只有 Debug 版本才支援該選項。

- --debug-check：當程式退出時列印偵錯資訊，只有 Debug 版本才支援該選項。

- --debug-info：當程式退出時列印偵錯資訊，以及記憶體和 CPU 使用情況的統計資訊。只有 Debug 版本才支援該選項。

- --default-auth=plugin：指定用來連接 MySQL 伺服器的使用者驗證外掛程式。

- --default-character-set=charset_name：指定 charset_name 作為預設字元集。

- --defaults-extra-file=file_name：指定額外的設定檔。該設定檔會在全域設定檔（MySQL 預設路徑下的設定檔）之後、使用者設定檔（使用者宿主目錄下的設定檔）之前讀取（在 UNIX 上）。如果指定的檔案不存在或無法存取，則會報錯。如果使用相對路徑指定設定檔，則會預設讀取命令列工具執行時工作路徑下的檔案。

- --defaults-file=file_name：僅讀取給定的設定檔。如果指定的設定檔不存在或無法存取，則會報錯。如果使用相對路徑指定設定檔，則會預設讀取命令列工具執行時工作路徑下的檔案。

提示：即使以 --defaults-file 指定設定檔，用戶端程式也會讀取使用者宿主目錄下的 .mylogin.cnf 檔。

- --defaults-group-suffix=str：額外讀取指定 [常用組 _str] 組標籤下的組態參數。例如，mysqladmin 通常會讀取 [client] 和 [mysqladmin] 組標籤下的組態參數。如果指定了 --defaults-group-suffix = _other 選項，則 mysqladmin 還會讀取 [client_other] 和 [mysqladmin_other] 組標籤下的組態參數。

● --enable-cleartext-plugin：啟用 mysql_clear_password 明文身份驗證外掛程式。

● --force, -f：執行 drop db_name 命令時不要求確認。另外，當使用多個 command 選項時，即使發生錯誤，也仍然會繼續執行而不中止。

● --get-server-public-key：從 MySQL 伺服器請求根據 RSA 金鑰對的公開金鑰串。此選項適用於以 caching_sha2_password 身份驗證外掛程式進行身份驗證的用戶端。對於該外掛程式，除非接收到用戶端的 RSA 金鑰請求，否則 MySQL 伺服器不會主動發送公開金鑰。對於未以 caching_sha2_password 身份驗證外掛程式進行身份驗證的帳號，將忽略此選項。如果不使用根據 RSA 的金鑰交換，也會忽略該選項，例如用戶端採用 SSL 連接 MySQL 伺服器。

　■ 如果同時使用 --server-public-key-path = file_name 選項指定有效的公開金鑰檔，則其優先於 --get-server-public-key 選項生效。

　■ --get-server-public-key 是 MySQL 5.7.23 新增的選項。

● --host=host_name, -h host_name：指定需要連接的 MySQL 伺服器 IP 位址或網域名稱。

● --login-path=name：指定登錄路徑，從 .mylogin.cnf 登錄路徑檔找尋指定的登錄路徑。「登錄路徑」是一個選項群組，其中包含要連接到哪台 MySQL 伺服器，以及進行身份驗證的帳號等參數。若想建立或修改登錄路徑檔，可以使用 mysql_config_editor 程式。

● --no-beep, -b：關閉預設發出的警告蜂鳴聲，例如無法連接 MySQL 伺服器時發出的警告聲音。

● --no-defaults：不讀取任何設定檔，但是不包括 .mylogin.cnf 檔案（任何情況下都會讀取該檔，由 mysql_config_editor 程式建立）。

● --password[=password], -p[password]：連接 MySQL 伺服器時使用的密碼。如果採用簡短格式選項（-p），則選項和密碼之間不能有空格。如果加上 --password 或 -p 選項時未指定密碼值，則 mysqladmin 會提示輸入。但在命令列指定密碼是不安全的做法，建議使用設定檔的方式避免這種情況。

● --pipe, -W：在 Windows 系統上，使用命名管道連接 MySQL 伺服器。僅當伺服器支援命名管道連接時，此選項才有用。

● --plugin-dir=dir_name：指定外掛程式目錄。當以 --default-auth 選項指定身份驗證外掛程式時，如果 mysqladmin 無法找到該外掛程式，則可利用 --plugin-dir 選項指定外掛程式目錄。

● --port=port_num, -P port_num：連接 MySQL 伺服器的 TCP/IP 埠號。

- --print-defaults：從預設的設定檔讀取與列印 [client] 組標籤的參數。

- --protocol={TCP|SOCKET|PIPE|MEMORY}：指定連接 MySQL 伺服器的協定。

- --relative, -r：與 --sleep 選項一起使用時，可以列印目前值和先前值之間的差異。此選項僅適用於 extended-status command 選項（即列印前一次的狀態值和目前值的差異）。

- --show-warnings：列印發送到 MySQL 伺服器的語句產生的警告資訊。

- --secure-auth：不以舊格式（MySQL 4.1 版本之前）對 MySQL 伺服器發送密碼，以防止此方式向 MySQL 伺服器發起連接請求。從 MySQL 5.7.5 版本開始，由於 MySQL 伺服器刪除針對 4.1 版本之前密碼格式的支援，所以已棄用該選項（將於未來的 MySQL 版本刪除）。該選項對應的功能內建為始終啟用，如果嘗試禁用（--skip-secure-auth, --secure-auth = 0）的話，將發生錯誤。在 MySQL 5.7.5 版本之前，允許停用該選項（因為在 MySQL 5.7.5 版本之前仍然支援 4.1 版本的密碼格式）。

- --server-public-key-path=file_name：指定 MySQL 伺服器所需的公開金鑰檔路徑，用於根據 RSA 金鑰對的用戶端存取。該檔必須是 PEM 格式。此選項適用於以 sha256_password 或 caching_sha2_password 身份驗證外掛程式進行身份驗證的用戶端。若使用非這兩種驗證外掛程式進行驗證的帳號，將忽略此選項。如果不根據 RSA 金鑰對存取，也會忽略該選項，例如用戶端以 SSL 連接到 MySQL 伺服器。

  - 如果同時指定 --get-server-public-key 選項（file_name 指定有效的公開金鑰檔），便將忽略 --get-server-public-key 選項。

  - 對於 sha256_password 身份驗證外掛程式，此選項僅適用於以 OpenSSL 編譯建構 MySQL 資料庫的情況。

  - --server-public-key-path 是 MySQL 5.7.23 新增的選項。

- --shared-memory-base-name=name：適用於 Windows 系統，以共享記憶體的連接方式與本地 MySQL 伺服器建立連接。預設值為 MYSQL。共享記憶體名稱區分大小寫。

  注意：若想使用此選項，啟動 MySQL 伺服器時必須加上 --shared-memory 選項，以啟用共享記憶體連接。

- --silent, -s：如果無法建立與 MySQL 伺服器的連接，則以靜默方式退出（不報錯，而是以警告代替）。

- --sleep=delay, -i delay：當重覆執行 command 選項時，指定兩次執行的間隔時間（單位為秒）。如果未指定 --count，而是 --sleep 選項，則 mysqladmin 會無限次執行 command 選項，直到人為中斷或意外中斷。

- --socket=path, -S path：以 localhost 方式連接 MySQL 伺服器時，指定 UNIX 通訊端檔路徑（在 Windows 系統上，當使用命名管道連接 MySQL 伺服器時，該選項用來指定命名管道的名稱）。

- --ssl*：以 --ssl 開頭的選項用來指定是否以 SSL 連接 MySQL 伺服器，並指定 SSL 金鑰和憑證檔路徑。

- --tls-version=protocol_list：用戶端允許的加密連線協定清單，多個協定名稱之間以逗號隔開。用於編譯 MySQL 的 SSL 程式庫決定有效的協定名稱（也就是說，一旦編譯 MySQL 的 SSL 程式庫不同，有效協定名稱就不同）。此為 MySQL 5.7.10 新增的選項。

- --user=user_name, -u user_name：指定連接 MySQL 伺服器時使用的 MySQL 帳號。

- --verbose, -v：詳細模式，列印更多的資訊。

- --version, -V：列印 mysqladmin、MySQL 伺服器以及 linux-glibc 版本資訊。

- --vertical, -E：垂直列印輸出資訊。

- --wait[=count], -w[count]：預設值為 1，表示當用戶端程式無法與伺服器建立連接時重試一次（其實就是直接終止）。如果該選項的值大於 1，倘若重試指定的次數之後仍然無法連接，則退出。

- --connect-timeout：連接逾時前的最長等待時間，預設值為 43200s（12 小時）。

- --shutdown-timeout：等待 MySQL 伺服器關閉的最長時間，預設值為 3600s（1 小時）。

45.1.2 實戰示範

1. 以每秒的時間間隔列印狀態變數資訊

以每秒的時間間隔列印狀態變數資訊，第一次輸出的狀態變數資訊為整體的統計值。從第二次開始，每次列印的狀態變數值，是與前一次狀態變數值之間的差值，這樣就能方便地查看資料庫某些效能指標的變化情況。例如：

```
[root@localhost ~]# mysqladmin -uroot -ppassword ext -r -i 1 -c 2 |grep
-iE 'connected|running|bytes_rece|bytes_sent'
# 第一次列印的是整體的統計值
| Bytes_received | 103548 |
| Bytes_sent | 4339957 |
| Threads_connected | 1 |
| Threads_running | 1 |
# 第二次則是列印和第一次相比的差值
| Bytes_received | 35 |
| Bytes_sent | 9913 |
| Threads_connected | 0 |
| Threads_running | 0 |
```

2. 查看系統組態參數

```
[root@localhost ~]# mysqladmin -uroot -ppassword varia |grep -iE 'max_
connection|innodb_io|buffer_pool_size|log_file_size'
| innodb_buffer_pool_size | 98784247808 |
| innodb_io_capacity | 20000 |
| innodb_io_capacity_max | 40000 |
| innodb_log_file_size | 2147483648 |
| max_connections | 3000 |
```

3. 查看執行緒和鎖資訊

```
# 執行 debug 命令
[root@localhost ~]# mysqladmin -uroot -ppassword debug

# 查看錯誤日誌
Status information:
Current dir: /home/mysql/data/mysqldata1/mydata/

Running threads: 1 Stack size: 262144

Current locks:

lock: 0x7fcbd4b2f6d0:

lock: 0x7fcbd4b02070:

......
Events status:
LLA = Last Locked At LUA = Last Unlocked At
WOC = Waiting On Condition DL = Data Locked

Event scheduler status:
```

```
State : INITIALIZED
Thread id : 0
LLA : n/a:0
LUA : n/a:0
WOC : NO
Workers : 0
Executed : 0
Data locked: NO

Event queue status:
Element count : 0
Data locked : NO
Attempting lock : NO
LLA : init_queue:96
LUA : init_queue:104
WOC : NO
Next activation : never
......
```

4. 關閉資料庫

```
[root@localhost views]# mysqladmin -uroot -ppassword shutdown
[root@localhost views]# pgrep mysqld
[root@localhost views]#
```

5. 檢查實例是否存活

```
# 當無法存取資料庫實例時，將報出無法連接的錯誤
[root@localhost views]# mysqladmin -uroot -ppassword ping
mysqladmin: connect to server at 'localhost' failed
error: 'Can't connect to local MySQL server through socket '/home/mysql/
data/ mysqldata1/sock/mysql.sock' (2)'
Check that mysqld is running and that the socket: '/home/mysql/data/
mysqldata1/ sock/mysql.sock' exists!

[root@localhost views]# service mysqld start
Starting MySQL............ SUCCESS!

# 當資料庫實例允許存取時，將返回 "mysqld is alive" 字串
[root@localhost views]# mysqladmin -uroot -ppassword ping
mysqld is alive
```

45.2 innotop

innotop 是一個由 Perl 語言編寫的 MySQL 監控工具，該工具採用互動式操作介面，以檢視（view）形式不斷取得伺服器的運行狀態。innotop 大致可以監控下列幾個方面的狀態資料：

- 目前 InnoDB 的全部交易清單。

- 目前正在執行的查詢語句列表。

- 目前鎖和鎖等待列表。

- 伺服器狀態和變數的摘要資訊，以及狀態變數值的相對變化幅度。

- 複製狀態資訊，一併顯示主資料庫和備援資料庫的狀態。

- innotop 提供多種模式，以便顯示 InnoDB 內部資訊，如緩衝區、鎖死、外鍵錯誤、I/O 情況、列操作、訊號量等。在命令列腳本下可以使用非互動模式。

- innotop 能夠監控本地資料庫實例，以及遠端資料庫實例。

45.2.1 安裝 innotop

innotop 套裝程式已經從 Google Code 移植到 GitHub 上，下載網址：https://codeload.github. com/innotop/innotop/zip/master。下載並解壓縮套裝檔：

```
[root@localhost ~]# wget https://codeload.github.com/innotop/innotop/zip/
master
......
2020-09-17 20:16:37 (297 KB/s) - 'master.2' saved [191371]

[root@localhost ~]# ll master.2
-rw-r--r-- 1 root root 191371 Sep 17 20:16 master.2
[root@localhost ~]# unzip master.2
......
[root@localhost ~]# cd innotop-master/
[root@localhost innotop-master]# ll
total 552
-rw-r--r-- 1 root root 19443 Oct 23 2020Changelog
-rw-r--r-- 1 root root 18092 Oct 23 2020COPYING
-rwxr-xr-x 1 root root 456803 Oct 23 2020innotop
-rw-r--r-- 1 root root 4603 Oct 23 2020innotop.spec
-rw-r--r-- 1 root root 2379 Oct 23 2020INSTALL
-rw-r--r-- 1 root root 584 Oct 23 2020Makefile.PL
-rw-r--r-- 1 root root 89 Oct 23 2020MANIFEST
```

```
-rw-r--r-- 1 root root 743 Oct 23 2020README.md
-rw-r--r-- 1 root root 39804 Oct 23 2020snapshot_queries.png
drwxr-xr-x 2 root root 253 Oct 23 2020t
```

編譯與安裝：

```
# 安裝依賴套件
[root@localhost innotop-master]# yum install perl-DBI perl-DBD-MySQL perl-
TermReadKey perl-Time-HiRes -y
......

# 編譯
[root@localhost innotop-master]# perl Makefile.PL
Checking if your kit is complete...
Looks good
Writing Makefile for innotop
[root@localhost innotop-master]# echo $?
0
[root@localhost innotop-master]# make install
cp innotop blib/script/innotop
/usr/bin/perl -MExtUtils::MY -e 'MY->fixin(shift)' -- blib/script/innotop
Manifying blib/man1/innotop.1
Installing /usr/local/share/man/man1/innotop.1
Installing /usr/local/bin/innotop
Appending installation info to /usr/lib64/perl5/perllocal.pod
[root@localhost innotop-master]# echo $?
0
```

查看版本資訊，確認 innotop 是否安裝成功：

```
[root@localhost innotop-master]# innotop --version
innotop Ver 1.11.4
```

45.2.2 命令列選項

可於命令列以 innotop --help 命令查看說明選項，這些選項用來輔助如何進入互動式操作介面，以及進入之後如何顯示監控資料等。

```
[root@localhost innotop-master]# innotop --help
Usage: innotop <options> <innodb-status-file>
  --askpass Prompt for a password when connecting to MySQL（連接 MySQL 時以互
動的方式提示輸入密碼）
  --[no]color -C Use terminal coloring (default)（使用終端工具的配色方案，預設啟用）
  --config -c Config file to read（讀取用來連接資料庫實例的設定檔，例如：資料庫的 IP 位
址、帳號、密碼、埠號等資訊）
```

```
    --count Number of updates before exiting（進入互動式操作介面，累計更新指定次數
的狀態值之後退出）
    --delay -d Delay between updates in seconds（指定兩次更新狀態值的間隔時間）
    --help Show this help message（顯示說明資訊）
    --host -h Connect to host（指定待連接 MySQL 實例主機的 IP 位址）
    --[no]inc -i Measure incremental differences（測量與上一次狀態變數之間的增量差異）
    --mode -m Operating mode to start in（指定工作模式，即在互動式和非互動模式下，
需要查看什麼監控資料，例如：-m B 代表查看緩衝池的狀態資訊）
    --nonint -n Non-interactive, output tab-separated fields（指定非互動模式，在
輸出資訊中以 tab 分隔每個欄位）
    --password -p Password to use for connection（連接資料庫實例的密碼）
    --port -P Port number to use for connection（連接資料庫實例的存取埠號）
    --skipcentral -s Skip reading the central configuration file    （跳過讀取指
定連接資訊的設定檔）
    --socket -S MySQL socket to use for connection（資料庫實例的 Socket 檔案路徑）
    ......
    --timestamp -t Print timestamp in -n mode (1: per iter; 2: per line)（以
-n 選項指定非互動模式，同時列印時間戳記）
    --user -u User for login if not current user（連接資料庫實例的帳號）
    --version Output version information and exit（列印 innotop 版本）
    --write -w Write running configuration into home directory if no config
files were loaded
    （如果未載入設定檔，便在使用者 ~/.innotop 目錄下的 innotop.conf 檔案，記錄執行 innotop
命令時於命令列給定的組態選項與選項值）
```

45.2.3 互動式選項

進入互動式操作介面之後，利用「?」可以查看互動式說明選項。

```
[root@localhost innotop-master]# innotop -uroot -ppassword
......
Switch to a different mode:（切換到不同的工作模式）
    A Dashboard    I InnoDB I/O Info    Q Query List（儀表盤 /InnoDB I/O 執行緒資
訊 / 查詢語句清單資訊）
    B InnoDB Buffers    K InnoDB Lock Waits    R InnoDB Row Ops（InnoDB 緩衝池資
訊 /InnoDB 鎖等待資訊 /InnoDB DML 列操作資訊以及訊號量資訊）
    C Command Summary    L Locks    S Variables & Status（command 狀態變數資訊 /
伺服器層鎖資訊 / 系統變數和狀態變數資訊）
    D InnoDB Deadlocks    M Replication Status    T InnoDB Txns（鎖死資訊 / 複製
狀態資訊 /InnoDB 交易資訊）
    F InnoDB FK Err    O Open Tables    U User Statistics（外鍵錯誤資訊 / 處於開啟
狀態的資料表 / 使用者狀態資訊）

    Actions:（在工作模式下的各種調節動作。請注意：並非所有動作在全部的工作模式都有效，某些動
作只適用於某些特定的工作模式）
    d Change refresh interval    p Pause innotop（修改刷新間隔時間 / 暫停狀態採集）
```

```
     x Kill a query   q Quit innotop（殺死一個查詢 / 退出 innotop）
     n Switch to the next connection   a Toggle the innotop process（切換到下一
個資料庫連接 / 切換 innotop 處理程序，即顯示 innotop 連接到資料庫的執行緒資訊）
     k Kill a query's connection   c Choose visible columns（殺死一個查詢的連接
/ 可見行選擇）
     f Show a thread's full query   r Reverse sort order（顯示執行緒的完整查詢 /
反向排序）
     h Toggle the header on and off   s Change the display's sort column（標頭
切換和關閉，亦即是否顯示統計資訊標頭 / 更改顯示的排序欄）
     i Toggle idle processes   i Toggle incremental status display（切換空閒處
理程序 / 切換增量狀態顯示。注意，在某些工作模式下，動作 i 表示切換到增量顯示狀態）

  Other:（其他輔助選項）
   TAB Switch to the next server group   / Quickly filter what you see（切換到
下一個伺服器群組 / 清除螢幕）
   ! Show license and warranty   = Toggle aggregation（顯示 license 資訊 / 切換
聚合統計資訊）
   # Select/create server groups   @ Select/create server connections（建立
或選擇一個伺服器群組 / 建立或選擇一個伺服器連接）
   $ Edit configuration settings   \ Clear quick-filters（編輯組態設定 / 清除螢幕）
```

45.2.4　實戰示範

本節以「45.2.3 互動式選項」一節的工作模式為例進行介紹。

1. Dashboard（儀表盤）

進入互動式操作介面之後，使用大寫字母「A」，或者在非互動式模式下以 -m
選項指定大寫字母「A」，即可進入此工作模式，如圖 45-1 所示。

圖 45-1

- Uptime：目前 MySQL 伺服器已持續運行多長時間。

- QPS：目前資料庫的 QPS。

- Cxns：目前資料庫的用戶端連接數。

- Run：目前資料庫正在執行查詢（command 為 Query 狀態）的用戶端連接數。

- Miss：查詢未命中緩衝池快取的次數。

- Lock：目前發生鎖等待的記錄數。

- Tbls：歷史開啟資料表數量，從狀態變數 Open_tables 中取得值。

- SQL：目前備援資料庫正在執行 SQL 語句的縮寫形式字串。

2. InnoDB I/O Info（InnoDB I/O 執行緒資訊）

進入互動式操作介面之後，使用大寫字母「I」，或者在非互動式模式下以 -m
選項指定大寫字母「I」，即可進入此工作模式，如圖 45-2 所示。

```
InnoDB I/O Info (? for help)

_____ I/O Threads _____
Thread  Purpose                 Thread Status
     0  insert buffer thread    waiting for completed aio requests
     1  log thread              waiting for completed aio requests
     2  read thread             waiting for completed aio requests
     3  read thread             waiting for completed aio requests
     4  read thread             waiting for completed aio requests
     5  read thread             waiting for completed aio requests
     6  read thread             waiting for completed aio requests
     7  read thread             waiting for completed aio requests
     8  read thread             waiting for completed aio requests
     9  read thread             waiting for completed aio requests
    10  write thread            waiting for completed aio requests
    11  write thread            waiting for completed aio requests
    12  write thread            waiting for completed aio requests
    13  write thread            waiting for completed aio requests
    14  write thread            waiting for completed aio requests
    15  write thread            waiting for completed aio requests
    16  write thread            waiting for completed aio requests
    17  write thread            waiting for completed aio requests
    18  write thread            waiting for completed aio requests
    19  write thread            waiting for completed aio requests
    20  write thread            waiting for completed aio requests
    21  write thread            waiting for completed aio requests
    22  write thread            waiting for completed aio requests
    23  write thread            waiting for completed aio requests
    24  write thread            waiting for completed aio requests
    25  write thread            waiting for completed aio requests

_____ Pending I/O _____
Async Rds  Async Wrt  IBuf Async Rds  Sync I/Os  Log Flushes  Log I/Os
                                                          0

_____ File I/O Misc _____
OS Reads  OS Writes  OS fsyncs  Reads/Sec  Writes/Sec  Bytes/Sec
     685    2292846    1972211       0.00     1012.99          0

_____ Log Statistics _____
Sequence No.   Flushed To    Last Checkpoint  IO Done   IO/Sec
26505981862    26505956530   26068062854      1848527   957.00
```

圖 45-2

- I/O Threads：顯示目前與 I/O 相關的執行緒狀態資訊。

- Pending I/O：顯示目前處於 Pending 狀態的 I/O 操作資訊。

- File I/O Misc：顯示與檔案 I/O 相關的操作統計資訊（包含所有資料檔案的 I/
  O 操作）。

- Log Statistics：redo 日誌目前的 LSN 號、已經刷新到磁碟的 LSN 號、最近一
  次檢查點的 LSN 號，以及 redo 日誌的整體 I/O 數量、平均每秒 I/O 數量。

3. Query List（查詢語句清單資訊）

進入互動式操作介面之後，使用大寫字母「Q」，或者在非互動式模式下以 -m
選項指定大寫字母「Q」，即可進入此工作模式，如圖 45-3 所示。

```
Query List (? for help)

When   Load  Cxns    QPS      Slow  Se/In/Up/De%  QCacheHit  KCacheHit  BpsIn   BpsOut
Now    0.00  131     155.31k  0     69/ 5/10/ 5   0.00%      100.00%    9.08M   318.30M
Total  0.00  2.93k   741.74   0     69/ 4/ 9/ 4   0.00%      80.56%     43.67k  1.42M

Cmd    ID    State          User    Host       DB      Time   Query
Query  2251  System lock    qbench  127.0.0.1  sbtest  00:00  SELECT SUM(k) FROM sbtest4 WHERE id BETWEEN 25052 AND 25151
Query  2252  starting       qbench  127.0.0.1  sbtest  00:00  COMMIT
Query  2257  statistics     qbench  127.0.0.1  sbtest  00:00  SELECT c FROM sbtest8 WHERE id=25193
Query  2260  Sending data   qbench  127.0.0.1  sbtest  00:00  SELECT DISTINCT c FROM sbtest8 WHERE id BETWEEN 25002 AND 25101 ORDER BY c
Query  2262  starting       qbench  127.0.0.1  sbtest  00:00  COMMIT
Query  2263  starting       qbench  127.0.0.1  sbtest  00:00  UPDATE sbtest5 SET k=k+1 WHERE id=25005
Query  2264  starting       qbench  127.0.0.1  sbtest  00:00  COMMIT
Query  2265  starting       qbench  127.0.0.1  sbtest  00:00  COMMIT
Query  2269  starting       qbench  127.0.0.1  sbtest  00:00  COMMIT
Query  2271  starting       qbench  127.0.0.1  sbtest  00:00  COMMIT
```

圖 45-3

（1）統計資訊標頭

- When：Now 表示目前即時的統計資訊，Total 表示歷史整體的統計資訊。

- Load：目前資料庫實例的 CPU 負載。

- Cxns：目前資料庫實例的用戶端連接數。

- QPS：目前資料庫實例的 QPS。

- Slow：目前資料庫實例的慢查詢數量。

- Se/In/Up/De%：增、刪、改、查比例。

- QCacheHit：QC 命中率。

- KCacheHit：索引快取命中率。

- BpsIn：讀入緩衝池的資料量。

- BpsOut：從緩衝池讀出的資料量。

（2）查詢清單部分（透過執行 show full processlist 語句抓取）

- Cmd：語句的 command 類型。

- ID：查詢執行緒 ID。

- State：查詢執行緒狀態。

- User：查詢執行緒帳號。

- Host：查詢執行緒主機名稱。

- DB：查詢執行緒預設資料庫名稱。

- Time：查詢執行緒處於某個狀態的持續時間。

- Query：查詢執行緒目前正在執行的 SQL 語句。

4. InnoDB Buffers（InnoDB 緩衝池資訊）

進入互動式操作介面之後，使用大寫字母「B」，或者在非互動式模式下以 -m 選項指定大寫字母「B」，即可進入此工作模式，如圖 45-4 所示。

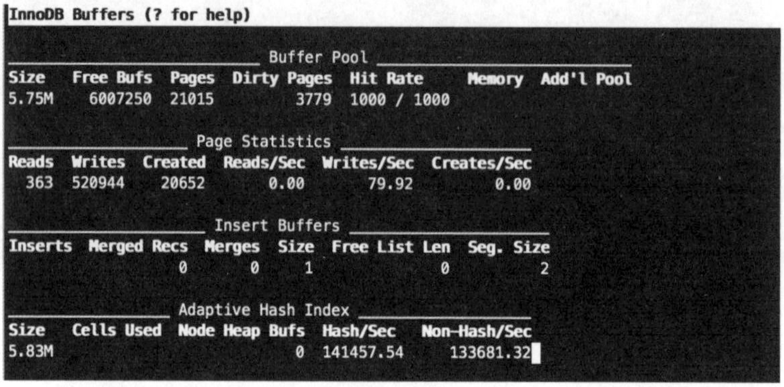

圖 45-4

（1）Buffer Pool 部分

- Size：緩衝池整體的頁數，可從狀態變數 Innodb_buffer_pool_pages_total 抓取（該值會按照 1024 的倍數進行除法計算，並採用 KB/MB 等單位計量。例如：這裡為 6028576 個分頁，計算公式為 6028576/1024/1024=5.75MB）。

- Free Bufs：空閒的緩衝池頁數，可從狀態變數 Innodb_buffer_pool_pages_free 抓取。

- Pages：緩衝池中資料佔用的頁數，可從狀態變數 Innodb_buffer_pool_pages_data 抓取。

- Dirty Pages：緩衝池的髒頁數，可從狀態變數 Innodb_buffer_pool_pages_dirty 抓取。

- Hit Rate：緩衝池命中率。

（2）Page Statistics 部分

- Reads：透過操作 InnoDB 資料表引起、從 InnoDB 緩衝池讀取資料涵蓋的頁數。亦即，對資料表執行讀取操作時，直接從 InnoDB 緩衝池返回資料的頁數，該值可從狀態變數 Innodb_pages_read 抓取。

- Writes：透過操作 InnoDB 資料表引起、寫入資料涵蓋的頁數。亦即，對 InnoDB 資料表寫入的頁數，該值可從狀態變數 Innodb_pages_written 抓取。

- Created：在 InnoDB 資料表建立的頁數，需要實體擴展資料表空間檔大小，該值可從狀態變數 Innodb_pages_created 抓取。

- Reads/Sec：對應 Reads 值的每秒讀取頁數。

- Writes/Sec：對應 Writes 值的每秒寫入頁數。

- Creates/Sec：對應 Created 值的每秒建立頁數。

（3）Insert Buffers 部分

插入與緩衝相關的統計資訊。

（4）Adaptive Hash Index 部分

與自我調整 Hash 索引相關的統計資訊。

5. InnoDB Lock Waits（InnoDB 鎖等待資訊）

進入互動式操作介面之後，使用大寫字母「K」，或者在非互動式模式下以 -m 選項指定大寫字母「K」，即可進入此工作模式，如圖 45-5 所示。

```
InnoDB Lock Waits (? for help)

WThread  Waiting Query           WWait  BThread  BRowsMod  BAge  BWait  BStatus  Blocking Query
  3147   SELECT sbtest.sbtest1    53s     3789       0      70s           Sleep 81
  3791   SELECT sbtest.sbtest1     8s     3789       0      70s           Sleep 81
  3791   SELECT sbtest.sbtest1     8s     3147       0      53s    53s    Query    SELECT sbtest.sbtest1
```

圖 45-5

- WThread：發生鎖等待的執行緒 ID。

- Waiting Query：發生鎖等待的交易，正在執行 SQL 語句的縮寫。

- WWait：發生鎖等待的交易，已經等待多長時間。

- BThread：持有鎖的執行緒 ID。

- BRowsMod：持有鎖的交易修改多少列資料。

- BAge：持有鎖的交易已經開始多長時間。

- BWait：持有鎖的執行緒，已經持有 WThread 執行緒需要的鎖多長時間。

- BStatus：持有鎖的執行緒目前處於什麼狀態。

- Blocking Query：持有鎖的執行緒，目前正在執行 SQL 語句的縮寫。

6. InnoDB Row Ops（InnoDB DML 列操作資訊以及訊號量資訊）

進入互動式操作介面之後，使用大寫字母「R」，或者在非互動式模式下以 -m
選項指定大寫字母「R」，即可進入此工作模式，如圖 45-6 所示。

```
InnoDB Row Ops (? for help)
_____ InnoDB Row Operations _____
Ins         Upd         Read        Del         Ins/Sec   Upd/Sec    Read/Sec    Del/Sec
49036335    56851429    11839030372 28426704     7895.10   15776.22   3293160.84  7886.11

_____ Row Operation Misc _____
Queries Queued  Queries Inside  Rd Views  Main Thread State
          0           26          12

_____ InnoDB Semaphores _____
Waits  Spins  Rounds  RW Waits  RW Spins  Sh Waits  Sh Spins  Signals  ResCnt
              1767014         0  5314987         0

_____ InnoDB Wait Array _____
Thread           Time        File       Line  Type  Readers  Lck Var  Waiters  Waiting?  Ending?
139526198654720  00:00.000   row0sel.cc 5124  S     0        0                 1         0
139526206908160  00:00.000   btr0cur.cc 5554  S     0        0                 1         0
139526184544000  00:00.000   btr0cur.cc 5697  S     0        0                 1         0
139526194927360  00:00.000   btr0cur.cc 5736  S     0        0                 1         0
139526185875200  00:00.000   btr0cur.cc 5697  S     0        0                 1         0
```

圖 45-6

- InnoDB Row Operations：InnoDB 的增、刪、改、查列數統計資訊。

- Row Operation Misc：InnoDB 查詢佇列、內部的查詢數量、read view（活躍
交易組成的清單）數量，以及主執行緒狀態資訊。

- InnodbDB Semaphores：InnoDB 的讀寫訊號量統計資訊。

- InnoDB Wait Array：InnoDB 內部的等待陣列資訊。

7. Command Summary（command 狀態變數資訊）

進入互動式操作介面之後，使用大寫字母「C」，或者在非互動式模式下以 -m
選項指定大寫字母「C」，即可進入此工作模式，如圖 45-7 所示。

```
Command Summary (? for help)

_____ Command Summary _____
Name                      Value      Pct      Last Incr   Pct
Com_select               420511132  67.78%       87867   69.84%
Com_update                60072730   9.68%       12668   10.07%
Com_insert                49631328   8.00%        6343    5.04%
Com_begin                 30036577   4.84%        6234    4.96%
Com_delete                30036290   4.84%        6344    5.04%
Com_commit                30036216   4.84%        6348    5.05%
Com_admin_commands           45802   0.01%           1    0.00%
Com_show_status              44612   0.01%           2    0.00%
Com_show_engine_status       19386   0.00%           0    0.00%
Com_show_processlist          2784   0.00%           0    0.00%
Com_show_master_status        1214   0.00%           0    0.00%
Com_set_option                  76   0.00%           0    0.00%
Com_show_variables              61   0.00%           0    0.00%
Com_show_warnings               26   0.00%           0    0.00%
Com_create_index                16   0.00%           0    0.00%
Com_create_table                16   0.00%           0    0.00%
Com_show_fields                 10   0.00%           0    0.00%
Com_alter_table                  4   0.00%           0    0.00%
Com_change_db                    3   0.00%           0    0.00%
Com_show_create_table            3   0.00%           0    0.00%
Com_show_databases               3   0.00%           0    0.00%
Com_analyze                      2   0.00%           0    0.00%
Com_create_db                    2   0.00%           0    0.00%
Com_kill                         2   0.00%           0    0.00%
Com_drop_db                      1   0.00%           0    0.00%
```

圖 45-7

- Command Summary：MySQL 查詢的 command 狀態變數統計資訊。

- Name：command 狀態變數名稱。

- Value：對應 Name 的狀態值。

- 第一個 Pct：對應 Name 的 command 狀態變數，在整個 command 操作中的比例。

- Last Incr：與上一次抓取的狀態變數值相比，本次抓取的值增加了多少。

- 第二個 Pct：與上一次抓取的狀態變數值相比，本次抓取的增量，在所有 command 狀態變數增量中的比例。

8. Locks（伺服器層鎖資訊）

進入互動式操作介面之後，使用大寫字母「L」，或者在非互動式模式下以 -m 選項指定大寫字母「L」，即可進入此工作模式，如圖 45-8 所示。

```
Locks (? for help)

_____ InnoDB Locks _____
ID    Type    Waiting  Wait  Active  Mode  DB    Table   Index    Ins Intent  Special
```

圖 45-8

- InnoDB Locks：InnoDB 的記錄鎖統計資訊。

- ID：正在等待鎖的執行緒 ID。

- Type：正在等待的鎖類型。

- Waiting：正在等待多少把鎖。

- Wait：鎖等待時間（時間格式）。

- Active：執行緒活躍時間。

- Mode：鎖模式。

- DB：正在等待的鎖位於哪個資料庫。

- Table：正在等待的鎖位於哪個資料表。

- Index：正在等待的鎖位於哪個索引。

- Ins Intent：是否為插入意向鎖。

- Special：特殊資訊，對鎖進行描述，例如 rec but not gap，表示是記錄鎖，但不是間隙鎖。

9. Variables & Status（系統變數和狀態變數資訊）

進入互動式操作介面之後，使用大寫字母「S」，或者在非互動式模式下以 -m 選項指定大寫字母「S」，即可進入此工作模式，如圖 45-9 所示，顯示一些系統變數和狀態變數的統計資訊。

圖 45-9

10. InnoDB Deadlocks（鎖死資訊）

進入互動式操作介面之後，使用大寫「D」，或者在非互動式模式下以 -m 選項指定大寫字母「D」，即可進入此工作模式，如圖 45-10 所示，顯示 InnoDB 的鎖死資訊。

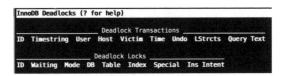

圖 45-10

11. Replication Status（複製狀態資訊）

進入互動式操作介面之後，使用大寫字母「M」，或者在非互動式模式下以 -m 選項指定大寫字母「M」，即可進入此工作模式，如圖 45-11 所示。

圖 45-11

（1）Slave SQL Status 部分（主要顯示 SQL 執行緒的一些資訊）

● Channel：複製通道名稱。

● Master：主資料庫 IP 位址。

● Master UUID：主資料庫 UUID。

● On?：SQL 執行緒狀態是否為 Yes。

● TimeLag：SQL 執行緒延遲時間。

● Catchup：SQL 執行緒追趕時間。

● Relay Pos：Relay_Log_Pos 的值。

● Last Error：最近一次發生錯誤的訊息文字。

● Retrieved GTID Set：目前已經接收到 binlog 對應的 GTID 集合。

● Executed GTID Set：目前已經重放 binlog 對應的 GTID 集合。

（2）Slave I/O Status 部分

● Channel：複製通道名稱。

● Master：主資料庫 IP 位址。

● Master UUID：主資料庫 UUID。

- On？：I/O 執行緒狀態是否為 Yes。

- File：I/O 執行緒目前正在讀取的主資料庫 binlog 檔案名稱。

- Relay Size：目前中斷日誌佔用的磁碟空間大小（Relay_Log_Space 的值）。

- Pos：I/O 執行緒目前正在讀取的 binlog 檔對應主資料庫的位置（Read_Master_Log_Pos 的值）。

- State：目前 I/O 執行緒的工作狀態。

（3）Master Status 部分

- Channel：複製通道名稱。

- File：備援資料庫目前的 binlog 檔案名稱。

- Position：備援資料庫目前的 binlog 位置。

- Binlog Cache：備援資料庫目前的 binlog 快取使用率。

- Executed GTID Set：備援資料庫目前最新交易對應的 GTID 集合。

- Server UUID：備援資料庫的 UUID。

12. InnoDB Txns（InnoDB 交易資訊）

進入互動式操作介面之後，使用大寫字母「T」，或者在非互動式模式下以 -m 選項指定大寫字母「T」，即可進入此工作模式，如圖 45-12 所示。

圖 45-12

（1）標頭資訊

使用 show engine innodb status 語句輸出與交易相關的統計資訊。

（2）主體統計資訊

- ID：用戶端執行緒 ID。

- User：用戶端連接使用的帳號。

- Host：用戶端 IP 位址。

- Txn Status：用戶端正在執行的交易狀態。

- Query Text：用戶端執行緒正在執行的 SQL 語句。

13. InnoDB FK Err（外鍵錯誤資訊）

進入互動式操作介面之後，使用大寫字母「F」，或者在非互動式模式下以 -m
選項指定大寫字母「F」，即可進入此工作模式。此模式將顯示最後 InnoDB 的外鍵
錯誤資訊。

14. Open Tables（處於開啟狀態的資料表）

進入互動式操作介面之後，使用大寫字母「O」，或者在非互動式模式下以 -m
選項指定大寫字母「O」，即可進入此工作模式，如圖 45-13 所示。

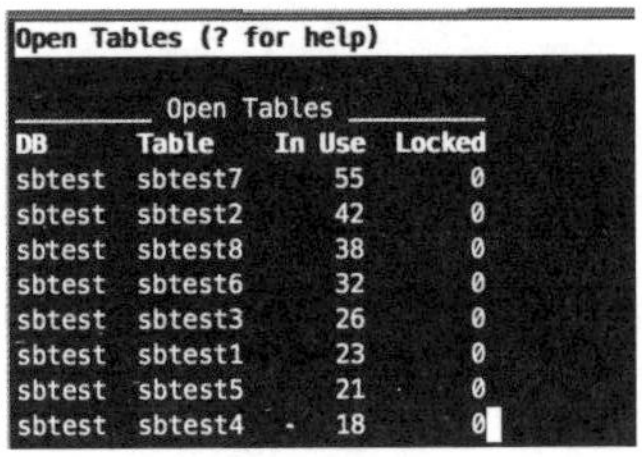

圖 45-13

- Open Tables：查看目前處於開啟狀態的資料表。

- DB：資料庫名稱。

- Table：資料表名稱。

- In Use：使用次數。

- Locked：是否顯式加表級鎖。

15. User Statistics（使用者狀態資訊）

進入互動式操作介面之後，使用大寫字母「U」，或者在非互動式模式下以 -m
選項指定大寫字母「U」，即可進入此工作模式。目前 Oracle MySQL 官方版本不支
援查看這類狀態資訊，只有 MariaDB 支援。

NOTE

第 46 章

利用 Prometheus+Grafana 建置炫酷的 MySQL 監控平台

首先簡單介紹 Prometheus 和 Grafana 到底是什麼。

Prometheus 是由 SoundCloud 開發的開源監控報警系統和時間序列資料庫（TSDB），它是一個監控採集與資料儲存框架（監控伺服端），具體採集什麼資料依賴於 Exporter（監控用戶端），例如：採集 MySQL 的資料需要使用 mysql_exporter。當 Prometheus 呼叫 mysql_expoter 收集到 MySQL 的監控指標之後，便把相關資料存放到 Prometheus 所在伺服器的磁碟檔案。基本上，它的各個元件都是以 Golang 編寫，對編譯和部署十分友善，並且沒有特殊依賴，幾乎都是獨立運作。Prometheus 架構如圖 46-1 所示（圖片來源：https://prometheus.io/docs/introduction/overview/）。

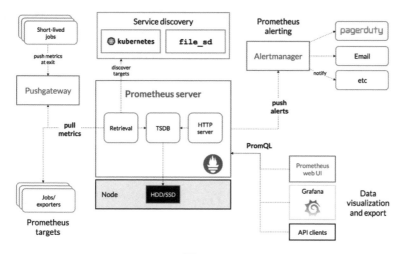

圖 46-1

Grafana 則是一個高「顏值」的監控繪圖程式，也是一個儀表盤（Dashboard）。Grafana 的厲害之處除了高「顏值」外，還支援多種資料來源（Graphite、Zabbix、InfluxDB、Prometheus 和 OpenTSDB 等資料來源），以及靈活豐富的 Dashboard 配置選項（例如：可以把多個實例的相同採集項目集中在一個展示框），使其更易用，學習成本更低。從視覺上來說，相較其他開源的監控系統，Grafana 看起來要養眼得多，如圖 46-2 和圖 46-3 所示是監控結果圖。

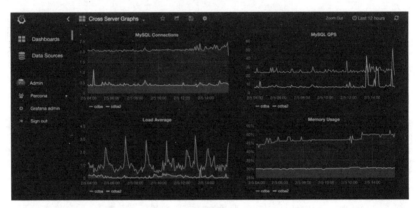

圖 46-2

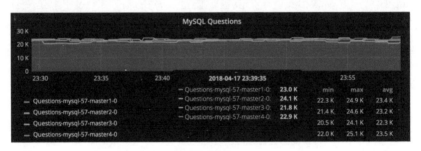

圖 46-3

接下來，該如何使用 Prometheus 和 Grafana 建置 MySQL 監控平台呢？為了方便示範流程，這裡準備下列兩台測試伺服器。

- Prometheus+Grafana 伺服端主機：10.10.30.165。

- MySQL 用戶端主機：10.10.20.14。

46.1 安裝 Prometheus

提示：建議完全遵照本節講解的版本下載套裝軟體，不同版本的安裝步驟略有差異，可能會導致某些步驟出錯。

46.1.1 下載套裝檔

對於 Prometheus，假設要監控 MySQL，至少需要下載 3 個元件。

- prometheus 套裝檔。
- node_exporter：監控主機磁碟、記憶體、CPU 等硬體效能指標的採集套裝程式。
- mysqld_exporter：監控 MySQL 各種效能指標的採集套裝程式。

下載網址：https://prometheus.io/download/（該頁面始終只有一個最新版本）。

下載 prometheus，畫面與版本如圖 46-4 所示。

圖 46-4

下載 node_exporter，畫面與版本如圖 46-5 所示。

圖 46-5

下載 mysqld_exporter，畫面與版本如圖 46-6 所示。

圖 46-6

提示：如果還要設定監控告警，則得下載 alertmanager 套裝檔，畫面與版本如圖 46-7 所示。

File name	OS	Arch	Size	SHA256 Checksum
alertmanager-0.21.0.darwin-amd64.tar.gz	darwin	amd64	24.26 MiB	b335ab4f55b1b57abbee9299c97deb99a3da63115f2bed3435facfabbb70e315
alertmanager-0.21.0.linux-amd64.tar.gz	linux	amd64	24.52 MiB	9ecd26357416dd4bfe652e22921a7f2e4a71540959eef51bdee209f6aed5
alertmanager-0.21.0.windows-amd64.tar.gz	windows	amd64	24.20 MiB	12c9a77d904bd7852e7ceac8beb106e725e3398813c491e7b2706f96dff4aa5

alertmanager
Prometheus Alertmanager ○ prometheus/alertmanager
0.21.0 / 2020-06-16 Release notes

圖 46-7

46.1.2 解壓縮套裝檔

解壓縮 prometheus：

```
[root@localhost ~]# mkdir /data
[root@localhost ~]# tar xvf prometheus-2.20.0.linux-amd64.tar.gz -C /data/
```

解壓縮 node_exporter 和 mysqld_exporter：

```
[root@localhost ~]# tar xf node_exporter-1.0.1.linux-amd64.tar -C /root/

# 如果想監控 MySQL，則繼續解壓縮 mysqld_exporter
[root@localhost ~]# tar xf mysqld_exporter-0.12.1.linux-amd64.tar  -C /root/
```

由於 Prometheus 主機本身也要監控，所以至少需要解壓縮 node_exporter 套件。

46.1.3 啓動 Prometheus

進入 Prometheus 的工作目錄：

```
[root@localhost ~]# cd /data/
[root@localhost data]# mv prometheus-2.20.0.linux-amd64/ prometheus
[root@localhost ~]# cd /data/prometheus
```

配置 prometheus.yml 設定檔：

```
[root@localhost data]# cat prometheus.yml
# my global config
global:
  scrape_interval:     15s # Set the scrape interval to every 15 seconds.
Default is every 1 minute.
  evaluation_interval: 15s # Evaluate rules every 15 seconds. The default
is every 1 minute.
  # scrape_timeout is set to the global default (10s).
```

```
# A scrape configuration containing exactly one endpoint to scrape:
# Here it's Prometheus itself.
scrape_configs:
- file_sd_configs:  # 請注意，如果指定從某設定檔載入監控目標，則在啟動 Prometheus 之前
需要確保該檔事先存在，否則後續配置過程可能會報錯
  - files:
    - host.yml
  job_name: Host
  metrics_path: /metrics
  relabel_configs:
  - source_labels: [__address__]
    regex: (.*)
    target_label: instance
    replacement: $1
  - source_labels: [__address__]
    regex: (.*)
    target_label: __address__
    replacement: $1:9100
- file_sd_configs: # 請注意，如果指定從某設定檔載入監控目標，則在啟動 Prometheus 之前
需要確保該檔事先存在，否則後續配置過程可能會報錯
  - files:
    - mysql.yml
  job_name: MySQL
  metrics_path: /metrics
  relabel_configs:
  - source_labels: [__address__]
    regex: (.*)
    target_label: instance
    replacement: $1
  - source_labels: [__address__]
    regex: (.*)
    target_label: __address__
    replacement: $1:9104


- job_name: prometheus
  static_configs:
  - targets:
    - localhost:9090
```

　　啟動 Prometheus 處理程序，30d 表示 Prometheus 只保留 30 天以內的資料（注意，如果直接以 prometheus 命令啟動而非 service 腳本，則需先切換到工作目錄下再啟動。例如，這裡的工作目錄為 /data/prometheus）。

```
[root@localhost prometheus]# cd /data/prometheus
[root@localhost prometheus]# /data/prometheus/prometheus --storage.tsdb.
retention=30d &
```

如果作業系統是 CentOS/RedHat 7.x 版本，則可按照下列方式設定 service 啟動腳本。

```
# 修改 WorkingDirectory 參數為 Prometheus 的工作目錄
[root@localhost prometheus]# cat /usr/lib/systemd/system/prometheus.service
[Unit]
Description=Prometheus instance
Wants=network-online.target
After=network-online.target
After=postgresql.service mariadb.service mysql.service

[Service]
User=root
Group=root
Type=simple
Restart=on-failure
WorkingDirectory=/data/prometheus/
RuntimeDirectory=prometheus
RuntimeDirectoryMode=0750
ExecStart=/data/prometheus/prometheus  --storage.tsdb.retention=30d
--config.file=/data/ prometheus/prometheus.yml
LimitNOFILE=10000
TimeoutStopSec=20

[Install]
WantedBy=multi-user.target
```

提示：Prometheus 預設的 Web 存取埠號為 9090，可連結 http://10.10.30.165:9090 網址（使用 Google 內建瀏覽器，IP 位址請根據實際環境修改）。

46.2 安裝 Grafana

Grafana 是一套視覺化展示框架，它根據 grafana-dashboards 來呈現。grafana-dashboards 好比是 Grafana 的視覺化設定檔，根據 grafana-dashboards 的定義確定在頁面顯示什麼指標，以及如何展示等。

46.2.1 下載套裝檔

對於 Grafana 來說，需要下載一個 grafana 和 grafana-dashboards 套裝檔。

grafana 套裝檔下載網址：https://grafana.com/grafana/download，如圖 46-8 所示。

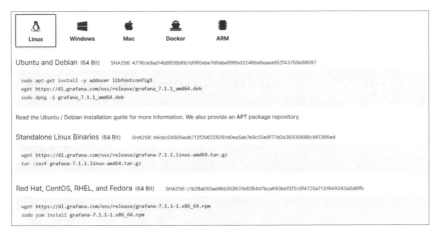

圖 46-8

grafana-dashboards 套 裝 檔 下 載 網 址：https://github.com/percona/grafana-dashboards/releases，如圖 46-9 所示。

圖 46-9

46.2.2 解壓縮套裝檔

解壓縮 grafana：

```
[root@localhost ~]# tar xf grafana-7.1.1.linux-x64.tar.gz -C /data/
prometheus/
[root@localhost ~]# cd /data/prometheus
[root@localhost prometheus]# mv grafana-7.1.1/ grafana
```

46.2.3 啟動 Grafana

進入 Grafana 的工作目錄並啟動 Grafana：

```
[root@localhost ]# cd /data/prometheus/grafana
[root@localhost ]# ./bin/grafana-server &
```

如果作業系統是 CentOS/RedHat 7.x 版本，則可按照下列方式配置 service 啟動腳本。

```
[root@localhost service]# cat /usr/lib/systemd/system/grafana-server.service
[Unit]
Description=Grafana instance
Documentation=http://docs.grafana.org
Wants=network-online.target
After=network-online.target
After=postgresql.service mariadb.service mysql.service

[Service]
User=root
Group=root
Type=simple
Restart=on-failure
WorkingDirectory=/data/prometheus/grafana
RuntimeDirectory=grafana
RuntimeDirectoryMode=0750
ExecStart=/data/prometheus/grafana/bin/grafana-server
LimitNOFILE=10000
TimeoutStopSec=20

[Install]
WantedBy=multi-user.target
```

開啟 Grafana 頁面（預設帳號和密碼為 admin/admin，預設埠號為 3000，連結 http://10.10.30.165:3000 網址，並使用 Google 內建瀏覽器），接著設定資料來源，如圖 46-10 所示。

指定 Prometheus 網址，這裡把 Grafana 和 Prometheus 安裝在同一台機器，直接使用 127.0.0.1 位址即可，如圖 46-11 和圖 46-12 所示。

圖 46-10

圖 46-11

圖 46-12

46.2.4 在 Grafana 匯入 grafana-dashboards

解壓縮 grafana-dashboards 套裝檔後，該檔提供大量 JSON 格式的 Grafana 監控範本。每一個監控範本都包含一組預設的監控項目，在頁面展示監控圖形資料時，看上去就像一個 Dashboard（儀表盤）。請根據需求自行選擇，這裡打算監控主機和 MySQL，於是選擇下列一些 JSON 檔。

```
[root@localhost ~]# tar xvf grafana-dashboards-2.9.0.tar.gz
[root@localhost ~]# cd grafana-dashboards-2.9.0
[root@localhost grafana-dashboards-2.9.0]# updatedb
[root@localhost grafana-dashboards-2.9.0]# locate json |grep dashboards/
............
/root/grafana-dashboards-2.9.0/dashboards/CPU_Utilization_Details_Cores.json
/root/grafana-dashboards-2.9.0/dashboards/Disk_Performance.json
/root/grafana-dashboards-2.9.0/dashboards/Disk_Space.json
............
/root/grafana-dashboards-2.9.0/dashboards/MySQL_InnoDB_Metrics.json
/root/grafana-dashboards-2.9.0/dashboards/MySQL_InnoDB_Metrics_Advanced.json
............
/root/grafana-dashboards-2.9.0/dashboards/MySQL_Overview.json
/root/grafana-dashboards-2.9.0/dashboards/MySQL_Performance_Schema.json
............
/root/grafana-dashboards-2.9.0/dashboards/MySQL_Replication.json
/root/grafana-dashboards-2.9.0/dashboards/MySQL_Table_Statistics.json
............
/root/grafana-dashboards-2.9.0/dashboards/Summary_Dashboard.json
/root/grafana-dashboards-2.9.0/dashboards/System_Overview.json
............
```

在 Grafana 頁面匯入所需的 JSON 檔（可從用戶端本地主機上傳），如圖 46-13 至圖 46-16 所示。

圖 46-13

圖 46-14

圖 46-15

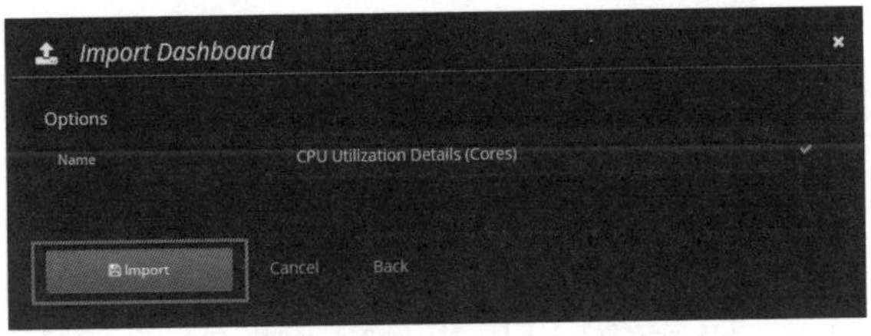

圖 46-16

　　如果 Grafana 已經增加過主機，此時就能看到相關 JSON 檔中對應監控項目的資
料（注意：此時還沒有資料，因為尚未啟動監控主機的 Exporter 程式，詳後文，這
裡只需要成功新增 JSON 檔即可），如圖 46-17 所示。

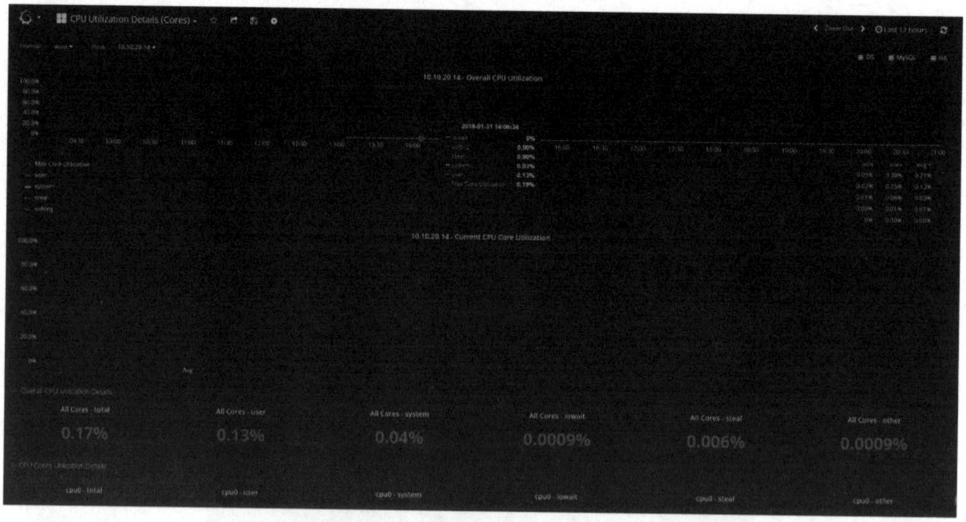

圖 46-17

至此為止，Prometheus+Grafana 的基礎架構（伺服端）已經建置完成，現在準備增加監控節點（用戶端）。

46.3 監控節點部署

46.3.1 增加主機監控

下面以增加 Prometheus 主機（10.10.30.165）監控為例進行介紹。

解壓縮 node_exporter 套裝檔：

```
[root@localhost ~]# tar xf node_exporter-1.0.1.linux-amd64.tar
[root@localhost ~]# mv node_exporter-1.0.1.linux-amd64 node_exporter
```

啟動 node_exporter 程式：

```
[root@localhost ~]# cd node_exporter
[root@localhost node_exporter]# nohup ./node_exporter &
```

配置 Prometheus 主機監控組態清單檔，由於之前在主設定檔 prometheus.yml 已經定義過監控主機的設定檔 host.yml，這裡只需填入主機 IP 位址即可動態生效。

```
[root@localhost node_exporter]# cat /data/prometheus/host.yml
- labels:
    service: test
```

```
targets:
- 10.10.30.165
```

接下來，在 Grafana 頁面就能看到配置的主機，如圖 46-18 所示。

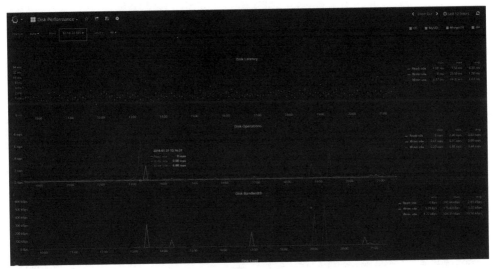

圖 46-18

提示：如果該檔已經配置過 lables，且不需要以獨立的 service 標籤進行標記，則可直接將新增加實例的 IP 位址放到同一個 targets 下，如下所示。

```
[root@localhost mysqld_exporter]# cat /data/prometheus/host.yml
- labels:
    service: test
  targets:
  - 10.10.30.165
  - 10.10.20.14
```

46.3.2 增加 MySQL 監控

新增 MySQL 監控，這裡以增加 MySQL 用戶端主機 10.10.20.14 監控為例進行介紹。

解壓縮 mysqld_exporter 套裝檔：

```
[root@localhost ~]# tar xf mysqld_exporter-0.12.1.linux-amd64.tar
[root@localhost ~]# mv mysqld_exporter-0.12.1.linux-amd64 mysqld_exporter
```

設定監控資料庫的主機 IP 位址、資料庫埠號、資料庫帳號和密碼等環境變數（注意：該帳號要單獨建立，對所有資料庫與資料表需至少具有 PROCESS、REPLICATION CLIENT、SELECT 權限）。

```
[root@luoxiaobo-01 ~]# export DATA_SOURCE_NAME='admin:password@
(10.10.20.14:3306)/'
[root@luoxiaobo-01 ~]# echo "export DATA_SOURCE_NAME='admin:password@
(10.10.20.14:3306)/'" >> /etc/profile
```

啟動 mysqld_exporter 程式：

```
# 由於目前最新版本預設關閉大量的 MySQL 採集項目，必須明確以相關的選項開啟（截至本書寫作時，最新的開發版本可以透過 Prometheus 端的組態項讓 Exporter 端生效，無須在 Exporter 使用大量的啟動選項開啟）
[root@localhost ~]# cd mysqld_exporter
[root@localhost mysqld_exporter]# nohup ./mysqld_exporter --collect.info_
schema.processlist --collect.info_schema.innodb_tablespaces --collect.
info_schema.innodb_metrics  --collect.perf_schema.tableiowaits --collect.
perf_schema.indexiowaits --collect.perf_schema.tablelocks --collect.
engine_innodb_status --collect.perf_schema.file_events --collect.info_
schema.processlist --collect.binlog_size --collect.info_schema.clientstats
--collect.perf_schema.eventswaits &
# 注意，新版本的 mysqld_exporter 可能不支援 --collect.info_schema.processlist 選
項，請自行利用 ./mysqld_exporter --help 查看
```

配置 Prometheus MySQL 監控設定清單檔，由於之前主設定檔 prometheus.yml 已經定義過監控 MySQL 的設定檔 mysql.yml，這裡只需填入主機 IP 位址即可動態生效。

```
[root@localhost mysqld_exporter]# cat /data/prometheus/mysql.yml
- labels:
    service: mysql_test
  targets:
  - 10.10.20.14
```

接下來，Grafana 頁面就能看到配置的 MySQL 實例，如圖 46-19 所示。

圖 46-19

提示：如果該檔已經配置過 lables，且不需要以獨立的 service 標籤進行標記，則可直接將新增加實例的 IP 位址放到同一個 targets 下，如下所示。

```
[root@localhost mysqld_exporter]# cat /data/prometheus/mysql.yml
- labels:
    service: mysql_test
  targets:
  - 10.10.30.165
  - 10.10.20.14
```

46.3.3 監控 Dashboard 切換

根據需求在 Grafana 頁面切換 Dashboard，如圖 46-20 和圖 46-21 所示。

圖 46-20

圖 46-21

現在就能看到監控資料，如圖 46-22 所示。

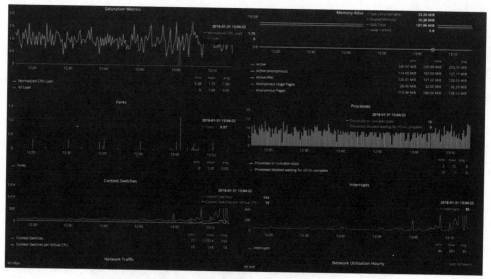

圖 46-22

第 47 章
Percona Toolkit 常用工具詳解

本章部分內容參考自 Percona Toolkit 3.0.12 使用者手冊，多數只介紹可輔助效能排查的常用工具，如有其他需求，請自行查閱相關手冊。

47.1 pt-query-digest

pt-query-digest 工具能夠以慢查詢日誌、普通查詢日誌、binlog 等分析 MySQL 的查詢語句，或者透過 SHOW PROCESSLIST 語句輸出資訊，以及 tcpdump 抓取 MySQL 的協定資料分析其中的查詢語句。預設情況下，分析輸出結果是按照語句產生的指紋值進行分組（去除常數值，對語句進行標準化格式轉換），統計出各查詢語句的執行時間、次數、比例等，然後依照每道語句的查詢時間降冪排列（最慢的查詢最先輸出）。如果在使用 pt-query-digest 時未指定任何輸入檔，則該工具會從 STDIN 取得資料。

- 可將輸出結果直接列印到標準輸出設備，或者保存至歷史資料表供後續審查。

- 可以使用一些篩選參數過濾處理的結果，例如：查看指定時間段、指定語句類型、某個使用者的資訊，甚至進一步篩選 SELECT 語句的查詢類型（如 FULL JOIN）。

用法：

```
pt-query-digest [OPTIONS] [FILES] [DSN]
```

47.1.1 命令列選項

- --ask-pass：連接 MySQL 時會提示輸入密碼。

- --charset, -A：設定資料庫的預設字元集，字串類型，預設值為 utf8。如果保持預設值，則將 Perl 的 binmode 在 STDOUT 設為 utf8、將 mysql_enable_utf8 選項傳遞給 DBD::mysql。連接到 MySQL 伺服器之後執行 SET NAMES UTF8 語句，以修改字元集為該選項指定的 utf8。

- --config：指定以逗號分隔的設定檔列表。如果加上該選項，需要將它放在所有選項之前（作為命令列的第一個選項）。

- --[no]continue-on-error：即使出現錯誤，仍然繼續解析給定的檔案。但是如果累計達到 100 個錯誤，便停止解析（表示 PT 工具可能存在 Bug，或者輸入檔的資訊無效）。該選項預設啟用 --continue-on-error，倘若打算禁用，則可加上 --no-continue-on-error 選項。

- --[no]create-history-table：使用 --history 選項時（表示把解析結果保存到 history 資料表），若 history 資料表不存在，則以該選項來建立。該選項預設啟用 --create-history-table，如果打算禁用，則可加上 --no-create-history-table 選項。

- --[no]create-review-table：使用 --review 選項時（表示把解析結果保存到 review 資料表），若 review 資料表不存在，則以該選項來建立。該選項預設啟用 --create-review-table，如果打算禁用，則可加上 --no-create-review-table 選項。

- --daemonize：以 daemon 方式運行（僅限 POSIX 作業系統）。

- --database, -D：字串類型。指定待連接的資料庫名稱。

- --defaults-file, -F：字串類型。僅從給定的檔案讀取 MySQL 組態參數（需要指定設定檔的絕對路徑）。

- --filter：指定一段 Perl 程式碼字串或包含 Perl 的檔案（無須包含 #!/usr/bin/perl 列），表示將丟棄此 Perl 程式碼未返回 true 的事件資料（也就是説，對於輸入的慢查詢語句，按照指定的字串進行比對過濾後再分析）。執行程式碼時會編譯成類似「sub {$ event = shift; filter && return $event; }」的格式，其中 filter 就是本選項指定的字串值，或者於檔案指定的內容。如果只有一個篩檢程式，或者沒有 if-else 等複雜的判斷邏輯，則可加上 --filter 選項直接在命令列指定 filter 字串；但是，如果存在多個篩檢程式，或者需要使用 if-else 等複雜的判斷邏輯（此時命令列的指定不會生效），便得在檔案中指定，然後以 --filter 選項指示 filter 程式碼從檔案讀取（例如：filter.txt："my $event_ ok; if (...) { $event_ok=1; } else { $event_ok= 0; } $event_ok"，然後加上「--filter filter.txt」從 filter.txt 讀取程式碼）。pt-query-digest 不提供任何程式碼保護措施，所以在編寫篩檢程式時要仔細一些（如果無法編譯篩檢程式碼，則 pt-query-digest 將報錯退出;如果編譯成功,但執行程式碼時發生一些邏輯錯誤，則運行時仍然可能會發生錯誤並退出）。以下是一些篩檢程式碼範例。

- 比對 SELECT 語句：--filter '$event->{arg} =~ m/^select/i'，將被編譯成 sub { $event = shift; ($event->{arg} =~ m/^select/i) && return $event; }。

- 比對 host/IP 位址與 domain.com：--filter '($event->{host} || $event->{ip} || "") =~ m/domain.com/'。有時候 MySQL 會記錄 IP 位址對應的伺服器主機名稱，因此兩者都需要檢查。

- 比對 user 與 john：--filter '($event->{user} || "") =~ m/john/'。

- 檢查 Warning_count 超過 1 個：--filter ' ($event->{Warning_count} || 0) > 1'。

- 查詢執行 Full_scan 或 Full_join：--filter ' (($event->{Full_scan} || "") eq "Yes") || (($event->{Full_join} || "") eq "Yes")'。

- 查詢快取未命中（QC_Hit 為 No）：--filter ' ($event->{QC_Hit} || "") eq "No"'。

- 查詢資料量為 1MB 或更大：--filter '$event->{bytes} >= 1_048_576'。

提示：--filter 選項允許更改 $event 以自訂屬性值，因為不同的 MySQL 版本記錄的慢查詢屬性可能不一樣（例如，Percona Server 記錄的慢查詢比 Oracle MySQL 的慢查詢更詳細，而 MariaDB 記錄的慢查詢又比 Percona Server 的慢查詢更詳細），所以不同版本的慢查詢日誌可能存在不同的屬性值。正因為如此，為了更好的相容性，pt-query-digest 允許修改 $event 建構自訂的篩檢程式。例如，建立一個名為「Lock_ratio」的屬性檢查 Lock_time 與 Query_time 屬性的百分比，並設計一個篩檢程式（並未真正過濾資料，只是增加一個輸出屬性：Lock_ratio），如 --filter '($event->{Lock_ratio} = $event->{Lock_time} / ($event->{Query_time})) && 1'，然後解析結果會輸出類似「# Lock ratio 55.76 0.00 1.00 0.02 0.02 0.07 0.00」的屬性。

 ➢ 除數的屬性值不能為 0，否則執行 pt-query-digest 工具會報錯：Pipeline process 11 (filter) caused an error: Illegal division by zero at...。

 ➢ 如果在給定的原始檔案遇到不存在的屬性，則會報錯：Pipeline process 11 (filter) caused an error: Use of uninitialized value in division (/)

at...。

> pt-query-digest 工具根據事件解析慢查詢，這只是其中的一種模式。

> 可在任何選項使用自訂 $event 建構的屬性，如 --order-by 選項。

- --group-by：陣列類型。按照事件的哪個屬性來分組，預設值為 fingerprint（SQL 語句去除常數值之後的標準化格式語句）。通常，可以根據查詢語句的任何屬性分組查詢到不同的類別，例如 --group-by=user 或 --group-by=db，這時將按照 user 或 db 分組統計解析結果，以便直觀地展現哪些使用者或資料庫消耗最多的 Query_time。--group-by 選項允許同時指定多個值，例如 --group-by=fingerprint,user,db，輸出結果將依序以 fingerprint、user 和 db 三個屬性分組統計給定的資料來源。並不是按照這三個屬性混合分組，而是相當於分別依照三個屬性各自做了一遍分組統計。下面是三個預設的定義屬性（注意，日誌資料來源並沒有真實對應的屬性值）。

  ■ fingerprint：按照 SQL 語句去除常數值之後的標準化格式語句進行分組統計（與 performance_schema 記錄的標準化語句類似）。

  ■ tables：按照單資料表名稱進行分組統計。注意，包含兩個或多個資料表的查詢語句會被重覆統計（有多少資料表就重覆多少次）。所以，對於多資料表查詢的語句，不建議採用該屬性做分組統計。

  ■ distill：這是一種超級指紋，比 fingerprint 更簡短，例如 INSERT SELECT sbtest?，其中「?」代表數字，如果沒有對應的資料表，則按照「INSERT SELECT sbtest」格式進行分組統計。

- --help：列印説明資訊。

- --history：DSN 類型。將分析結果保存到資料表，分析結果比較詳細，當下次使用 --history 選項時，如果存在相同的語句，且查詢所在的時間區間和歷史資料表不同，便記錄到資料表中。可以查詢同一個 checksum，比較某類型查詢的歷史變化。預設資料表名稱為 percona_schema.query_history。允許以 DSN 的 D 選項指定資料庫（D）和 t 選項指定資料表（t），以覆蓋預設值。另外，除非加上 --no-create-history-table 選項，否則，如果指定的資料表不存在，便將自動建立資料庫和資料表。在歷史資料表中，不同日誌資料來源必需的共用欄位有 checksum 和 sample，其餘的欄位名稱都是「屬性值_度量值」的格式（例如 Query_time_min 欄位的前綴 Query_time 表示屬性名稱，後綴 min 表示度量值，表示儲存 Query_time 屬性的最小值。這些欄位的後綴（也就是度量值）包括 pct|avg|cnt|sum|min|max|pct_95|stddev|median|rank），不同

日誌資料來源只會用到其中的部分欄位儲存分析資料。完整的 history 資料表結構詳見「47.1.2 實戰展示」一節。

- --host, -h：字串類型，表示待連接的 MySQL 主機。

- --ignore-attributes：陣 列 類 型， 預 設 值 為 arg、cmd、insert_id、ip, port、Thread_id、timestamp、exptime、flags、key、res、val、server_id、offset、end_log_pos、Xid，表示在分組統計時忽略這些屬性（有時候某些屬性不需要或不能做為聚合的中繼資料，並不代表它們不是查詢指標）。

- --inherit-attributes：陣列類型，預設值為 db, ts。解析日誌資料來源的內容時，如果某個事件缺少某個屬性，便從最近一個具有這些屬性的事件繼承。例如，如果一個事件的 db 屬性值為「foo」，但是下一個事件沒有 db 屬性，那麼它會從擁有 db 屬性的事件繼承該屬性，亦即下一個事件的 db 屬性值也為「foo」。

- --interval：浮點數類型，預設值為 .1，單位為秒（s），表示在 1s 內輪詢執行 10 次 SHOW PROCESSLIST 語句（加上 --processlist 選項時有效）。

- --iterations：整數類型，預設值為 1，表示整體的列印次數。如果為 0，則會無限次地一直輸出，列印間隔時間為 --run-time 選項指定的時間。

- --limit：陣列類型，預設值為 95%:20，表示將輸出限制為給定的百分比或數量。如果只設為整數值，則僅列印前 N 個最差查詢；如果只給定百分比（一個整數後跟上「%」符號），則列印最差查詢的百分比（按照排序後的內容，輸出到滿足百分比之後截止）。如果百分比後加上冒號和整數值（如預設值 95%:20），則輸出最大百分比或整數值指定數字的查詢，相當於兩個條件門檻值，以先到者為準。該選項實際上是一個以逗號分隔的陣列，其值與 --group-by 選項的每個值一一對應。如果在 --group-by 選項指定多個值，而於 --limit 選項沒有對應的限制值，則預設的限制值為 95%（例如 --group-by=user,db --limit=95%:20，那麼當按照 db 屬性分組統計時，只列印最差查詢的 95%）。

- --log：字串類型。採用 daemon 方式（加上 --daemonize 選項）時，將所有輸出資訊列印到該選項指定的檔案中。

- --max-hostname-length：整數類型，預設值為 10，表示將輸出 Hosts 屬性列的主機名稱字串裁剪為此長度。若指定為 0，代表不修剪（如果 Databases 屬性列有多個資料庫，則會受此選項影響）。

- --max-line-length：整數類型，預設值為 74，表示將輸出 Hosts 屬性列的長度修剪為指定的字元個數。若指定為 0，則表示不修剪。

- --order-by：陣列類型，預設值為 Query_time:sum，表示按照此屬性和彙總函數對事件進行排序。多個屬性之間以逗號分隔，其值必須與 --group-by 選項的每個值一一對應。如果 --group-by 選項多餘的項目，在 --order-by 中未指定排序屬性和彙總函數，則預設為 Query_time:sum。通常，有效的彙總函數有 sum（求和前綴屬性值）、min（取前綴屬性的最小值）、max（取前綴屬性的最大值）、cnt（對前綴屬性進行計數）。例如，預設值 Query_time:sum 表示在查詢分析結果按照總查詢時間（執行時間）進行排序；Query_time:max 表示在查詢分析結果按照最大查詢執行時間進行排序，因此具有最大 Query_time 的查詢語句會優先輸出；Query_time:cnt 表示在查詢分析結果按照查詢頻率進行排序（對於 cnt 彙總函數，Query_time 屬性可有可無，甚至可以指定任何屬性，cnt 輸出的結果都相同。因為某些日誌資料來源不具有 Query_time 屬性，所以這裡只有 cnt 彙總函數才有意義。例如普通查詢日誌）。查詢分析結果有一列 Count 值，表示查詢分析結果中每道語句的 Count 屬性（當 --order-by 選項指定「任意值 :cnt」時，便使用該 Count 值進行排序）。

- --outliers：陣列類型，預設值為 Query_time:1:10。以冒號分隔的三項分別表示屬性值字串、列印 95% 的內容（表示在滿足門檻值的情況下，輸出 95% 的內容）和次數（可選值，與屬性的 cnt 聚合值進行比較）。多個選項值之間使用逗號隔開。例如，Query_time:60:5 表示在列印的分組統計結果中，95% 的 Query_time 屬性值至少為 60s，且查詢至少執行 5 次（無論 --limit 選項如何取值，都必須滿足 --outliers 選項指定的值）。--outliers 選項與 --limit 選項類似，其值要與 --group-by 選項的每個值一一對應。如果有 --outliers 選項未指定的 --group-by 選項值，則採用預設值。

- --output：字串類型，預設值為 report，表示如何格式化輸出查詢分析結果。有效值為 report（標準的分組統計分析列印格式，也是預設格式）、slowlog（按照 MySQL 慢查詢日誌格式列印，基本上相當於按照時間順序）、json（按照 JSON 格式列印每個查詢統計結果，所有的慢查詢結果輸出為一個 JSON 格式陣列）、json-anon（與 json 格式相比，結果集去掉了以 example 開頭的原始語句，可說是更安全）、secure-slowlog（與 slowlog 格式相比，語句中的常數、數值等敏感性資料改以「?」代替）。如果要將分析結果儲存至資料表，則可使用 --no-report 選項禁用標準輸出邏輯（雖然打算保存到資料表，

但是如果不使用 --no-report 選項，則仍然會執行部分標準輸出邏輯程式碼，這是不必要的開銷，因此建議加上此選項）。

- --password, -p：字串類型，連接資料庫實例時的密碼。如果密碼包含逗號，則得使用反斜線進行轉義，例如 exam\,ple。

- --pid：字串類型，表示啟動 pt-query-digest 工具時建立一個指定的 PID 檔。如果啟動時發現指定的 PID 檔已經存在，其包含的 PID 與目前 PID 不同，而且 pt-query-digest 工具正在運行，便不啟動該工具。但是如果 PID 檔案已經存在，而且 pt-query-digest 工具不再運行，就使用目前 PID 覆蓋之前的 PID。下一次 pt-query-digest 工具正常退出時，將自動刪除 PID 檔。

- --port, -P：整數類型，用來指定連接資料庫實例的埠號。

- --preserve-embedded-numbers：在指紋中保留資料庫 / 資料表名稱中的數字（標準的 fingerprint 方法會替換其中的數字為「?」，使得 SELECT * FROM db1.table2 之類的查詢語句格式化為 SELECT * FROM db?.table?。加上此選項之後，查詢語句會保留數字，然後變為「SELECT * FROM db1.table2」）。

- --processlist：DSN 類型。輪詢 DSN 指定實例中的處理程序清單，執行 SHOW PROCESSLIST 語句的頻率由 --interval 選項決定，列印時間間隔則由 --run-time 選項指定。如果連接資料庫實例失敗，則 pt-query-digest 工具會嘗試每秒重新連接一次。

- --read-timeout：等待一個輸入事件的逾時時間。預設值為 0，表示永遠等待。該選項不適用以 --processlist 選項指定的資料登錄類型。如果在達到指定時間後未收到事件資料，便停止讀取輸入資訊。此選項需要 Perl POSIX 模組支援。

- --[no]report：預設啟用該選項，表示會列印每個 --group-by 屬性的查詢分析統計。這是標準的慢查詢日誌分析功能。如果不需要輸出查詢分析統計（例如，利用 --review 或 --history 選項把分析結果記錄到資料表），那麼最好使用 --no-report 選項，因為這樣可以讓工具跳過一些開銷大的無用操作。

- --report-format：陣列類型，預設值為 usage、date、hostname、files、header、profile、query_report、prepared，表示在查詢分析結果輸出下列分段資訊。

```
## usage 部分，表示 CPU 和記憶體的使用資訊
# 10s user time, 300ms system time, 31.12M rss, 211.86M vsz

## date 部分，表示目前時間資訊
```

```
# Current date: Fri Oct 5 21:54:05 2020
```

hostname 部分，表示執行 pt-query-digest 工具的伺服器主機名稱
```
# Hostname: localhost.localdomain
```

files 部分，表示輸入的日誌資料原始檔案
```
# Files: /data/mysqldata1/slowlog/slow-query.log
```

header 部分，表示整個分析結果的彙總資訊
```
# Overall: 3.69k total, 140 unique, 0.00 QPS, 0.00x concurrency _____
# Time range: 2020-08-05T01:20:23 to 2020-09-30T22:11:35
# Attribute total min max avg 95% stddev median
# ============= ======= ======= ======= ======= ======= ======= =======
# Exec time 13823s 4us 753s 4s 10s 17s 1s
# Lock time 547s 0 202s 148ms 16ms 5s 7ms
# Rows sent 2.22M 0 1.02M 632.24 8.91 23.07k 0
# Rows examine 406.20M 0 98.23M 112.79k 49.17 2.19M 0
# Query size 1.29G 0 511.86k 366.16k 509.78k 230.00k 509.78k
```

profile 部分，表示彙總展示所有分組統計的查詢語句
```
# Profile
# Rank Query ID Response time Calls R/Call V/M I
# ==== ================== ================ ===== ======== ===== =
# 1 0x8ED4A1775B8BF7E2A1EFA35... 8069.5511 58.4% 2638 3.0590 5.67 INSERT
sbtest?
# 2 0x5A735CF5F33065C27620BFB... 1041.5610 7.5% 7 148.7944 70.07 CALL sys.
ps_trace_thread
......
# MISC 0xMISC 351.2376 2.5% 207 1.6968 0.0 <119 ITEMS>
```

query_report 部分，分別列出每一道查詢語句的分組統計資訊
```
# Query 1: 1.56 QPS, 4.78x concurrency, ID 0x8ED4A1775B8BF7E2A1EFA356C8F3E
DBF at byte 1008380028
# This item is included in the report because it matches --limit.
# Scores: V/M = 5.67
# Time range: 2020-09-18T20:58:20 to 2020-09-18T21:26:28
# Attribute pct total min max avg 95% stddev median
# ============= === ======= ======= ======= ======= ======= ======= =======
# Count 71 2638
# Exec time 58 8070s 1s 59s 3s 10s 4s 2s
# Lock time 4 27s 6ms 395ms 10ms 18ms 12ms 8ms
# Rows sent 0 0 0 0 0 0 0 0
# Rows examine 0 0 0 0 0 0 0 0
# Query size 99 1.29G 511.85k 511.86k 511.86k 509.78k 0.01 509.78k
# String:
# Databases sbtest
# Hosts 127.0.0.1
```

```
# Users qbench
# Query_time distribution
# 1us
# 10us
# 100us
# 1ms
# 10ms
# 100ms
# 1s  #################################################################
# 10s+ ###
# Tables
# SHOW TABLE STATUS FROM 'sbtest' LIKE 'sbtest1'\G
# SHOW CREATE TABLE 'sbtest'.'sbtest1'\G
......

## prepared 部分，針對 prepare 語句的輸出部分
```

- --report-histogram：字串類型，預設值為 Query_time，表示繪製此屬性的分佈圖（長條圖）。分佈圖僅限於根據性（例如，繪製 Rows_examined 屬性的分佈圖，將產生無用的長條圖），長條圖（純文字）看起來如下所示：

```
# Query_time distribution
# 1us
# 10us
# 100us
# 1ms
# 10ms #########################
# 100ms ###############################################################
# 1s ########
# 10s+
```

- --resume：字串類型。如果指定該選項（需同時加上檔名），則 pt-query-digest 工具會將最後一個給定的輸入檔偏移位置（如果有的話）寫入指定的檔案。當下次使用此選項的相同值執行時（輸入檔相同），該工具將從上次指定的檔案讀取最後一個檔案的偏移量，在日誌尋找該位置，並從該位置繼續往後解析事件，相當於中斷點續解。當給定的日誌資料原始檔案龐大，而且又沒有切割時，這個選項比較有用（避免重覆解析）。

- --review：DSN 類型。把分析結果儲存到 DSN 選項指定的資料表，以供後續查看（--review 選項使得 review 資料表記錄的語句是唯一的，不會重覆。但是每次解析不同的日誌資料來源時，如果有重覆句，則會更新資料表的語句分析資料），預設資料表名稱為 percona_schema.query_review，但可使用資料庫（D）和資料表（t）DSN 選項覆蓋預設的資料庫、資料表名稱。除非加

上 --no-create-review-table 選項，否則，若資料表不存在時會自動建立；如果
需要手動建立，則資料表必須包含下列欄位（可根據特殊目的增加其他欄位，
但是 pt-query-digest 不會使用這些額外的欄位，也不影響其正常運行）。

```
CREATE TABLE IF NOT EXISTS query_review (
checksum CHAR(32) NOT NULL PRIMARY KEY,
fingerprint TEXT NOT NULL,
sample TEXT NOT NULL,
first_seen DATETIME,
last_seen DATETIME,
reviewed_by VARCHAR(20),
reviewed_on DATETIME,
comments TEXT
)
```

```
# 上述欄位記錄的資訊涵義
## checksum：查詢語句指紋的 64 位元字串的 checksum 值
## fingerprint：查詢語句的指紋字串（標準化轉換之後的語句）
## sample：查詢語句分類的範例查詢文字
## first_seen：此分類查詢語句的最小時間戳記
## last_seen：此分類查詢語句的最大時間戳記
## reviewed_by：初始值為 NULL，一旦設定後，則跳過查詢
## reviewed_on：初始值為 NULL，目前未使用
## comments：初始值為 NULL，目前未使用
# 注意：在 pt-query-digest 工具執行解析時，fingerprint 才是真正的主鍵（當指定 --group-
by 為 fingerprint 時，便使用這個值做為分組聚合統計事件資訊；否則，fingerprint 值就沒有作用）
，checksum 只是該資料表的主鍵
```

- --run-time：指定列印資訊的間隔時間，不指定表示以預設值持續列印（可按
  「Ctrl+C」快速鍵中斷）。該選項需要結合 --iterations 選項（預設值為 1）。
  這兩個選項一起指定執行收集次數（--iterations）和列印間隔時間（--run-
  time）。例如，透過連續輸入（如 STDIN 或 --processlist）指定「--iterations
  4 --run-time 15m」，則 pt-query-digest 工具會一共運行 1 小時（15 分鐘
  ×4），每隔 15 分鐘列印 1 次，一共列印 4 次。

- --slave-user：字串類型，連接到備援資料庫的帳號。請注意，該帳號必須同
  時存在於同一個複製架構下所有的備援資料庫中。

- --slave-password：字串類型，設定連接到備援資料庫的密碼。與 --slave-user
  選項一起使用，並且在同一個複製架構下所有的備援資料庫中，密碼必須相
  同。

- --set-vars：陣列類型，設定 MySQL 變數值，格式為以逗號分隔的「variable
  = value」。預設情況下，pt-query-digest 工具的 WAIT_TIMEOUT = 10000，

但是可以利用該選項覆蓋預設值。例如，指定「--set-vars wait_timeout = 500」，500 會取代預設值 10000。如果無法設定變數值，則該工具會輸出警告資訊，然後繼續執行。

● --since：字串類型，僅解析指定時間之後發生的慢查詢日誌資訊（忽略指定時間之前的慢查詢日誌）。有效值如下。

■ 帶有可選後綴的簡單時間值 N：N [shmd]，其中 s=seconds、h=hours、m=minutes、d=days（如果不給定時間單位，則預設值為 s）。

■ 完整日期 YYYY-MM-DD [HH:MM:SS]：年、月、日必填，時、分、秒可選。

■ 短日期格式，MySQL 格式的日期：YYMMDD [HH:MM:SS]。

■ MySQL 支援的任何時間運算式，例如 CURRENT_DATE - INTERVAL 7 DAY。

➢ 如果列出一個 MySQL 時間運算式，則得同時使用 --explain、--processlist 或 --review 選項指定 DSN 值，以便 pt-query-digest 工具能夠連接到 MySQL 執行該運算式。

➢ MySQL 時間運算式會包含於 SELECT UNIX_TIMESTAMP() 之類查詢的 expression 部分，因此請確保運算式在此查詢中有效。例如，不要使用包含 UNIX_TIMESTAMP() 函數的運算式，因為 UNIX_TIMESTAMP (UNIX_TIMESTAMP()) 將返回 0。

➢ 假定事件按時間順序排列，當使用 --since 選項指定時間之後，PT 工具只會從該時間往後讀取。如果有較新時間的事件寫到 --since 選項指定的時間之前，便忽略該事件，但實際上該事件是新的時間。

● --socket, -S：字串類型，指定將要連接實例的通訊端檔案。

● --timeline：使用 pt-query-digest 工具列印另一種格式的報告，亦即事件的時間線。每個查詢仍然會先按照 --group-by 分組和聚合，然後依照時間順序輸出統計資訊。該時間線報告將顯示每道分類語句的時間戳記、間隔時間、執行次數和經過標準化格式轉換後的語句。如果只需要時間線報告，則可加上 --no-report 選項禁止顯示預設的查詢分析報告（只輸出時間線部分內容）。例 如 pt-query-digest/data/mysqldata1/slowlog/slow-query.log --timeline --no-report，將列印類似下列的內容。

```
# fingerprint report
# ####################################################################
```

```
# 2020-08-05T01:20:23 0:00 1 show variables like ?
# 2020-08-05T01:20:23 0:00 1 show databases like ?
# 2020-08-05T01:20:23 0:00 1 show tables from 'luoxiaobo' like ?
```

- --type：陣列類型，預設值為 slowlog，表示待解析的輸入日誌資料來源類型。有效值如下。

  - binlog：待解析的日誌資料來源類型為 binlog（binlog_format 必須記錄為 statement 格式，PT 工具才能正常解析），PT 工具無法直接解析 binlog 的二進位格式，需要先以 mysqlbinlog 轉換為文字格式。例如 mysqlbinlog mysql-bin.000441 > mysql-bin.000441.txt; pt-query-digest --type binlog mysql-bin. 000441.txt。

  - genlog：待解析的日誌資料來源類型為普通查詢日誌。這類日誌缺少很多「屬性」，特別是 Query_time。普通查詢日誌預設的 --order-by 選項會被更改為 Query_time:cnt（如果該日誌記錄了複雜的查詢語句，則可能解析失敗，此時可以使用 rawlog 值從普通查詢日誌解析出部分有效資訊，但是可能會報出一些錯誤）。

  - slowlog：待解析的日誌資料來源類型為慢查詢日誌。

  - tcpdump：待解析的日誌資料來源類型為網路資料封包（MySQL 用戶端協定封包），PT 工具無法直接抓取資料封包，需要先透過 tcpdump 工具抓取，然後再使用 PT 工具解析。例如 tcpdump -s 65535 -x -nn -q -tttt -i any -c 1000 port 3306 > mysql.tcp.txt; pt-query-digest --type tcpdump mysql.tcp.txt。下面針對 tcpdump 工具進行簡要説明。

    - -c 選項用來指定在捕獲一些資料封包之後便停止，這對於測試 tcpdump 命令非常有用。但是請注意，tcpdump 無法捕捉 UNIX 通訊端的流量，只有 TCP/IP 流量封包。

    - tcpdump 輸出將自動檢測在埠號 3306 運行的所有 MySQL 伺服器。因此，如果 tcpdump 抓取結果包含多台伺服器 3306 埠號的資料封包（例如 10.0.0.1:3306、10.0.0.2:3306 等），那麼將一起解析這些伺服器的所有資料封包，就像它們是一台伺服器（不區分 IP 位址）一樣。如果正在分析未於埠號 3306 運行的 MySQL 伺服器的流量，建議參閱 --watch-server 選項。請注意，解析 tcpdump 輸出時，pt-query-digest 工具可能無法回報資料庫資訊。因為如果未抓取到用戶端的執行語

句，那麼 pt-query-digest 工具就無法發現資料庫。另外，tcpdump 無法檢查和解碼 SSL 加密的流量。

- rawlog：原始日誌，它不是 MySQL 日誌，而是原始的 SQL 語句文字檔（由於原始日誌沒有任何屬性指標，因此 pt-query-digest 工具的很多選項和功能都不適用。例如輪詢執行 SHOW PROCESSLIST 語句並取得資訊）。rawlog 指的就是記錄原始語句的文字資訊，如下所示：

```
SELECT c FROM t WHERE id=1
/* Hello, world! */ SELECT * FROM t2 LIMIT 1
INSERT INTO t (a, b) VALUES ('foo', 'bar')
INSERT INTO t SELECT * FROM monkeys
```

- --until：字串類型，僅解析早於此時間的查詢內容（直到此時間結束）。該選項的有效值可以參考 --since 選項。

- --user, -u：字串類型，指定待連接資料庫實例的帳號。

- --version：顯示版本資訊。

- --[no]version-check：預設啟用。檢查 Percona Toolkit、MySQL 和其他程式的最新版本。這是標準的自動檢查更新功能，它具有兩個附加目的。首先，它檢查自己的版本，以及作業系統版本、Percona 監控和管理（PMM）程式版本、MySQL 版本、Perl 版本、Perl 的 MySQL 驅動程式（DBD::mysql）版本和 Percona Toolkit 版本。其次，它檢查已知存在問題的版本並發出警告。例如，MySQL 5.5.25 有一個嚴重錯誤，已重新發佈為 5.5.25a，它完成與 Version Check 資料庫伺服器的安全連接以執行這些檢查。伺服器記錄每個請求，包括軟體版本和已檢查系統的唯一 ID。該 ID 由 Percona Toolkit 安裝腳本產生，或者第一次完成 Version Check 資料庫呼叫時產生。正常輸出檢查結果之前，任何更新或已知問題都會輸出到 STDOUT。此功能不應干擾工具的正常運作，如果不需要，則可加上 --no-version-check 選項將其關閉。

- --[no]vertical-format：預設啟用。在報告的 SQL 查詢文字尾部加上「\G」。如果不需要，則可加上 --no-vertical-format 選項將其關閉。

- --watch-server：字串類型。告訴 pt-query-digest 解析 tcpdump 抓取的協定文字資料時，只查看指定伺服器 IP 位址和埠號（例如 10.0.0.1:3306），然後忽略其他伺服器。但如果沒有指定，則 pt-query-digest 會透過埠號 3306 或「mysql」關鍵字找尋任意 IP 位址，以解析所有伺服器的封包資料。如果 MySQL 使用非標準的 3306 埠號，則 PT 工具便無法讀取到正確的資料，因

此必須指定待監視的 IP 位址和埠號（若有混合分析資料封包的需求，但部分實例使用標準的 3306 埠號，部分使用非標準的埠號，則得分開以 tcpdump 抓取封包，然後分別使用 PT 工具分析）。

- DSN 選項：DSN 選項的每一項都使用「option = value」格式。選項區分大小寫（例如，P 和 p 是不同的選項）。在「=」之前或之後不能有空格，如果值中包含空格，必須加上引號。DSN 選項之間以逗號隔開，有效的 DSN 選項如下。

  - A：指定預設字元集。

  - D：指定待連接的資料庫名稱，連接 MySQL 時使用預設資料庫。

  - F：僅讀取給定的設定檔。

  - H：待連接的 MySQL 實例主機。

  - p：連接到 MySQL 實例的密碼。如果密碼包含逗號，則得使用反斜線進行轉義，例如 exam\,ple。

  - P：待連接 MySQL 實例的埠號。

  - S：待連接 MySQL 實例的 Socket 檔。

  - t：指定使用 --review 或 --history 選項列出的資料表名稱。

  - u：指定待連接 MySQL 實例的帳號。

- 事件通用屬性（tcpdump 除外），主要結合 --filter 過濾事件。

  - arg：查詢語句文字（原始 SQL 語句），或者 Ping 等管理命令。

  - bytes：arg 屬性的位元組長度。

  - cmd：語句類型，即 Query 或 Admin。

  - db：目前資料庫，該值來自 USE 資料庫語句。預設情況下，Schema 是一個別名，它會自動更改為「db」。

  - fingerprint：抽象形式的查詢語句（標準化轉換格式）。

  - host：執行查詢的用戶端主機。

  - pos_in_log：日誌或 tcpdump 中事件的位元組偏移量，使用 --processlist 選項除外。

  - Query_time：查詢花費的整體時間，包括鎖時間。

- ts：查詢結束時的時間戳記。

- 慢查詢日誌、普通查詢日誌、binlog 的可用屬性：可利用「pt-query-digest slow.log --filter 'print Dumper $event' --no-report --sample 1」命令查看。

```
$VAR1 = {
Query_time => '0.033384',
Rows_examined => '0',
Rows_sent => '0',
Thread_id => '10',
Tmp_table => 'No',
Tmp_table_on_disk => 'No',
arg => 'SELECT col FROM tbl WHERE id=5',
bytes => 103,
cmd => 'Query',
db => 'db1',
fingerprint => 'select col from tbl where id=?',
host => '',
pos_in_log => 1334,
ts => '071218 11:48:27',
user => '[SQL_SLAVE]'
};
```

- TCPDUMP：解析「--type tcpdump」時的可用屬性。

  - Error_no：如果查詢發生錯誤，則代表 MySQL 錯誤號。

  - ip：用戶端的 IP 位址。某些日誌檔也可能包含此屬性，所以並不是 tcpdump 日誌資料來源特有的屬性。

  - No_good_index_used：表示查詢是否有好的索引（由 MySQL 伺服器設定的標誌），有效值為 Yes 或 No。

  - No_index_used：表示查詢是否使用索引（由 MySQL 伺服器設定的標誌），有效值為 Yes 或 No。

  - port：用戶端連接資料庫實例使用的埠號。

  - Warning_count：由 SHOW WARNINGS 語句列印的警告數量。

- PROCESSLIST：如果加上 --processlist 選項，則除了事件通用屬性外，還可以為處理程序 ID 的 id 屬性。

提示：使用類似 --filter 的選項時，建議先檢查給定日誌資料來源的事件是否已定義指定的屬性；否則，篩檢程式可能會報出「use of uninitialized value」錯誤導致崩潰。可以加上 --filter 選項列印任何日誌資料來源的所有有效屬性，以利於檢查，

例如檢查慢查詢日誌的有效屬性（不需要指定 --type 選項），pt-query-digest slow.log --filter 'print Dumper $event' --no-report --sample 1。

47.1.2 實戰展示

1. 解析慢查詢日誌

解析命令（將解析結果重新導向到檔案，方便查看）：

```
[root@localhost ~]# pt-query-digest /data/mysqldata1/slowlog/slow-query.log > slow_report.log
......
```

輸出結果的第一部分（命令列選項 --report-format 的 usage、date、hostname、files、header 部分）如下：

```
## usage 部分，表示 CPU 和記憶體的使用資訊
# 7.1s user time, 670ms system time, 34.77M rss, 245.84M vsz

## date 部分，表示目前時間資訊
# Current date: Wed Aug  2 13:45:22 2020

## hostname 部分，表示執行 pt-query-digest 工具的伺服器主機名稱
# Hostname: luoxiaobo-01

## files 部分，表示輸入的日誌資料原始檔案
# Files: /home/mysql/data/mysqldata1/slowlog/slow-query.log

## header 部分，表示整個分析結果的彙總資訊
# Overall: 2.58k total, 10 unique, 0.00 QPS, 0.00x concurrency _____
# Time range: 2020-07-06T01:49:10 to 2020-07-26T15:57:45
# Attribute      total     min     max     avg     95%  stddev  median
# ============   =======  ======  ======= =======  ======  =======  =======
# Exec time       4629s      1s     18s      2s      3s   847ms      2s
# Lock time         12s       0    33ms     5ms    13ms     6ms   103us
# Rows sent       1.55M       0   1.55M  631.30    1.96   30.84k    1.96
# Rows examine  443.30M       0   4.78M 176.15k 201.74k 522.20k 174.27k
# Query size    487.11M       6 511.86k 193.56k 509.78k 247.11k  158.58
```

對 header 部分的輸出結果說明如下。

- Overall：總共有多少個查詢，本例有 2.58k（2580）個查詢。

- Time range：查詢執行的時間範圍。請注意，MySQL 5.7 版本的時間格式不同於之前的版本。

- Unique：唯一查詢數量，亦即對查詢準則進行參數化以後，總共有多少個不同的查詢。該例為 10 個。

- Attribute：如上述結果片段所示，表示 Attribute 行描述的 Exec time、Lock time 等屬性名稱。

  - total：表示 Attribute 行描述的 Exec time、Lock time 等屬性的統計數值。

  - min：表示 Attribute 行描述的 Exec time、Lock time 等屬性的最小值。

  - max：表示 Attribute 行描述的 Exec time、Lock time 等屬性的最大值。

  - avg：表示 Attribute 行描述的 Exec time、Lock time 等屬性的平均值。

  - 95%：表示 Attribute 行描述的 Exec time、Lock time 等屬性的所有值從小到大排列，然後取位於 95% 位置的數值（需重點關注這個值）。

  - stddev：標準差，用於數值的分佈統計。

  - median：表示 Attribute 行描述的 Exec time、Lock time 等屬性的中位數，亦即把所有值從小到大排列，取位於中間的數值。

輸出結果的第二部分（命令列選項 --report-format 的 profile 部分）如下：

```
## profile 部分，表示彙總示範所有分組統計的查詢語句
# Profile
# Rank Query ID              Response time     Calls R/Call V/M   Item
# ==== ==================== ================ ===== ====== ===== ==============
#    1 0x0680599896881210   2626.2663 56.7%   1549 1.6955  0.10 SELECT sbtest.
sbtest?
#    2 0xA1EFA356C8F3EDBF   1743.3903 37.7%    974 1.7899  0.30 INSERT sbtest?
#    3 0x999ECD050D719733    192.9634  4.2%     30 6.4321  0.46 SELECT sbtest?
#    6 0xE96B374065B13356     16.7247  0.4%     12 1.3937  0.02 UPDATE sbtest?
# MISC 0xMISC                 49.6920  1.1%     12 4.1410   0.0 <6 ITEMS>
```

profile 部分的輸出結果説明如下。

這部分對查詢進行參數化與分組，然後分析各類查詢的執行情況，結果按照總執行時間從大到小排列。

- Rank：查詢產生的數字編號，表示該分類語句在整個分析結果集的排名。

- Query ID：查詢產生的隨機字串 ID（根據指紋語句產生的 checksum 隨機字串）。

- Response time：該查詢整體的回應時間，以及佔所有查詢整體回應時間的百分比。

- Calls：查詢的執行次數，亦即本次分析總共有多少道這種類型的查詢語句。

- R/Call：查詢平均每次執行的回應時間。

- V/M：回應時間的變異數與均值的比值。

- Item：具體的查詢語句物件（標準化格式轉換後的語句形式：去掉具體的 select 欄位和資料表名稱、where 條件等）。

輸出結果的第三部分（命令列選項 --report-format 的 query_report 部分）如下：

```
## query_report 部分，分別列出每個唯一查詢語句的分組統計資訊
# Query 1: 0.00 QPS, 0.01x concurrency, ID 0x0680599896881210 at byte 511080443
# This item is included in the report because it matches --limit.
# Scores: V/M = 0.10
# Time range: 2020-07-06T06:06:25 to 2020-07-10T17:44:04
# Attribute    pct   total     min      max     avg      95%  stdev  median
# ============ === ======= ======= ======= ======= ======= ======= =======
# Count         60    1549
# Exec time     56   2626s      1s       3s      2s      2s   410ms      2s
# Lock time      0   116ms     4us    259us    74us   138us    32us    57us
# Rows sent      0   2.98k       0        2    1.97    1.96    0.24    1.96
# Rows examine  65 289.96M  95.06k 231.18k 191.68k 201.74k  13.03k 192.13k
# Query size     0 249.48k     164      165  164.92  158.58    0.00  158.58
# String:
# Databases    sbtest
# Hosts        localhost
# Users        admin
# Query_time distribution
#   1us
#  10us
# 100us
#   1ms
#  10ms
# 100ms
#   1s   ################################################################
#  10s+
# Tables
#    SHOW TABLE STATUS FROM 'sbtest' LIKE 'sbtest1'\G
#    SHOW CREATE TABLE 'sbtest'.'sbtest1'\G
# EXPLAIN /*!50100 PARTITIONS*/
SELECT /*!40001 SQL_NO_CACHE */ 'id' FROM 'sbtest'.'sbtest1' FORCE INDEX
('PRIMARY') WHERE (('id' >= '2354596')) ORDER BY 'id' LIMIT 227984, 2 /*next
chunk boundary*/\G
```

query_report 部分的輸出結果說明如下。

該部分按照語句執行的總時間，從大到小依序列印每道語句的相關統計資訊，這裡只以一道語句為例進行説明。

- Time range：查詢執行的時間範圍。請注意，MySQL 5.7 版本的時間格式不同於之前的版本。

- Attribute：如上述結果片段所示，表示 Attribute 行描述的 Count、Exec time、Lock time 等屬性名稱。

  - pct：表示該分組語句（指上述片段中「Query 1」代表的分組語句，EXPLAIN... 關鍵字下面有具體的語句樣本。另外，在上述的片段中，如 total、min 等計算值都是針對該語句分組，下文便不再贅述）的 total 值（該分組語句的統計值）與統計樣本中所有語句統計值的比例。

  - total：表示 Attribute 行描述的 Count、Exec time、Lock time 等屬性的統計值。

  - min：表示 Attribute 行描述的 Exec time、Lock time 等屬性的最小值。

  - max：表示 Attribute 行描述的 Exec time、Lock time 等屬性的最大值。

  - avg：表示 Attribute 行描述的 Exec time、Lock time 等屬性的平均值。

  - 95%：表示語句對應的 Exec time、Lock time 等屬性值從大到小排序之後，位於 95% 位置的數值（需重點關注這個值）。

  - stddev：標準差，用於數值的分佈統計。

  - median：代表對應屬性值的中位數，將所有值從小到大排列，取位於中間的數值。

  - Databases：資料庫名稱。

  - Users：各個使用者執行的次數（比例）。

  - Query_time distribution：查詢時間分佈，由「#」字元表示的長短，體現出語句執行時間的比例區間。從上述結果片段中得知，執行時間在 1s 左右的查詢數量佔了絕大多數。

  - Tables：使用查詢語句涉及的資料表，產生用來查詢資料表統計資訊和結構的 SQL 語句。

  - EXPLAIN：表示查詢語句的樣本（方便複製出來查詢執行計畫。請注意，該語句並不是隨機產生，而是分組語句中最差的查詢 SQL 語句）。

2. 解析 binlog

解析命令（將解析結果重導向到檔案，方便查看）：

```
# 首先以 mysqlbinlog 命令解析 binlog 檔
[root@localhost binlog]# mysqlbinlog -vv mysql-bin.000462 > parse_binlog.txt

# 然後以 pt-query-digest 工具分析 binlog 解析文字
[root@localhost binlog]# pt-query-digest --type=binlog parse_binlog.txt >
slow_binlog.txt
```

輸出結果的第一部分（命令列選項 --report-format 的 usage、date、hostname、files、header 部分）如下。與慢查詢日誌類似，但是 binlog header 部分的 Attribute，多了許多 binlog 本身的屬性，少了一些慢查詢日誌特有的屬性。其他部分輸出結果的組成與慢查詢日誌基本相同，這裡便不再贅述。

```
# 120ms user time, 10ms system time, 24.85M rss, 205.65M vsz
# Current date: Sun Oct 7 15:55:35 2020
# Hostname: localhost.localdomain
# Files: parse_binlog.txt
# Overall: 20 total, 6 unique, 0.04 QPS, 0x concurrency _____
# Time range: 2020-10-07 15:47:02 to 15:55:21

## header 部分，表示整個分析結果的彙總資訊
# Attribute total min max avg 95% stddev median
# ============== ======== ======== ======== ======== ======== ======== ========
# Exec time 0 0 0 0 0 0 0
# Query size 597 5 173 16.14 42.48 28.61 5.75
# @@session.au 2 2 2 2 2 0 2
# @@session.au 1 1 1 1 1 0 1
# @@session.au 1 1 1 1 1 0 1
# @@session.ch 33 33 33 33 33 0 33
# @@session.co 33 33 33 33 33 0 33
# @@session.co 83 83 83 83 83 0 83
# @@session.fo 1 1 1 1 1 0 1
# @@session.lc 0 0 0 0 0 0 0
# @@session.ps 5 5 5 5 5 0 5
# @@session.sq 0 0 0 0 0 0 0
# @@session.sq 1.34G 1.34G 1.34G 1.34G 1.34G 0 1.34G
# @@session.un 1 1 1 1 1 0 1
# error code 0 0 0 0 0 0 0
```

輸出結果的第二部分（命令列選項 --report-format 的 profile 部分）如下。與慢查詢日誌相較，輸出的內容幾乎相同，但少了一個 Item 欄位（語句內容沒變，只是少了欄位名稱）。

```
# Profile
# Rank Query ID Response time Calls R/Call V/M
# ==== ===================================== ============== ====== ====== =====
# 1 0x886CE192273B3DC9A55840651A445715 0.0000 0.0% 5 0.0000 0.00 INSERT test
# 2 0x8D589AFA4DFAEEED85FFF5AA78E5FF6A 0.0000 0.0% 15 0.0000 0.00 BEGIN
```

輸出結果的第三部分（命令列選項 --report-format 的 query_report 部分）如下。
與慢查詢日誌的 Attribute 相較後，binlog 的 Attribute 也有些許差異。其他部分輸出
結果的組成與慢查詢日誌基本相同，這裡便不再贅述。

```
# Query 1: 2.50 QPS, 0x concurrency, ID 0x886CE192273B3DC9A55840651A445715
at byte 13978
# This item is included in the report because it matches --limit.
# Scores: V/M = 0.00
# Time range: 2020-10-07 15:55:19 to 15:55:21
# Attribute pct total min max avg 95% stddev median
# ============= === ======= ======= ======= ======= ======= ======= =======
# Count 25 5
# Exec time 0 0 0 0 0 0 0
# Query size 25 150 30 30 30 30 0 30
# error code 0 0 0 0 0 0 0 0
# String:
# Databases luoxiaobo
# Query_time distribution
# 1us
# 10us
# 100us
# 1ms
# 10ms
# 100ms
# 1s
# 10s+
# Tables
# SHOW TABLE STATUS FROM 'luoxiaobo' LIKE 'test'\G
# SHOW CREATE TABLE 'luoxiaobo'.'test'\G
insert into test values(6,6,6)\G
......
```

提示：binlog 需要使用 statement 格式記錄，PT 工具才能夠正常解析。

3. 解析 tcpdump 封包資料

解析命令（將解析結果重導向到檔案，方便查看）：

```
# 首先使用 tcpdump 抓封包
[root@localhost ~]# tcpdump -s 65535 -x -nn -q -tttt -i any -c 1000 port
3306 > mysql.tcp.txt
```

```
......

# 然後以 PT 工具進行解析
pt-query-digest --type=tcpdump mysql.tcp.txt > slow_tcpdump.txt
```

輸出結果的第一部分（命令列選項 --report-format 的 usage、date、hostname、files、header 部分）如下。與慢查詢日誌類似，但是 tcpdump 封包資料解析結果中 header 部分的 Attribute，與慢查詢日誌 header 部分的 Attribute 有所不同。其他部分輸出結果的組成與慢查詢日誌基本相同，這裡便不再贅述。

```
# 210ms user time, 180ms system time, 25.14M rss, 205.92M vsz
# Current date: Sun Oct 7 16:40:40 2020
# Hostname: localhost.localdomain
# Files: mysql.tcp.txt
# Overall: 368 total, 12 unique, 152.46 QPS, 11.93x concurrency _____
# Time range: 2020-10-07 16:39:03.654980 to 16:39:06.068795
# Attribute total min max avg 95% stddev median
# ============ ======= ======= ======= ======= ======= ======= =======
# Exec time 29s 40us 2s 78ms 433ms 225ms 144us
# Rows affecte 40 0 1 0.11 0.99 0.31 0
# Query size 20.09k 5 247 55.89 158.58 51.57 36.69
# Warning coun 0 0 0 0 0 0 0
```

輸出結果的第二部分（命令列選項 --report-format 的 profile 部分）如下。與慢查詢日誌相較，輸出的內容幾乎相同，但欄位名稱 Item 變成了 It。

```
# Profile
# Rank Query ID Response time Calls R/Call V/M It
# ==== ============================== ============== ===== ====== ===== ==
# 1 0xE81D0B3DB4FB31BC558CAEF5F3... 14.5576 50.5% 198 0.0735 0.62 SELECT
sbtest?
# 2 0xDDBF88031795EC65EAB8A8A8BE... 3.8148 13.2% 18 0.2119 0.86 DELETE
sbtest?
# 3 0xFFFCA4D67EA0A788813031B8BB... 3.1397 10.9% 16 0.1962 0.09 COMMIT
# 4 0xF0C5AE75A52E847D737F39F04B... 3.1013 10.8% 16 0.1938 1.22 SELECT
sbtest?
# 5 0x9934EF6887CC7A6384D1DEE77F... 0.9063 3.1% 16 0.0566 0.40 SELECT
sbtest?
# 6 0x410C2605CF6B250BE96B374065... 0.8616 3.0% 17 0.0507 0.19 UPDATE
sbtest?
# 7 0xA729E7889F57828D3821AE1F71... 0.7952 2.8% 17 0.0468 0.34 SELECT
sbtest?
# 8 0x7417646A9FE969365D51E5F01B... 0.7444 2.6% 2 0.3722 0.02 ADMIN CONNECT
# MISC 0xMISC 0.8798 3.1% 68 0.0129 0.0 <4 ITEMS>
```

輸出結果的第三部分（命令列選項 --report-format 的 query_report 部分）如下。
與慢查詢日誌的 Attribute 相較，tcpdump 封包資料解析結果的 Attribute 也有些許差異。
其他部分輸出結果的組成與慢查詢日誌基本相同，這裡便不再贅述。

```
# Query 1: 82.03 QPS, 6.03x concurrency, ID 0xE81D0B3DB4FB31BC558CAEF5F387
E929 at byte 936408
# Scores: V/M = 0.62
# Time range: 2020-10-07 16:39:03.654980 to 16:39:06.068605
# Attribute pct total min max avg 95% stddev median
# ============= === ======= ======= ======= ======= ======= ======= =======
# Count 53 198
# Exec time 50 15s 59us 2s 74ms 433ms 213ms 119us
# Rows affecte 0 0 0 0 0 0 0 0
# Query size 36 7.35k 38 38 38 38 0 38
# Warning coun 0 0 0 0 0 0 0 0
# String:
# Databases sbtest
# Hosts 127.0.0.1
# Users qbench
# Query_time distribution
# 1us
# 10us ##################################################
# 100us ###############################################################
# 1ms #
# 10ms #####
# 100ms ################
# 1s ##
# 10s+
# Tables
# SHOW TABLE STATUS FROM 'sbtest' LIKE 'sbtest1'\G
# SHOW CREATE TABLE 'sbtest'.'sbtest1'\G
# EXPLAIN /*!50100 PARTITIONS*/
SELECT c FROM sbtest1 WHERE id=2451734\G
......
```

提示：tcpdump 無法抓取 Socket，只能取得 TCP/IP 通訊方式的流量。

4. 解析普通查詢日誌

這裡只列出解析命令，有興趣的讀者請自行嘗試。

```
[root@localhost ~]# pt-query-digest --type=genlog localhost.log > slow_
report_genlog.log
```

5. 解析 rawlog

這裡只列出解析命令，有興趣的讀者請自行嘗試。

```
[root@localhost ~]# pt-query-digest --type=rawlog example.sql > slow_
report_rawlog.log
```

6. 其他用法範例

- 分析最近 12 小時內的查詢：

```
[root@localhost ~]# pt-query-digest  --since=12h  slow.log > slow_
report12.log
```

- 分析指定時間範圍內的查詢：

```
[root@localhost ~]# pt-query-digest slow.log --since '2014-04-17 09:30:00'
--until '2014-04-17 10:00:00' > slow_report_timerange.log
```

- 分析只含有 SELECT 語句的慢查詢：

```
[root@localhost ~]# pt-query-digest--filter '$event->{fingerprint} =~
m/^select/i' slow.log > slow_report_finselect.log
```

- 針對某個使用者的慢查詢：

```
[root@localhost ~]# pt-query-digest--filter '($event->{user} || "") =~
m/^root/i' slow.log > slow_report_userroot.log
```

- 查詢所有全資料表掃描或 FULL JOIN 的慢查詢：

```
[root@localhost ~]# pt-query-digest--filter '(($event->{Full_scan} || "")
eq "yes") ||(($event->{Full_join} || "") eq "yes")' slow.log > slow_report_
fullscan_fulljoin.log
```

- 按照其他屬性分組統計（預設按照 fingerprint 分組）：

```
# 按照慢查詢日誌的 db 屬性排序
[root@localhost ~]# pt-query-digest /data/mysqldata1/slowlog/slow-query.
log --group- by=db > slow_report.log

# 按照慢查詢日誌的 host 屬性排序
[root@localhost ~]# pt-query-digest /data/mysqldata1/slowlog/slow-query.
log --group- by=host > slow_report.log

# 按照慢查詢日誌的 user 屬性排序
[root@localhost ~]# pt-query-digest /data/mysqldata1/slowlog/slow-query.
log --group- by=user > slow_report.log
```

● 將查詢分析結果儲存到 query_review 資料表：

```
[root@localhost ~]# pt-query-digest --user=root --password=password
--review h=localhost,D=test,t=query_review --create-review-table --no-
report slow.log

# review 資料表的結構，可登入資料庫執行語句查看
show create table test.query_review;
```

● 將查詢分析結果儲存到 query_history 資料表：

```
[root@localhost ~]# pt-query-digest --user=root --password=password
--history h=localhost,D=test,t=query_history --create-history-table --no-
report  slow.log

# history 資料表的結構，可登入資料庫執行語句查看
mysql> show create table test.query_history;
```

注意：

● 僅儲存 ts 屬性的 count（cnt）值，ts 屬性的其他值（max 和 min 值）是多餘的。

● 從 Percona Toolkit 3.0.11 開始，checksum 功能使用的 MD5 更新為 32 個字元
長度。這將導致歷史資料表中，之前的 checksum 欄位與新版本的內容不同。

47.2　pt-ioprofile

pt-ioprofile 工具使用 lsof + strace 命令監視某個處理程序的 ID，以此觀察該處理
程序的 I/O 活動，並逐一列印檔案名稱及其對應的 I/O 活動資訊。本工具可以做兩件
事情：

● 在 --run-time 選項指定的時間（單位為秒）內，以 lsof + strace 命令取得某處
理程序的 I/O 活動資訊（只輸出有 I/O 活動的檔案，並按照指定的方法統計
系統呼叫的耗時、產生的流量、呼叫的次數等）。

● 聚合與列印抓取結果。如果執行該工具時，指定一個包含 lsof + strace 資訊
的檔案，則從該檔讀取資料進行聚合。

提示：pt-ioprofile 透過 ptrace() 系統呼叫，將「strace」附加到處理程序上，使得
程式執行得非常慢，直到「strace」分離。另外，在「strace」分離之後可能還存在一
些風險，例如處理程序崩潰或者無法恢復執行效能。倘若「strace」分離得不乾淨，

有可能使處理程序一直處於睡眠狀態。因此，pt-ioprofile 是一種侵入性的工具，除非必要，否則不要在正式伺服器上使用。

用法：

```
pt-ioprofile [OPTIONS] [FILE]
```

47.2.1 命令列選項

- --aggregate,-a：字串類型，表示使用什麼彙總函數。有效值為 sum 和 avg，預設值為 sum。

- --cell,-c：字串類型，表示按照什麼指標收集系統呼叫資訊。有效值為 count（I/O 次數）、sizes（I/O 操作流量）、times（I/O 操作時間），預設值為 times。

- --group-by,-g：字串類型，表示按照什麼維度分組顯示收集結果。有效值為 all（聚合彙總為單列輸出）、filename（按照每個檔案分組聚合輸出）、pid（按照每個處理程序號分組聚合輸出），預設值為 filename。

- --help：列印說明資訊並退出。

- --profile-pid,-p：整數類型，表示需執行該工具的處理程序號。本選項會覆蓋 --profile-process 選項。

- --profile-process,-b：字串類型，表示需執行該工具的程式名稱，預設值為 mysqld。

- --run-time：整數類型，表示執行該工具收集資訊的時長，預設值為 30，單位為秒。

- --save-samples：字串類型，指定一個檔案保存原始收集的資訊，便於後續分析使用。

- --version：列印版本號並退出。

47.2.2 實戰展示

- 修改執行時間為 30 分鐘：

```
[root@10-10-66-253 ~]# pt-ioprofile --run-time=1800
Mon Oct 23 14:16:14 CST 2020
Tracing process ID 18088
     total         pread        read       pwrite       write    fdatasync       fsync
```

```
open     close  getdents        lseek  ftruncate filename
   466.283911  1.372163  0.000000 464.360303  0.000000  0.000000  0.551445
0.000000  0.000000  0.000000  0.000000  0.000000 /data/innodb_ts/ibdata1
   220.401877  15.622109  0.000000 199.667982  0.000000  0.000000  0.476363
0.000000  0.000000  0.000000  4.635423  0.000000 /data/mydata/sbtest_auto/
sbtest2.ibd
   113.484678  0.000000  0.000000  2.032102  0.000000  0.000000 111.452576
0.000000  0.000000  0.000000  0.000000  0.000000 /data/innodb_log/ib_logfile0
    96.696119  0.000000  0.000000  1.650339  0.000000  0.000000  95.045780
0.000000  0.000000  0.000000  0.000000  0.000000 /data/innodb_log/ib_logfile1
    49.900088  0.000000  45.486875  0.000000  3.753659  0.000000
0.000000  0.000000  0.000000  0.000000  0.000039  0.659515 /data/tmpdir/.
nfs0000000000c068c70000015a
    17.051720  0.000000  0.000000  0.000022  12.921942  4.129661  0.000000
0.000000  0.000031  0.000000  0.000064  0.000000 /archive/binlog/mysql-
bin.001521
     4.089641  0.000000  0.000000  0.000000  0.000000  0.000000  0.000000
4.089023  0.000335  0.000000  0.000283  0.000000 /opt/mysql/data/binlog/
mysql-bin.001518
```

- 修改收集指標為 I/O 次數和 I/O 輸送量（預設為 I/O 操作時間）：

```
# 收集 IOPS
[root@localhost ~]# pt-ioprofile --cell count
Wed Oct 24 10:51:09 CST 2020
Tracing process ID 633
    total pwrite write fdatasync fsync filename
    15030 7513 0 0 7517 /data/mysqldata1/innodb_log/ib_logfile0
    14976 0 7489 7487 0 /data/mysqldata1/binlog/mysql-bin.000005
      577 0 577 0 0 /data/mysqldata1/slowlog/slow-query.log
      508 253 0 0 255 /data/mysqldata1/innodb_ts/ibdata1
       64 0 0 0 64 /data/mysqldata1/mydata/sbtest/sbtest5.ibd
......
       51 0 0 0 51 /data/mysqldata1/mydata/sbtest/sbtest8.ibd
       22 0 0 0 22 /data/mysqldata1/undo/undo011
......

# 收集 I/O 輸送量
[root@localhost ~]# pt-ioprofile --cell sizes
Wed Oct 24 11:24:54 CST 2020
Tracing process ID 633
    total pwrite write fdatasync fsync filename
  18465280 18465280 0 0 0 /data/mysqldata1/innodb_log/ib_logfile0
   7564905 0 7564905 0 0 /data/mysqldata1/binlog/mysql-bin.000005
......
```

● 修改分組聚合類別為 pid（按照每個 pid 聚合抓取的指標值）和 all（聚合抓取的指標值為單列），預設為按照單個檔名分組聚合抓取的指標值：

```
# 修改為按照 pid 分組聚合 I/O 操作的耗時
[root@localhost ~]# pt-ioprofile --group-by pid
Wed Oct 24 15:21:28 CST 2020
Tracing process ID 633
     total pwrite write fdatasync fsync pid
  0.122727 0.018073 0.018302 0.046064 0.040288 5986
  0.092115 0.014539 0.015699 0.032741 0.029136 6060
  0.085411 0.012496 0.013411 0.032382 0.027122 6110
  0.083237 0.013939 0.016109 0.030165 0.023024 5823
......

# 修改為按照 all 分組聚合 I/O 操作的耗時
[root@localhost ~]# pt-ioprofile --group-by all
Wed Oct 24 15:22:38 CST 2020
Tracing process ID 633
  5.910274 TOTAL
  2.442963 fdatasync
  2.183780 fsync
  0.648430 pwrite
  0.635029 write
  0.000072 open
```

提示：需要以 root 身份執行該工具。

預設情況下，該工具監視 mysqld 處理程序 30s，輸出資訊如下：

```
Tue Dec 27 15:33:57 PST 2011
Tracing process ID 1833
     total read write lseek ftruncate filename
  0.000150 0.000029 0.000068 0.000038 0.000015 /tmp/ibBE5opS
```

47.3 pt-index-usage

使用 pt-index-usage 讀取本地查詢日誌（慢查詢日誌格式，如果需要其他格式，可利用 pt-query-digest 進行分析轉換），並連接 MySQL 伺服器，以 EXPLAIN 語句分析 MySQL 中每個查詢的執行計畫。分析完成之後，列印針對未使用索引產生的 DROP 語句（如果查詢日誌檔中沒有任何語句存取某個資料表，則跳過該資料表的索引，以免發生誤報）。

提示：使用該工具需要指定一個檔案，否則將預設從 STDIN 讀取資料。

執行過程分為兩個階段。

- 第一階段：掃描資料庫的所有資料表和索引，以此和查詢日誌中實際使用的索引進行比較。

- 第二階段：分析查詢日誌中每個查詢執行的 EXPLAIN 語句。執行 EXPLAIN 語句需要單獨使用一個新的連接（所以該工具會建立兩個資料庫連接）。

如果查詢語句不是 SELECT 類型，那麼本工具會嘗試將該語句轉換為與其相當的 SELECT 語句，並進行 EXPLAIN 解析。

如果遇到與之前 EXPLAIN 解析過、完全相同的語句，便跳過重覆語句的解析（對於重覆語句，該工具假定它們具有相同的執行計畫，基於安全和效能的考量，於是跳過這些重覆語句的解析。請注意，重覆語句指的是 checksum 值相同的語句，如果 checksum 值不同，則仍然會執行 EXPLAIN 解析。因為給定不同類型的常數值，也可能導致完全不同的執行計畫）。

如果遇到無法解析的查詢語句，便將具有相同 fingerprint 值的後續語句加入黑名單，以避免不必要的解析工作。

47.3.1　命令列選項

- --ask-pass：連接 MySQL 時提示輸入密碼。

- --charset,-A：字串類型。指定連接資料庫的預設字元集。例如：utf8，則該工具會將 STDOUT 上 Perl 的 binmode 設為 utf8；將 mysql_enable_utf8 選項值傳遞給 DBD::mysql 連結器，連接到 MySQL 之後執行 SET NAMES UTF8 語句修改字元集。

- --config：陣列類型，指定該工具需讀取哪些設定檔（這裡指的是 PT 工具，而不是 MySQL 的設定檔），多個設定檔之間以逗號分隔。如果指定本選項，則它必須是命令列的第一個選項。

- --create-save-results-database：如果 --save-results-database 選項指定的資料庫不存在，則該選項會建立資料庫（但不包括資料表）；如果 --save-results-database 選項指定的資料庫存在，且為空，則 --save-results-database 選項會在資料庫建立必要的資料表（詳見 --save-results-database 選項）。

- --[no]create-views：為使用 --save-results-database 選項指定的資料庫，其內的資料表建立查詢檢視，以便查詢多個資料表。預設啟用該選項，可以加上 --no-create-views 選項阻止建立檢視。

- --database,-D：指定連接的 MySQL 資料庫。

- --databases,-d：hash 類型。指定從哪些資料庫取得資料表和索引的資訊。

- --databases-regex：字串類型，表示僅從與此 Perl 正規運算式相符的資料庫取得資料表和索引的資訊。

- --defaults-file,-F：字串類型，表示僅從該選項給定的檔案讀取 MySQL 選項。必須指定絕對路徑。

- --drop：hash 類型，預設值為 non-unique。有效值為 primary、unique、non-unique、all。一旦指定不同的值，將列印與指定數值型別對應的索引的 DROP 語句。

  - primary：表示刪除主鍵索引。

  - unique：表示刪除唯一索引。

  - non-unique：表示只刪除非唯一索引。它是建議值，pt-index-usage 建議刪除未使用的二級索引（不包含主索引或唯一索引）。

  - all：表示同時刪除非唯一索引、唯一索引和主鍵索引。

- --empty-save-results-tables：刪除並重新建立 --save-results-database 選項指定資料庫的資料表。該選項可以在新的資料入庫之前，清除舊的資訊。

- --help：顯示說明資訊。

- --host,-h：字串類型。指定連接的主機 IP 位址。

- --ignore-databases：hash 類型。指定需要忽略讀取的資料庫清單。

- --ignore-databases-regex：字串類型。忽略讀取資料庫名稱與此 Perl 正規運算式相符的資料庫。

- --ignore-tables：hash 類型。忽略讀取以逗號分隔的資料表名稱清單的索引資訊。可利用資料庫名稱對限定資料表。

- --ignore-tables-regex：字串類型。忽略讀取資料表名稱與此 Perl 正規運算式相符的資料表。

- --password：字串類型。指定連接 MySQL 時的密碼。

- --port：整數類型。用來連接 MySQL 的埠號。

- --progress：陣列類型，預設值為「time,30」，以逗號分隔的列表。第一部分的有效值為 percentage、time、iterations，第二部分為百分比形式的數值，表示進度更新頻率。

- --quiet,-q：不列印任何警告訊息，同時會禁用 --progress 選項。

- --[no]report：預設值為 yes，表示列印以 --report-format 選項指定的輸出格式資訊。如果同時加上了 --save-results-database 選項，且後續只想透過查詢資料表取得分析結果，則可指定 --no-report 選項禁用報告資訊輸出。

- --report-format：陣列類型，預設值為 drop_unused_indexes。有效值目前僅為 drop_unused_indexes，表示產生並輸出用來刪除任何未使用索引的 SQL 語句。

- --save-results-database：DSN 類型，指定將分析結果保存到資料實例的資料庫名稱（D）、埠號（P）、帳號（u）、密碼（p）、MySQL 設定檔路徑（F）、連接字元集（A）、主機 IP 位址（h）、Socket 路徑（s）。

  - 分析結果會儲存到指定資料庫多個資料表（Percona Toolkit 3.0.12 版本為 5 個資料表），如果資料表不存在，便自動建立；如果資料庫不存在，則可加上 --create-save-results-database 選項自動建立資料庫。

  - pt-index-usage 執行 INSERT 語句儲存結果。因此，如果在正式伺服器使用此功能，便得關注伺服器的效能負載情況。

  - 該功能較新，所以在未來的版本可能會發生變化。

- --set-vars：陣列類型，給定一組以逗號分隔、variable = value 格式的 MySQL 變數。預設情況下，該工具會設定 WAIT_TIMEOUT = 10000，以該選項指定的 MySQL 變數值會覆蓋預設值。如果設定某個變數不成功，便發出警告並繼續往後執行。

- --socket,-S：字串類型，指定連接到 MySQL 的 Socket 檔案路徑。

- --tables,-t：hash 類型，指定以逗號分隔的資料表清單，表示唯讀讀取這些資料表的索引資訊。

- --tables-regex：字串類型，表示唯讀讀取資料表名稱與此 Perl 正規運算式相符的資料表，以取得索引資訊。

- --user,-u：字串類型，指定連接 MySQL 的帳號。

- --version：查看版本資訊。

- --[no]version-check：預設啟用，檢查 Percona Toolkit、MySQL 和其他程式的最新版本。這是標準的自動檢查更新功能，它有兩個附加功能。首先，除了該工具本身的版本之外，還會檢查本地系統中其他程式的版本。例如，連接

每個 MySQL 伺服器的版本、Perl 和 Perl 模組 DBD::mysql 的版本。如果檢查到已知存在問題的版本，就發出警告。例如，MySQL 5.5.25 有一個嚴重錯誤，已在 5.5.25a 中修復。

47.3.2 實戰展示

直接列出慢查詢日誌檔路徑，並指定連接資料庫的資訊。解析結果會列印未使用索引的 DROP 語句：

```
[root@localhost ~]# pt-index-usage /data/mysqldata1/slowlog/ slow-query.
log -uroot -pletsg0
 ALTER TABLE 'sbtest'.'sbtest2' DROP KEY 'k_2'; -- type:non-unique
 ......
```

預設情況下，只列印非唯一索引。如果的確有刪除唯一索引和主鍵索引的需求，則可加上 --drop=all 選項，同時以 --tables 選項指定只查看某個資料表的索引使用情況：

```
[root@localhost ~]# pt-index-usage /data/mysqldata1/slowlog/ slow-query.
log -uroot -pletsg0 --drop=all --tables=sbtest2
 ALTER TABLE 'sbtest'.'sbtest2' DROP KEY 'i_u_k'; -- type:unique  # 預設情況
下不列出唯一索引，加上 --drop=all 選項之後就會輸出未使用的唯一索引
 ALTER TABLE 'sbtest'.'sbtest2' DROP KEY 'k_2'; -- type:non-unique
```

將分析結果儲存到資料庫：

\# 使用 --create-save-results-database 選項，當指定的資料庫不存在時便自動建立；使用 --save-results-database 選項的 DSN 子選項，指定需要連接的資料庫資訊；使用 --empty-save-results- tables 選項，清理之前資料表中的舊資料

```
[root@localhost ~]# pt-index-usage /data/mysqldata1/slowlog/slow-query.log
-uroot -pletsg0 --drop=all --tables=sbtest2 --create-save-results-database
--empty-save-results-tables --save-results-database D=pt_test,u=root,p=lets
g0,h=127.0.0.1
 ALTER TABLE 'sbtest'.'sbtest2' DROP KEY 'i_u_k'; -- type:unique
 ALTER TABLE 'sbtest'.'sbtest2' DROP KEY 'k_2'; -- type:non-unique
```

查看 pt_test 資料庫的資料：

```
# index_alternatives 資料表，用來記錄有相同 fingerprints 值的查詢語句，在執行查詢時索
引被替換的執行次數（fingerprints 值與查詢語句的對應關係，詳見 queries 資料表），其中 query_
id 欄位表示查詢 ID，alt_idx 欄位表示被替換的索引
mysql> select * from index_alternatives limit 1;
+--------------------+--------+---------+----------+---------+------+
```

```
| query_id               | db      | tbl     | idx     | alt_idx  | cnt  |
+------------------------+---------+---------+---------+----------+------+
| 1749069828638715717    | sbtest  | sbtest2 | PRIMARY | i_u_k    | 1    |
+------------------------+---------+---------+---------+----------+------+
1 row in set (0.00 sec)
```

index_usage 資料表，用來記錄每個資料表有哪些存取語句（查詢 ID）、使用到哪些索引以及對應的使用次數

```
mysql> select * from index_usage limit 1;
+------------------------+---------+---------+---------+------+
| query_id               | db      | tbl     | idx     | cnt  |
+------------------------+---------+---------+---------+------+
| 1749069828638715717    | sbtest  | sbtest2 | PRIMARY | 1    |
+------------------------+---------+---------+---------+------+
1 row in set (0.00 sec)
```

indexes 資料表，用來記錄每個資料表有哪些索引以及對應的使用次數

```
mysql> select * from indexes limit 1;
+--------+---------+---------+------+
| db     | tbl     | idx     | cnt  |
+--------+---------+---------+------+
| sbtest | sbtest2 | PRIMARY | 343  |
+--------+---------+---------+------+
1 row in set (0.00 sec)
```

queries 資料表，用於記錄慢查詢日誌分析結果中有哪些存取語句、被格式化的語句 fingerprint 值，以及一個範例語句文字

```
mysql> select * from queries limit 1;
+------------------------+-----------------------+---------------------------+
| query_id               | fingerprint           | sample                    |
+------------------------+-----------------------+---------------------------+
| 1749069828638715717    | select * from sbtest.sbtest? where id=? for update | select * from sbtest.sbtest2 where id=1 for update |
+------------------------+-----------------------+---------------------------+
1 row in set (0.00 sec)
```

tables 資料表，用來記錄慢查詢日誌分析結果涉及哪些資料表，以及對應的存取次數

```
mysql> select * from tables limit 1;
+--------+---------+------+
| db     | tbl     | cnt  |
+--------+---------+------+
| sbtest | sbtest1 | 2566 |
+--------+---------+------+
1 row in set (0.00 sec)
```

為了方便存取以上資料表的資料，可以使用下列語句查詢：

```
# 查看使用不固定索引的查詢語句（例如：某個查詢有時候使用 A 索引，有時候是 B 索引），以及每
個索引的選擇次數等資訊
SELECT iu.query_id, CONCAT_WS('.', iu.db, iu.tbl, iu.idx) AS idx,
    variations, iu.cnt, iu.cnt / total_cnt * 100 AS pct
FROM index_usage AS iu
    INNER JOIN (
        SELECT query_id, db, tbl, SUM(cnt) AS total_cnt,
          COUNT(*) AS variations
        FROM index_usage
        GROUP BY query_id, db, tbl
        HAVING COUNT(*) > 0
    ) AS qv USING(query_id, db, tbl);

# 查看有多個備選索引的查詢語句，以及對應的使用索引、備選索引、語句執行次數等資訊
SELECT CONCAT_WS('.', db, tbl, idx) AS idx_chosen,
    GROUP_CONCAT(DISTINCT alt_idx) AS alternatives,
    GROUP_CONCAT(DISTINCT query_id) AS queries, SUM(cnt) AS cnt
FROM index_alternatives
GROUP BY db, tbl, idx
HAVING COUNT(*) > 1;

# 查看發生索引替換的查詢語句，其中 idx_considered 為參考索引（被替換的索引），
alternative_to 為使用的索引
SELECT CONCAT_WS('.', db, tbl, alt_idx) AS idx_considered,
    GROUP_CONCAT(DISTINCT idx) AS alternative_to,
    GROUP_CONCAT(DISTINCT query_id) AS queries, SUM(cnt) AS cnt
FROM index_alternatives
GROUP BY db, tbl, alt_idx
HAVING COUNT(*) > 1;

# 查看可能會使用，但實際上從未使用的索引（冗餘索引），以及對應的查詢語句資訊
SELECT CONCAT_WS('.', i.db, i.tbl, i.idx) AS idx,
    alt.alternative_to, alt.queries, alt.cnt
FROM indexes AS i
    INNER JOIN (
        SELECT db, tbl, alt_idx, GROUP_CONCAT(DISTINCT idx) AS alternative_to,
          GROUP_CONCAT(DISTINCT query_id) AS queries, SUM(cnt) AS cnt
        FROM index_alternatives
        GROUP BY db, tbl, alt_idx
        HAVING COUNT(*) > 1
    ) AS alt ON i.db = alt.db AND i.tbl = alt.tbl
        AND i.idx = alt.alt_idx
WHERE i.cnt = 0;

# 按照資料庫、資料表、索引，分組統計索引的使用情況
```

```
SELECT i.tbl,i.idx, iu.usage_cnt, iu.usage_total,
    ia.alt_cnt, ia.alt_total
FROM indexes AS i
    LEFT OUTER JOIN (
        SELECT db, tbl, idx, COUNT(*) AS usage_cnt,
            SUM(cnt) AS usage_total, GROUP_CONCAT(query_id) AS used_by
        FROM index_usage
        GROUP BY db, tbl, idx
    ) AS iu ON i.db=iu.db AND i.tbl=iu.tbl AND i.idx = iu.idx
    LEFT OUTER JOIN (
        SELECT db, tbl, idx, COUNT(*) AS alt_cnt,
            SUM(cnt) AS alt_total,
            GROUP_CONCAT(query_id) AS alt_queries
        FROM index_alternatives
        GROUP BY db, tbl, idx
    ) AS ia ON i.db=ia.db AND i.tbl=ia.tbl AND i.idx = ia.idx;

# 按照資料庫、資料表、索引，查看沒有備選索引的查詢語句的索引使用情況
SELECT i.db, i.tbl, i.idx, no_alt.queries
FROM indexes AS i
    INNER JOIN (
        SELECT iu.db, iu.tbl, iu.idx,
            GROUP_CONCAT(iu.query_id) AS queries
        FROM index_usage AS iu
            LEFT OUTER JOIN index_alternatives AS ia
                USING(db, tbl, idx)
        WHERE ia.db IS NULL
        GROUP BY iu.db, iu.tbl, iu.idx
    ) AS no_alt ON no_alt.db = i.db AND no_alt.tbl = i.tbl
        AND no_alt.idx = i.idx
ORDER BY i.db, i.tbl, i.idx, no_alt.queries;
```

47.4 pt-duplicate-key-checker

　　pt-duplicate-key-checker 工具會在 MySQL 的資料表尋找重覆索引和外鍵，透過 SHOW CREATE TABLE 語句的輸出資訊比對索引欄位完全重疊的索引，並找出重覆的索引（預設情況下，對於相同類型的索引，有索引欄位重疊的部分被認為是重覆索引，不同類型則不視為重覆索引，例如 BTREE 類型和 FULLTEXT 類型的索引，就算有相同的索引欄位，也不記為重覆索引）。除了重覆的索引之外，還能找尋重覆的外鍵（參考相同父資料表的相同欄位）。

47.4.1 命令列選項

- **--all-structs**：比較不同結構的索引（例如 BTREE、HASH 等），對於不同類型的索引，有索引欄位重疊的也記為重覆索引。預設情況下禁用該選項，因為實際上具有相同索引欄位的 BTREE 和 FULLTEXT 索引並不重覆。

- **--ask-pass**：連接 MySQL 時提示輸入密碼。

- **--charset,-A**：字串類型，指定連接資料庫的預設字元集。例如：utf8，則會將 STDOUT 上 Perl 的 binmode 設為 utf8；將 mysql_enable_utf8 選項值傳遞給 DBD::mysql 連結器，連接到 MySQL 之後，執行 SET NAMES UTF8 語句修改字元集。

- **--[no]clustered**：預設啟用。該選項的作用是：當檢測到輔助索引在索引最後顯式加上主鍵的最左前綴索引欄位時，便將輔助索引的主鍵欄位識別為重覆欄位（僅支援 InnoDB 和 solidDB 引擎）。

  - 叢集引擎預設會將主鍵欄位附加到所有輔助索引的葉子節點（某種程度來說，也可以認為它們是多餘的）。所以，一般情況下，不需要在輔助索引明確地增加主鍵欄位。雖然這對於某些查詢沒有幫助，但是對於覆蓋索引查詢卻可以提高效能。

  - 範例：主鍵索引 primary key(a) 和輔助索引 key i_b(b,a)，輔助索引的 a 欄位被視為重覆欄位。執行一些聚合運算或者使用主鍵排序時，透過輔助索引便可避免檔案排序（例如 SELECT ... WHERE b = 1 ORDER BY a）。

- **--config**：陣列類型，用來指定需要讀取哪些設定檔（指的是 PT 工具，而不是 MySQL 的設定檔），多個設定檔之間以逗號分隔。如果加上該選項，則它必須是命令列的第一個選項。

- **--databases,-d**：hash 類型。指定需從哪些資料庫取得資料表和索引的資訊。

- **--defaults-file,-F**：字串類型，僅從該選項給定的檔案讀取 mysql 選項。必須指定絕對路徑。

- **--engines,-e**：hash 類型，指定需要檢查的儲存引擎清單，多個引擎之間以逗號分隔。

- **--help**：顯示說明資訊。

- **--host,-h**：字串類型，指定待連接 MySQL 實例的主機。

- --ignore-databases：hash 類型，指定忽略檢查的資料庫清單，多個資料庫之間以逗號分隔。

- --ignore-engines：hash 類型，指定忽略的儲存引擎清單，多個引擎之間以逗號分隔。

- --ignore-order：忽略索引欄位的順序，例如 key(a,b) 與 key(b,a) 被記為重覆索引。

- --ignore-tables：hash 類型，指定忽略檢查的資料表清單，多個資料表之間以逗號分隔。可以利用資料庫名稱限定資料表。

- --key-types：字串類型，指定檢測的重覆索引類型。預設值為 fk，有效值為 f=foreign keys，k=keys，或 fk=both。

- --password,-p：字串類型，指定連接 MySQL 的密碼。

- --pid：字串類型，建立指定的 PID 檔，如果該檔已經存在，但其內的 PID 與新啟動的處理程序 PID 不同，則不啟動該工具。如果 PID 檔案已經存在，且其內的 PID 對應的處理程序未執行，則該工具將以目前 PID 覆蓋檔案的內容。當正常退出工具時，會自動刪除 PID 檔。

- --port,-P：整數類型，指定連接 MySQL 的埠號。

- --set-vars：陣列類型，設定 MySQL 變數值，格式為以逗號分隔的 variable = value。預設情況下，PT 工具的 WAIT_TIMEOUT = 10000，但可利用該選項在命令列覆蓋預設值。例如指定「--set-vars wait_timeout = 500」，500 將取代預設值 10000。如果無法設定，此工具會輸出一個警告訊息，然後繼續執行。

- --socket,-S：字串類型，指定連接 MySQL 的 Socket 檔。

- --[no]sql：預設啟用，表示為每個重覆的索引列印 DROP KEY 語句。如果想要刪除重覆索引，可將該語句複製到 MySQL 執行；倘若打算禁止列印這些 DROP 語句，則可加上 --no-sql 選項來關閉。

- --[no]summary：預設啟用，在輸出結果的最後列印彙總資訊。

- --tables,-t：hash 類型，指定檢查的資料表清單，多個資料表之間以逗號分隔。可以利用資料庫名稱限定資料表。

- --user,-u：字串類型，指定連接 MySQL 的帳號。

- --verbose,-v：列印所有的重覆索引和外鍵，而不僅是冗餘索引。

- --version：顯示版本資訊。

- --[no]version-check：預設啟用，檢查 Percona Toolkit、MySQL 和其他程式的最新版本。這是標準的自動檢查更新機制，它有兩個附加功能。首先，除了該工具本身的版本之外，還會檢查本地系統中其他程式的版本。例如，檢查連接每個 MySQL 伺服器的版本、Perl 和 Perl 模組 DBD::mysql 的版本。其次，如果檢查到已知有問題的版本，則會發出警告。例如，MySQL 5.5.25 有一個嚴重錯誤，但在 5.5.25a 已修復。

47.4.2 實戰展示

1. 普通輔助索引重覆

先查看資料表結構：

```
CREATE TABLE 'sbtest1' (
  'id' int(11) NOT NULL AUTO_INCREMENT,
  'k' int(11) NOT NULL DEFAULT '0',
  'c' char(120) COLLATE utf8_bin NOT NULL DEFAULT '',
  'pad' char(60) COLLATE utf8_bin NOT NULL DEFAULT '',
  PRIMARY KEY ('id'),
  KEY 'k_1' ('k')
) ENGINE=InnoDB AUTO_INCREMENT=10000001 DEFAULT CHARSET=utf8 COLLATE=utf8_
bin;
```

增加一個輔助索引：

```
mysql> alter table sbtest1 add index i_k(k);
Query OK, 0 rows affected, 1 warning (6.60 sec)
Records: 0 Duplicates: 0 Warnings: 1
```

再次查看資料表結構：

```
CREATE TABLE 'sbtest1' (
  'id' int(11) NOT NULL AUTO_INCREMENT,
  'k' int(11) NOT NULL DEFAULT '0',
  'c' char(120) COLLATE utf8_bin NOT NULL DEFAULT '',
  'pad' char(60) COLLATE utf8_bin NOT NULL DEFAULT '',
  PRIMARY KEY ('id'),
  KEY 'k_1' ('k'),
  KEY 'i_k' ('k')
) ENGINE=InnoDB AUTO_INCREMENT=10000001 DEFAULT CHARSET=utf8 COLLATE=utf8_
bin;
```

使用 PT 工具查看 sbtest 資料庫的重覆索引：

```
[root@localhost ~]# pt-duplicate-key-checker --defaults-file=/etc/ my.cnf
-uroot -ppassword --databases=sbtest
# ##################################################################
# sbtest.sbtest1
# ##############################################################

# k_1 is a duplicate of i_k  # 提示 k_1 索引重覆
# Key definitions:   # 列出兩個重覆的索引定義
# KEY 'k_1' ('k')
# KEY 'i_k' ('k')
# Column types:  # 列出重覆索引涉及的欄位定義
# 'k' int(11) not null default '0'
# To remove this duplicate index, execute: # 針對重覆索引產生的 DROP INDEX 語句
ALTER TABLE 'sbtest'.'sbtest1' DROP INDEX 'k_1';

# ##################################################################
# Summary of indexes    # 彙總資訊，告知重覆索引的大小、數量，以及指定檢查 sbtest 資
料庫的所有索引數量
# ##################################################################

# Size Duplicate Indexes 17156248
# Total Duplicate Indexes 1
# Total Indexes 17
```

2. 明確指定主鍵欄位的輔助索引重覆

先查看資料表結構：

```
CREATE TABLE 'sbtest1' (
 'id' int(11) NOT NULL AUTO_INCREMENT,
 'k' int(11) NOT NULL DEFAULT '0',
 'c' char(120) COLLATE utf8_bin NOT NULL DEFAULT '',
 'pad' char(60) COLLATE utf8_bin NOT NULL DEFAULT '',
 PRIMARY KEY ('id'),
 KEY 'k_1' ('k'),
 KEY 'i_k' ('k')
) ENGINE=InnoDB AUTO_INCREMENT=10000001 DEFAULT CHARSET=utf8 COLLATE=utf8_
bin;
```

增加一個顯式指定主鍵欄位的索引：

```
mysql> alter table sbtest1 add index i_k2(k,id);
Query OK, 0 rows affected (6.41 sec)
Records: 0 Duplicates: 0 Warnings: 0
```

再次查看資料表結構：

```
CREATE TABLE 'sbtest1' (
  'id' int(11) NOT NULL AUTO_INCREMENT,
  'k' int(11) NOT NULL DEFAULT '0',
  'c' char(120) COLLATE utf8_bin NOT NULL DEFAULT '',
  'pad' char(60) COLLATE utf8_bin NOT NULL DEFAULT '',
  PRIMARY KEY ('id'),
  KEY 'k_1' ('k'),
  KEY 'i_k' ('k'),
  KEY 'i_k2' ('k','id')
) ENGINE=InnoDB AUTO_INCREMENT=10000001 DEFAULT CHARSET=utf8 COLLATE=utf8_
bin;
```

使用 PT 工具檢查重覆的索引：

```
[root@localhost ~]# pt-duplicate-key-checker --defaults-file=/etc/ my.cnf
-uroot -ppassword --databases=sbtest
# ################################################################
# sbtest.sbtest1
# ################################################################

# i_k is a left-prefix of i_k2   # 提示 i_k 與 i_k2 的最左前綴索引欄位重覆
# Key definitions:
# KEY 'i_k' ('k'),
# KEY 'i_k2' ('k','id')   # i_k2 索引比 i_k 索引多了一個 id 欄位
# Column types:   # 列出兩個索引涉及的欄位定義
# 'k' int(11) not null default '0'
# 'id' int(11) not null auto_increment
# To remove this duplicate index, execute:   # 為重覆索引產生的 DROP INDEX 語句
ALTER TABLE 'sbtest'.'sbtest1' DROP INDEX 'i_k';

# k_1 is a left-prefix of i_k2   # 提示 k_1 也與 i_k2 的最左前綴索引欄位重覆
# Key definitions:
# KEY 'k_1' ('k'),
# KEY 'i_k2' ('k','id')   # i_k2 索引比 k_1 索引多了一個 id 欄位
# Column types:   # 列出兩個索引涉及的欄位定義
# 'k' int(11) not null default '0'
# 'id' int(11) not null auto_increment
# To remove this duplicate index, execute:   # 為重覆索引產生的 DROP INDEX 語句
ALTER TABLE 'sbtest'.'sbtest1' DROP INDEX 'k_1';

# Key i_k2 ends with a prefix of the clustered index   # 提示 i_k2 索引的後綴欄位
與聚集索引（主鍵）欄位重覆
# Key definitions:
```

```
# KEY 'i_k2' ('k','id')
# PRIMARY KEY ('id'),
# Column types:  # 列出兩個索引涉及的欄位定義，這裡 id 是累加主鍵欄位
# 'k' int(11) not null default '0'
# 'id' int(11) not null auto_increment
# To shorten this duplicate clustered index, execute:  # 為輔助索引產生的
DROP INDEX 語句。注意，這裡其實並不需要刪除 i_k2 索引，如果不希望輸出比較結果，可利用 --no-
clustered 選項關閉
ALTER TABLE 'sbtest'.'sbtest1' DROP INDEX 'i_k2', ADD INDEX 'i_k2' ('k');

# ####################################################################
# Summary of indexes
# ####################################################################

# Size Duplicate Indexes 68624992
# Total Duplicate Indexes 3   # 結合之前的輸出內容，從這裡得知，重覆索引的計數並不是
指重覆索引的個數，而是重覆索引比較的組合數
# Total Indexes 18
```

提示：在 MySQL 較新的版本中，如果建立重覆索引會列出提示。在日後更新的版本中（如 MySQL 5.7.23），可能會拒絕增加重覆索引（所以，以後本工具的作用或許會逐漸減弱）。如下所示：

```
mysql> alter table sbtest1 add index i_k(k);
Query OK, 0 rows affected, 1 warning (6.60 sec)
Records: 0 Duplicates: 0 Warnings: 1

Warning (Code 1831): Duplicate index 'i_k' defined on the table 'sbtest.
sbtest1'. This is deprecated and will be disallowed in a future release.
```

47.5 pt-mysql-summary/pt-summary

47.5.1 pt-mysql-summary

pt-mysql-summary 工具可以收集 MySQL 實例的狀態和相關的組態，以便更直觀地瞭解目標資料庫。但它並不是診斷工具，而是一個診斷資訊收集工具。

如果沒有明確指定連接的主機名稱，便假定該主機為執行此工具的本機伺服器，並於其上找尋 my.cnf 檔案。如果指定了主機名稱，則在該主機收集與資料庫相關的資訊。

本工具將四捨五入顯示輸出的結果（不是精確值）。

用法：

```
pt-mysql-summary [OPTIONS]
```

1. 命令列選項

- --config：字串類型，表示讀取指定的設定檔列表。如果加上該選項，則它必須是命令列的第一個選項。

- --databases：字串類型，指定待收集資訊的資料庫名稱（或者是以逗號分隔的資料庫清單）。如果需要收集所有資料庫的資訊，則可使用 --all-databases 選項。倘若未指定資料庫名稱，便提示手動輸入。

- --defaults-file,-F：字串類型，指定待讀取的 MySQL 組態參數檔，必須給定絕對路徑。

- --help：列印說明資訊。

- --host,-h：字串類型，指定連接的資料庫 IP 位址。

- --password,-p：字串類型，指定連接資料庫的密碼。

- --port,-P：整數類型，指定連接資料庫的埠號。

- --read-samples：字串類型，從該選項指定的目錄讀取之前收集的資訊，以產生輸出報告。

- --save-samples：字串類型，將收集的資訊儲存到某個目錄。

- --sleep：整數類型，預設值為 10，指定收集狀態變數計數器的睡眠間隔時間（計算這段時間內的狀態變數差異值）。

- --socket,-S：字串類型，指定連接資料庫的 Socket 檔路徑。

- --user,-u：字串類型，指定連接資料庫的帳號。

- --version：查看版本資訊。

2. 實戰展示

範例如下：

```
[root@localhost ~]# pt-mysql-summary --user root --password password -S /
data/mysqldata1/sock/mysql.sock
```

或者

```
[root@localhost ~]# pt-mysql-summary --user=admin --password=password
--host=10.10.30.161 --port 3306
......
```

下面分段介紹輸出的資訊。

底下內容為資料庫伺服器運行的 MySQL 實例資訊，主要是從 ps 命令列工具的輸出取得，且只截取部分參數（datadir、Socket 檔案路徑等）。

```
# Percona Toolkit MySQL Summary Report #######################
              System time | 2020-11-19 07:49:19 UTC (local TZ: CST +0800)
# Instances #################################################
  Port Data Directory Nice OOM Socket
  ===== ========================= ==== === ======
  3306 /home/mysql/data/mysqldata1/mydata 0 0 /home/mysql/data/
mysqldata1/sock/ mysql.sock
```

接著是 MySQL 實例的摘要資訊，例如：版本、正常運行的簡要狀態資訊，以及一些重要的參數值等。

```
# Report On Port 3306 ##################################
            User | root@localhost
            Time | 2020-11-19 15:49:19 (+08:00)
        Hostname | localhost.localdomain
         Version | 5.7.23-log MySQL Community Server (GPL)
        Built On | linux-glibc2.12 x86_64
         Started | 2020-11-14 15:31 (up 5+00:18:19)
       Databases | 9
         Datadir | /home/mysql/data/mysqldata1/mydata/
       Processes | 1 connected, 1 running
     Replication | Is not a slave, has 0 slaves connected
         Pidfile | /home/mysql/data/mysqldata1/sock/mysql.pid (exists)
```

底下為 SHOW PROCESSLIST 的輸出資訊。每一段由不同的內容聚合起來，第一段透過 Command 行進行彙總統計（Command 值為從 SUM 和 MAX 行統計排除 Sleep 列而來），第二段按照 User 進行統計，第三段按照 Host 進行統計，第四段按照 db 進行統計，第五段按照執行緒 State 進行統計。

```
# Processlist #############################################

  Command COUNT(*) Working SUM(Time) MAX(Time)
  ---------------------------- -------- ------- --------- ----------
```

```
Query 1 1 0 0

User COUNT(*) Working SUM(Time) MAX(Time)
----------------------------- -------- ------- --------- ---------
root 1 1 0 0

Host COUNT(*) Working SUM(Time) MAX(Time)
----------------------------- -------- ------- --------- ---------
localhost 1 1 0 0

db COUNT(*) Working SUM(Time) MAX(Time)
----------------------------- -------- ------- --------- ---------
NULL 1 1 0 0

State COUNT(*) Working SUM(Time) MAX(Time)
----------------------------- -------- ------- --------- ---------
starting 1 1 0 0
```

圖 47-1 為 SHOW GLOBAL STATUS 語句的輸出資訊，其中排除部分不會隨著時間而變化的狀態變數。例如 Threads_running 狀態變數，表示目前值，其值只會隨著資料庫存取量，而不是隨著時間而變化。

- 第一行（Variable）：狀態變數名稱。

- 第二行（Per day）：第一次抓取的狀態值除以 86,400s（一天的秒數，通常會以 90,000s 計算），計算結果表示每天狀態值的變化量。

- 第三行（Per second）：第一次抓取的狀態值除以 Uptime 狀態值，然後進行四捨五入。它表示計數器在伺服器正常執行時間內，每秒增長的數值。

- 第四行（10 secs）：第一次抓取的狀態。

```
# Status Counters (Wait 10 Seconds) #########################
Variable                            Per day Per second    10 secs
Bytes_received                          125                    400
Bytes_sent                             1500                   3000
Com_select                                                       1
Connections                                                      1
Created_tmp_tables                                               6
Handler_external_lock                    20                      .
Handler_read_first                        1
Handler_read_rnd_next                    80                     80
Handler_write                            40                     35
Innodb_buffer_pool_bytes_data        700000          8       3500
Innodb_buffer_pool_pages_flushed          3
Innodb_buffer_pool_read_requests        175                    25
Innodb_buffer_pool_reads                 40
Innodb_buffer_pool_write_requests        30                    25
Innodb_data_fsyncs                        1
Innodb_data_read                     800000          8
Innodb_data_reads                        50
Innodb_data_writes                        5
Innodb_data_written                   80000                  7000
Innodb_os_log_written                  1000
Innodb_pages_created                      2
Innodb_pages_read                        40
Innodb_pages_written                      3
Innodb_rows_inserted                                            4
Innodb_rows_read                          1                     4
Innodb_num_open_files                     2
Innodb_available_undo_logs               10
Open_table_definitions                    8
Opened_files                             15
Opened_table_definitions                  8
Opened_tables                             8
Queries                                   1                     4
Questions                                 1                     4
Table_locks_immediate                     8
Table_open_cache_misses                   8
Uptime                                90000          1          1
```

圖 47-1

第一次狀態和第二次狀態之間的增量差異（間隔時間為 10s），除以兩次抓取的
Uptime 值，然後四捨五入。它表示在產生報告期間，計數器每秒增長的數值。下列
內容顯示資料表快取的大小，以及使用的百分比（並不精確）。

```
# Table cache ##############################################
                    Size | 4096
                   Usage | 2%
```

下列內容主要顯示 Percona Server 可用的功能，以及啟用狀態（如果是 MySQL
官方版本，則可能會顯示大部分的功能）。

```
# Key Percona Server features ###############################
      Table & Index Stats | Not Supported
      Multiple I/O Threads | Enabled
      Corruption Resilient | Not Supported
      Durable Replication | Not Supported
      Import InnoDB Tables | Not Supported
```

```
      Fast Server Restarts | Not Supported
        Enhanced Logging | Not Supported
    Replica Perf Logging | Enabled
      Response Time Hist. | Not Supported
        Smooth Flushing | Not Supported
      HandlerSocket NoSQL | Not Supported
          Fast Hash UDFs | Unknown
```

下列內容顯示特定的外掛程式以及啟用狀態。

```
# Percona XtraDB Cluster ##################################
# Plugins ################################################
      InnoDB compression | ACTIVE
```

下列內容顯示是否啟用查詢快取與其大小，以及快取的使用率和命中率（這兩個值並不精確）。

```
# Query cache ############################################
        query_cache_type | OFF
                    Size | 0.0
                  Usage | 0%
        HitToInsertRatio | 0%
```

下列內容需要手動確認是否以 **mysqldump** 匯出資料表結構，以進行分析。

```
   Would you like to mysqldump -d the schema and analyze it? y/n y    # 提示是否
需要以 mysqldump -d 選項匯出資料表結構，以進行分析，請輸入 y。它透過執行 mysqldump --no-
data 取得所需的資料
   There are 4 databases. Would you like to dump all, or just one?    # 提示發現
多少個資料庫，如果需要分析某個資料庫，請指定資料庫名稱；如果需要分析所有的資料庫，則直接按
Enter 鍵
   Type the name of the database, or press Enter to dump all of them.
```

輸出資訊如圖 47-2 所示（這部分的統計數值是精確值），其中依序統計輸出資料庫的資料表、檢視、預存程序、觸發器、函數、外鍵、分區等數量、不同引擎表的數量、不同索引類型的數量，以及各種欄位類型定義的數量。

```
Database  Tables Views SPs Trigs Funcs   FKs Partn
employees      6                           6
mysql         30
sbtest         8
test           5

Database  InnoDB MyISAM CSV
employees      6
mysql         18     10   2
sbtest         8
test           5

Database  BTREE
employees    19
mysql        37
sbtest       16
test          7

             c   v   i   d   e   t   s   f   l   d   t   s   t   b   b   m   m   t   d
             h   a   n   a   n   i   e   l   o   a   i   m   e   i   l   e   e   i   e
             a   r   t   t   u   m   t   o   n   t   n   a   x   g   o   d   d   m   c
             r   c       e   m   e       a   g   e   y   l   t   i   b   i   i   e   i
                 h               s       t   b   t   i   l       n       u   u       m
                 a               t           l   i   n   i       t       m   m       a
                 r               a           o   m   t   n               t   b       l
                                 m           b   e       t               e   l
                                 p                                       x   o
                                                                         t   b
Database   === === === === === === === === === === === === === === === === === === ===
employees    3   4   6  10   1
mysql       60  18  42      62  15   6   3   5   4   6   4  26  21   5   2   2   2
sbtest      16      16
test         6   2  12                                                               2
```

圖 47-2

下列內容顯示是否支援伺服器的一些特定技術，其中部分資訊是從之前的 mysqldump 資料取得，一部分則是透過 SHOW GLOBAL STATUS 語句檢測到。

```
# Noteworthy Technologies #####################################
       Full Text Indexing | Yes
         Geospatial Types | No
             Foreign Keys | Yes
             Partitioning | No
       InnoDB Compression | No
                      SSL | No
     Explicit LOCK TABLES | No
           Delayed Insert | No
          XA Transactions | No
              NDB Cluster | No
      Prepared Statements | No
 Prepared statement count | 0
```

下列內容顯示 InnoDB 儲存引擎的重要組態參數（緩衝池的填充百分比和髒頁百分比不精確）。最後幾行來自 SHOW INNODB STATUS 語句的輸出（不同版本的輸出結果可能不一樣）。

```
# InnoDB ######################################################
                  Version | 1.1.8
         Buffer Pool Size | 16.0M
         Buffer Pool Fill | 100%
        Buffer Pool Dirty | 0%
           File Per Table | OFF
```

```
        Page Size | 16k
    Log File Size | 2 * 5.0M = 10.0M
   Log Buffer Size | 8M
     Flush Method |
Flush Log At Commit | 1
       XA Support | ON
        Checksums | ON
       Doublewrite | ON
    R/W I/O Threads | 4 4
     I/O Capacity | 200
 Thread Concurrency | 0
 Concurrency Tickets | 500
 Commit Concurrency | 0
 Txn Isolation Level | REPEATABLE-READ
 Adaptive Flushing | ON
Adaptive Checkpoint |
    Checkpoint Age | 0
      InnoDB Queue | 0 queries inside InnoDB, 0 queries in queue
 Oldest Transaction | 0 Seconds
  History List Len | 209
       Read Views | 1
  Undo Log Entries | 1 transactions, 1 total undo, 1 max undo
  Pending I/O Reads | 0 buf pool reads, 0 normal AIO,
                     0 ibuf AIO, 0 preads
 Pending I/O Writes | 0 buf pool (0 LRU, 0 flush list, 0 page);
                     0 AIO, 0 sync, 0 log IO (0 log, 0 chkp);
                     0 pwrites
Pending I/O Flushes | 0 buf pool, 0 log
 Transaction States | 1xnot started
```

下列內容顯示 MyISAM key 快取的大小、使用的百分比和未刷新的百分比（百分比不精確）。

```
# MyISAM ##################################################
        Key Cache | 8.0M
        Pct Used | 20%
        Unflushed | 0%
```

下列內容顯示從 mysql 系統資料庫查詢產生的使用者資訊。例如：存在多少個使用者，以及各種潛在的安全風險（是否為舊式密碼、沒有密碼等）。

```
# Security ##################################################
          Users |
   Old Passwords | 0
```

下列內容顯示 binlog 的配置和狀態資訊（如果存在 Total Size 為 0 的 binlog，則 binlog 索引可能與實際儲存於磁碟的 binlog 不同步）。

```
# Binary Logging ######################################
              Binlogs | 40
           Zero-Sized | 0
           Total Size | 15.1G
        binlog_format | ROW
      expire_logs_days | 15
          sync_binlog | 1
            server_id | 3306102
          binlog_do_db |
      binlog_ignore_db |
```

下列內容顯示一些需要注意的伺服器組態變數（包括初始化變數、工作階段等級的緩衝和快取變數，以及日誌組態變數等），使用資料庫實例的期間需要持續關注這些變數。

```
# Noteworthy Variables ##################################
      Auto-Inc Incr/Offset | 2/1
    default_storage_engine | InnoDB
                flush_time | 0
              init_connect |
                 init_file |
                  sql_mode | ONLY_FULL_GROUP_BY,STRICT_TRANS_TABLES,NO_ZERO_
IN_DATE,NO_ZERO_DATE,ERROR_FOR_DIVISION_BY_ZERO,NO_AUTO_CREATE_USER,NO_
ENGINE_SUBSTITUTION
          join_buffer_size | 4M
          sort_buffer_size | 2M
          read_buffer_size | 2M
      read_rnd_buffer_size | 2M
        bulk_insert_buffer | 0.00
        max_heap_table_size | 8M
            tmp_table_size | 8M
        max_allowed_packet | 64M
              thread_stack | 256k
                      log |
                 log_error | /home/mysql/data/mysqldata1/log/error.log
              log_warnings | 2
          log_slow_queries |
  log_queries_not_using_indexes | OFF
        log_slave_updates | ON
```

下列內容顯示 my.cnf 檔案的 MySQL 組態參數（已刪除註解並加上空格，對齊以便於閱讀）。該工具（pt-mysql-summary）如何取得 my.cnf 檔案的組態參數內容呢？首先，嘗試查看 ps 命令輸出的處理程序資訊截取 my.cnf 檔案路徑，如果找不到，則試著從預設路徑讀取（預設路徑為 /etc/my.cnf、/etc/mysql/my.cnf、/usr/local/mysql/etc/my.cnf、~/.my.cnf，依序讀取），直至找到有效的 my.cnf 檔（注意：如果是遠端

監測資料庫,則可能出現檢測到的組態參數內容與遠端資料庫實際的內容不同的情況,亦即,此時輸出的檢測結果不可靠)。

```
# Configuration File #######################################
              Config File | /etc/my.cnf


[client]
loose_default-character-set = utf8
port = 3306
socket = /home/mysql/data/mysqldata1/sock/mysql.sock
user = admin
......


[mysqld]
default-storage-engine = INNODB
character-set-server = utf8
collation_server = utf8_bin
user = mysql
port = 3306
socket = /home/mysql/data/mysqldata1/sock/mysql.sock
pid-file = /home/mysql/data/mysqldata1/sock/mysql.pid
datadir = /home/mysql/data/mysqldata1/mydata
tmpdir = /home/mysql/data/mysqldata1/tmpdir
......
# The End ###################################################
```

47.5.2 pt-summary

pt-summary 工具用來收集伺服器系統等級的狀態和組態資訊,它將收集的資訊寫到一個臨時目錄下,不同的狀態資訊將存放在一個單獨的文字檔。

pt-summary 不是最佳化工具,也不是診斷工具,而是一個用來產生一些狀態資訊與報告的工具。它適用於多種 UNIX 系統。

建議使用具有管理權限的系統帳號執行本工具,以非 root 帳號執行時,可能會無法收集某些狀態資訊。

用法:

```
pt-summary [options]
```

1. 命令列選項

- --config:字串類型,表示讀取指定的設定檔列表。如果加上該選項,那麼它必須是命令列的第一個選項。

- --help：列印説明資訊。

- --save-samples：字串類型，將收集到的資訊儲存到某個目錄。

- --read-samples：字串類型，從該目錄讀取之前收集的資訊，以產生輸出報告。

- --summarize-mounts：預設啟用（若要禁用，可在選項前加上 no。例如 --nosummarize-mounts），允許關閉，指定是否需要報告掛載的檔案系統，以及磁碟使用情況。

- --summarize-network：預設啟用，允許關閉，指定是否需要報告網卡狀態及其組態資訊。

- --summarize-processes：預設啟用，允許關閉，指定是否需要報告 Top 處理程序狀態，以及 vmstat 的輸出資訊。

- --sleep：整數類型，預設值為 5，指定從 vmstat 收集樣本資訊的間隔時間。

- --version：列印版本資訊。

2. 實戰展示

pt-summary 工具會顯示四捨五入後的多數輸出資訊（不是精確值），這叫作模糊四捨五入。例如：首先四捨五入到最近的 5，然後是最近的 10、最近的 25，接下來重覆 10 倍大（50、100、250），隨著輸入值的增大而增長。

範例如下：

```
[root@localhost ~]# pt-summary
......
```

下面分段介紹輸出的資訊。

下列內容顯示目前日期和時間，以及伺服器和作業系統的摘要資訊。

```
# Percona Toolkit System Summary Report #####################
        Date | 2020-11-19 10:46:46 UTC (local TZ: CST +0800)
    Hostname | localhost.localdomain
      Uptime | 108 days, 50 min, 3 users, load average: 1.15, 1.10, 1.09
      System | Supermicro; X9QR7-(J)TF/X9QRi-F; v123456789 (Desktop)
 Service Tag | 123456789
    Platform | Linux
     Release | CentOS Linux release 7.3.1611 (Core)
      Kernel | 3.10.0-514.26.2.el7.x86_64
Architecture | CPU = 64-bit, OS = 64-bit
   Threading | NPTL 2.17
```

```
  Compiler | GNU CC version 4.8.5 20150623 (Red Hat 4.8.5-11).
   SELinux | Disabled
Virtualized | No virtualization detected
```

下列內容顯示與 CPU 相關的屬性資訊，這些資訊來自 /proc/cpuinfo 檔案。

```
# Processor #################################################
  Processors | physical = 4, cores = 32, virtual = 32, hyperthreading = no
      Speeds | 1x1396.570, 1x1408.558, 1x1511.554, 1x1521.351, 1x1540.687,
1x1660.441, 1x1664.308, 1x1672.687, 1x1751.835, 1x1804.429, 1x1836.527,
1x1836.785, 1x1854.703, 1x1956.796, 1x1967.753, 1x2057.988, 1x2156.859,
1x2177.613, 1x2193.082, 1x2203.007, 1x2229.820, 1x2247.609, 1x2333.718,
1x2399.332, 1x2423.953, 1x2482.476, 1x2494.851, 1x2523.339, 1x2546.156,
1x2643.609, 1x2677.898, 1x2773.546
      Models | 32xIntel(R) Xeon(R) CPU E5-4627 v2 @ 3.30GHz
      Caches | 32x16384 KB
```

下列內容由幾個系統命令的輸出資訊彙總而來，其中記憶體資訊來自 free 命令的輸出；Used 統計資訊來自 ps 命令的輸出；Caches 和 Dirty 統計資訊來自 /proc/meminfo 檔案；在 Linux 系統上，Swappiness 設定來自 sysctl 命令的輸出；DIMM 表格則來自 dmidecode 命令的輸出。

```
# Memory ####################################################
       Total | 236.0G
        Free | 45.3G
        Used | physical = 89.1G, swap allocated = 2.0G, swap used = 462.3M,
virtual = 89.6G
     Buffers | 101.6G
      Caches | 145.8G
       Dirty | 144 kB
     UsedRSS | 87.0G
  Swappiness | 60
 DirtyPolicy | 20, 10
 DirtyStatus | 0, 0
 Locator Size Speed Form Factor Type Type Detail
 ======== ======= ================== ============= ============= ===========
 P1_DIMMA1 16384 MB 1866 MHz DIMM DDR3 Registered (Buffered)
 P1_DIMMB1 16384 MB 1866 MHz DIMM DDR3 Registered (Buffered)
......
```

下列內容顯示掛載的檔案系統資訊，來自 mount 和 df 輸出資訊的組合。如果禁用 --summarize-mounts 選項，則跳過該部分的輸出內容。

```
# Mounted Filesystems #######################################
  Filesystem Size Used Type Opts Mountpoint
```

```
    /dev/mapper/lxb-local 100G 42% xfs rw,relatime,attr2,inode64,noquota /
data
    /dev/mapper/lxb-rpm 100G 31% xfs rw,relatime,attr2,inode64,noquota /root
    /dev/mapper/metadata-metadata 3.7T 29% xfs rw,relatime,attr2,inode64,
logbsize=64k, sunit=128,swidth=256,noquota /vm
    /dev/mapper/VolGroup-root 50G 35% xfs rw,relatime,attr2,inode64,
logbsize=64k, sunit=128,swidth=128,noquota /
    /dev/sda2 509M 36% xfs rw,relatime,attr2,inode64, logbsize=64k,
sunit=128,swidth=128, noquota /boot
    devtmpfs 118G 0% devtmpfs rw,nosuid,size=123702440k, nr_inodes=
30925610,mode=755 /dev
    tmpfs 118G 0% tmpfs rw,nosuid,nodev /sys/fs/cgroup
    tmpfs 118G 0% tmpfs rw,nosuid,nodev,mode=755 /sys/fs/cgroup
```

下列內容顯示磁碟調度程式資訊，來自 Linux 的 /sys 檔案系統。

```
# Disk Schedulers And Queue Size ############################
        dm-0 | 128
......
        dm-9 | 128
         sda | [deadline] 128
         sdb | [deadline] 128
         sdc | [deadline] 128
```

下列內容顯示磁碟分割資訊，來自 fdisk -l 命令的輸出。

```
# Disk Partioning ##########################################
Device Type Start End Size
============ ==== ========== ========== ====================
/dev/dm-0 Disk 53687091200
/dev/dm-1 Disk 2097152000
......
/dev/dm-9 Disk 107374182400
/dev/sda Disk 1999844147200
/dev/sda1 Part 2048 4095 1048064
/dev/sda2 Part 4096 1052671 536870400
/dev/sda3 Part 1052672 3905945599 1999305178624
/dev/sdb Disk 3999688294400
/dev/sdc Disk 1599999836160
```

下列內容來自 Linux 系統 /proc/sys/fs 目錄下的同名檔案。

```
# Kernel Inode State #####################################
dentry-state | 338817 300857 45 0 0 0
     file-nr | 3648 0 6815744
    inode-nr | 252308 62087
```

下列內容顯示與 LVM 磁卷分配相關的資訊，來自 lvs 和 vgs 命令的輸出。

```
# LVM Volumes #########################################
  LV VG Attr LSize Pool Origin Data% Meta% Move Log Cpy%Sync Convert
  docker-pool VolGroup twi-a-t--- 720.29g 1.72 0.16
  root VolGroup -wi-ao---- 50.00g
  swap VolGroup -wi-ao---- 1.95g
......
  kvm5-data lxb -wi-ao---- 100.00g
  local lxb -wi-ao---- 100.00g
  rpm lxb -wi-ao---- 100.00g
  metadata metadata -wi-ao---- 3.64t

# LVM Volume Groups ###################################
  VG VSize VFree
  VolGroup 1.82t 1.05t
  lxb 1.46t 390.11g
  metadata 3.64t 0
```

下列內容顯示與 RAID 卡相關的狀態資訊。透過檢查 lspci 和 dmesg 命令資訊檢測各種 RAID 控制器。如果系統已安裝控制器軟體，則在多數情況下，它可以正確收集與顯示 RAID 控制器的狀態和配置的摘要資訊。

```
# RAID Controller ####################################
Controller | LSI Logic MegaRAID SAS
      Model | AVAGO MegaRAID SAS 9361-8i, PCIE interface, 8 ports
      Cache | 1024MB Memory, BBU
        BBU | % Charged, Temperature 27C, isSOHGood=

VirtualDev Size RAID Level Disks SpnDpth Stripe Status Cache
========== ========= ========== ===== ======= ====== ======= =========
0(no name) 1.818 TB 0 (:-0-0) 1 Depth-1 64 KB Optimal WB, RA
1(no name) 3.637 TB 0 (:-5-3) 3 Depth-1 64 KB Optimal WB, RA

PhysiclDev Type State Errors Vendor Model Size
========== ==== ======= ====== ======= ============ ============
Hard Disk SATA Online, 0/0/0 Z1X3LJ45ST2000NM0033-9ZM175 SN04 1.819
Hard Disk SATA Online, 0/0/0 Z1X3MZQAST2000NM0033-9ZM175 SN04 1.819
Hard Disk SATA Online, 0/0/0 Z1X3EBGHST2000NM0033-9ZM175 SN03 1.819
Hard Disk SATA Online, 0/0/0 Z1X3MM2HST2000NM0033-9ZM175 SN04 1.819
```

下列內容顯示系統安裝的網卡型號清單，以及 TCP/IP 協定組態參數等資訊。其中，網卡型號清單來自 lspci 命令；TCP/IP 協定組態參數則從 sysctl 命令取得。如果禁用 --summarize-network 選項，則不會顯示此部分內容。

```
# Network Config ###########################################
    Controller | Intel Corporation Ethernet Controller 10-Gigabit X540-AT2
(rev 01)
    Controller | Intel Corporation Ethernet Controller 10-Gigabit X540-AT2
(rev 01)
    Controller | Intel Corporation I350 Gigabit Network Connection (rev 01)
    Controller | Intel Corporation I350 Gigabit Network Connection (rev 01)
    Controller | Intel Corporation I350 Gigabit Network Connection (rev 01)
    Controller | Intel Corporation I350 Gigabit Network Connection (rev 01)
  FIN Timeout | 60
   Port Range | 65500
```

下列內容顯示網卡介面的相關統計資訊，以及接收和傳輸的位元組、資料封包和錯誤訊息等，這些資訊來自 ip -s link 命令的輸出（做了模糊計算），網卡速率訊息來自 ip -s link 結合 ethtool 命令的輸出。此部分內容可以透過禁用 --summarize-network 選項跳過。

```
# Interface Statistics ####################################
  interface rx_bytes rx_packets rx_errors tx_bytes tx_packets tx_errors
  ========= ======== ========== ========== ========== ========== ==========
  lo 1750000000000 2000000000 0 1750000000000 2000000000 0
  enp129s0f0 0 0 0 0 0 0
  enp129s0f1 0 0 0 0 0 0
  enp131s0f0 0 0 0 0 0 0
  enp131s0f1 0 0 0 0 0 0
  enp3s0f0 9000000000 20000000 0 5000000000 45000000 0
  enp3s0f1 0 0 0 0 0 0
  br0 3500000000 30000000 0 125000000000 12500000 0
  vnet0 125000000000 250000000 0 90000000000 250000000 0
  vnet1 100000000000 800000000 0 400000000000 1500000000 0
  vnet2 1000000000000 1500000000 0 125000000000 900000000 0
  vnet3 45000000000 300000000 0 800000000000 300000000 0
  vnet4 35000000000 125000000 0 17500000000 100000000 0

# Network Devices ##########################################
  Device Speed Duplex
  ========= ========= =========
  ......
  vnet0 10Mb/s Full
  enp3s0f0 100Mb/s Full
  enp129s0f1 Unknown! Unknown!
  vnet1 10Mb/s Full
  enp3s0f1 Unknown! Unknown!
  vnet2 10Mb/s Full
  vnet3 10Mb/s Full
  vnet4 10Mb/s Full
```

下列內容顯示網路連接的摘要資訊。這些值並不精確，它們來自 netstat 命令輸出結果的模糊計算，以便在數值變大時更容易進行比較。這裡包括兩個子部分，分別顯示每個來源和目標 IP 位址的連接數、正在使用的埠數，以及網路連接狀態的計數。可以透過禁用 --summarize-network 選項跳過此部分內容。

```
# Network Connections ##################################
  Connections from remote IP addresses
    121.121.0.82 2
  Connections to local IP addresses
    10.10.30.16 2
  Connections to top 10 local ports
    22 2
  States of connections
    ESTABLISHED 2
    LISTEN 15
```

下列內容顯示處理程序的 Top 統計資訊。請留意 Notable Processes 部分，其內容表示發生 OOM 時被殺掉的優先順序處理程序。可以透過禁用 --summarize-processes 選項跳過此部分內容。

```
# Top Processes ##################################
  PID USER PR NI VIRT RES SHR S %CPU %MEM TIME+ COMMAND
 5325 qemu 20 0 16.769g 0.015t 9700 S 135.3 6.6 145628:31 qemu-kvm
 5365 qemu 20 0 16.748g 0.015t 9796 S 35.3 6.5 41482:13 qemu-kvm
 5304 qemu 20 0 16.772g 0.015t 9784 S 17.6 6.6 44426:13 qemu-kvm
 5345 qemu 20 0 16.621g 0.015t 9804 S 11.8 6.6 30701:03 qemu-kvm
 6309 root 20 0 157968 2408 1496 R 5.9 0.0 0:00.02 top
    1 root 20 0 44336 4816 2432 S 0.0 0.0 1:56.35 systemd
    2 root 20 0 0 0 0 S 0.0 0.0 0:01.93 kthreadd
    3 root 20 0 0 0 0 S 0.0 0.0 0:16.96 ksoftirqd/0
    5 root 0 -20 0 0 0 S 0.0 0.0 0:00.00 kworker/0:+

# Notable Processes ##################################
  PID OOM COMMAND
 1779 -17 sshd
```

下列內容來自 vmstat 1 5 命令的精簡輸出，除了 CPU 資訊外，其他資訊均為模糊計算的值。可以透過禁用 --summarize-processes 選項跳過此部分內容。

```
# Simplified and fuzzy rounded vmstat (wait please) ##########
  procs ---swap-- -----io---- ---system---- --------cpu--------
   r b si so bi bo ir cs us sy il wa st
   2 0 0 0 1 25 0 0 5 1 94 0 0
   0 0 0 0 50 225 15000 30000 2 2 96 0 0
   0 0 0 0 0 250 12500 25000 3 2 96 0 0
```

```
    1 0 0 0 0 100 12500 30000 3 2 96 0 0
    3 0 0 0 0 1000 12500 25000 2 1 96 0 0
# The End #######################################################
```

47.6 pt-pmp

pt-pmp 執行兩個任務：取得堆疊追蹤資訊和彙總堆疊追蹤資訊。如果執行命令時加上一個文字檔，則該工具將跳過取得堆疊追蹤資訊這一步，直接彙總該檔案的堆疊追蹤資訊。

彙總堆疊追蹤資訊時，該工具會從每個堆疊等級取得函數名稱（符號），並以逗號分隔拼接起來。然後把每個執行緒中類似的資訊排列在一起，按照出現的頻繁程度降冪排序。

pt-pmp 是一個唯讀工具。然而，如果將 GDB 工具附加到程式的處理程序上（例如 MySQL），以查看所有執行緒的堆疊資訊，則將凍結程式一段時間（應用程式會掛住，期間不接受任何存取請求），可能 1s 左右。在非常繁忙的系統中，GDB 工具的目標處理程序可能已經分配大量記憶體，或者建立大量的執行緒，此時使用該工具可能會對線上業務造成嚴重的影響。例如：當以該工具分析 MySQL 時，意謂著 MySQL 在 GDB 工具運行期間將無回應（不能對外提供服務）。當然，如果 MySQL 已經處於無回應狀態，就無須擔心此問題。

用法：

```
pt-pmp [OPTIONS] [FILES]
```

47.6.1 命令列選項

- --binary,-b：字串類型，預設值為 mysqld，表示要追蹤哪個二進位程式。

- --help：顯示說明資訊並退出。

- --interval,-s：整數類型，預設值為 0，表示迭代執行的間隔時間，單位為秒（s）。

- --iterations,-i：整數類型，表示執行收集和聚合堆疊資訊的次數，預設值為 1。

- --lines,-l：整數類型，表示只聚合指定數量的函數（結果集中每一列顯示的函數數量）。預設值為 0，表示不限制。

- --pid,-p：整數類型，表示要追蹤的處理程序 ID，該選項值會覆蓋 --binary 選項值。

- --save-samples,-k：字串類型，表示在聚合後將原始追蹤資訊保留在此選項指定的檔案（對既有的堆疊資訊進行聚合時不生效）。

- --version：列印版本資訊並退出。

47.6.2 實戰展示

可以直接使用 mysqld 處理程序號作為 pt-pmp 工具的輸入參數，以此收集處理程序堆疊資訊。

```
[root@localhost ~]# pt-pmp --pid='pgrep mysqld |tail -1'
2020 年 10 月 25 日 星期日 11:02:35 CST
    26 libaio::??(libaio.so.1),LinuxAIOHandler::collect(os0file.cc:2492),
LinuxAIOHandler:: poll(os0file.cc:2638),os_aio_linux_handler(os0file.cc:2694),
os_aio_handler(os0file.cc:2694),fil_aio_wait(fil0fil.cc:5817),io_handler_
thread(srv0start.cc:308),start_thread(libpthread.so.0),clone(libc.so.6)
     3 pthread_cond_wait,wait(os0event.cc:165),os_event::wait_low(os0event.
cc:165), srv_worker_thread(srv0srv.cc:2506),start_thread(libpthread.
so.0),clone(libc.so.6)
     3 poll(libc.so.6),vio_io_wait(viosocket.c:786),vio_socket_io_wait
(viosocket.c:77), vio_read(viosocket.c:132),net_read_raw_loop(net_serv.cc:672),
net_read_packet_header(net_serv.cc:756),net_read_packet(net_serv.cc:756),my_
net_read(net_serv.cc:899),Protocol_classic::read_packet(protocol_classic.
cc:808),Protocol_classic::get_command(protocol_classic.cc:965),do_command
(sql_parse.cc:938),handle_connection(connection_handler_per_thread.cc:300),
pfs_spawn_thread(pfs.cc:2188),start_thread(libpthread.so.0),clone(libc.so.6)
     2 pthread_cond_wait,native_cond_wait(thr_cond.h:140),my_cond_wait
(thr_cond.h:140), inline_mysql_cond_wait(thr_cond.h:140),Per_thread_
connection_handler::block_until_new_connection(thr_cond.h:140),handle_
connection(connection_handler_per_thread.cc:329),pfs_spawn_thread(pfs.
cc:2188),start_thread(libpthread.so.0),clone(libc.so.6)
     1 sigwait(libpthread.so.0),signal_hand(mysqld.cc:2101),pfs_spawn_
thread(pfs.cc:2188), start_thread(libpthread.so.0),clone(libc.so.6)
     1 sigwaitinfo(libc.so.6),timer_notify_thread_func(posix_timers.c:77),
pfs_spawn_thread(pfs.cc:2188),start_thread(libpthread.so.0),clone(libc.so.6)
     1 pthread_cond_wait,wait(os0event.cc:165),os_event::wait_low(os0event.
cc:165),srv_purge_coordinator_suspend(srv0srv.cc:2662),srv_purge_coordinator_
thread(srv0srv.cc:2662),start_thread(libpthread.so.0),clone(libc.so.6)
     1 pthread_cond_wait,wait(os0event.cc:165),os_event::wait_low
(os0event.cc:165), buf_resize_thread(buf0buf.cc:3015),start_thread
(libpthread.so.0),clone(libc.so.6)
     1 pthread_cond_wait,wait(os0event.cc:165),os_event::wait_low(os0event.
```

```
cc:165), buf_dump_thread(buf0dump.cc:781),start_thread(libpthread.
so.0),clone(libc.so.6)
        1 pthread_cond_wait,native_cond_wait(thr_cond.h:140),my_cond_wait
(thr_cond.h:140), inline_mysql_cond_wait(thr_cond.h:140),compress_gtid_table
(thr_cond.h:140),pfs_spawn_thread(pfs.cc:2188),start_thread(libpthread.so.0),
clone(libc.so.6)
        1 pthread_cond_timedwait,os_event::timed_wait(os0event.cc:285),os_
event::wait_time_low(os0event.cc:412),srv_monitor_thread(srv0srv.cc:1571),
start_thread(libpthread.so.0),clone(libc.so.6)
        1 pthread_cond_timedwait,os_event::timed_wait(os0event.cc:285),os_
event::wait_time_low(os0event.cc:412),srv_error_monitor_thread(srv0srv.
cc:1737),start_thread(libpthread.so.0),clone(libc.so.6)
        1 pthread_cond_timedwait,os_event::timed_wait(os0event.cc:285),os_
event::wait_time_low(os0event.cc:412),pc_sleep_if_needed(buf0flu.cc:2690),buf_
flush_page_cleaner_coordinator(buf0flu.cc:2690),start_thread(libpthread.
so.0),clone(libc.so.6)
        1 pthread_cond_timedwait,os_event::timed_wait(os0event.cc:285),os_
event::wait_time_low(os0event.cc:412),lock_wait_timeout_thread(lock0wait.
cc:501),start_thread(libpthread.so.0),clone(libc.so.6)
        1 pthread_cond_timedwait,os_event::timed_wait(os0event.cc:285),os_
event::wait_time_low(os0event.cc:412),ib_wqueue_timedwait(ut0wqueue.cc:160),
fts_optimize_thread(fts0opt.cc:3040),start_thread(libpthread.
so.0),clone(libc.so.6)
        1 pthread_cond_timedwait,os_event::timed_wait(os0event.cc:285),os_
event::wait_time_low(os0event.cc:412),dict_stats_thread(dict0stats_bg.cc:421),
start_thread(libpthread.so.0),clone(libc.so.6)
        1 poll(libc.so.6),Mysqld_socket_listener::listen_for_connection_
event(socket_connection.cc:845),connection_event_loop(connection_acceptor.
h:66),mysqld_main(connection_acceptor.h:66),__libc_start_main(libc.so.6),_
start
        1 nanosleep(libpthread.so.0),os_thread_sleep(os0thread.cc:279),srv_
master_sleep(srv0srv.cc:2316),srv_master_thread(srv0srv.cc:2316),start_
thread(libpthread.so.0),clone(libc.so.6)
```

　　或者先以 pstack 命令收集 mysqld 處理程序的堆疊資訊，然後再使用 pt-pmp 工具
進行聚合。

```
[root@localhost ~]# pstack 'pgrep mysqld |tail -1' > a.txt
[root@localhost ~]# pt-pmp a.txt
    26 libaio::??(libaio.so.1),LinuxAIOHandler::collect,LinuxAIOHandler::
poll,os_aio_handler,fil_aio_wait,io_handler_thread,start_thread(libpthread.
so.0),clone(libc.so.6)
        3 pthread_cond_wait,os_event::wait_low,srv_worker_thread,start_
thread(libpthread.so.0), clone(libc.so.6)
        3 poll(libc.so.6),vio_io_wait,vio_socket_io_wait,vio_read,net_read_
raw_loop,net_read_packet,my_net_read,Protocol_classic::read_packet,Protocol_
```

```
classic::get_command,do_command,handle_connection,pfs_spawn_thread,start_
thread(libpthread.so.0),clone(libc.so.6)
        2 pthread_cond_wait,Per_thread_connection_handler::block_until_
new_connection, handle_connection,pfs_spawn_thread,start_thread(libpthread.
so.0),clone(libc.so.6)
        1 sigwait(libpthread.so.0),signal_hand,pfs_spawn_thread,start_
thread(libpthread. so.0),clone(libc.so.6)
        1 sigwaitinfo(libc.so.6),timer_notify_thread_func,pfs_spawn_
thread,start_thread (libpthread.so.0),clone(libc.so.6)
        1 pthread_cond_wait,os_event::wait_low,srv_purge_coordinator_
thread,start_thread (libpthread.so.0),clone(libc.so.6)
        1 pthread_cond_wait,os_event::wait_low,buf_resize_thread,start_
thread(libpthread. so.0),clone(libc.so.6)
        1 pthread_cond_wait,os_event::wait_low,buf_dump_thread,start_
thread(libpthread. so.0),clone(libc.so.6)
        1 pthread_cond_wait,compress_gtid_table,pfs_spawn_thread,start_
thread(libpthread. so.0),clone(libc.so.6)
        1 pthread_cond_timedwait,os_event::timed_wait,os_event::wait_time_
low,srv_monitor_thread,start_thread(libpthread.so.0),clone(libc.so.6)
        1 pthread_cond_timedwait,os_event::timed_wait,os_event::wait_time_
low,srv_error_monitor_thread,start_thread(libpthread.so.0),clone(libc.so.6)
        1 pthread_cond_timedwait,os_event::timed_wait,os_event::wait_time_
low,lock_wait_timeout_thread,start_thread(libpthread.so.0),clone(libc.so.6)
        1 pthread_cond_timedwait,os_event::timed_wait,os_event::wait_time_low,
ib_wqueue_timedwait,fts_optimize_thread,start_thread(libpthread.
so.0),clone(libc.so.6)
        1 pthread_cond_timedwait,os_event::timed_wait,os_event::wait_time_
low,dict_stats_thread,start_thread(libpthread.so.0),clone(libc.so.6)
        1 pthread_cond_timedwait,os_event::timed_wait,os_event::wait_time_low,
buf_flush_page_cleaner_coordinator,start_thread(libpthread.so.0),clone(libc.
so.6)
        1 poll(libc.so.6),Mysqld_socket_listener::listen_for_connection_
event,mysqld_main, __libc_start_main(libc.so.6),_start
        1 nanosleep(libpthread.so.0),os_thread_sleep,srv_master_thread,start_
thread(libpthread. so.0),clone(libc.so.6)
```

提示：不要在正常運行的正式資料庫使用該工具，因為本工具執行期間會導致資料庫掛起，阻塞資料庫的讀寫服務。

47.7 pt-stalk

pt-stalk 工具可於資料庫出現問題時，收集有關 MySQL 及其所在伺服器的負載資料（特別是當資料庫在短時間內頻繁出現間歇性的鎖和高負載問題時，尤其有用）。

在 pt-stalk 工具運行過程中（需要有 root 權限，否則便得單獨指定多個選項，例如 --pid、--log 和 --dest，不然可能無法啟動該工具），將不斷捕捉觸發條件值，一旦達到預先設好的值，就會觸發並收集相關的資料（也可以執行自訂命令，或者按需求收集，無須等待達到觸發條件），以便後續利用這些資料來解決問題。

pt-stalk 會做兩件事情：監視 MySQL 伺服器，以及等待滿足預先設好的觸發條件，一旦滿足後便收集診斷資料（為了避免短期問題引起的誤報，可透過 --cycles 選項設定必須達到多少次觸發條件，才真正執行資料的收集操作）。

若想有效地利用 pt-stalk，必須定義一個合理的觸發器。一方面，此觸發器需要足夠靈敏，以便在出現問題時有效地觸發資訊收集，這樣就不會錯過解決問題的機會；另一方面，良好的觸發器不容易出現誤報（誤收集資訊）。MySQL 最可靠的觸發器有連接數、正在運行的查詢數（連接數），可以透過 Threads_connected 和 Threads_running 狀態變數進行監測，有時候 Threads_connected 可能不足以反映資料庫的負載情況，但是加上 Threads_running 變數，便能很好地反映出來。

--function、--variable、--threshold 和 --cycles 選項允許定義不同的觸發器。這些選項的預設值通常能夠滿足監測要求，但是需要根據自己的特定系統和需求適當地調整。

預設情況下，pt-stalk 工具會一直監視 MySQL，直到觸發器觸動時執行資料的收集操作。收集一次資料之後，它會處於睡眠狀態，以便下次被觸發時再收集資料。當收集的各項資料寫入檔案時，會以時間戳記開頭，以便區分多次收集的資料（可以使用 pt-sift 工具分析收集的資料，輸出更易閱讀的結果）。

用法：

```
pt-stalk [OPTIONS]
```

範例如下（以 daemon 方式一直在後台運行，當 Threads_running 並行查詢數達到 20 時，便觸發資料收集）：

```
[root@localhost ~]# pt-stalk --daemonize --threshold=20
```

47.7.1　命令列選項

- --collect：預設啟用，允許禁用。當啟用後，一旦達到設定的觸發條件，就執行資料的收集操作（--no-collect 選項可以監測系統負載情況，但不執行資料的收集操作）。

- --collect-gdb：收集 GDB 堆疊追蹤資訊。當啟用後，GDB 工具會附加到 MySQL 伺服器處理程序上，並列印所有執行緒的堆疊追蹤資訊。此操作會導致伺服器被凍結（hang 住），所以在正式環境，或者擁有大量記憶體、執行緒的伺服器啟用該選項時要謹慎。預設該選項為禁用。如果確實需要啟用的話，則請自行評估是否會對伺服器造成額外的影響。

  - 注意：該選項會呼叫 gdb 命令，因此在使用前請確保已安裝 gdb 套裝軟體。

  - 使用該選項時，有可能會存在 gdb 和 MySQL 伺服器分離之後，MySQL 伺服器崩潰，或者效能無法恢復到最佳狀態的風險。

- --collect-oprofile：收集 oprofile 資料。透過啟動 oprofile 工作階段，執行一定的時間收集資料，結束時會將結果保存到系統的預設位置。如果有使用該選項的需求，請自行閱讀系統的 oprofile 檔案，以瞭解更多的相關資訊。

  - 注意：該選項會呼叫 opreport 和 opcontrol 命令，因此使用前請確保已安裝 oprofile 套裝軟體。

- --collect-strace：收集 strace 資料。透過將 strace 連接到 MySQL 伺服器來達成，在與 strace 命令分離之前，將導致 MySQL 伺服器運行得非常緩慢。所以，與 --collect-gdb 選項一樣，建議謹慎使用。

  - 該選項不要與 --collect-gdb 選項一起使用，因為 gdb 和 strace 命令無法同時附加到 MySQL 伺服器處理程序上。

  - 注意：該選項會呼叫 strace 命令，因此使用前請確保已安裝 strace 套裝軟體。

- --collect-tcpdump：收集 tcpdump 資料。以 tcpdump 捕捉 MySQL 伺服器正在監聽的服務埠於所有網卡介面的流量。抓取到的 TCP 封包資料，後續可以利用 pt-query-digest 工具進行分析，解碼 MySQL 協定並擷取查詢日誌資訊。

  - 注意：該選項會呼叫 tcpdump 命令，因此使用前請確保已安裝 tcpdump 套裝軟體。

- --config：字串類型，表示讀取指定的設定檔列表。如果使用該選項，則它必須是命令列的第一個選項。

- --cycles：整數類型，預設值為 5，表示在觸發資料收集之前，--variable 選項指定的觸發條件（指的是觸發條件名稱）必須滿足 --threshold 選項觸發條件值的次數（即觸動觸發條件的次數），此舉可以防止誤報。

- --daemonize：使用 daemon 方式運行 pt-stalk 工具（在後台），其間 STDOUT 的日誌輸出將寫入 --log 選項指定的檔案。

- --defaults-file,-F：字串類型，僅從該選項指定的檔案讀取 MySQL 的組態參數。需要列出檔案的絕對路徑。

- --dest：字串類型，預設值為 /var/lib/pt-stalk，指定保存收集的診斷資料的目錄路徑。pt-stalk 工具每次收集都會寫入一組新檔，這些檔案以寫到磁碟時作業系統的時間戳記命名。

- --disk-bytes-free：預設值為 100MB。指定磁碟剩餘空間不得小於該選項的大小（有效單位為 k、M、G、T，分別代表 kB、MB、GB、TB），否則 pt-stalk 工具便不執行資料收集，此舉可以防止該工具寫滿磁碟。如果在 --dest 選項指定的目錄下存在之前收集的資料，則 pt-stalk 工具在寫入新的資料之前，將以之前收集的資料大小估算下一次收集的大小（這樣會導致 pt-stalk 工具認為磁碟必須要有 --disk-bytes-free 選項指定兩倍大的空閒空間，否則不會收集任何資料）。

- --disk-pct-free：整數類型，預設值為 5，表示如果磁碟的可用空間小於 5%，則 pt-stalk 工具便不執行資料的收集操作，以避免寫滿磁碟。

- --function：字串類型，預設值為 status。有效值如下。

  - status：表示觸發條件以 SHOW GLOBAL STATUS 語句查詢某個狀態變數（結合 --variable 選項指定使用哪個狀態變數作為觸發器，再結合 --threshold 選項指定觸發器的觸發條件）。

  - processlist：表示觸發條件以 SHOW PROCESSLIST 語句查詢某個執行緒的狀態（結合 --variable 選項指定執行緒狀態的某個欄位名稱，--match 選項指定執行緒狀態某個欄位的某種狀態，再結合 --threshold 選項指定有多少個執行緒的某個欄位處於某種狀態）。例如，pt-stalk --function processlist --variable State --match statistics --threshold 10。

  - 除了上述兩個內建值之外，還能指定一個檔案，其中包含以 UNIX shell 腳本編寫的自訂觸發器函數。它可以是一個執行任何操作的包裝器，而且會優先使用該檔（覆蓋內建的 status 和 processlist 函數）。所以，如果工作目錄下有一個名為 status 或 processlist 的檔案，那麼 pt-stalk 工具將優先使用該檔。範例如下：

```
# 下列程式碼計算 InnoDB 中等待的互斥量，函數必須返回一個數值，並與 --threshold 選項指定
的值進行比較
trg_plugin() {
    mysql $EXT_ARGV -e "SHOW ENGINE INNODB STATUS" \
        | grep -c "has waited at"
}
```

- --help：列印說明資訊。

- --host,-h：字串類型，表示連接的 MySQL 主機（主機名稱或 IP 位址）。

- --interval：整數類型，預設值為 1，指定檢查觸發器（觸發條件是否滿足指定值）的間隔時間。

- --iterations：整數類型，指定收集資料的總次數。預設情況下，pt-stalk 工具將持續永久運行，並於每次觸發條件達到時執行資料收集操作。如果需要限制收集次數或者立即收集資料，則可利用該選項指定。--no-stalk 選項會觸發立即收集資料，不等待滿足觸發條件，結合 --iterations=1，可在立即收集一次資料就退出。

- --log：字串類型，預設值為 /var/log/pt-stalk.log。當 pt-stalk 工具以 daemon 方式運行時，所有的輸出結果都會寫到該選項指定的檔案。

- --match：字串類型，當 --function=processlist 時，需要以該選項指定執行緒狀態資訊欄位的某個狀態值。

- --notify-by-email：每次執行資料收集時，都會向該選項指定的帳號發送電子郵件。

- --password,-p：字串類型，指定連接 MySQL 的密碼。

- --pid：字串類型，預設值為 /var/run/pt-stalk.pid，指定 pt-stalk 工具的 PID 檔案。如果該檔已存在，並且內含的 PID 與目前處理程序的 PID 不同，則 pt-stalk 工具將拒絕啟動。但是，如果 PID 檔存在且其內含的 PID 處理程序不存在，則 pt-stalk 工具便以新的處理程序 PID 覆蓋該檔的 PID，然後正常運行。當 pt-stalk 工具正常退出時會自動刪除 PID 檔（非正常退出則無法刪除，例如主機跳電、強制刪除 pt-stalk 工具處理程序等）。

- --port,-P：整數類型，指定連接 MySQL 的埠號。

- --prefix：字串類型，指定收集資料時，存放到檔案的檔名前綴（預設情況下，檔名前綴是時間戳記，例如 2020_12_06_14_02_02，表示 2020 年 12 月 6 日 14 時 02 分 02 秒）。

■ 注意：如果給定字串前綴，則不建議使用特殊字元（包括減號），否則後續以 pt-sift 工具解析時，將無法正確讀取檔案。

● --retention-time：整數類型，預設值為 30，表示收集的資料檔案樣本保留的天數，超過保留時間的資料檔案將被清除。

● --run-time：整數類型，預設值為 30，表示執行收集診斷資料的時長（單位為秒）。

■ 通常不需要修改，沒必要指定更長的時間，因為主機或者 MySQL 伺服器不太可能忙到 30s 都無回應。大多數情況下，收集 30s 內的診斷資料已足以排查問題。

■ 時長不能超過 --sleep 選項指定的時長。

● --sleep：整數類型，預設值為 300，指定在執行完成一次診斷資料收集之後，需要間隔多長時間才會再次執行（間隔時間內會忽略觸發器，以防止連續觸發）。

● --socket,-S：字串類型，指定連接 MySQL 的 Socket 檔案路徑。

● --stalk：預設啟用，允許禁用。一旦啟用後，將持續觀察伺服器的負載狀態，等待滿足觸發條件時才執行診斷資料的收集操作。--no-stalk 選項表示不等待，立即執行收集操作，例如 --no-stalk --run-time 60 --iterations 1（表示立即執行收集操作，收集時長為 60s，收集次數為 1 次）。

● --threshold：整數類型，預設值為 25，表示觸發條件的門檻值（觸發值，或說上限值，目前不支援下限值）。當於 pt-stalk 工具運行過程捕捉到 --threshold 指定的觸發條件滿足 --cycles 選項的次數之後（觸發條件名稱由 --variable 選項指定，詳見下面的 --variable 選項），就會觸發診斷資料的收集動作。

● --user,-u：字串類型，指定連接 MySQL 的帳號。

● --variable：字串類型，預設值為 Threads_running，指定觸發器名稱。觸發器上限值由 --threshold 選項指定。

● --verbose：整數類型，預設值為 2，指定列印的日誌資訊等級。pt-stalk 工具的設計為長時間以 daemon 方式運行，所以預設情況下只輸出等級 2 的日誌資訊。如果以互動式方式執行該工具，則可能需要以該選項指定更詳細的日誌等級。有效值如下。

- 0：錯誤。

- 1：0+ 警告。

- 2：1+ 觸發器比對成功與收集到的資訊。

- 3：2+ 觸發器不相符值的資訊。

● --version：列印版本資訊。

47.7.2 實戰展示

1. 以 daemon 方式執行 pt-stalk

以 daemon 方式執行 pt-stalk，監視 MySQL 的活躍連接數，當滿足條件時收集診斷資料，包括 gdb、oprofile、strace、tcpdump 資料等（收集這些診斷資料可能會造成資料庫效能急劇下降，請根據需求決定是否要一併收集）。

```
# 這裡以 TCP 方式連接資料庫
[root@localhost ~]# pt-stalk --collect-gdb --collect-oprofile --collect-
strace --collect-tcpdump --defaults-file=/etc/my.cnf --dest=/var/lib/pt-
stalk --threshold=2 --user=admin --host=127.0.0.1 --port=3306 --password=
letsg0 --variable=Threads_connected --log=/var/log/pt-stalk.log --daemonize

[root@localhost ~]# ps aux |grep pt-stalk
root 14773 0.0 0.0 113504 1400 pts/11 S 19:32 0:00 bash /usr/bin/pt-
stalk --collect-gdb --collect-oprofile --collect-strace --collect-tcpdump
--defaults-file=/etc/my.cnf --dest=/var/lib/pt-stalk --prefix= Threads_
connected --threshold=2 --user=admin --host=127.0.0.1 --port=3306
--password=letsg0 --variable=Threads_connected --log=/var/log/pt-stalk.log
--daemonize
```

使用兩個以上的 MySQL 用戶端連接資料庫，5s 之後觸發診斷資料收集，透過日誌可以看到下列資訊：

```
[root@localhost pt-stalk]# tailf -20 /var/log/pt-stalk.log
......
 2020_11_28_19_55_13 Check results: status(Threads_connected)=3, matched=
yes, cycles_true=1
 2020_11_28_19_55_14 Check results: status(Threads_connected)=3, matched=
yes, cycles_true=2
 2020_11_28_19_55_15 Check results: status(Threads_connected)=3, matched=
yes, cycles_true=3
 2020_11_28_19_55_16 Check results: status(Threads_connected)=3, matched=
yes, cycles_true=4
```

```
2020_11_28_19_55_17 Check results: status(Threads_connected)=3, matched=
yes, cycles_true=5
2020_11_28_19_55_17 Collect 1 triggered
2020_11_28_19_55_17 Collect 1 PID 23828
2020_11_28_19_55_17 Collect 1 done
2020_11_28_19_55_17 Sleeping 300 seconds after collect # 從這裡得知，收集一次
```
資料之後，監測日誌便停止輸出，休眠 300s（預設值）之後再開始監測

　　查看資料收集的目錄，應可看到 df 命令輸出、磁碟空間、磁碟狀態、InnoDB 引擎狀態、中斷資訊、iostat 輸出、資料庫鎖等待資訊、資料庫處理程序的 lsof 輸出、記憶體資訊、資料庫互斥資訊等資料檔。

```
[root@localhost pt-stalk]# 11
total 7788
-rw-r--r-- 1 root root 26190 Nov 28 19:56 2020_11_28_19_55_17-df
-rw-r--r-- 1 root root 145 Nov 28 19:56 2020_11_28_19_55_17-disk-space
-rw-r--r-- 1 root root 60450 Nov 28 19:56 2020_11_28_19_55_17-diskstats
-rw-r--r-- 1 root root 22 Nov 28 19:56 2020_11_28_19_55_17-hostname
-rw-r--r-- 1 root root 11377 Nov 28 19:55 2020_11_28_19_55_17-innodbstatus1
-rw-r--r-- 1 root root 12139 Nov 28 19:56 2020_11_28_19_55_17-innodbstatus2
-rw-r--r-- 1 root root 1936380 Nov 28 19:56 2020_11_28_19_55_17-interrupts
-rw-r--r-- 1 root root 80647 Nov 28 19:56 2020_11_28_19_55_17-iostat
-rw-r--r-- 1 root root 5459 Nov 28 19:56 2020_11_28_19_55_17-iostat-overall
-rw-r--r-- 1 root root 8070 Nov 28 19:56 2020_11_28_19_55_17-lock-waits
-rw-r--r-- 1 root root 12724 Nov 28 19:55 2020_11_28_19_55_17-lsof
-rw-r--r-- 1 root root 38370 Nov 28 19:56 2020_11_28_19_55_17-meminfo
-rw-r--r-- 1 root root 102357 Nov 28 19:56 2020_11_28_19_55_17-mpstat
-rw-r--r-- 1 root root 6686 Nov 28 19:56 2020_11_28_19_55_17-mpstat-overall
-rw-r--r-- 1 root root 6834 Nov 28 19:55 2020_11_28_19_55_17-mutex-status1
-rw-r--r-- 1 root root 6834 Nov 28 19:56 2020_11_28_19_55_17-mutex-status2
-rw-r--r-- 1 root root 1574399 Nov 28 19:56 2020_11_28_19_55_17-mysqladmin
-rw-r--r-- 1 root root 438755 Nov 28 19:56 2020_11_28_19_55_17-netstat
-rw-r--r-- 1 root root 116790 Nov 28 19:56 2020_11_28_19_55_17-netstat_s
-rw-r--r-- 1 root root 47 Nov 28 19:55 2020_11_28_19_55_17-opentables1
-rw-r--r-- 1 root root 47 Nov 28 19:56 2020_11_28_19_55_17-opentables2
-rw-r--r-- 1 root root 25212 Nov 28 19:56 2020_11_28_19_55_17-output
-rw-r--r-- 1 root root 119206 Nov 28 19:55 2020_11_28_19_55_17-pmap
-rw-r--r-- 1 root root 32019 Nov 28 19:56 2020_11_28_19_55_17-processlist
-rw-r--r-- 1 root root 223343 Nov 28 19:56 2020_11_28_19_55_17-procstat
-rw-r--r-- 1 root root 82213 Nov 28 19:56 2020_11_28_19_55_17-procvmstat
-rw-r--r-- 1 root root 45242 Nov 28 19:55 2020_11_28_19_55_17-ps
-rw-r--r-- 1 root root 335670 Nov 28 19:56 2020_11_28_19_55_17-slabinfo
-rw-r--r-- 1 root root 865423 Nov 28 19:55 2020_11_28_19_55_17-stacktrace
-rw-r--r-- 1 root root 127500 Nov 28 19:55 2020_11_28_19_55_17-sysctl
-rw-r--r-- 1 tcpdump tcpdump 862815 Nov 28 19:56 2020_11_28_19_55_17-tcpdump
-rw-r--r-- 1 root root 38096 Nov 28 19:55 2020_11_28_19_55_17-top
```

```
-rw-r--r-- 1 root root 12620 Nov 28 19:56 2020_11_28_19_55_17-transactions
-rw-r--r-- 1 root root 383 Nov 28 19:55 2020_11_28_19_55_17-trigger
-rw-r--r-- 1 root root 15029 Nov 28 19:55 2020_11_28_19_55_17-variables
-rw-r--r-- 1 root root 2966 Nov 28 19:56 2020_11_28_19_55_17-vmstat
-rw-r--r-- 1 root root 336 Nov 28 19:56 2020_11_28_19_55_17-vmstat-overall
```

閱讀這些檔案的內容實在太費勁，建議採用 pt-sift 工具來分析，並輸出更易閱讀的內容（47.8 節會介紹該工具）。

2. 以非 daemon 方式執行 pt-stalk

以非 daemon 方式執行 pt-stalk，立即收集診斷資料（不檢測、不看觸發條件），同時包括 gdb、oprofile、strace、tcpdump 資料等（收集這些診斷資料可能會造成資料庫效能急劇下降，請根據需求決定是否要一併收集）。

```
# 這裡以 Socket 方式連接資料庫
[root@localhost pt-stalk]# pt-stalk --collect-gdb --collect-oprofile
--collect-strace --collect-tcpdump --defaults-file=/etc/my.cnf --dest=/var/
lib/pt-stalk --user=admin --socket=/home/mysql/data/mysqldata1/sock/mysql.
sock --password=letsg0 --iterations=1 --no-stalk --prefix=no-stalk
   mysql: [Warning] Using a password on the command line interface can be
insecure.
   2020_11_28_20_07_27 Starting /usr/bin/pt-stalk --function=status --variable
=Threads_running --threshold=25 --match= --cycles=0 --interval=1 --iterations
=1 --run-time=30 --sleep=300 --dest=/var/lib/pt-stalk --prefix=no-stalk
--notify-by-email= --pid=/var/run/pt-stalk.pid --plugin=
   2020_11_28_20_07_27 Not stalking; collect triggered immediately
   2020_11_28_20_07_27 Collect 1 triggered
   2020_11_28_20_07_27 Collect 1 PID 29214
   2020_11_28_20_07_27 Collect 1 done
   2020_11_28_20_07_27 Waiting up to 90 seconds for subprocesses to finish...
```

查看收集的診斷資料檔案：

```
[root@localhost pt-stalk]# ll /var/lib/pt-stalk/no-stalk-*
-rw-r--r-- 1 root root 26190 Nov 28 20:08 /var/lib/pt-stalk/no-stalk-df
-rw-r--r-- 1 root root 145 Nov 28 20:08 /var/lib/pt-stalk/no-stalk-disk-space
-rw-r--r-- 1 root root 60450 Nov 28 20:08 /var/lib/pt-stalk/no-stalk-diskstats
-rw-r--r-- 1 root root 22 Nov 28 20:08 /var/lib/pt-stalk/no-stalk-hostname
-rw-r--r-- 1 root root 11474 Nov 28 20:07 /var/lib/pt-stalk/no-stalk-innodbstatus1
-rw-r--r-- 1 root root 11524 Nov 28 20:08 /var/lib/pt-stalk/no-stalk-innodbstatus2
-rw-r--r-- 1 root root 1936380 Nov 28 20:08 /var/lib/pt-stalk/no-stalk-interrupts
-rw-r--r-- 1 root root 80639 Nov 28 20:08 /var/lib/pt-stalk/no-stalk-iostat
-rw-r--r-- 1 root root 5459 Nov 28 20:08 /var/lib/pt-stalk/no-stalk-iostat-overall
-rw-r--r-- 1 root root 8070 Nov 28 20:08 /var/lib/pt-stalk/no-stalk-lock-waits
```

```
-rw-r--r-- 1 root root 12721 Nov 28 20:07 /var/lib/pt-stalk/no-stalk-lsof
-rw-r--r-- 1 root root 38370 Nov 28 20:08 /var/lib/pt-stalk/no-stalk-meminfo
-rw-r--r-- 1 root root 102357 Nov 28 20:08 /var/lib/pt-stalk/no-stalk-mpstat
-rw-r--r-- 1 root root 6686 Nov 28 20:08 /var/lib/pt-stalk/no-stalk-mpstat-overall
-rw-r--r-- 1 root root 6834 Nov 28 20:07 /var/lib/pt-stalk/no-stalk-mutex-status1
-rw-r--r-- 1 root root 6834 Nov 28 20:08 /var/lib/pt-stalk/no-stalk-mutex-status2
-rw-r--r-- 1 root root 1574399 Nov 28 20:08 /var/lib/pt-stalk/no-stalk-mysqladmin
-rw-r--r-- 1 root root 69600 Nov 28 20:08 /var/lib/pt-stalk/no-stalk-netstat
-rw-r--r-- 1 root root 116790 Nov 28 20:08 /var/lib/pt-stalk/no-stalk-netstat_s
-rw-r--r-- 1 root root 47 Nov 28 20:07 /var/lib/pt-stalk/no-stalk-opentables1
-rw-r--r-- 1 root root 47 Nov 28 20:08 /var/lib/pt-stalk/no-stalk-opentables2
-rw-r--r-- 1 root root 25184 Nov 28 20:08 /var/lib/pt-stalk/no-stalk-output
-rw-r--r-- 1 root root 119206 Nov 28 20:07 /var/lib/pt-stalk/no-stalk-pmap
-rw-r--r-- 1 root root 34354 Nov 28 20:08 /var/lib/pt-stalk/no-stalk-processlist
-rw-r--r-- 1 root root 223337 Nov 28 20:08 /var/lib/pt-stalk/no-stalk-procstat
-rw-r--r-- 1 root root 82216 Nov 28 20:08 /var/lib/pt-stalk/no-stalk-procvmstat
-rw-r--r-- 1 root root 45292 Nov 28 20:07 /var/lib/pt-stalk/no-stalk-ps
-rw-r--r-- 1 root root 335670 Nov 28 20:08 /var/lib/pt-stalk/no-stalk-slabinfo
-rw-r--r-- 1 root root 865420 Nov 28 20:08 /var/lib/pt-stalk/no-stalk-stacktrace
-rw-r--r-- 1 root root 127501 Nov 28 20:07 /var/lib/pt-stalk/no-stalk-sysctl
-rw-r--r-- 1 tcpdump tcpdump 24 Nov 28 20:08 /var/lib/pt-stalk/no-stalk-tcpdump
-rw-r--r-- 1 root root 38096 Nov 28 20:07 /var/lib/pt-stalk/no-stalk-top
-rw-r--r-- 1 root root 8070 Nov 28 20:08 /var/lib/pt-stalk/no-stalk-transactions
-rw-r--r-- 1 root root 364 Nov 28 20:07 /var/lib/pt-stalk/no-stalk-trigger
-rw-r--r-- 1 root root 15029 Nov 28 20:07 /var/lib/pt-stalk/no-stalk-variables
-rw-r--r-- 1 root root 2962 Nov 28 20:08 /var/lib/pt-stalk/no-stalk-vmstat
-rw-r--r-- 1 root root 336 Nov 28 20:08 /var/lib/pt-stalk/no-stalk-vmstat-overall
```

47.8 pt-sift

pt-sift 工具用來瀏覽 pt-stalk 建立的檔案，並針對這些檔案進行分析彙總。

用法：

```
pt-sift FILE | PREFIX | DIRECTORY
```

- FILE：給定一個絕對路徑的檔案時，將瀏覽所在目錄下具有相同前綴的檔案。
- PREFIX：如果列出一個檔案的前綴字串，則該工具將瀏覽 /var/lib/pt-stalk 目錄（或目前工作目錄）下給定前綴的所有檔案。
- DIRECTORY：如果列出一個目錄路徑，則該工具將瀏覽給定目錄下所有的 pt-stalk 檔案。

- 未指定任何字串參數：該工具將直接瀏覽 /var/lib/pt-stalk 目錄下所有的 pt-stalk 檔案（如果該目錄存在的話），否則將於執行該工具的目前工作目錄找尋檔案。

47.8.1 命令列選項

- 如果在 pt-stalk 工具讀取的目錄下，存在多個時間戳記前綴的診斷資料檔案，或者有多個其他前綴的診斷資料檔案，則在執行 pt-sift 工具時會提示選擇一個檔案前綴，然後再依此讀取。接下來，循環選擇待查看的診斷資料類型，有效類型如下。

  - d：查看磁碟狀態資訊。

  - i：查看第一個 INNODB STATUS 樣本檔案的 InnoDB 狀態資訊。

  - m：利用 pt-mext 工具並排顯示 SHOW STATUS 計數器的前 4 個樣本資料（4 次抓取的狀態資料）。

  - n：以兩種方式彙總 netstat 資料。一是按照主機 IP 位址分組統計連接數量；二是按照連接狀態分組統計連接狀態數量。

  - j：選擇下一個時間戳記（或某字串前綴）作為分析樣本。

  - k：選擇上一個時間戳記（或某字串前綴）作為分析樣本。

  - q：退出程式。

  - l：將每個樣本的操作設為預設值，亦即查看樣本的摘要資訊。

  - *：使用 less 程式查看所有的範例檔內容。

- --help：顯示說明資訊。

- --version：顯示版本資訊。

47.8.2 實戰展示

- 指定一個檔名（執行 pt-sift 工具之前，需要先運行 pt-stalk 工具收集診斷資料）：

```
[root@localhost ~]# pt-sift /var/lib/pt-stalk/no-stalk-df

 2020_11_28_19_55_17 2020_11_28_20_00_21 2020_11_28_20_05_26
 no   # 這裡就是指定檔案所在目錄下所有的檔案名稱前綴
```

```
   Select a timestamp from the list [no] 2020_11_28_19_55_17   # 選擇一個時間戳記
```
前綴，接下來將輸出這個時間戳記的診斷資訊的簡要分析資料
```
   ===== localhost.localdomain at 2020_11_28_19_55_17 DEFAULT (1 of 4) =====
   --diskstats--
     #ts device rd_s rd_avkb rd_mb_s rd_mrg rd_cnc rd_rt wr_s wr_avkb wr_mb_s
   wr_mrg wr_cnc wr_rt busy in_prg io_s qtime stime
      {29} sdc1 0.0 0.0 0.0 0% 0.0 0.0 250.4 125.9 30.8 5% 0.1 0.3 2% 0 250.4
   0.2 0.1
      sdc1 0% . . . . . . . . . . . . . . . . . . .
   --vmstat--
    r b swpd free buff cache si so bi bo in cs us sy id wa st
   13 0 1191772 54239588 2336 78384768 0 0 2 29 0 0 5 1 94 0 0
    4 0 1191772 53623224 2336 78414536 0 0 0 30557 14081 36135 3 2 95 0 0
   wa 0% . . . . . . . . . . . . . . . . . . . .
   --innodb--
      txns: 2xnot (0s)
      0 queries inside InnoDB, 0 queries in queue
      Main thread: sleeping, pending reads 0, writes 0, flush 0
      Log: lsn = 67564318330, chkp = 67564318321, chkp age = 9
      Threads are waiting at:
      Threads are waiting on:
   --processlist--
      State
        3
        1 starting
      Command
        3 Sleep
        1 Query
   --stack traces--
      510 pthread_cond_wait,native_cond_wait(thr_cond.h:140),my_cond_wait
      (thr_cond.h:140), inline_mysql_cond_wait(thr_cond.h:140),Per_thread_
   connection_handler::block_until_new_connection(thr_cond.h:140)
       26 __io_getevents_0_4(libaio.so.1),LinuxAIOHandler::collect(os0file.
      cc:2500),LinuxAIO Handler::poll(os0file.cc:2646),os_aio_linux_
   handler(os0file.cc:2702),os_aio_handler(os0file.cc:2702)
        3 pthread_cond_wait,wait(os0event.cc:165),os_event::wait_low
      (os0event.cc:165),srv_worker_thread(srv0srv.cc:2520),start_
   thread(libpthread.so.0)
        3 pthread_cond_wait,wait(os0event.cc:165),os_event::wait_low
      (os0event.cc:165),buf_flush_page_cleaner_worker(buf0flu.cc:3496),start_
   thread(libpthread.so.0)
        2 poll(libc.so.6),vio_io_wait(viosocket.c:786),vio_socket_io_wait
      (viosocket.c:77), vio_read(viosocket.c:132),net_read_raw_loop(net_serv.
   cc:672)
   --oprofile--
       No opreport file exists
      You can control this program with key presses.   # 輸入 ?，便可查看所有的互動
```
式命令；選擇一個命令後，可以查看不同類型的診斷資料

```
              --- COMMANDS ---
    1 Default action: summarize files
    0 Minimal action: list files
    * View all the files in less
    d Invoke 'diskstats' on the disk performance data
    i View the first INNODB STATUS sample in 'less'
    m Invoke 'pt-mext' to show the SHOW STATUS counters side by side
    n Summarize the 'netstat -antp' status data
              --- NAVIGATION ---
    j Select the next timestamp
    k Select the previous timestamp
    q Quit the program
Press any key to continue   # 這裡選擇一個資料類型的互動命令，以查看該類型的診斷資料
```

- 指定一個檔名前綴（執行 pt-sift 工具之前，需要先運行 pt-stalk 工具收集診斷資料）：

```
[root@localhost ~]# pt-sift /var/lib/pt-stalk/no-stalk

 2020_11_28_19_55_17 2020_11_28_20_00_21 2020_11_28_20_05_26
 no
Select a timestamp from the list [no] 2020_11_28_20_05_26
......
```

- 指定一個目錄路徑（執行 pt-sift 工具之前，需要先運行 pt-stalk 工具收集診斷資料）：

```
[root@localhost ~]# pt-sift /var/lib/pt-stalk

 2020_11_28_19_55_17 2020_11_28_20_00_21 2020_11_28_20_05_26
 no
Select a timestamp from the list [no] 2020_11_28_19_55_17
......
```

MySQL 主流備份工具 mysqldump 詳解

在資料庫管理人員的圈子中，流行著一句話：「備份是千萬要做的事情，而資料復原是萬萬做不得的事情」。mysqldump 是 MySQL 發行版本內建的一個工具。在網際網路發展的早期，資料量還沒那麼大時，由於它是免費的備份工具且支援遠端備份，能夠方便地進行備份部署，使得 mysqldump 迅速成為最流行的備份工具之一。本章將詳細介紹 mysqldump 備份工具。

48.1 簡介

mysqldump 是 MySQL 官方提供的一款邏輯備份工具，它將產生一組可以匯入資料庫，以重現原始資料庫的資料和資料庫物件的 SQL 語句，它還支援產生 CSV 格式或 XML 格式的檔案。

使用 mysqldump 用戶端工具備份資料表，至少需要的權限有：備份資料表的 SELECT 權限、匯出檢視的 SHOW VIEW 權限、匯出觸發器的 TRIGGER 權限，以及在不加上 --single-transaction 選項時進行鎖表操作的 LOCK TABLES 權限。如果打算使用更多的選項，可能就得要有更多的權限，詳見 48.3 節各個具體選項的說明。

若想要重新載入備份檔案，必須具有執行這個檔案中所有語句的權限。例如，執行 CREATE 語句就需要有對應物件的 CREATE 權限；執行修改資料表結構的 DDL 語句時，則需要有 ALTER 權限。

注意：

- 對於包含有自動欄位（Generated Column，即在定義資料表結構時，一個產生欄位定義的函數運算式，插入值時便忽略此欄，在 MySQL 內部透過資料表定義的運算式得到該欄的值）的資料表，請使用 MySQL 5.7.9 或更新版本提供的 mysqldump 命令進行備份。早期版本的 mysqldump 命令對自動欄位

無法正確解析定義語句（Bug #20769542），可以利用 information_schema. COLUMNS 資料表查詢與識別出具有自動欄位的資料表。

- 使用 PowerShell 在 Windows 系統透過輸出重導向進行備份，將建立一個 UTF-16 編碼的備份檔案，如 mysqldump [options] > dump.sql，但是不能以 UTF-16 作為連接字元集，所以這個備份檔案無法正確重新載入資料庫。因此，建議利用 Windows 系統的專用選項 --result-file 指定備份檔案路徑，而不是輸出重導向，如 mysqldump [options] --result-file = dump.sql。

以 mysqldump 備份通常有三種方法。第一種是備份單一或者一組指定的資料表（例如：mysqldump [options] db_name [tbl_name ...]）；第二種是備份一組或一個資料庫的所有資料表（例如：mysqldump [options] --databases db_name ...）；第三種是備份整個資料庫實例（例如：mysqldump [options] --all-databases）。若想備份整個資料庫的所有資料表，不要在 db_name 之後加上任何資料表，而是使用 --databases 選項指定資料庫名稱，或者改用 --all-databases 選項備份整個資料庫實例。

提示：MySQL 5.7 新增一個 mysqldump 的改良版備份工具 mysqlpump，它支援根據資料表等級的平行備份。有興趣的讀者請自行研究，這裡就不贅述。

48.2 原理

根據備份參數的不同，具體的備份過程略有差異（這裡以 --single-transaction 和 --master-data=2 選項執行一致性備份為例進行說明）。

首先執行 FLUSH TABLES 語句，把記憶體的資料表結構同步到磁碟上（關閉資料表後再重新開啟），然後執行 FLUSH TABLES WITH READ LOCK 語句加一個全域 S 鎖，為後面執行一致性備份做準備。接下來執行 SET SESSION TRANSACTION ISOLATION LEVEL REPEATABLE READ 語句修改隔離等級為 RR，在這種隔離等級下，針對交易引擎 InnoDB 便可實作一致性非鎖定讀，亦即得到一個一致性快照；然後執行 START TRANSACTION WITH CONSISTENT SNAPSHOT 語句開始一個一致性快照交易，這在整個備份過程中屬於一個大交易。接著執行 SHOW MASTER STATUS 語句取得 binlog 檔名和位置，此即為目前備份資料的 binlog 位置。以交易引擎來說，拿到的就是快照資料的 binlog 位置。稍後執行 UNLOCK TABLES 語句解鎖交易資料表，如果是非交易資料表，則整個備份過程會一直鎖著，直到備份完成才釋放。在這個步驟之後，開始迴圈巡訪每個資料庫、每個資料表進行備份，根據備份選項，如果有觸發器、事件、預存程序和函數等，也會一併備份。

開始備份一個資料庫的資料表之前，會先定義一個保存點，針對每個資料表的備份都是從這個保存點開始，備份完成之後都會還原到此保存點，這樣當發生問題時有利於還原。備份完一個資料庫的所有資料表之後，就會釋放這個保存點。對每個資料表的備份過程，需要經過幾個主要步驟：首先找出資料表結構的定義語句；對資料表執行 SELECT * ... 語句取得全表的資料；最後使用資料表結構的欄位資訊和取得的資料，產生 INSERT 語句。

注意：

- 備份資料量大的資料表時，可以使用官方提供的 mysqlbackup 備份工具（MySQL Enterprise Backup 產品的 mysqlbackup 命令），或者採用 Percona XtraBackup 備份工具（開源、免費的備份工具，詳第 49 章），兩者的備份效能和原理差不多。

- 以 mysqldump 備份資料表時，先執行 SELECT 語句查詢全表資料；而在執行 SELECT 語句的過程中，MySQL 會不斷地把查詢的資料快取到記憶體，然後將備份資料發送給 mysqldump 用戶端，當後者接收到備份資料後，再寫入備份檔案中。如果使用 mysqldump 備份大資料表，則記憶體可能是一個問題。另外，還有可能導致熱點資料被刷出 InnoDB Buffer Pool（InnoDB 緩衝池）的問題。建議加上 --quick（或 --opt，它啟用 --quick）選項避免上述問題，一旦使用後，查詢到的資料不快取在記憶體，而是一邊查詢一邊傳送給 mysqldump 用戶端，當後者收到備份資料後，再寫入備份檔案中。由於 -opt 選項預設為啟用，因此要啟用記憶體緩衝（先查詢資料表資料到記憶體，然後再寫入備份檔案）時，則得加上 --skip-quick 選項跳過快速備份。

- 如果要將最新版本 mysqldump 的備份檔案載入舊版的實例中，則得使用 --skip-opt 代替 --opt 選項，或者加上 --extended-insert 選項。

mysqldump 的使用限制如下：

- 預設情況下，mysqldump 不轉存除了 mysql 之外的 information_schema、performance_schema、sys 這三個系統資料庫（在 MySQL 5.7.8 及以前版本中）。若想備份這些資料庫，可於命令列選項，或者使用 --databases 選項明確指定。對於 information_schema 和 performance_schema，則得加上 --skip-lock-tables 選項跳過加表鎖，否則拒絕執行備份。

- mysqldump 不會備份 NDB Cluster ndbinfo 資訊資料庫。

- 在啟用 GTID 的資料庫中，以 mysqldump 備份時需要注意，如果備份檔案包含 GTID 資訊，便無法復原到未啟用 GTID 的資料庫（低於 MySQL 5.6.9 版本的資料庫不支援 GTID，所以也無法復原到這些版本的資料庫）。

- 如果 mysqldump 備份包含 mysql 系統資料庫，那麼備份檔案對於其內的 general_log 和 slow_query_log 資料表，只包含建立資料表語句，不包括這兩個資料表的內容。

mysqldump 的優缺點如下。

- 優點：mysqldump 屬於邏輯備份，保存資料產生 SQL 語句的形式，在單資料庫、單資料表資料移轉以及備份復原等場景中，使用 mysqldump 工具既簡單又方便。SQL 語句形式的備份檔案具有通用性，也便於在不同資料庫平台之間移轉資料。針對 InnoDB 資料表，允許線上備份。

- 缺點：mysqldump 是單執行緒，當資料量大時備份時間極長，甚至可能在備份過程中，非交易表長期鎖表對業務造成影響（SQL 形式的備份資料，復原時間也比較長）。以 mysqldump 備份時會查詢所有的資料，此舉可能會刷出記憶體的熱點資料。如果記憶體足夠大，且存有大部分資料，那麼 dump 資料就非常快；如果備份資料大部分都不在記憶體中，那麼還得先從磁碟讀到記憶體，再 dump 成磁碟檔。MySQL 5.6 以前版本可能都會存在熱點資料被刷出的問題，但在 MySQL 5.6 及更新版本加了一個參數 innodb_old_blocks_time=1000（單位是 ms），如果在 1s 內讀到記憶體的資料沒有被再次存取，就不會進入 LRU 熱點資料端，代表不會刷出熱點資料。

在 MySQL 5.5 以前版本使用 mysqldump 備份時，如果備份過程出現 DDL 語句，就會破壞備份資料的一致性。MySQL 5.5 解決了這個問題，但是會對資料表加一個全域的 meta_data_lock 鎖（一個 S 鎖，如果要執行 DDL 語句，必須先獲得 MDL 鎖，亦即需要等待備份的 SELECT 語句執行完成之後，才能夠繼續執行 DDL 語句）。因為在備份時執行 DDL 語句，可能會造成整個資料表變成唯讀的問題。MySQL 5.6 使用 8 個 hash，把全域鎖拆分成 8 份，於是就沒有這個問題了。

提示：更多關於 mysqldump 工具的注意事項，建議參考微信公眾帳號「沃趣技術」的「mysqldump 與 innobackupex 備份過程你知多少（一）」和「mysqldump 與 innobackupex 備份過程你知多少（二）」。

48.3 命令列選項

48.3.1 連接選項

- --bind-address=ip_address：在具有多個網路介面的電腦上，可使用此選項選擇連接到 MySQL 伺服器的介面位址（以 --host 指定網域名稱時，可能會解析出多個 IP 位址，所以可能需要使用此選項指定一個 IP 位址，但其實直接以 --host 指定 IP 位址即可，該選項不常用）。

- --compress, -C：壓縮用戶端和伺服器之間傳送的所有資訊，前提是兩端都支援壓縮才有效。

- --default-auth=plugin：使用用戶端驗證外掛程式的提示選項。

- --enable-cleartext-plugin：啟用 mysql_clear_password 明文身份驗證外掛程式，此為 MySQL 5.7.10 新增的選項。

- --host = host_name, -h host_name：指定連接哪個實例的主機，可以使用網域名稱和 IP 位址，預設主機是 localhost。

- --login-path=name：從 .mylogin.cnf login path 檔案讀取命名登錄路徑的選項，login path 是一個選項群組，包含要連接哪個 MySQL 伺服器的選項，以及待認證的帳號（包括 user、password、socket、port、host 子選項，其中 --socket 和 --port 是 MySQL 5.7.1 新增）。若想建立或修改 login path 檔，請使用 mysql_config_editor 工具。

- --password[=password], -p[password]：連接到伺服器的密碼。如果使用簡短格式選項（-p），則在選項和密碼之間不能有空格。當採用 --password 或 -p 選項時未指定密碼，則 mysqldump 會在執行命令時顯示提示訊息。請注意：在命令列指定純文字密碼是不安全的。建議在使用者目錄下建立一個 [client] 標記的檔案，並於該檔加上 --password 選項指定對應使用者的密碼，以避免出現上述情況。

- --pipe, -W：在 Windows 系統上，使用命名管道連接伺服器。此選項僅適用於伺服器支援命名管道連接的場景。

- --plugin-dir= dir_name：待搜尋的外掛程式目錄。如果以 --default-auth 選項指定驗證外掛程式，但是 mysqldump 卻找不到，便可利用此選項來指定。

- --port=port_num, -P port_num：指定用於 TCP／IP 連接的資料庫實例埠號。

- --protocol={TCP|SOCKET|PIPE|MEMORY}：指定連接資料庫實例的連線協定。其中，所有平台都支援 TCP，但 SOCKET 只支援 Linux 伺服器，PIPE 和 MEMORY 只支援 Windows 伺服器。

- --secure-auth：不要以舊格式（MySQL 4.1 版本之前）對伺服器發送密碼。舊格式密碼 hash 長度是 16 個字元，新格式密碼 hash 長度則是 41 個字元，安全性更高。此為 MySQL 5.7.4 新增的選項，但從 MySQL 5.7.5 版本開始，已棄用此選項。MySQL 後續版本直接刪除該選項，且內部預設為啟用，不允許禁用，如果嘗試禁用（如使用 --skip-secure-auth, --secure-auth = 0）則會產生錯誤。在 MySQL 5.7.5 版本之前，此選項預設為啟用，但允許禁用。注意：MySQL 5.7.5 版本之後刪除舊格式密碼的支援。

- --socket=path, -S path：連接到本地主機需要使用的 UNIX 通訊端檔案，或者在 Windows 系統使用命名管道的名稱時，便可加上此選項。

- --ssl*：以 -ssl 開頭的選項用來指定是否以 SSL 連接到伺服器，並指定 SSL 金鑰和憑證的路徑。

- --tls-version=protocol_list：用戶端允許加密連接的協定清單。該值是由一個或多個協定名稱組成、以逗號隔開的列表。可用的協定名稱來自編譯 MySQL 的 SSL 程式庫，此為 MySQL 5.7.10 新增的選項。

- --user=user_name, -u user_name：指定連接到資料庫實例的 MySQL 帳號。

- --max-allowed-packet：指定用戶端和伺服器通訊時，資料緩衝區的最大尺寸。預設值為 24MB，最大值為 1GB。

- --net-buffer-length：指定用戶端和伺服器通訊時，資料緩衝區的初始大小。當建立同時插入多列資料的 INSERT 語句時（與 --extended-insert 或 --opt 選項一樣），以 mysqldump 建立的資料列，佔用的資料緩衝區可能超過 net_buffer_length 定義的大小。如果在用戶端增加此變數的值，請確保 MySQL 伺服器的 net_buffer_length 系統變數不小於在 mysqldump 用戶端指定的值。大多數情況下，只要修改 --max_allowed_packet 的值即可。

48.3.2 檔案選項

- --defaults-extra-file=file_name：在讀取全域選項檔（預設的讀取路徑是 /etc/my.cnf、/etc/mysql/my.cnf、/usr/local/mysql/etc/my.cnf，~/.my.cnf 是使用者設定檔）之後、使用者設定檔之前（UNIX 系統），先讀取此選項指定的設定檔。

如果該檔不存在或者無法以其他方式存取，便發生錯誤。如果給定的是相對路徑而不是完整路徑，將於目前工作目錄讀取該檔。

- --defaults-file=file_name：僅讀取該選項指定的設定檔。如果該檔不存在或者無法以其他方式存取，便發生錯誤。如果給定的是相對路徑而不是完整路徑，將於目前工作目錄讀取該檔。

- --defaults-group-suffix=str：讀取常用組態標籤（選項群組，如 [client] 和 [mysqldump] 等就是常用選項群組），同時讀取具有指定「_string」後綴的常用名稱選項群組。例如，mysqldump 通常讀取 [client] 和 [mysqldump] 選項群組。如果給出 --defaults-group-suffix = _other 選項，那麼 mysqldump 也會讀取 [client_other] 和 [mysqldump_other] 選項群組。

- --no-defaults：不讀取任何設定檔。如果 mysqldump 執行時因為讀取設定檔而失敗（例如，可能有未知的參數，或者某些帳號和密碼參數不想被 mysqldump 命令讀取），則可利用 --no-defaults 防止設定檔被讀取。

- --print-defaults：列印從設定檔讀取的 mysqldump 需要用到的選項群組 key=value 資訊，如 mysqldump --print-defaults；輸出資訊 --port=3306 --socket=/tmp/mysql.sock --quick --max_allowed_packet=64M。

48.3.3 DDL 選項

- --add-drop-database：在備份檔案中，為每個資料庫於 CREATE DATABASE 語句之前增加一道 DROP DATABASE 語句（如 DROP DATABASE IF EXISTS db_name）。此選項通常與 --all-databases 或 --databases 選項結合使用，必須指定其中一個選項（或者直接在命令的最後加上資料庫名稱也行），否則不會產生 CREATE DATABASE 語句，也就不會產生 DROP DATABASE 語句。

- --add-drop-table：在備份檔案中，為每個資料表於 CREATE TABLE 語句之前增加一道 DROP TABLE 語句（如 DROP TABLE IF EXISTS tb_name）。

- --add-drop-trigger：在備份檔案中，為每個觸發器於 CREATE TRIGGER 語句之前增加一道 DROP TRIGGER 語句（如 DROP TRIGGER IF EXISTS trigger_name）。

- --all-tablespaces, -Y：在備份檔案中，寫入建立 NDB 資料表空間所需的 SQL 語句。此備份資料不包含於 mysqldump 的輸出檔案。此選項目前僅與 NDB Cluster 資料表相關，不支援 MySQL 資料表。

- --no-create-db, -n：如果加上 --databases 或 --all-databases 選項，那麼在備份檔案中，便不為每個資料庫都增加 CREATE DATABASE 語句。

- --no-create-info, -t：在備份檔案中，不為每個資料表都增加 CREATE TABLE 語句。請注意，此選項不排除產生建立 NDB 資料表空間的語句，可以利用 --no-tablespaces 選項加以禁止。

- ---no-tablespaces, -y：此選項禁止 mysqldump 輸出 CREATE LOGFILE GROUP 和 CREATE TABLESPACE 語句。

- --replace：產生 INSERT 語句中的 INSERT 關鍵字，將被 REPLACE 關鍵字代替。

48.3.4 偵錯選項

- --allow-keywords：允許建立與關鍵字 / 保留字相同的欄名稱，透過在欄名稱前面加上資料表名稱前綴達到目的。

- --comments, -i：在備份檔案增加其他資訊，如程式版本、伺服器版本等。預設啟用此選項。若想阻止這些附加資訊寫入備份檔案，則可加上 --skip-comments 選項。

- --debug[=debug_options], -# [debug_options]：在備份檔案增加偵錯日誌，一個典型的 debug_options 字串是 "d:t:o,file_name"。預設值為 "d:t:o,/tmp/mysqldump.trace"。請注意，只有偵錯版本才能使用該選項。

- --debug-check：當 mysqldump 程式退出時輸出一些偵錯訊息。請注意，只有偵錯版本才能使用該選項。

- --debug-info：當 mysqldump 程式退出時輸出偵錯訊息、記憶體和 CPU 使用情況統計資訊。請注意，只有偵錯版本才能使用該選項。

- --dump-date：如果加上 --comments 選項，那麼 mysqldump 會在匯出資料結束時產生註解「-- Dump completed on DATE」。--dump-date 和 --skip-dump-date 控制是否將日期註解加到備份檔案末尾。預設值為「--dump-date」（註解包含日期）。可以使用 --skip-dump-date 選項，禁止在備份檔案增加日期。

- --force, -f：忽略所有錯誤，即使在資料表備份期間發生 SQL 錯誤也繼續執行。例如，mysqldump 備份時，即使遇到無效的檢視也仍然繼續執行（如果檢視參考的資料表被刪除，那麼在未使用 --force 選項的情況下，mysqldump 將退出並輸出一筆錯誤訊息；如果加上 --force 選項，則 mysqldump 將輸出錯誤

訊息，但它仍然會把檢視定義的 SQL 語句註解起來寫入備份檔案，並繼續
執行 mysqldump 備份）。改用 --ignore-error 選項則可忽略特定的錯誤，但優
先使用 --force 選項。

- --log-error=file_name：將警告和錯誤訊息記錄到指定的錯誤日誌檔。預設不
記錄警告和錯誤訊息。

- --skip-comments：與 --comments 選項的作用相反，詳見 --comments 選項的說
明。

- --verbose, -v：詳細模式。輸出有關 mysqldump 命令的更多資訊。

48.3.5 說明選項

- --help, -?：列印說明資訊。

- --version, -V：列印版本資訊。

48.3.6 國際化選項——與字元集相關的選項

- --character-sets-dir=dir_name：指定字元集的安裝目錄。

- --default-character-set=charset_name：指定預設字元集。如果不指定，則預設
使用 UTF-8。

- --no-set-names, -N：關閉 --set-charset 設定選項，與指定 --skip-set-charset 選
項的作用相同。

- --set-charset：將 SET NAMES default_character_set 寫入備份檔案，預設為啟
用。如果想要禁止將 SET NAMES 語句寫入備份檔案，則可改用 --skip-set-
charset 選項。

48.3.7 複製選項

- --apply-slave-statements：以該選項產生的備援資料庫檔案中，官方文件說的
是使用 --dump-slave 備份選項時，會在 CHANGE MASTER TO 語句之前加
入 STOP SLAVE 語句（實際上在第一個非註解行），並於輸出結尾處增加
START SLAVE 語句（實際上在最後一個非註解行）。但是，實際上單獨使
用這個選項（沒有 --dump-slave）時，都會在備份檔案的第一個非註解行和
最後一個非註解行產生 STOP SLAVE 和 START SLAVE 語句。

- --delete-master-logs：在主資料庫上，當完成備份操作後對伺服器傳送 PURGE BINARY LOGS 語句刪除二進位日誌（如 PURGE BINARY LOGS TO 'mysql-bin.000159'）。官方文件說明此選項在使用 --master-data 選項時將自動啟動，實測並不會，只有明確指定此選項，才會在備份完成後發送 PURGE BINARY LOGS 語句給伺服器。一旦執行 PURGE BINARY LOGS 語句時，會將備份快照中取到 binlog pos 之前的 binlog 全部清理掉，且在備份檔案產生帶有 binlog pos 的「CHANGE MASTER TO MASTER_LOG_FILE ='mysql-bin.000159', MASTER_LOG_POS= 194」語句（與使用 --master-data 選項一樣）。

- --dump-slave[=value]：此選項在備份備援資料庫時，備份檔案產生的 CHANGE MASTER TO 語句取得的 binlog pos，實際上是備援資料庫的 SQL 執行緒應用的資料，對應於主資料庫的 binlog pos（binlog pos 實際上是在備援資料庫執行 SHOW SLAVE STATUS 語句，從輸出資訊擷取的 Relay_Master_Log_File 和 Exec_Master_Log_Pos 選項值，分別用來產生 CHANGE MASTER TO 語句的 MASTER_LOG_FILE 和 MASTER_LOG_POS 選項值）。所以，在備援資料庫進行備份時，如果採用 --dump-slave 選項，那麼這個備份檔案就能用來建置新的備援資料庫。另外，加上此選項時，如果同時使用 --master-data 選項，便會忽略 --master-data 選項。

  - 如果使用此選項不指定值（有效值為 1 和 2），則預設值為 1。當值為 1 時，表示產生的 CHANGE MASTER TO 語句不帶註解；當值為 2 時，CHANGE MASTER TO 語句便加上註解。

  - 啟用或禁用該選項時，對於鎖的處理，與 --master-data 選項相同

  - 利用此選項備份備援資料庫時，備份過程會先停止備援資料庫的 SQL 執行緒，然後執行備份，當備份完成後再重新啟動備援資料庫的 SQL 執行緒（備份過程會有一些資訊輸出到資料庫的錯誤日誌。例如，可看到執行 SHOW SLAVE STATUS 語句查詢複製執行緒狀態，然後以 STOP SLAVE SQL_THREAD 語句停止 SQL 執行緒，再執行 SHOW SLAVE STATUS 語句查詢複製狀態，最後執行 START SLAVE 語句重新啟動複製執行緒）。

  - 在開啟 GTID 的備援資料庫，且備援資料庫在複製組態時，CHANGE MASTER TO 語句使用 auto_position=1 選項的情況下，如果採用此選項執行備份，可能會導致備份資料不完整；特別是在啟用多執行緒複製的備援資料庫備份時，更容易出現此問題。

- --include-master-host-port：上面介紹以 --dump-slave 選項備份備援資料庫時，將產生 CHANGE MASTER TO 語句，而本選項會為 CHANGE MASTER TO 語句增加 MASTER_HOST 和 MASTER_PORT 選項，其值為與主資料庫對應的 TCP/IP 埠號。

- --master-data[=value]：如果備份時指定此選項，則備份檔案會產生一道 CHANGE MASTER TO 語句，該語句包含 binlog pos。這是在備份過程利用 SHOW MASTER STATUS 語句取得，當完成備份後，備份檔案便可用來建置備援資料庫（設為備份資料來源所在的資料庫實例的備援資料庫）。

  - 如果指定選項為 2，則備份檔案將註解產生的 CHANGE MASTER TO 語句（以「--」字元註解，例如：-- CHANGE MASTER TO MASTER_LOG_FILE = 'mysql-bin.000005', MASTER_LOG_POS=194;）。因此，當重新載入備份檔案時（恢復到某個資料庫），該註解沒有作用。如果選項值為 1，則不註解該語句，重新載入備份檔案時便會生效（被執行）。如果未指定選項值，則預設值為 1。

  - 使用此選項的使用者需要擁有 RELOAD 權限，並且伺服器必須啟用二進位日誌記錄功能（亦即，啟用 log_bin 選項），因為這個位置是透過 SHOW MASTER STATUS 語句取得（如果沒有開啟 log_bin 參數，則 SHOW MASTER STATUS 輸出資訊為空），而不是利用 SHOW SLAVE STATUS。

  - 使用 --master-data 選項，將自動禁用 --lock-tables 選項，同時還會啟用 --lock -all-tables 選項，除非指定了 --single-transaction 選項。在指定 --single-transaction 選項之後，只有在備份過程獲取 binlog pos 時才會加全域讀鎖，一旦取得 binlog pos 之後就立即釋放。

- --set-gtid-purged=value：控制在備份檔案是否增加 SET @@global.gtid_purged 語句，該語句指定一個 GTID 號，用來表示備份檔案的資料與此 GTID 相對應（適用於全庫資料恢復或建置備援資料庫的場景）。有效值為 OFF、ON 和 AUTO，預設值為 AUTO。它們的涵義如下。

  - OFF：備份檔案不增加 SET @@SESSION.SQL_LOG_BIN=0 和 SET @@GLOBAL.GTID_PURGED 語句。

  - ON：備份檔案增加 SET @@SESSION.SQL_LOG_BIN = 0 和 SET @@GLOBAL.GTID_PURGED 語句。如果在未啟用 GTID 的伺服器使用該選項，則會發生錯誤。

■ AUTO：如果備份伺服器啟用 GTID，則於備份檔案增加 SET @@ SESSION.SQL_LOG_BIN = 0 和 SET @@GLOBAL.GTID_PURGED 語句，否則只加入 SET @@SESSION.SQL_LOG_BIN = 0 語句。

48.3.8 輸出格式化選項

- --compact：產生緊湊的備份檔案。啟用此選項後，將同時啟用 --skip-add-drop-table、--skip-add-locks、--skip-comments、--skip-disable-keys 和 --skip-set-charset 選項，亦即跳過 DROP TABLE、LOCK TABLE、備份開頭和結尾的註解語句（如程式版本、伺服器版本等）、關閉索引、SET NAME 等語句。

- --compatible=name：產生與其他資料庫系統或舊版 MySQL 伺服器相容的備份檔案。name 的值可以是 ansi、mysql323、mysql40、postgresql、oracle、mssql、db2、maxdb、no_key_options、no_table_options 或 no_field_options。若想使用多個值，中間請以逗號分隔。這些值與伺服器系統參數 sql_mode 的對應選項，具有相同的涵義。

  ■ 即使使用此選項，也不能保證與其他資料庫的相容性，它只用於產生和其他資料庫相容 SQL 模式下的備份檔案。例如 --compatible=oracle，但是不會將資料類型映射到 Oracle 類型，或者使用 Oracle 註解語法。

  ■ 此選項僅適用於 MySQL 4.1.0 或更新版本的伺服器。如果在低於這個版本的伺服器使用該選項，便將直接忽略而不做任何事情。

- --complete-insert, -c：使用包含欄名稱、完整的 INSERT 語句產生備份檔案。

- --create-options：如果在定義某個資料表結構時指定一些特定的選項，則在使用該選項執行備份時，備份檔案產生的 CREATE TABLE 語句就會包含這些特定的選項。

- --fields-terminated-by=...、--fields-enclosed-by=...、--fields-optionally-enclosed-by=...、--fields-escaped-by=...：這些選項與 --tab 選項一起使用，與 LOAD DATA INFILE 的對應 FIELDS 子句的作用相同。

- --hex-blob：採用十六進位符號備份二進位欄位（例如，'abc' 變為 0x616263），受影響的資料類型有 BINARY、VARBINARY、BLOB 和 BIT。

- --lines-terminated-by=...：該選項與 --tab 選項一起使用，與 LOAD DATA INFILE 的對應 LINES 子句的作用相同。

- --quote-names, -Q：使用參考識別子（如在資料庫、資料表和欄名加上反撇號），如果伺服器啟用 ANSI_QUOTES SQL 模式，則使用參考識別子。此選項預設為啟用，可以改用 -skip-quote-name 禁用此選項，但應該將此選項放到最後，亦即列於任何選項之後。

- --result-file=file_name, -r file_name：直接將資料輸出到給定的檔案。如果該檔不存在，便建立新檔；如果該檔存在，則覆蓋其內的資料。若在 Windows 系統使用該選項，可以防止斷行符號「\n」被轉換為「\r\n」。一旦轉換斷行符號，後續重新載入這個檔案時會發生錯誤。

- --tab=dir_name, -T dir_name：產生定位字元分隔各欄文字格式的資料檔案。對於每個備份的資料表，mysqldump 都會建立兩個檔案，一個是 tbl_name.sql，其中包含建立資料表的 CREATE TABLE 語句；另一個是 tbl_name.txt，其中包含與 tbl_name.sql 檔案中資料表相對應的純文字資料。注意：該選項值指定的是產生備份檔案的目錄。另外，只有當 mysqldump 與 mysqld 伺服器在同一台機器運行時，才允許使用該選項。因為在產生備份檔案時只能使用本地目錄，並且執行備份的 MySQL 帳號還必須具有 FILE 權限。所以，secure_file_priv 系統參數必須設為空字串（因為是呼叫 SELECT...INTO OUTFILE 語句），使得啟動 mysqld 處理程序的帳號能將這些備份檔案置於指定的系統目錄下（注意，使用該選項時，指定的必須是備份伺服器的目錄，不能遠端連接備份，因為 SELECT...INTO OUTIFLE 只能寫到伺服器本地目錄，而且啟動 mysqld 處理程序的使用者需具有存取權限）。

  - 預設情況下，.txt 資料檔案使用的行分隔符號和斷行符號，分別是「\t」和「\n」。可以利用 --fields-xxx 和 --lines-terminated-by 選項明確指定其他符號。

  - 產生備份檔案時，欄位的字元集將轉換為由 --default-character-set 選項指定的字元集。

  - 該選項與 --databases、--all-databases 選項互斥，不能同時使用。

- --tz-utc：使 TIMESTAMP 資料類型從不同時區的伺服器匯出並重新載入。mysqldump 在匯入和匯出資料時，會將連接時區設為 UTC，並加入 SET TIME_ZONE ='+ 00:00' 語句到備份檔案。如果用於資料移轉的伺服器位於不同的時區，則資料在匯出和匯入之後，TIMESTAMP 資料類型的值可能會發生變化。使用該選項，還可防止由於夏令時期引起的時間值變化。該選項預設為啟用，如果要禁用，則可改用 --skip-tz-utc 選項。

- --xml, -X：將備份資料的輸出轉換為 XML 格式，然後寫入備份檔案。請注意，NULL、空字串、字串 'NULL'，在 XML 格式的表示方法不同，如下所示。

  - 值為 NULL（未知的值）的 XML 格式的表示方法為 "<field name = "column_name" xsi:nil="true" />"。

  - 值為 " "（空字串）的 XML 格式的表示方法為 "<field name = "column_name"></field>"。

  - 值為 'NULL'（字串值）的 XML 格式的表示方法為 "<field name = "column_name">NULL</field>"。

mysqldump 以 --xml 選項執行備份時，輸出格式也遵循上述規則。

範例：

```
# 以備份 world 資料庫的 City 資料表為例
[root@localhost ~]# mysqldump --xml -u root world City
<?xml version="1.0"?>
<mysqldump xmlns:xsi="http://www.w3.org/2001/XMLSchema-instance">
<database name="world">
<table_structure name="City">
<field Field="ID" Type="int(11)" Null="NO" Key="PRI" Extra="auto_increment" />
<field Field="Name" Type="char(35)" Null="NO" Key="" Default="" Extra="" />
<field Field="CountryCode" Type="char(3)" Null="NO" Key="" Default="" Extra="" />
<field Field="District" Type="char(20)" Null="NO" Key="" Default="" Extra="" />
<field Field="Population" Type="int(11)" Null="NO" Key="" Default="0" Extra="" />
<key Table="City" Non_unique="0" Key_name="PRIMARY" Seq_in_index="1"
Column_name="ID"
Collation="A" Cardinality="4079" Null="" Index_type="BTREE" Comment="" />
<options Name="City" Engine="MyISAM" Version="10" Row_format="Fixed"
Rows="4079"
Avg_row_length="67" Data_length="273293" Max_data_length="18858823439613951"
Index_length="43008" Data_free="0" Auto_increment="4080"
Create_time="2007-03-31 01:47:01" Update_time="2007-03-31 01:47:02"
Collation="latin1_swedish_ci" Create_options="" Comment="" />
</table_structure>
<table_data name="City">
<row>
<field name="ID">1</field>
<field name="Name">Kabul</field>
<field name="CountryCode">AFG</field>
<field name="District">Kabol</field>
<field name="Population">1780000</field>
</row>

......
```

```
<row>
<field name="ID">4079</field>
<field name="Name">Rafah</field>
<field name="CountryCode">PSE</field>
<field name="District">Rafah</field>
<field name="Population">92020</field>
</row>
</table_data>
</database>
</mysqldump>
```

48.3.9　過濾選項

- --all-databases, -A：備份所有資料庫的資料表。

- --databases, -B：備份指定資料庫的所有資料表。mysqldump 會將命令列給定第一個非選項的參數值視為資料庫名稱，最後一個非選項的參數值作為資料表名稱（如 mysqldump --master-data db_name tb_name > aa.sql）。使用此選項，mysqldump 便將該選項之後的所有名稱參數都視為資料庫名稱（如 mysqldump --master-data -B db_name1 db_name2 > aa.sql）。在備份每個資料庫之前，都會產生 CREATE DATABASE 和 USE 語句。

注意：

- 備份單一資料庫時，不會產生 USE DB_NAME 語句，所以在重新匯入時必須指定資料庫，否則無法匯入，然後報出「ERROR 1046 (3D000) at line 29: No database selected」錯誤。

- 此選項也可用來備份 information_schema、performance_schema 和 sys 資料庫。即使以 --all-databases 選項備份整個實例的資料庫，也只能備份使用者資料和 test 資料庫，而不包含上述三個資料庫。

- information_schema 和 performance_schema 的部分資料表，不能使用 LOCK TABLES 語句加表鎖（如 performance_schema.accounts 資料表），如果要對這些資料表執行備份，則在使用 mysqldump 工具備份時，需要加上 --single-transaction 選項，或者指定 --skip-lock-tables 選項跳過對資料表加鎖的步驟（注意，只是備份工具 mysqldump 在查詢資料表時不加鎖而已，但是產生的備份檔案仍然有 LOCK TABLES 鎖表語句）。另外，MySQL 5.7 中 information_schema 資料庫的一些檢視預設已被禁止，不允

許查詢，必須開啟 show_compatibility_56=ON 參數才能查詢，亦即需要開啟該參數才能執行備份。

- --all-databases 和 --databases 選項互斥。

● --events, -E：在備份資料包含資料庫的事件，此選項需要具有與這些資料庫對應的 EVENT 權限。在產生的備份檔案中，包含用來建立事件的 CREATE EVENT 語句，但是這些語句並沒有事件建立和修改時間戳記等屬性，因此當載入備份檔案時，這些事件的建立時間戳記就被設為重新載入這個事件的時間戳記。如果要以事件的原始時間戳記重新建立事件，則不要使用 --events 選項備份事件，而是直接以具有 EVENT 權限的 mysql 資料庫帳號，查詢 mysql.event 資料表的內容並匯出資料，然後再透過匯出資料重新建立事件。

● --ignore-error=error[,error]...：忽略指定的錯誤。該選項是以逗號分隔的錯誤編號清單，指定在 mysqldump 執行期間忽略的錯誤。但是如果改用 --force 選項，則於備份期間會忽略所有錯誤，而且會優先採用 --force 選項。此為 MySQL 5.7.1 新增的選項。

● --ignore-table=db_name.tbl_name：指定不備份的資料表，該選項值必須以 db_name.tb_name 的格式指定。如果打算忽略多個資料表，則得多次使用該選項，每個選項指定一個資料表。另外，本選項也可用來忽略某資料庫的檢視，如 db_name.view_name。

● --no-data, -d：不備份資料表的資料。該選項適用於僅需要備份資料表的 CREATE TABLE 語句。

● --routines, -R：在備份資料包含預存程序和函數。此選項要求備份使用者具有 mysql.proc 資料表的 SELECT 權限。以此選項產生的備份檔案包含 CREATE PROCEDURE 和 CREATE FUNCTION 語句，但是這些語句沒有建立和修改時間戳記等屬性。因此，一旦重新載入備份檔案時，將重新建立其內的預存程序和函數，且使用載入備份檔案時的時間戳記。如果打算採用原始時間戳記，請勿加上 --routines 選項，而是改用具有 mysql 資料庫操作權限的帳號，直接查詢 mysql.proc 資料表的內容並匯出，然後再以匯出資料進行匯入。

● --tables：與 --databases 或 -B 選項同時使用時，將覆蓋資料庫的選項，優先使用 --tables 選項。mysqldump 會把該選項之後的所有名稱參數視為資料表，但必須加上資料庫名稱（只能指定一個，不能指定多個資料庫），才能對資

料表等級範圍進行操作，如 mysqldump --master-data -B db_name --tables tb_
name1 tb_name2 > aa.sql 或 者 mysqldump --master-data db_name --tables tb_
name1 tb_name2 > aa.sql。

- --triggers：在備份檔案包含每個資料表的觸發器。此選項預設為啟用，如果
  想禁用，則可改用 --skip-triggers 選項。為了執行備份資料表的觸發器，備份
  帳號必須具有相關資料表的 TRIGGER 權限。

  注意：在 MySQL 5.7.2 之前，一個資料表不能具有觸發事件（INSERT、
  UPDATE、DELETE）與操作時間（BEFORE、AFTER）相同組合的觸發
  器。但是在 MySQL 5.7.2 已移除此限制，允許採用相同組合的觸發器。
  mysqldump 會按照生效順序匯出觸發器，以便在重新載入備份檔案時，以相
  同的生效順序建立觸發器。但在這種情況下，備份檔案只能匯入支援重覆組
  合觸發器的伺服器，否則會發生錯誤。

- --where='where_condition', -w 'where_condition'：僅備份與該選項給定的 WHERE
  條件相符的資料列，如 --where="user='jimf'", -w"userid>1", -w"userid<1"。

  注意：

  - 當指定備份顆粒度為資料表等級時（以 --databases=test 和 --tables=test 選
    項指定備份資料庫與資料表，或者只使用 --tables 選項，或者直接在命令
    列選項以「test test」形式指定資料庫 test 下的資料表 test，或者直接在
    命令列選項指定一個代表資料庫的字串），產生的備份檔案不帶 USE 語
    句。也就是說，執行實例匯入操作時，需要先以 USE 語句指定預設資
    料庫，否則無法匯入。如果指定備份顆粒度為資料庫等級（例如只使用
    --databases 或 --all-databases 選項），那麼備份檔案就會包含 USE 語句，
    在匯入其他實例操作時，就不需要單獨使用 USE 語句指定預設資料庫。
    因此，在備份單一資料庫時不帶 USE 語句（以 --databases 選項指定一個
    資料庫參數時除外），而備份多資料庫時則帶 USE 語句。

  - 當只指定 --tables 而無 --databases 選項，或者在命令列選項沒有列出資
    料庫的參數時，mysqldump 會把緊跟在 --tables 之後的第一個參數當作
    資料庫名稱，從第二個參數開始則全部解析為資料表名稱。這與不使用
    --databases 和 --tables 選項的表現行為一樣。如果結合這兩個選項，那麼
    --databases 選項後的命令列參數只能指定一個資料庫名稱，--tables 選項
    後的所有命令列參數，都會被視為資料表名稱。

■ 如果多次指定同一個備份物件，則不會去除重覆值，而是執行多次備份。所以，在正式環境中不建議資料庫與資料表的名稱相同。

48.3.10 效能選項

● --disable-keys, -K：對於每個資料表，使用「/ ！ 40000 ALTER TABLE tbl_name DISABLE KEYS/」和「/ ！ 40000 ALTER TABLE tbl_name ENABLE KEYS/」語句宣告。在一個資料表的 INSERT 語句之前先關閉非唯一索引，此語句之後再開啟非唯一索引。這可加快備份檔案的匯入速度。請注意，此選項僅對 MyISAM 資料表的非唯一索引有效。

● --extended-insert, -e：使用包含多個 VALUES 欄的多列語法產生 INSERT 語句。這樣產生的備份檔案更小，並且可以加速備份檔案的匯入。該選項預設為啟用。

● --insert-ignore：進行備份時，將 INSERT 語句替換為 INSERT IGNORE 語句。

● --opt： 該 選 項 是 --add-drop-table、--add-locks、--create-options、--disable-keys、--extended-insert、--lock-tables、--quick、--set-charset 組合的縮寫，目的是提供快速的匯出操作，並產生一個可以快速重新匯入 MySQL 伺服器的備份檔案。該選項預設為啟用，如果打算禁用，則可改用 --skip-opt 關閉。

● --quick, -q：此選項對於備份大資料表非常有用。它強制 mysqldump 從伺服器一次查詢一列資料，而非整個資料表。因為 mysqldump 每一次查詢都需要先將資料保存在本地緩衝區，所以啟用這個選項之後，一次查詢一列資料就可以儘量不使用緩衝區。在記憶體足夠的情況下（確保備份資料表的大小絕對不會超過實體記憶體大小），便可關閉該選項，以加快備份速度。但是如果記憶體不夠用，則可能會用到 Swap，進而導致備份速度變慢，還影響機器效能。正常情況下，建議總是使用該選項進行備份。

● --skip-opt：請參閱 --opt 選項，它與 --opt 選項的作用相反。

48.3.11 交易選項

● --add-locks：在產生的備份檔案中，一旦備份每個資料表時，都會在 INSERT 語句之前增加 LOCK TABLES 語句，其後則加上 UNLOCK TABLES 語句。這樣當重新載入備份檔案時，就有助於提高匯入速度。請注意，--add-locks 和 --single-transaction 選項互斥。

- --flush-logs, -F：開始備份之前先刷新 MySQL 二進位日誌檔。此選項需要具有 RELOAD 權限。如果將此選項與 --all-databases 結合使用，則會導致備份每個資料庫時都會刷新一次二進位日誌檔。如果結合 --lock-all-tables、--master-data 或 --single-transaction 等選項，那麼僅需刷新一次二進位日誌檔，此時以 FLUSH TABLES WITH READ LOCK 語句對所有資料庫資料表加全域讀鎖。

- --flush-privileges：備份 mysql 系統資料庫之後，在備份檔案增加 FLUSH PRIVILEGES 語句。如果打算備份 mysql 系統資料庫的資料表，建議使用此選項，以便正確復原資料。

  注意：當從舊版本升級到 MySQL 5.7.2 或更新版本時，請勿使用 --flush-privileges 選項進行備份。

- --lock-all-tables, -x：鎖定所有資料庫的資料表。這是透過在整個備份期間以 FLUSH TABLES WITH READ LOCK 語句取得全域讀鎖達到，而不是為每個資料表都增加一道 LOCK TABLES 語句。此選項在使用 --single-transaction 和 --lock-tables 時將自動關閉。

- --lock-tables, -l：進行備份時，在資料庫實例對每個備份資料庫的所有資料表加鎖（注意是每個資料庫，不是資料表，如 LOCK TABLES tb_name1 READ /!32311 LOCAL/, tb_name2 READ /!32311 LOCAL/, tb_name3 READ /!32311 LOCAL/，每個資料庫備份完成之後執行 UNLOCK TABLES 語句）。但在備份檔案中，每個資料表的 INSERT 語句之前增加 LOCK TABLES tb_name WRITE語句，其後則增加UNLOCK TABLES語句。對於InnoDB交易資料表，使用 --single-transaction 選項比 --lock-tables 好，因為它不需要鎖定資料表。--opt 選項會自動啟用 --lock-tables，如果不需要啟用該選項，可改用 --skip-lock-tables 選項。

  注意：一旦啟用 --opt 選項，雖然在執行備份資料表查詢時以 --skip-lock-tables 選項關閉鎖表語句，但無法禁止在備份檔案產生 LOCK TABLES 和 UNLOCK TABLES 語句。

- --no-autocommit：在備份檔案中，為每個資料表的 INSERT 語句都產生 SET autocommit = 0 和 COMMIT 語句，SET autocommit = 0 語句在 INSERT 語句之前，COMMIT 語句則在 INSERT 語句之後。

- --order-by-primary：如果存在主鍵索引，則先按照主鍵排序再寫入備份檔案；如果沒有主鍵索引，便查閱資料表的第一個唯一索引，按照唯一索引排序再寫入備份檔案。這可加快重新匯入備份檔案的速度，但是備份操作可能需要更長的時間。

- --shared-memory-base-name=name：在 Windows 系統下，該選項用來指定以共享記憶體的方式連接本機伺服器的連接名稱。預設值是 MYSQL。請注意，共享記憶體名稱區分大小寫。伺服端必須使用 --shared-memory 選項啟動伺服器，mysqldump 用戶端才能啟用共享記憶體的連接方式。

- --single-transaction：將交易隔離模式設為 REPEATABLE READ，並在備份資料之前對伺服器發送 SQL 語句 START TRANSACTION，以明確開啟一個交易快照。由於是在交易快照內進行備份，所以備份資料與取得交易快照時的資料一致，而且不會阻塞任何應用程式存取伺服器。進行單交易備份時，為了確保備份檔案有效（資料表內容和二進位日誌位置正確），其他連接不能使用 ALTER TABLE、CREATE TABLE、DROP TABLE、RENAME TABLE、TRUNCATE 等 DDL 語句，否則會破壞一致性狀態，使得 mysqldump 執行 SELECT 語句檢索資料表時，查詢不到正確的內容或者備份失敗。

  注意：

  - 該選項僅適用於交易引擎表。由於 MyISAM 和 MEMORY 引擎表不支援交易，所以備份過程中它們的資料仍可能發生改變。因此，對於這些資料表，建議採用鎖表選項或者配合使用 --master-data 選項。

  - --single-transaction 和 --lock-tables 選項互斥，因為 LOCK TABLES 會觸發未處理的交易被隱式提交。

  - 若想備份大資料表，建議結合使用 --single-transaction 和 --quick 選項，以加快備份速度。

48.3.12 組合選項

- --opt：詳見 48.3.10 節的 --opt 選項說明。

- --compact：詳見 48.3.8 節的 --compact 選項說明。

48.4 實戰展示

48.4.1 完全備份與復原

本節介紹的大部分操作都位於同一台伺服器（遠端備份伺服器），特別説明者除外。

在來源資料庫插入一些資料：

```
mysql> select * from test;
+----+--------+
| id | name   |
+----+--------+
| 10 | test5  |
| 12 | test6  |
| 14 | test7  |
| 16 | test8  |
| 17 | test9  |
| 19 | test10 |
+----+--------+
6 rows in set (0.00 sec)

mysql> insert into test(name) values('test11'),('test12'),('test13'),
('test14');
Query OK, 4 rows affected (0.01 sec)
Records: 4  Duplicates: 0  Warnings: 0

mysql> select * from test;
+----+--------+
| id | name   |
+----+--------+
......
| 25 | test11 |
| 27 | test12 |
| 29 | test13 |
| 31 | test14 |
+----+--------+
10 rows in set (0.00 sec)
```

在遠端備份伺服器使用 mysqldump 遠端備份資料：

```
[root@localhost ~]# mkdir /data/backup/mysqldump -p
[root@localhost ~]# cd /data/backup/mysqldump/
[root@localhost mysqldump]# mysqldump -h 10.10.30.241 -uadmin -ppassword
--single-transaction --master-data=2 --triggers --routines --events --all-
databases > backup_'date +%F_%H_%M_%S'.sql
```

```
[root@localhost mysqldump]# ls -lh
total 3.4G
-rw-r--r-- 1 root root 3.4G May 26 17:47 backup_2020-05-26_17_43_32.sql
```

查看備份檔案的 GTID 位置和 binlog pos 位置：

```
# binlog pos 位置用來建置根據 binlog pos 的複製 (不限定是否啟用 GTID)
[root@localhost mysqldump]# head -100 backup_2020-05-26_17_43_32.sql |grep
-i change
-- CHANGE MASTER TO MASTER_LOG_FILE='mysql-bin.000004', MASTER_LOG_
POS=57572231;


# GTID 位置用來建置根據 GTID 的複製
[root@localhost mysqldump]# head -100 backup_2020-05-26_17_43_32.sql |
grep -i 'GLOBAL.GTID_PURGED'
   SET @@GLOBAL.GTID_PURGED='06188301-b333-11e8-bdfe-0025905b06da:1-28';
```

把備份檔案匯入復原伺服器的資料庫實例：

```
[root@localhost mysqldump]# mysql --defaults-file=/home/mysql/conf/my1.cnf
-uadmin -ppassword -e "reset master;"
   mysql: [Warning] Using a password on the command line interface can be
insecure.
   [root@localhost mysqldump]# mysql --defaults-file=/home/mysql/conf/my1.cnf
-uadmin -ppassword < backup_2020-05-26_17_43_32.sql
```

登錄復原伺服器的資料庫，校驗資料：

```
mysql> select * from test;
+----+--------+
| id | name   |
+----+--------+
| 10 | test5  |
| 12 | test6  |
| 14 | test7  |
| 16 | test8  |
| 17 | test9  |
| 19 | test10 |
| 25 | test11 |
| 27 | test12 |
| 29 | test13 |
| 31 | test14 |
+----+--------+
10 rows in set (0.00 sec)
```

48.4.2 增量備份與復原

mysqldump 本身並不支援增量備份，但是可以結合 binlog 的備份進行增量備份與復原，以便採用 binlog 根據時間點的恢復方式變相實作。有興趣的讀者請自行嘗試，這裡便不再贅述。

48.4.3 建置主備複製架構

由於 mysqldump 是邏輯備份，只可恢復到一個正常運行的資料庫。所以在執行匯入資料操作前，需要確保目標資料庫實例已經啟動且可正常存取。如果目標資料庫未運行，可能需要先對其（指的是備援資料庫伺服器）進行初始化安裝（如果目標資料庫已經初始化安裝完成，則得留意目標資料庫是否存在複製組態資訊，倘若存在，便需要先做相關的處理。例如：確定有沒有弄錯伺服器，確認無誤後，則停止複製執行緒，並清理複製組態資訊）。

使用 mysqldump 工具對主資料庫實例資料進行遠端備份：

```
[root@localhost ~]# mkdir /data/backup/mysqldump -p
[root@localhost ~]# cd /data/backup/mysqldump/
[root@localhost mysqldump]# mysqldump -h 10.10.30.241 -uadmin -ppassword
-single -transaction --master-data=2 --triggers --routines --events --all-
databases > backup_'date +%F_%H_%M_%S'.sql
[root@localhost mysqldump]# ls -lh
total 3.4G
-rw-r--r-- 1 root root 3.4G May 27 00:21 backup_2020-05-27_00_18_25.sql
```

查看備份檔案的 CHANGE MASTER TO 語句，並記下 binlog pos 位置，待會採用非 GTID 複製模式時需要。而在使用 GTID 複製模式時，則可忽略這個步驟。

```
[root@localhost mysqldump]# head -100 backup_2020-05-27_00_18_25.sql |grep
-i change
-- CHANGE MASTER TO MASTER_LOG_FILE='mysql-bin.000008', MASTER_LOG_
POS=13725925;
```

將備份檔案匯入備援伺服器的資料庫實例：

```
[root@localhost mysqldump]# mysql --defaults-file=/home/mysql/conf/my1.cnf
-uadmin -ppassword -e "reset master;"
[root@localhost mysqldump]# mysql --defaults-file=/home/mysql/conf/my1.cnf
-uadmin -ppassword < backup_2020-05-27_00_18_25.sql
```

完成匯入之後，嘗試操作備援資料庫，看看是否可以正常存取：

```
mysql> select * from test order by id desc limit 10;
+-------+---------------------+-------+
| id    | test                | test2 |
+-------+---------------------+-------+
......
| 36718 | 2020-05-27 00:18:25 | NULL  |
+-------+---------------------+-------+
10 rows in set (0.00 sec)
```

複製組態並校驗能否正常同步：

```
mysql> show slave status\G
Empty set (0.00 sec)

mysql> change master to master_host='10.10.30.241',master_user='qfsys',
master_password='password',master_auto_position=1;
Query OK, 0 rows affected, 2 warnings (0.03 sec)

mysql> start slave;
Query OK, 0 rows affected (0.03 sec)

mysql> show slave status\G
*************************** 1. row ***************************
......
            Slave_IO_Running: Yes
           Slave_SQL_Running: Yes
......
```

如果需要建置雙主複製架構，則直接在主資料庫伺服器設定反向複製：

```
mysql> stop slave;
Query OK, 0 rows affected (0.01 sec)

mysql> reset slave all;
Query OK, 0 rows affected (0.01 sec)

mysql> change master to master_host='10.10.30.250', master_user='qfsys',
master_password='password',master_auto_position=1;
Query OK, 0 rows affected, 2 warnings (0.02 sec)

mysql> start slave;
Query OK, 0 rows affected (0.02 sec)

mysql> show slave status\G
```

```
*************************** 1. row ***************************
......
            Slave_IO_Running: Yes
           Slave_SQL_Running: Yes
......
```

在任意一個資料庫實例寫入測試資料，看看是否能成功同步到另一個資料庫實例（程式碼實作略）。

48.4.4 複製備援資料庫

複製備援資料庫的關鍵是加上 --dump-slave=# 選項，該選項透過 SHOW SLAVE STATUS 語 句 找 尋 Relay_Master_Log_File 和 Exec_Master_Log_Pos 的 值， 以 產 生 CHANGE MASTER TO 語句並寫入備份檔案中（除非特別說明，否則本節預設在備援資料庫伺服器上進行操作）。

現在，於新備援資料庫伺服器進行實例初始化（如果已有實例，則請清理複製資訊）。

遠端備份既有的備援資料庫實例資料：

```
[root@localhost ~]# mkdir /data/backup/mysqldump/ -p
[root@localhost ~]# cd /data/backup/mysqldump/
[[root@localhost mysqldump]# rm -rf *
[root@localhost mysqldump]# mysqldump -h 10.10.30.241 -uadmin -ppassword
--single-transaction --master-data=2 --triggers --routines --events --all-
databases --dump-slave > backup_'date+%F_%H_%M_%S'.sql
[root@localhost mysqldump]# ls -lh
total 3.4G
-rw-r--r-- 1 root root 3.4G May 27 10:01 backup_2020-05-27_09_57_44.sql
```

在新備援資料庫伺服器將備份檔案匯入實例中：

```
[root@localhost mysqldump]# mysql --defaults-file=/home/mysql/conf/my1.cnf
-uadmin -ppassword -e "reset master;"
[root@localhost mysqldump]# mysql --defaults-file=/home/mysql/conf/my1.cnf
-uadmin -ppassword -e "stop slave;reset slave all;"
Note (Code 3084): Replication thread(s) for channel '' are already stopped.
[root@localhost mysqldump]# mysql --defaults-file=/home/mysql/conf/my1.cnf
-uadmin -ppassword < backup_2020-05-27_09_57_44.sql
```

查看備份檔案的 CHANGE MASTER TO 語句：

```
[root@localhost mysqldump]# head -100 backup_2020-05-27_09_57_44.sql |grep
-i change
CHANGE MASTER TO MASTER_LOG_FILE='mysql-bin.000001', MASTER_LOG_POS=
24731476;
```

組態複製：

```
mysql> change master to master_host='10.10.30.241',master_user='qfsys',
master_password ='password',master_auto_position=1;
Query OK, 0 rows affected, 2 warnings (0.04 sec)

mysql> start slave;
Query OK, 0 rows affected (0.01 sec)

mysql> show slave status\G
*************************** 1. row ***************************
......
            Slave_IO_Running: Yes
           Slave_SQL_Running: Yes
......
```

48.4.5 指定資料庫、資料表備份與復原

可以使用 --databases 選項指定備份資料庫，或者結合 --tables 選項指定備份的資料表。但請注意，在 --databases 選項之後的命令列參數清單會被整個視為資料庫名稱，不允許以 db_name.tb_name 的格式指定資料庫 . 資料表。--tables 選項之後的命令列參數清單會被整個視為資料表名稱，同樣不允許以 db_name.tb_name 的格式指定資料庫 . 資料表。

在備份伺服器遠端備份來源資料庫實例的 test、xiaoboluo 資料庫（由於打算示範在來源資料庫實例線上恢復備份檔案，所以需要跳過 GTID；否則，由於 GTID 重覆將導致無法復原資料）：

```
[root@localhost mysqldump]# mysqldump -h 10.10.30.241 -uadmin -ppassword
--single-transaction --master-data=2 --triggers --routines --events --databases
xiaoboluo test --dump-slave=2 --set-gtid-purged=OFF > backup_'date +%F_
%H_%M_%S'.sql
[root@localhost mysqldump]# ls -lh
total 3.6M
-rw-r--r-- 1 root root 3.6M May 27 11:50 backup_2020-05-27_11_50_34.sql
```

在來源資料庫實例刪除 test 和 xiaoboluo 資料庫：

```
mysql> show databases;
+--------------------+
| Database           |
+--------------------+
| information_schema |
| mysql              |
| percona_schema     |
| performance_schema |
| qfsys              |
| sbtest             |
| sys                |
| test               |
| xiaoboluo          |
| xxxiaoboluo        |
+--------------------+
10 rows in set (0.00 sec)

mysql> drop database test; drop database xiaoboluo;
Query OK, 2 rows affected (0.01 sec)
Query OK, 7 rows affected (0.03 sec)

mysql> show databases;
+--------------------+
| Database           |
+--------------------+
| information_schema |
| mysql              |
| percona_schema     |
| performance_schema |
| qfsys              |
| sbtest             |
| sys                |
| xxxiaoboluo        |
+--------------------+
8 rows in set (0.00 sec)
```

現在，匯入遠端備份檔案至來源資料庫實例，以進行資料恢復：

```
[root@localhost mysqldump]# mysql -uadmin -ppassword -h 10.10.30.241 <
backup_2020-05-27_11_50_34.sql
```

在來源資料庫實例校驗資料：

```
mysql> show databases;
+--------------------+
| Database           |
+--------------------+
| information_schema |
| mysql              |
| percona_schema     |
| performance_schema |
| qfsys              |
| sbtest             |
| sys                |
| test               |
| xiaoboluo          |
| xxxiaoboluo        |
+--------------------+
10 rows in set (0.00 sec)

mysql> show tables from test;
+-----------------+
| Tables_in_test  |
+-----------------+
| checksums       |
| test            |
+-----------------+
2 rows in set (0.00 sec)

mysql> show tables from xiaoboluo;
+---------------------+
| Tables_in_xiaoboluo |
+---------------------+
| checksums           |
| test                |
| test2               |
| test3               |
| test4               |
| test_load           |
| testxx              |
+---------------------+
7 rows in set (0.00 sec)
```

48.4.6 純文字備份與復原

使用 --tab,-T 選項指定備份目錄，該選項會為每一個備份資料表產生兩個檔案（tb_name.sql 和 tb_name.txt），其中 SQL 檔包含建立資料表的語句，TXT 檔則包含資料。

在資料庫實例插入一些測試資料：

```
mysql> insert into test(name,test) values('test22',now()),('test23',now()),('test24', now()),('test25',now());
Query OK, 4 rows affected (0.00 sec)
Records: 4  Duplicates: 0  Warnings: 0

mysql> select * from test;
+----+--------+---------------------+
| id | name   | test                |
+----+--------+---------------------+
......
| 63 | test22 | 2020-05-27 14:35:08 |
| 65 | test23 | 2020-05-27 14:35:08 |
| 67 | test24 | 2020-05-27 14:35:08 |
| 69 | test25 | 2020-05-27 14:35:08 |
+----+--------+---------------------+
18 rows in set (0.00 sec)
```

執行備份：

```
[root@localhost ~]# mkdir /data/backup/mysqldump/ -p
[root@localhost ~]# cd /data/backup/mysqldump/
[root@localhost mysqldump]# rm -f *
[root@localhost mysqldump]# chown mysql.mysql /data/backup/mysqldump/
[root@localhost mysqldump]# mysqldump -h 10.10.30.241 -uadmin -ppassword --single-transaction --triggers --routines --events --tables test -T /data/backup/ mysqldump/
......

[root@localhost mysqldump]# ll
total 16
-rw-r--r-- 1 root  root  1791 May 27 14:35 checksums.sql
-rw-rw-rw- 1 mysql mysql  581 May 27 14:35 checksums.txt
-rw-r--r-- 1 root  root  1456 May 27 14:35 test.sql
-rw-rw-rw- 1 mysql mysql  365 May 27 14:35 test.txt
```

現在，刪除 test 資料庫的兩個資料表：

```
mysql> use test;
Database changed
mysql> show tables;
+----------------+
| Tables_in_test |
+----------------+
| checksums      |
| test           |
+----------------+
2 rows in set (0.00 sec)

mysql> drop table checksums;drop table test;
Query OK, 0 rows affected (0.01 sec)
Query OK, 0 rows affected (0.01 sec)

mysql> show tables;
Empty set (0.00 sec)
```

純文字備份在恢復時不能直接匯入資料，需要利用 LOAD DATA 語句載入，或者以 mysqlimport 命令列工具匯入。這裡以後者為例進行示範（注意：由於 mysqlimport 命令列工具也是透過 LOAD DATA 語句執行，所以復原時可以在用戶端伺服器遠端匯入備份檔案，不一定非要在目標資料庫的本地目錄。但從用戶端匯入時，必須加上 --local 選項）。

```
# 先恢復資料表結構
## 命令列產生 source 建立資料表語句
[root@localhost mysqldump]# ls -lh /data/backup/mysqldump/*.sql |awk
'{print "source"$9";"}' > /tmp/tables.sql
[root@localhost mysqldump]# cat /tmp/tables.sql
source /data/backup/mysqldump/checksums.sql;
source /data/backup/mysqldump/test.sql;

## 將 /tmp/tables.sql 匯入資料庫實例中
[root@localhost mysqldump]# mysql -uadmin -ppassword -h 10.10.30.241 test
< /tmp/tables.sql

# 再將文字資料載入資料庫
[root@localhost mysqldump]# mysqlimport -uadmin -ppassword -h10.10.30.241
--use-threads=8 test /data/backup/mysqldump/*.txt
test.checksums: Records: 7  Deleted: 0  Skipped: 0  Warnings: 0
test.test: Records: 18  Deleted: 0  Skipped: 0  Warnings: 0
```

登錄資料庫，校驗資料：

```
mysql> use test
Database changed
mysql> show tables;
+----------------+
| Tables_in_test |
+----------------+
| checksums      |
| test           |
+----------------+
2 rows in set (0.00 sec)

mysql> select * from test;
+----+--------+---------------------+
| id | name   | test                |
+----+--------+---------------------+
......
| 63 | test22 | 2020-05-27 14:35:08 |
| 65 | test23 | 2020-05-27 14:35:08 |
| 67 | test24 | 2020-05-27 14:35:08 |
| 69 | test25 | 2020-05-27 14:35:08 |
+----+--------+---------------------+
18 rows in set (0.00 sec)
```

NOTE

第 49 章
MySQL 主流備份工具 XtraBackup 詳解

隨著網際網路的迅速發展，MySQL 資料庫存放的資料量，以及資料庫的並行存取量也迅速增加，這時就開始曝露出 mysqldump 備份工具的一些缺點（例如：由於 mysqldump 工具屬於邏輯備份，在資料量越來越大的情況下，備份和恢復的時間開銷會大到難以忍受）。於是，一款更有效且對應用程式影響更小的備份工具，就成為 MySQL 用戶的共同訴求，此時 Percona XtraBackup 乃應運而生，它能夠滿足上述的需求。本章將詳細介紹 XtraBackup 備份工具。

49.1 簡介

Percona XtraBackup 是一款開放原始碼且免費的 MySQL 熱備份軟體，屬於目前最流行的 MySQL 備份軟體之一，可以非阻塞地備份 InnoDB 和 XtraDB 資料庫。

使用 Percona XtraBackup，可以：

- 快速可靠地完成備份。
- 在備份期間不間斷地處理交易。
- 節省磁碟空間和網路頻寬。
- 自動備份驗證。
- 更快地復原，以保障業務有更長的線上時間。

Percona XtraBackup 支援所有版本的 Percona Server、MySQL 和 MariaDB 分支的 MySQL 熱備份，能夠進行串流備份、壓縮備份、增量備份，對 InnoDB、XtraDB 和 HailDB 儲存引擎支援完全非阻塞式的備份。此外，它還可以簡單地備份 MyISAM、Merge 和 Archive 儲存引擎（會鎖定資料表）。

注意：本章內容根據 XtraBackup 2.4.4 版本撰寫，在該版本中 innobackupex 命令為 xtrabackup 的軟鏈結，本質上它們是同一個二進位程式。

49.2 原理

1. 完全備份與恢復原理

（1）完全備份流程

如圖 49-1 所示為完全備份流程（根據執行完全備份時的日誌輸出資訊整理而來）。

XtraBackup 備份示意如圖 49-2 所示（來自網際網路）。

圖 49-1

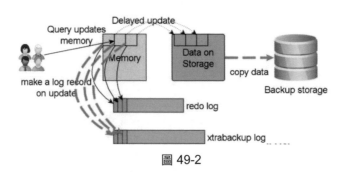

圖 49-2

（2）完全備份流程解析

● innobackupex 開始備份時，首先以指定的帳號和密碼連接 MySQL，該資料
庫連接用來在備份過程執行加鎖、解鎖，刷新 redo 日誌等等與資料庫的互動
式操作。

- 讀取 --defaults-file 選項指定的設定檔,解析 innodb_data_home_dir 和 innodb_log_group_home_dir 等系統參數,找到資料表空間和 redo 日誌檔的位置。建立 xtrabackup_logfile 檔,模擬 MySQL 實例方式,以讀寫模式開啟與讀取 redo 日誌,檢查目前檢查點,從該檢查點位置開始複製 redo 日誌,同時持續掃描 redo 日誌,有新產生的 redo 日誌資料就複製到 xtrabackup_logfile 檔案中(整個備份過程一直在複製 redo 日誌,透過查看備份目錄下的 xtrabackup_logfile 檔案,便可看到該檔正不斷增長)。

- 另外一個執行緒呼叫 xtrabackup 命令開始複製資料檔案(包括共用資料表空間檔和獨立資料表空間檔,相當於獲得 redo 日誌、undo 日誌和資料檔案,只是沒有記憶體的髒頁資料,不過沒有關係,直接以 redo 日誌來恢復就行了)。

- 全域執行 FLUSH TABLES WITH READ LOCK 語句(下文提到的 FTWRL 為該語句的簡寫)加一個 S 鎖,此時資料庫處於不可寫狀態(執行上述語句的目的是為了防止讀取資料時發生 DDL 操作,並且取得 binlog 檔位置)。redo 日誌暫時也會卡在這裡。

- 開始複製資料表結構檔,即 .MYD 和 .MYI 檔(由於前面步驟會鎖定資料表,如果資料庫有很大的 MyISAM 資料表就要注意了,它會一直鎖定到 MyISAM 的 .MYD、.MYI、.frm 檔案複製完成,且取得 binlog 檔案位置之後才解鎖。倘若沒有 MyISAM 資料表,那麼在複製完資料表空間檔之後的操作便非常快,可能不到 1 分鐘就完成後續動作。

- 先執行 FLUSH NO_WRITE_TO_BINLOG ENGINE LOGS 語句,將 InnoDB 層的 redo 日誌持久化到磁碟後開始複製(因為 xtrabackup 不會備份二進位日誌,所以,如果這個過程出現問題,就會導致復原之後丟失 redo 日誌的資料,進行主備複製時可能會同步出錯,但此問題已於 XtraBackup 2.2.3 版修正),然後停止讀取 redo 日誌複製的執行緒。請注意,innobackupex 備份資料的時間點是:停止 redo 日誌複製時資料對應的時間點。

- 當 redo 日誌的複製執行緒停止之後,執行 UNLOCK TABLES 語句解鎖資料表。

- innobackupex 完成收尾工作,如釋放資源、記錄與備份相關的中繼資料等(例如 backup-my.cnf 和 xtrabackup_info 檔),最後退出 innobackupex 備份處理程序(在 XtraBackup 2.3 之前的版本中,innobackupex 和 xtrabackup 是兩個程式,innobackupex 需要等待 xtrabackup 子處理程序結束後才退出。下文會詳細介紹關於兩個程式之間的協調,這裡便不再贅述)。

（3）完全備份恢復流程

圖49-3為完全備份恢復流程（根據執行完全備份恢復時的日誌輸出資訊整理而來）。

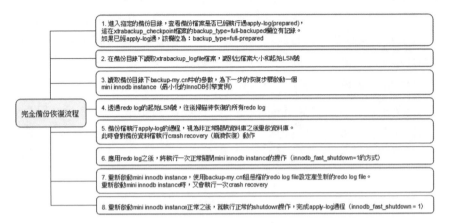

圖 49-3

（4）完全備份恢復流程解析

- 復原備份時，先啟動一個 mini instance（最小化資料庫實例），把資料檔案複製到記憶體，然後再讀取 xtrabackup_log 中的 redo 日誌進行應用，最後對尚未提交的交易以 undo 日誌進行還原（rollback）。

- 如果查看備份復原時列印的日誌，就會發現以 innobackupex 命令執行備份恢復的過程，和 mysqld 處理程序啟動過程非常相似，它會先做一次 crash recovery（崩潰恢復）操作。恢復的目的是把備份資料復原到一個一致性位置點（undo、redo 日誌和資料表空間的資料相對應）。

- 備份過程執行 FTWRL 後，資料庫處於唯讀狀態，非 InnoDB 資料表是在持有全域讀鎖的情況下複製的，所以本身就對應至 FTWRL 的時間點。InnoDB 的 .ibd 檔案複製是在 FTWRL 前處理，複製出來不同 .ibd 檔的最後更新時間點不一樣，此時不能直接使用這種狀態的 .ibd 檔。但是，從備份開始就一直持續複製 redo 日誌，最後 redo 日誌的時間點是在執行 FTWRL 之後取得，所以最終透過 redo 日誌應用後，.ibd 檔案資料的時間點，和 FTWRL 的時間點完全一致。因此，恢復過程只涉及 InnoDB 檔案，不包括非 InnoDB 資料表。當完成備份恢復後，就能把資料檔案複製到對應的目錄下，並透過 mysqld 來啟動。

2. 增量備份與恢復

（1）增量備份流程

圖 49-4 是增量備份流程（根據執行增量備份時的日誌輸出資訊整理而來）。

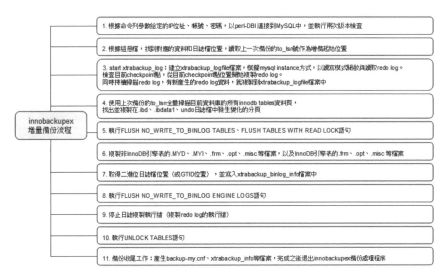

圖 49-4

（2）增量備份流程解析

每個 InnoDB 頁面都會包含一個 LSN 號，一旦相關的資料發生變化時，對應頁面的 LSN 號就會自動增長。這正是 InnoDB 資料表可以進行增量備份的基礎，innobackupex 透過把上一次備份之後發生改變的頁面複製出來，以實現增量備份。也就是說，增量備份根據上一次備份的 LSN 號，備份大於該 LSN 號的資料檔案頁。在 xtrabackup_checkpoints 或 xtrabackup_info 等檔案中，from_lsn、to_lsn、last_lsn 記錄的便是 LSN 號，其中，from_lsn 表示備份資料開始的 LSN 號（如果是增量備份，便為上一次備份的 to_lsn 號），to_lsn 表示備份資料結束的 LSN 號（也是備份中最新的檢查點位置），last_lsn 表示備份結束時複製的 redo 日誌 LSN 號。增量備份是根據上一次備份的 to_lsn 來實作（即：根據上一次備份的檢查點位置）。

檢查點機制可以確保 LSN 號小於檢查點位置的資料頁，都已經刷新到磁碟中，所以執行增量備份時，藉由比對資料檔案中資料頁的 LSN 號，就能夠找出需要複製哪些資料頁（只要是 LSN 號大於上一次備份的 to_lsn 的資料頁，執行增量備份時就需要複製）。第一次增量備份必須根據一次完整的備份而來，第二次增量備份便可根據第一次增量備份進行，餘依此類推（當然，第二次增量備份也可以根據完全備

份而來，如果採用這種備份策略，那麼第二次增量備份與第一次增量備份之間就沒有任何關聯，恢復時需要一次完全備份＋一次增量備份）。

（3）增量備份恢復流程

圖 49-5 為增量備份恢復流程（根據執行一次完全備份＋一次增量備份恢復時的日誌輸出資訊整理而來）。

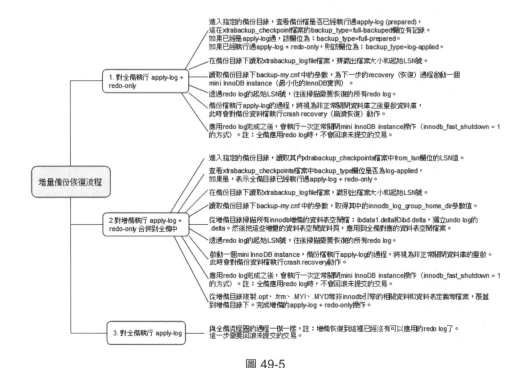

圖 49-5

xtrabackup 增量備份恢復示意如圖 49-6 所示（來自網際網路）。

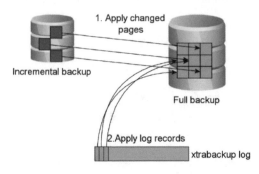

圖 49-6

（4）增量備份恢復流程解析

復原增量備份時，除了最後一次增量備份外，其他的完全備份和增量備份（如果進行過多次增量備份）必須同時使用 --apply-log 和 --redo-only 選項，亦即只做前滾，不做還原。復原最後一次增量備份時禁用 --redo-only 選項，單獨使用 --apply-log 選項，亦即還原操作放到最後一次增量備份。

不管是完全備份還是增量備份，當備份完成時都會取得當下時刻的檢查點，以便產生 xtrabackup_checkpoints 檔。

對於以自動備份腳本抓取的資訊＋備份過程的輸出資訊（備份腳本略），分析過程和結論如下：

```
# 完全備份 xtrabackup_checkpoints 檔
backup_type = full-backuped
from_lsn = 0
to_lsn = 291702447808
last_lsn = 291728377913
compact = 0
recover_binlog_info = 0


# 第一次增量備份
## 第一次增量備份列印的 redo 日誌的複製 LSN 號範圍，內容為 291776616035~291781896012，
起始 LSN 號與 xtrabackup_checkpoints 檔案的 to_lsn 值（291776616035）剛好相等，這裡只
是湊巧（其實這個 redo 日誌的複製 LSN 號，與資料頁的複製 LSN 號並沒有關係，繼續查看後續的增量
備份就知道了），結束 LSN 號與 xtrabackup_checkpoints 檔案的 last_lsn 值（291781896012）
相等，這裡就是對的。last_lsn 值表示 innobackupex 複製的 redo 日誌結束的位置，也是在備份結
束時 mysqld 的檢查點
## 第一次增量備份的 from_lsn 值（291702447808）為完全備份的 to_lsn 值（291702447808）

xtrabackup: Transaction log of lsn (291776616035) to (291781896012) was
copied.
......

backup_type = incremental
from_lsn = 291702447808
to_lsn = 291776616035
last_lsn = 291781896012
compact = 0
recover_binlog_info = 0


# 第二次增量備份
## redo 日誌的複製 LSN 號範圍是 291776626142~291785662336，起始 LSN 號為
291776626142，這裡可以看到與 xtrabackup_checkpoints 檔案的 to_lsn 值（291776638067）
就對應不上了，說明 redo 日誌的複製起始 LSN 號，與資料頁的複製 LSN 號並沒有關係；結束 LSN 號仍
```

然與 xtrabackup_checkpoints 檔案的 last_lsn 值（291785662336）相等
    ## 第二次增量備份的 from_lsn 值（291776616035）為第一次增量備份的 to_lsn 值
（291776616035）

```
xtrabackup: Transaction log of lsn (291776626142) to (291785662336) was
copied.
......

backup_type = incremental
from_lsn = 291776616035
to_lsn = 291776638067
last_lsn = 291785662336
compact = 0
recover_binlog_info = 0
```

    # 第三次增量備份
    ## redo 日誌的複製 LSN 號範圍是 291776652116~291787976816，起始 LSN 號為
291776652116，這裡可以看到又與 xtrabackup_checkpoints 檔案的 to_lsn 值
（291776652116）相等；結束 LSN 號仍然與 xtrabackup_checkpoints 檔案的 last_lsn 值
（291787976816）相等
    ## 第三次增量備份的 from_lsn 值（291776638067）為第二次增量備份的 to_lsn 值
（291776638067）

```
xtrabackup: Transaction log of lsn (291776652116) to (291787976816) was
copied.
......

backup_type = incremental
from_lsn = 291776638067
to_lsn = 291776652116
last_lsn = 291787976816
compact = 0
recover_binlog_info = 0
```

    # 第四次增量備份
    ## redo 日誌的複製 LSN 號範圍是 291776652116~291789041106，起始 LSN 號為
291776652116，這裡可以看到又與 xtrabackup_checkpoints 檔案的 to_lsn 值（291776652116）
相等；結束 LSN 號仍然與 xtrabackup_checkpoints 檔案的 last_lsn 值（291789041106）相等
    ## 第四次增量備份的 from_lsn 值（291776652116）為第三次增量備份的 to_lsn 值
（291776652116）。此處比較特殊，進行第四次增量備份時，可能剛好遇到在第三次增量備份完成之後
、第四次增量備份開始之前的這段時間內，沒有任何髒頁刷新，所以 from_lsn 值（291776652116）
和 to_lsn 值（291776652116）沒有變化

```
xtrabackup: Transaction log of lsn (291776652116) to (291789041106) was copied.
......

backup_type = incremental
```

```
from_lsn = 291776652116
to_lsn = 291776652116
last_lsn = 291789041106
compact = 0
recover_binlog_info = 0
```

透過比對上述 1 個完全備份 +4 個增量備份的範例得知，from_lsn 為上一次備份的 to_lsn（而 to_lsn 表示備份結束時的檢查點位置），last_lsn 表示備份中複製的 redo log 結束位置。也就是 説，增量備份是根據上一次備份的檢查點位置，而不是上一次備份複製 redo log 的結束位置來實作。檢 查點機制可以確保 LSN 號小於檢查點位置的資料頁，都已經刷新到磁碟中，所以藉由比對目前資料檔案中 資料頁的 LSN 號，就能夠確定增量備份時需要複製哪些資料頁（LSN 號大於上一次備份檢查點位置的資 料頁都需要複製）

3. 操作 xtrabackup 命令需要的資料庫權限和作業系統權限

（1）資料庫權限

- CREATE：用來建立 PERCONA_SCHEMA 資料庫，以及相關的 xtrabackup_ history 資料表（也就是説，非 Percona 分支也可以使用這個備份歷史記錄 表）。

- INSERT：將歷史記錄增加到 PERCONA_SCHEMA.xtrabackup_history 資料表。

- SELECT：當使用 innobackupex 的 --incremental-history-name 或 innobackupex --incremental-history-uuid 選項時，可於 PERCONA_SCHEMA.xtrabackup_ history 資料表找到 innodb_to_lsn 值。

- RELOAD 和 LOCK TABLES：執行備份時，允許執行 FLUSH TABLES WITH READ LOCK 和 FLUSH ENGINE LOGS 語句，或者 LOCK TABLES FOR BACKUP 和 LOCK BINLOG FOR BACKUP 語句（Percona 分支支援備份鎖， 只有當 Percona 分支的實例備份時，才會把 FLUSH TABLES WITH READ LOCK 語句替換為 LOCK TABLES FOR BACKUP 和 LOCK BINLOG FOR BACKUP 語句，詳見 49.3 節的 --backup-locks 選項説明）。

- REPLICATION CLIENT：取得 binlog pos 位置（binlog 檔案的 position 偏移量）。

- CREATE TABLESPACE：執行 import（匯入）資料表操作。

- PROCESS：查看伺服器中運行的所有執行緒資訊，例如執行 SHOW FULL PROCESSLIST 語句。

- SUPER：執行 STOP/START SLAVE 語句，以及備份鎖語句 LOCK TABLES FOR BACKUP 和 LOCK BINLOG FOR BACKUP。

（2）作業系統權限

需要有檔案系統層的 datadir 和 backupdir 的讀、寫、執行權限。雖然 xtrabackup 命令本身不會修改備份的檔案，只進行讀取，但是 xtrabackup 必須以讀寫模式開啟備份來源資料檔。這麼做的原因是：如果 xtrabackup 使用嵌入式 InnoDB 資料庫開啟和讀取檔案，備份過程可能還在持續不斷地寫入資料至這些資料檔案。

提示：在 innobackupex 備份過程中，general_log 的輸出資訊如下。

```
2020-05-17T09:25:13.283113Z     9 Connect    root@localhost on  using Socket
2020-05-17T09:25:13.284690Z     9 Query      SET SESSION wait_timeout=2147483
2020-05-17T09:25:13.285092Z     9 Query      SHOW VARIABLES
2020-05-17T09:25:13.291311Z     9 Query      SHOW ENGINE INNODB STATUS
2020-05-17T09:25:23.008801Z     9 Query      SET SESSION lock_wait_timeout=
31536000
2020-05-17T09:25:23.008949Z     9 Query      FLUSH NO_WRITE_TO_BINLOG TABLES
2020-05-17T09:25:23.009048Z     9 Query      FLUSH TABLES WITH READ LOCK
2020-05-17T09:25:23.740019Z     9 Query      SHOW SLAVE STATUS
2020-05-17T09:25:23.740428Z     9 Query      SHOW VARIABLES
2020-05-17T09:25:23.746997Z     9 Query      SHOW MASTER STATUS
2020-05-17T09:25:23.747144Z     9 Query      SHOW VARIABLES
2020-05-17T09:25:23.758062Z     9 Query      FLUSH NO_WRITE_TO_BINLOG ENGINE LOGS
2020-05-17T09:25:23.968738Z     9 Query      UNLOCK TABLES
2020-05-17T09:25:23.972290Z     9 Query      SELECT UUID()
2020-05-17T09:25:23.972409Z     9 Query      SELECT VERSION()
2020-05-17T09:25:24.082160Z     9 Quit
```

4. xtrabackup 知識擴充

xtrabackup 只能備份 InnoDB 儲存引擎，如果要備份非 InnoDB 儲存引擎，則需使用 innobackupex 命令，該命令封裝了 xtrabackup，以支援非 InnoDB 儲存引擎的備份。但是在早期的版本（xtrabackup 2.3 之前的版本）中，由於 innobackupex 是呼叫 xtrabackup，所以兩個命令之間要保證資料一致性就得進行協同，而協同機制便是使用一個檔案作為控制檔（例如：某個處理程序準備複製一個檔案，首先會檢查此控制檔，如果該檔不存在，則假設可以執行複製操作；如果該檔已存在，則假定還不能執行複製操作，需要等待另外一個程式刪除此控制檔。當另一個程式執行完相關的步驟之後，便刪除該控制檔，然後就可以繼續執行複製操作。在 XtraBackup 2.3 之前的版本中，作為控制檔用途的檔案有 xtrabackup_suspended_1、xtrabackup_suspended_2、xtrabackup_log_copied）。新版本以 C 語言覆寫這兩個命令，並合併成一個程式檔，innobackupex 命令只是 xtrabackup 命令的軟鏈結，但是具體使用的命令選項不太一樣，xtrabackup 增加了很多與 InnoDB 參數相關的選項。

為什麼執行 UNLOCK TABLES 語句之前，要有一道 FLUSH NO_WRITE_TO_BINLOG ENGINE LOGS 語句？簡單一句話，乃是為了保證在執行 FLUSH TABLES WITH READ LOCK 語句加鎖之後（成功加鎖之後，將阻塞新的資料變更請求），執行 SHOW MASTER STATUS 語句取得 binlog pos 點（和 GTID 資訊）之前，所有交易產生的 redo 日誌都寫入磁碟。這樣就能保證資料的一致性。

- 由於 innobackupex 不備份 binlog，導致在備份復原時交易是前滾還是還原，只能取決於交易在 redo 日誌是否有 commit 標記。

- 在兩階段提交機制中，如果 redo 日誌打上 commit 標記，表示 binlog 一定已經同步到磁碟中。因此，如果設定「雙一」（指的是組態參數 sync_binlog 和 innodb_flush_log_at_trx_commit 同時設為 1），那麼最後一個交易只有一種情況，會導致恢復出來的資料與備份來源不一致。亦即，binlog 在主資料庫已經寫入磁碟，但 redo 日誌的 commit 標記還在日誌緩衝區中，於是造成 innobackupex 備份時丟失最後一個交易的 commit 標記。備份復原時會還原這個交易，而備份來源中這個交易的 binlog 已經寫入磁碟，就算備份來源實例掛掉，崩潰恢復時也會重新提交該交易。此時執行 FLUSH NO_WRITE_TO_BINLOG ENGINE LOGS 語句解決問題，可以保證取得 binlog pos 位置對應的所有交易的 redo 日誌，都會刷新到磁碟上。執行完 FLUSH NO_WRITE_TO_BINLOG ENGINE LOGS 語句之後，再複製最後的部分，即可停止複製執行緒，這樣 innobackupex 備份時就不會遺漏最後一個交易的 commit 標記。

innobackupex 命令模擬 MySQL 實例方式啟動一個 mini instance（最小化資料庫實例），開啟資料檔案和 redo 日誌檔進行唯讀複製，不影響資料庫的正常讀寫操作，只在執行加鎖、解鎖、刷新 redo 日誌時以 SQL 語句和資料庫互動。如果都是 InnoDB 資料表，那麼基本上不影響資料庫的運行；如果有非 InnoDB 資料表，那麼在備份非 InnoDB 資料表時會有一段唯讀時間（如果沒有 MyISAM 資料表，唯讀時間便在幾秒左右）。當備份 InnoDB 資料檔案時，對資料庫完全沒有影響，屬於真正的熱備份。

XtraBackup 在複製資料檔案時使用了系統函數 posix_fadvise()。posix_fadvise(file, 0, 0, POSIX_FADV_DONTNEED) 函數告訴作業系統儘量不要快取複製的檔案內容，以防止佔用過多的記憶體，導致其他程式發生 swap（頁交換）。另外，posix_fadvise(file, 0, 0, POSIX_FADV_SEQUENTIAL) 函數告訴作業系統儘量採用預讀加速檔案的複製。

XtraBackup 複製資料表空間檔案時，每次以 1MB 大小進行複製（不允許設定）；複製 redo 日誌檔時，每次則以 512 位元組大小進行複製（不允許設定）。由於備份時不檢查雙寫緩衝區，所以在複製資料檔案時，每次讀取的 1MB 資料頁都會快取到記憶體，然後於其中檢查驗證這 1MB 的資料頁，以確認是否存在損壞的分頁（以 InnoDB 的 buf_page_is_corrupted() 函數檢查），如果有，則重新嘗試讀取 10 次損壞的分頁（每次重試都是針對整個 1MB 緩衝區的所有分頁），如果重試之後還是讀到損壞的分頁，則返回備份失敗，備份處理程序結束。

innobackupex 命令對 InnoDB 資料表和非 InnoDB 資料表的備份，都是透過複製檔案來達成（而不是從資料庫實例的處理程序中讀取），但是實作方式不同。前面已經介紹過 InnoDB 資料表的複製方法，非 InnoDB 資料表則是透過 cp 或 tar 命令，直接操作檔案系統的檔案來複製。複製 InnoDB 資料表時，讀取每個分頁都會校驗 checksum 值，以保證是一致的資料區塊。而 innobackupex 在複製 MyISAM 資料表的檔案之前已經加了全域讀鎖（FTWRL），所以磁碟上 MyISAM 資料表的檔案便能夠保證其完整性，因此最終備份的資料檔案方能確保完整地寫入。

5. innobackupex 的優缺點

- 優點：實體備份允許繞過 MySQL 伺服器層，加上本身就是檔案系統等級的備份，所以備份速度快，恢復速度也快，可以線上備份，支援平行備份、加密傳輸、備份限速等。

- 缺點：若想提取部分資料表的資料比較麻煩，不能根據時間點恢復資料、無法遠端備份，只能本地備份，並且增量備份的復原也比較麻煩。如果使用 innobackupex 的完全備份 +binlog 增量備份，就能解決基於時間點恢復的問題。

49.3 命令列選項

用法：

```
[innobackupex [--defaults-file=#] --backup | innobackupex [--defaults-file=#]
--prepare] [OPTIONS]
```

- -v, --version：列印 xtrabackup 的版本資訊。

- -?, --help：列印說明資訊。

- --apply-log：在指定的備份目錄下執行應用 xtrabackup_logfile 檔案的交易日誌操作，同時根據設定檔的 innodb_log_file_size 系統參數產生新的交易日誌（如果未使用 --defaults-file 選項指定設定檔路徑，則預設採用備份目錄下的 backup-my.cnf 檔。該檔會在備份時讀取備份伺服器的相關系統參數自動產生，包含最基本的 InnoDB 系統參數，如 innodb_checksum_algorithm、innodb_log_checksum_algorithm、innodb_data_file_path、innodb_log_files_in_group、innodb_log_file_size、innodb_fast_checksum、innodb_page_size、innodb_log_block_size、innodb_undo_directory、innodb_undo_tablespaces、server_id 等，在執行 --apply-log 時，總是忽略與路徑相關的 innodb_log_files_in_group 或 innodb_data_file_path）。

  注意：如果備份檔案有壓縮或者加密，則需要先解壓縮或者解密之後，才能使用此選項應用 redo 日誌。

- --redo-only：表示在應用完 redo 日誌之後，針對未提交的交易不執行還原操作，需要結合 --apply-log 選項一起使用。通常在增量備份恢復過程中需要使用 --redo-only 選項（非最後一個增量備份，不能復原未提交的交易，否則便無法恢復後續的增量備份，導致發生錯誤）。

- --copy-back：從給定的目錄讀取資料檔案，並複製到目標資料庫的目錄下。資料目錄透過讀取 --defaults-file 選項的設定檔來取得，如果未以 --defaults-file 選項指定設定檔，便按照 MySQL 預設的路徑找尋設定檔。

  注意：複製資料時，innodb_undo_directory、innodb_log_group_home_dir、datadir、innodb_data_file_path 系統組態參數指定的目錄必須為空，否則無法執行複製（這是為了安全考量，以防止誤操作）。

- --move-back：與 --copy-back 選項類似，但不是複製資料檔案，而是移動到對應的目錄下；如果對應的目標目錄非空，便無法移動資料檔案。

- --galera-info：該選項適用於對 PXC 或 MGC 叢集節點執行備份時，首先建立 xtrabackup_galera_info 檔，其內包含備份節點的資料相對於叢集的 GTID（全域交易 ID），可在透過備份檔案恢復某節點時，使用該檔的 GTID 產生 grastate.dat 檔案的 uuid 和 seqno 選項。如果同時使用 --backup-locks 選項，則 --backup-locks 選項便沒有作用。

- --slave-info：該選項適用於複製架構的備援資料庫執行備份時。它會在標準輸出列印備援資料庫目前資料相對於主資料庫的 binlog pos 位置（相當於在

備援資料庫執行 SHOW SLAVE STATUS 語句取得的 relay_master_log_file 和 exec_master_log_pos 選項的值），此資訊還用來產生 CHANGE MASTER TO 語句，並寫入 xtrabackup_slave_info 檔案中。當以該備份資料成功恢復一個實例後，可以使用該檔的 CHANGE MASTER TO 語句，將復原實例設定為備份資料來源實例的備援資料庫。

注意：在多來源複製架構的備援資料庫執行備份時，如果使用該選項，則備份實例必須開啟 GTID 複製模式（且在同一個複製架構中，若一個實例打算使用 GTID，必須所有實例都開啟，也就是說，需要整個複製架構開啟 GTID）；否則，備份時將直接報錯「The --slave-info option requires GTID enabled for a multi-threaded slave」，提示終止備份。

● --incremental：告訴 xtrabackup 建立一個增量備份，而不是一個完整的備份。此選項會傳遞給 xtrabackup 子處理程序。指定該選項時，需要加上 --incremental-lsn 或 --incremental-basedir 選項，配合指出上一次完全備份或增量備份的 LSN 號或者備份目錄路徑。如果未給出這兩個選項，則預設使用 --incremental-basedir 選項，並設定選項值為第一個以時間戳記命名的備份目錄路徑。

● --no-lock：該選項適用於所有備份資料表都是 InnoDB 交易表，或者在不關心備份資料中 binlog pos 位置的情況；否則，不建議使用該選項。因為它會禁止執行 FLUSH TABLES WITH READ LOCK 語句加鎖，導致在備份期間執行 DDL 語句或者更新任何非交易表的資料時，備份資料與取得的 binlog pos 位置不一致。

  ■ 如果不使用此選項，那麼預設會對實例執行 FLUSH TABLES WITH READ LOCK 語句加全域讀鎖。

  ■ 如果遇到透過複製機制重放中繼日誌時有大交易未執行完成，或者在備份啟動之前正在執行 DDL 語句，那麼可能會導致取得鎖逾時，造成備份失敗，這時可以改用 --safe-slave-backup 代替該選項。

  ■ 使用 -no-lock 選項時，不會建立 xtrabackup_binlog_info 檔案（因為無法保證 SHOW MASTER STATUS 語句取得的位置和資料檔案的一致性），但是在特定條件下，可以使用 xtrabackup_binlog_pos_innodb 檔案的 binlog pos 位置。

- --safe-slave-backup：當執行 STOP SLAVE SQL_THREAD 語句停止 SQL 執行緒，並等待 SHOW STATUS LIKE 'SLAVE_OPEN_TEMP_TABLES' 語句的查詢結果為 0 時，就開始執行備份，備份完成之後重新啟動複製執行緒。等待時長由 --safe-slave-backup-timeout 選項定義，預設為 300s，如果超過這個時間，而 Slave_open_temp_tables 狀態變數還沒有變為 0，則 innobackupex 命令主動判定備份失敗，終止備份程序，然後啟動複製執行緒。

- --rsync：以 rsync 程式同步本地檔案傳輸。使用此選項時，innobackupex 命令以 rsync 程式複製所有非 InnoDB 儲存引擎的資料檔案，而不是為每個資料檔案都產生 cp 命令進行複製。如此當有大量資料檔案時，便可加快複製速度。

  注意：該選項不能與 --stream 選項一起使用。

- --force-non-empty-directories：允許在使用 --copy-back 複製資料檔案，或者以 --move-back 移動資料檔案時目標目錄非空，亦即允許目標目錄下有內容，但是不允許這些內容與即將複製或移動的資料檔案衝突（只要沒有衝突，就不會覆蓋目標目錄的原有內容），否則仍然會導致複製或移動資料檔案失敗，並報錯終止。

- --no-timestamp：不會在指定的備份目錄下建立以時間戳記命名的目錄，而是直接於 BACKUP-ROOT-DIR 目錄建立指定的目錄，並且存放備份檔案（如果未指定目錄，將直接在 BACKUP-ROOT-DIR 目錄下存放備份檔案）。

  注意：BACKUP-ROOT-DIR 目錄必須在備份之前產生。另外，innobackupex 命令只能在 BACKUP-ROOT-DIR 目錄下建立一層目錄，再多也不允許。例如 BACKUP- ROOT-DIR 為 /data/backup，而備份路徑指定的是 /data/backup/full，那麼 innobackupex 命令在執行備份時會自動建立 full 目錄，但是 /data/backup 目錄必須先存在，否則將報錯終止。假如 /data/backup 目錄在備份之前已經存在，而備份時指定的路徑是 /data/backup/full/full，那麼也將因為無法建立 /data/backup/full 目錄而報錯終止。

- --no-version-check：與 --version-check 選項的作用相反，表示執行備份時不會額外多一次連接備份伺服器檢查版本。--version-check 選項預設為開啟，執行版本檢查時，對備份伺服器將額外多一次連接，並執行類似「set autocommit=1;SET SESSION wait_timeout= 2147483;SELECT CONCAT (@@ hostname, @@port);」的語句，然後退出連接。如果採用 --no-version-check 選項，便不進行版本檢查，亦即不執行上面的語句，而是直接執行類似 SET

SESSION wait_timeout=2147483、SHOW VARIABLES、SHOW ENGINE INNODB STATUS 的語句。

- **--backup-locks**：控制在備份階段是否可以使用備份鎖，代替 FLUSH TABLES WITH READ LOCK 語句加全域讀鎖。該選項預設為開啟，如果備份伺服器不支援備份鎖，則本選項對伺服器沒有影響。如果不需要使用備份鎖，則可改用 --no-backup-locks 選項禁止。該選項目前只有 Percona 版本的 MySQL 分支支援，使用 --backup-locks 選項時，不再是直接以 FLUSH TABLES WITH READ LOCK 語句加全域讀鎖，加鎖的過程變成下列步驟。

  - 執行 LOCK TABLES FOR BACKUP 語句，該語句不會刷新資料表，只是等待與其衝突的語句執行完成（如：DDL 語句和非交易表更新語句）。

  - 複製 .frm 檔（指的是所有引擎類型資料表的 .frm 檔），MyISAM、CSV 等非交易引擎資料表的檔案。

  - 執行 LOCK BINLOG FOR BACKUP 語句，鎖住任何可能導致 binlog 發生變化的相關資訊，然後以 SHOW MASTER STATUS 語句取得 binlog pos 位置。如果加上 --slave-info 選項，則還會以 SHOW SLAVE STATUS 語句取得目前 SQL 執行緒重放、對應於主資料庫的 binlog pos 位置。

  - 執行 UNLOCK TABLES 語句。

  - 取得 binlog pos 位置。

  - 等待 redo 日誌複製完成。

  - 執行 UNLOCK BINLOG 語句。

  若想保證備份資料的一致性，只需確保取得的 binlog pos 位置與 redo 日誌停止複製的位置一致即可。所以，使用備份鎖有助於提升非 InnoDB 資料表的備份速度。因為備份鎖只在獲取 binlog pos 位置時加鎖，所以對備份 InnoDB 資料表的速度提升有限。

- **--decompress**：如果執行備份時加上 --compress 選項，那麼備份時會產生以 .qp 為後綴的檔案。以 --decompress 選項恢復時，將解壓縮所有的 .qp 檔。該選項可以結合 --parallel 選項平行解壓縮。解壓縮之後會刪除壓縮檔，並把解壓縮結果檔案存放在與壓縮檔相同的目錄下。

- **--user=USER**：指定備份時連接備份伺服器的帳號。執行備份時該選項將直接傳遞給 mysql 子處理程序。

- --host=HOST：指定備份時以 TCP/IP 方式連接備份伺服器的 IP 位址或者網域名稱。執行備份時該選項將直接傳遞給 mysql 子處理程序。

- --port=PORT：指定備份時以 TCP/IP 方式連接備份伺服器的埠號。執行備份時該選項將直接傳遞給 mysql 子處理程序。

- --password=PASSWORD：指定備份時連接備份伺服器的密碼。執行備份時該選項將直接傳遞給 mysql 子處理程序。

- --socket=/path/mysql.sock：指定備份時以 UNIX 網域方式連接備份伺服器的 Socket 檔路徑。執行備份時該選項將直接傳遞給 mysql 子處理程序。

- --incremental-history-name=name：指定在 PERCONA_SCHEMA.xtrabackup_history 備份歷史記錄表的備份名稱，以便根據該備份記錄執行增量備份。執行備份時，innobackupex 會在上述的備份歷史記錄表搜尋指定備份名稱的資料，以找到最新的 innodb_to_lsn 值，並作為本次執行增量備份時起始的 LSN 號。如果找不到有效的 LSN 記錄，表示指定備份名稱的資料在此之前並未備份成功，於是報錯終止。該選項需要與增量備份選項 --incremental 一起使用。

  注意：該選項與 --incremental-history-uuid、--incremental-basedir 和 --incremental-lsn 選項互斥。

- --incremental-history-uuid=UUID：指定在 PERCONA_SCHEMA.xtrabackup_history 備份歷史記錄表的備份 UUID，以便根據該備份記錄執行增量備份。執行備份時，innobackupex 會在上述的備份歷史記錄表搜尋指定備份 UUID 的資料，以找到最新的 innodb_to_lsn 值，並作為本次執行增量備份時起始的 LSN 號。如果找不到有效的 LSN 記錄，表示指定備份 UUID 的資料在此之前並未備份成功，於是報錯終止。該選項需要與增量備份選項 --incremental 一起使用。

  注意：該選項與 --incremental-history-uuid、--incremental-basedir 和 --incremental-lsn 選項互斥。

- --decrypt=ENCRYPTION-ALGORITHM：如果執行備份時使用了 --encrypt 選項，那麼備份期間會產生以 .xbcrypt 為後綴的加密檔。以 --decrypt 選項恢復時會解密所有的 .xbcrypt 檔案。該選項可以結合 --parallel 選項平行解密。解密之後會刪除加密檔，解密結果檔將放在與加密檔相同的目錄下。

- --ftwrl-wait-query-type=all | update：指定在 FLUSH TABLES WITH READ LOCK 語句執行之前，必須等待什麼類型的語句便完成。有效值為 all 和 update，預設值是 all。其中 update 包含 UPDATE、ALTER、REPLACE、INSERT 等類型語句。

  - 執行等待的時間由 --ftwrl-wait-threshold 選項設定，預設值為 60s。注意，如果將 --ftwrl-wait-timeout 選項設為非零值，則 --ftwrl-wait-threshold 選項便無作用，並以 --ftwrl-wait-timeout 選項值為準；如果 --ftwrl-wait-timeout 選項值為 0（預設值），則以 --ftwrl-wait-threshold 選項值為準。

  - 執行本選項時需要有 PROCESS 和 SUPER 權限。

- --kill-long-query-type=all|select：指定在達到指定的查詢時間之後還沒有執行完成時，便殺掉哪些類型的查詢語句，以釋放阻塞加全域讀鎖的鎖。有效值為 all 和 select，預設值為 all。執行本選項需要有 PROCESS 和 SUPER 權限。執行 kill 的逾時時間由 --kill-long-queries-timeout 選項指定，預設值為 0，表示禁止殺掉逾時查詢語句的功能。

- --history=name：該選項將啟用 PERCONA_SCHEMA.xtrabackup_history 備份歷史追蹤表的記錄功能，允許使用者指定一個歷史備份記錄名稱，備份時把該名稱記錄到 PERCONA_SCHEMA.xtrabackup_history 資料表。

- --include=REGEXP：指定以 databasename.tablename 格式的正規運算式，比對需要執行備份的資料表名稱清單。該選項值將直接傳遞給 xtrabackup 命令的 --tables 選項，例如 --include='^imdb[.]name#P#p4'，表示備份以 imdb 開頭的資料庫中 name 資料表的 P4 分區。多個正規運算式之間以逗號分隔，如 --include='^xiaoboluo[.]test,^qfsys[.]qfsys_heartbeat'，表示備份以 xiaoboluo 開頭的資料庫的 test 資料表，和以 qfsys 開頭的資料庫的 qfsys_heartbeat 資料表。

- --databases=LIST：指定待備份的資料庫、資料表清單，如 --databases='db_name2.tb_name'。多個資料庫或資料表之間直接以空格分隔，如 --databases='db_name1 db_name2. tb_name'。

- --kill-long-queries-timeout=SECONDS：innobackupex 在執行 FLUSH TABLES WITH READ LOCK 語句遇到阻塞其獲得鎖的查詢時，等待指定的時間秒數之後，如果仍然有執行中的查詢，便以 kill 殺掉這些查詢。預設值為 0，表示 innobackupex 不啟用嘗試殺掉任何查詢的功能。

- --ftwrl-wait-timeout=SECONDS：指定 innobackupex 阻塞執行 FLUSH TABLES WITH READ LOCK 語句的時長，以等待查詢執行完成。如果該選

項為一個非零值，當超過指定的時間之後仍然有執行中的查詢，則報錯終
止備份過程；如果指定為零值，則不等待查詢執行完成，立即執行 FLUSH
TABLES WITH READ LOCK 語句。該選項的預設值為 0。

- --ftwrl-wait-threshold=SECONDS：指定 innobackupex 檢查超過其指定的門檻
  值時間尚在運行的查詢。如果 --ftwrl-wait-timeout 選項為非零值，則 --ftwrl-
  wait-threshold 選項不會執行 FTWRL，直到長時間運行的查詢執行完成並退
  出之後，才會執行 FTWRL。如果 --ftwrl-wait-timeout 選項指定為零值，則
  --ftwrl-wait-threshold 選項便無作用。從官方文件的說明來看，以 --ftwrl-wait-
  timeout 選項給定的值為準即可，--ftwrl-wait-threshold 選項在 --ftwrl-wait-
  timeout 選項為零值和非零值時都沒有作用。本選項的預設值為 60s。

- --debug-sleep-before-unlock=#：僅用於偵錯測試的選項。

- --safe-slave-backup-timeout=SECONDS：在啟用 --safe-slave-backup 選項時，
  等候狀態變數 Slave_open_temp_tables 的值變為 0 的時間，預設值為 300s。
  如果超過指定的時間後，狀態變數 Slave_open_temp_tables 的值還未變為 0，
  則啟動複製並報錯終止備份。

- --close-files：不保持檔案控制代碼一直處於開啟狀態，而是將其直接傳遞給
  xtrabackup 命令。當以 xtrabackup 命令開啟資料表空間時，通常不會關閉檔
  案控制代碼，以便在備份期間正確處理 DDL 語句，儘量保證取到一致的備
  份。但是當資料表空間檔案控制代碼過多，並且沒有任何開啟數量的限制時，
  可能會導致佔用過多的檔案控制代碼資源。這個選項可以關閉長時間沒有使
  用的檔案控制代碼，但是可能會產生不一致的備份。該選項有一定的風險，
  所以不建議使用。

- --compact：以該選項建立一個緊湊備份，亦即不備份所有的輔助索引頁。這
  個選項將直接傳遞給 xtrabackup 命令。

  - **注意**：不支援使用共用資料表空間的資料表，所以若要確保能夠正確使
    用緊湊備份功能，資料庫實例必須啟用系統參數 innodb-file-per-table=1。

  - 使用緊湊備份時，備份目錄下的 xtrabackup-checkpoints 檔案可以看到
    compact = 1；如果沒有使用緊湊備份，則 compact = 0。

- --compress：使得 xtrabackup 在複製 InnoDB 資料檔案時執行壓縮（包括所有
  的交易日誌檔和中繼資料檔）。該選項將直接傳遞給 xtrabackup 子處理程序。
  目前 xtrabackup 只支援 QuickLZ 演算法，該演算法採用 qpress 歸檔格式，每

個執行壓縮的檔案都有 .qp 副檔名，解壓縮時使用 --decompress 選項，然後透過 qpress 歸檔器解壓縮。

- --compress-threads=#：指定平行壓縮的壓縮執行緒數，該選項將直接傳遞給 xtrabackup 子處理程序。此選項可以與指定平行複製資料檔案的 --parallel=[#] 選項一起使用，如 '--parallel=4 --compress --compress-threads=2'，表示開啟 4 個 I/O 執行緒用於複製資料檔案，並透過管道傳遞給兩個壓縮執行緒，以壓縮資料檔案。該選項的預設值為 1。

- --compress-chunk-size=#：指定每個壓縮執行緒內部的壓縮區塊大小（內部工作緩衝區的大小，單位為位元組，預設值為 64KB）。該選項將直接傳遞給 xtrabackup 子處理程序。

- --encrypt=ENCRYPTION_ALGORITHM：指定 xtrabackup 針對 InnoDB 資料表的備份檔案執行加密的演算法。該選項將直接傳遞給 xtrabackup 子處理程序。目前支援的加密和解密演算法有 AES128、AES192 和 AES256。

  範例：

  - 執行加密備份目錄的命令：innobackupex --encrypt=AES256 --encrypt-key="GCHFLrDFVx6UAsRb88uLVbAVWbK+Yzfs" /data/backups，或者執行備份的命令可以把 --encrypt-key 選項指定的字串放到一個檔案，然後再以 --encrypt-key-file 選項指定金鑰檔，如 innobackupex --encrypt=AES256 --encrypt-key-file=/data/ backups/keyfile /data/backups。

  - 執行解密備份目錄的命令：

```
# 解密命令可以同時解密一個目錄的所有加密檔，解密之後刪除加密檔，或者不刪除
[root@localhost ~]# for i in 'find . -iname "*\.xbcrypt"'; do xbcrypt -d
 --encrypt-key-file=/data/backups/keyfile --encrypt-algo=AES256 < $i >
$(dirname $i)/$(basename $i .xbcrypt) && rm $i; done

# 或者直接以下列命令來解密（注意：innobackupex --decrypt= 選項會刪除加密檔，解密檔將
直接放到與加密檔相同的目錄）
[root@localhost ~]# innobackupex --decrypt=AES256 --encrypt-
key="GCHFLrDFVx6UAsRb88uLV bAVWbK+Yzfs" /data/backups/2015-03-18_08-31-35/
```

- --encrypt-key=ENCRYPTION_KEY：指定一個金鑰字串，並且可以結合 --encrypt 或 --decrypt 選項進行加、解密。執行備份時，該選項將直接傳遞給 xtrabackup 子處理程序。

範例：

- 加密命令：innobackupex --encrypt=AES256 --encrypt-key= "GCHFLrDFVx6 UAs Rb88uLVbAVWbK+Yzfs" /data/backups，加密時還可以結合 --encrypt-threads 選項指定多個執行緒，以平行加密多個檔案。

- 解密命令：innobackupex ---decrypt=AES256 --encrypt-key= "GCHFLrDFV x6UAsRb88uLVbAVWbK+Yzfs" /data/backups，解密時還可以結合 --parallel =[#] 選項指定多個執行緒，以平行解密多個檔案。

- --encrypt-key-file=ENCRYPTION_KEY_FILE：指定一個金鑰檔，該檔存放一個金鑰字串，並且可以結合 --encrypt 或 --decrypt 選項進行加、解密。

範例：

- echo -n "GCHFLrDFVx6UAsRb88uLVbAVWbK+Yzfs" > /data/backups/ keyfile。

- 加密命令：innobackupex --encrypt=AES256 --encrypt-key-file=/data/backups/ keyfile /data/backups，加密時還可以結合 --encrypt-threads 選項指定多個執行緒，以平行加密多個檔案。

- 解密命令：innobackupex --decrypt=AES256 --encrypt-key-file=/data/backups/ keyfile /data/backups，解密時還可以結合 --parallel=[#] 選項指定多個執行緒，以平行解密多個檔案。

- --encrypt-threads=#：指定平行加密的工作執行緒數。執行備份時該選項將直接傳遞給 xtrabackup 子處理程序。

- --encrypt-chunk-size=#：指定每個加密執行緒內部的工作緩衝區大小，單位是位元組，預設值為 64KB。

- --export：執行備份時該選項將直接傳遞給 xtrabackup 命令，對資料表執行匯出操作（每個資料表額外產生 tb_name.cfg 和 tb_name.exp 檔案），以便在其他伺服器對匯出的資料表執行匯入操作（把 tb_name.cfg 和 tb_name.ibd 檔案複製到其他伺服器對應的資料庫目錄下）。

- --extra-lsndir=DIRECTORY：指定在什麼位置儲存 xtrabackup_checkpoints 檔案的副本。該選項為一個表示目錄路徑的字串。執行備份時該選項將直接傳遞給 xtrabackup 命令，如 --extra-lsndir=/tmp。

- --incremental-basedir=DIRECTORY：該選項和 --incremental 選項一同使用，用來指定完全備份或上一次增量備份的路徑，以便找到上一次備份的 LSN 號。該選項值為一個表示目錄路徑的字串。

- --incremental-dir=DIRECTORY：在應用 redo 日誌時指定一個增量備份目錄，以便把增量備份資料合併到指定的完全備份目錄，產生一個包含增量備份的新完全備份資料。

  例如：

  - 合併第一次增量備份資料到完全備份目錄（這裡以 --redo-only 選項表示只做前滾，不做還原）：innobackupex --apply-log --redo-only /data/backup/hotbackup/ base --incremental-dir=/data/backup/hotbackup/incremental_one。

  - 合併第二次增量備份資料到完全備份目錄（這裡假設是最後一次增量備份，針對這次備份可以做還原，去掉 --redo-only 選項，當然也可以不做還原，後續啟動實例時將自動執行恢復過程）：innobackupex --apply-log /data/backup/ hotbackup/base --incremental-dir=/data/backup/hotbackup/incremental_two。

  - 對整體的基礎備份進行恢復，還原所有未提交的交易：innobackupex --apply-log /data/backup/hotbackup/base。

- --incremental-force-scan：在解釋本選項之前，先來看看如何實作增量備份。因為每個 InnoDB 分頁（通常為 16KB 大小）都包含日誌序號或 LSN 號（LSN 是整個資料庫的系統版本號，透過比較每頁的 LSN 號，就可以知道最近是否發生變化），進行增量備份時，複製的就是資料庫實例當下比先前備份的 LSN 號更新的分頁。下列兩種演算法用來找尋哪些是需要複製的分頁。

  - 演算法一：支援所有的 MySQL 分支版本，透過讀取所有的資料分頁直接檢查 LSN 號。

  - 演算法二：只支援 Percona 分支版本，在伺服器啟用分頁更改追蹤功能，它會將分頁發生變化的資訊寫到一個單獨的點陣圖檔，然後 xtrabackup 命令將以該檔讀取需要增量備份的資料分頁，此舉有助於節省磁碟 I/O。如果 xtrabackup 命令能夠找到這個點陣圖檔，則預設採用「演算法二」，否則便使用「演算法一」。

現在查看 --incremental-force-scan 選項的作用，一旦指定後，無論記錄分頁資訊變化的點陣圖檔是否存在，都強制使用「演算法一」找尋發生變化的頁面。

- --log-copy-interval=#：指定 redo 日誌複製執行緒檢查 redo 日誌是否存有變化的時間間隔，單位為毫秒（ms），預設值為 1000（表示 1s）。

- --incremental-lsn=LSN：指定增量備份所需的基準 LSN 號（前提是已知上一次備份的 LSN 號）。增量備份將根據指定的 LSN 號，找尋比此號碼更新的資料分頁進行複製。該選項需要與 --incremental 選項一併使用，或者用來取代 --incremental-basedir 選項。執行備份時該選項將直接傳遞給 xtrabackup 命令。一旦指定後，會忽略 --incremental-basedir 選項。例如 innobackupex --incremental /data/backups --incremental-lsn =1291135。

  注意：該選項不支援與 --stream=tar 同時使用，如果使用則會報錯，但是可以改用 --stream=xbstream 選項代替。例如：

  - 備份到本地：innobackupex --incremental --incremental-lsn=LSN-number --stream= xbstream ./ > incremental.xbstream。

  - 解壓縮本地備份檔：xbstream -x < incremental.xbstream。

  - 備份到遠端並直接解壓縮：innobackupex --incremental --incremental-lsn= LSN- number --stream=xbstream ./ | ssh user@hostname " cat - | xbstream -x -C > /backup-dir/"。

- --parallel=NUMBER-OF-THREADS：執行備份時，指定多少個執行緒用於複製資料檔案。本選項接收一個整數值，使用時直接傳遞給 xtrabackup 的 --parallel 選項，由 xtrabackup 建立指定數量的子處理程序平行複製資料檔案。該選項可以結合 --decompress 和 --decrypt 選項，以進行平行解壓縮和解密操作。

  注意：

  - 如果備份目標資料庫未啟用獨立資料表空間（未設定 innodb_file_per_table 系統參數為 1），也未使用多個共用資料表空間（如 innodb_data_file_path 系統參數指定的多個 ibdata 檔），則不支援平行複製。

  - 該功能是根據檔案等級的平行複製，所以，如果將 --parallel 選項設得較大，可能會導致 I/O 設備的隨機讀取壓力過高。如果必須採用平行複製，或許得對 I/O 設備進行效能調整。

範例：innobackupex --parallel=4 /path/to/backup。

- --rebuild-indexes：用於緊湊備份的恢復（指的是復原使用 --compact 選項的備份）。一旦開始復原備份資料（--compact 選項不會備份輔助索引頁）時，就將 --rebuild-indexes 選項值直接傳遞給 xtrabackup 命令，xtrabackup 命令在應用完 redo 日誌之後，便會重建所有的輔助索引。

  注意：該選項必須與 --apply-log 選項合併使用，否則無效。

  範例：innobackupex --apply-log --rebuild-indexes /data/backups/。

- --rebuild-threads=NUMBER-OF-THREADS：設定重建輔助索引時的工作執行緒數量，該選項將直接傳遞給 xtrabackup 命令，由 xtrabackup 命令建立平行重建輔助索引的執行緒。

  注意：

  - 本選項僅在與 --apply-log 和 --rebuild-indexes 選項一起使用時才有效，如 innobackupex --apply-log --rebuild-indexes --rebuild-threads=4 /data/backups。

  - 以該選項進行的平行重建輔助索引，乃是根據獨立資料表空間的單個 .ibd 檔來實作。

- --stream=STREAMNAME：指定串流備份格式。本選項接收一個字串參數，目前僅支援 tar 和 xbstream 格式。執行備份時，該選項將直接傳遞給 xtrabackup 的 --stream 選項。使用此選項時，備份資料將以指定的串流格式傳送到標準輸出，而非直接將檔案複製到備份目錄。

  範例：

  - 使用 --stream=xbstream 備份到本地和解壓縮：innobackupex --stream=xbstream/root/backup/ > /root/backup/backup.xbstream;xbstream -x < /root/backup/backup. xbstream -C /root/backup/。

  - 使用 --stream=xbstream 備份到遠端和解壓縮：innobackupex --compress --stream=xbstream /root/backup/ | ssh user@otherhost "xbstream -x -C /root/backup"。

  - 使用 --stream=tar 備份到本地和解壓縮：innobackupex --stream=tar /root/backup/ > /root/backup/out.tar;tar xvf /root/backup/out.tar。

- 使用 --stream=tar 備份到遠端和解壓縮：innobackupex --stream=tar ./ | ssh user@destination \ "cat - > /data/backups/backup.tar"。

- 使 用 --stream=tar 備 份 到 本 地 時 進 行 壓 縮（ 利 用 gzip 和 bzip2）： innobackupex --stream=tar ./ | gzip - > backup.tar.gz 　 或 innobackupex --stream=tar ./ | bzip2 - > backup.tar.bz2。

- 使 用 --stream=tar 備 份 到 遠 端 時 進 行 壓 縮（ 利 用 gzip 和 bzip2）： innobackupex --stream=tar ./ | gzip|ssh user@destination \ "cat - > /data/ backups/backup.tar.gz" 　 或 innobackupex --stream=tar ./ | bzip2|ssh user@ destination \ "cat - > /data/backups/ backup.tar.gz2"。

注意：gzip 和 bzip2 是單執行緒壓縮命令，當備份龐大的資料時，單執行緒壓縮的瓶頸可能會造成備份速度緩慢。如果網路頻寬不是瓶頸，則不建議採用壓縮備份；如果網路頻寬是瓶頸且又在意備份速度時，建議使用專用的備份網路，儘量避免影響業務網路。

- --tables-file=FILE：指定需要備份的資料庫 . 資料表字串（database.table）清單檔，該檔中每個字串佔一列，而且不備份其內未指定的資料表。執行備份時，該選項將直接傳遞給 xtrabackup 命令的 --tables-file 選項。

  範例：echo "mydatabase.mytable" > /tmp/tables.txt;innobackupex --tables-file=/tmp/tables.txt /path/to/backup。

- --throttle=IOPS：指定備份命令每秒使用 I/O 設備的輸送量（讀寫 I/O 的整體輸送量，以每秒 1MB 為單位，例如，1 代表限制為每秒 1MB）。該選項接收一個整數值，執行備份時將直接傳遞給 xtrabackup 命令的 --throttle 選項。

  注意：

  - 該選項僅對 InnoDB 資料表檔案和日誌檔有效，對其他引擎無效。

  - 可透過 iostat 命令查看使用與不使用該選項時，IOPS 的比較。

  - 該選項僅對執行備份過程有效，而對 --apply-log 應用日誌、--copy-back 複製資料檔案，以及 --move-back 移動資料檔案無效。

- -t, --tmpdir=DIRECTORY：指定本地暫存檔案的存放路徑。如果不指定，則預設使用伺服器實例的 tmpdir 參數設定的臨時目錄，innobackupex 命令將從 my.cnf 設定檔讀取 tmpdir 的值（例如讀取 [mysqld] 或 [xtrabackup] 群組標籤下的 tmpdir 參數，如果兩個標籤都有 tmpdir，則取決於其順序，以後者為

準），再傳遞給 xtrabackup 命令的 --target-dir 選項。當加上 --stream 選項時，交易日誌首先存放到臨時目錄下的暫存檔案，然後才能夠以串流形式複製到遠端主機。

● --use-memory=#：接收一個字串參數，以表示在 innobackupex 命令執行崩潰恢復時允許使用的最大記憶體，預設單位為位元組，預設值為 100MB，也可以改用 MB 和 GB 作為單位。該選項與 --apply-log 選項結合時才有效，在執行應用 redo 日誌時，該選項值將直接傳遞給 xtrabackup 命令的 --use-memory 選項。

範例：innobackupex --use-memory=4G --apply-log /data/backups/。

49.4 實戰展示

49.4.1 完全備份與恢復

innobackupex 命令在需要備份的資料庫伺服器執行完全備份，並將備份檔案儲存於本地 /data/backup/test_backup 目錄下。

```
[root@localhost ~]# mkdir /data/backup/test_backup
[root@localhost ~]# innobackupex --defaults-file=/home/ mysql/conf/my1.cnf
--user=admin --password=password --no-timestamp /data/backup/test_backup/
......
170523 17:49:48 completed OK!  # 看到類似的輸出訊息時，表示成功執行備份
```

對備份目錄執行 --apply-log 操作：

```
[root@localhost test_backup]# innobackupex --apply-log ./
......
170523 17:57:52 completed OK! # 看到類似的輸出訊息時，表示 --apply-log 操作成功
```

現在模擬主資料庫資料遺失的情況，亦即停止資料庫，清空 redo 日誌、undo 日誌、共用資料表空間、資料庫目錄：

```
[root@localhost test_backup]# killall mysqld
[root@localhost test_backup]# rm -rf /data/mysqldata1/ {innodb_log,innodb_
ts,mydta,undo}/*
```

對備份目錄執行 --copy-back 操作，把備份檔案複製到先前清空的目錄下：

```
[root@localhost ~]# innobackupex --defaults-file=/home/mysql/conf/my1.cnf
--copy-back ./
```

```
......
170523 18:05:34 completed OK! # 看到類似的輸出訊息時，表示 --copy-back 操作成功
```

修改資料目錄擁有者，啟動資料庫：

```
[root@localhost test_backup]# chown mysql.mysql /data -R
[root@localhost test_backup]# mysqld_safe --defaults-file=/home/mysql/conf/
my1.cnf &
```

登錄資料庫，校驗資料是否正確：

```
[root@localhost test_backup]# mysql  --defaults-file=/home/mysql/conf/my1.
cnf  -uqogir_env -p'password'
......
mysql> show databases;
......
```

49.4.2 增量備份與恢復

1. 完全備份和增量備份

執行完全備份，在來源資料庫伺服器執行下列命令（這裡以重新建立一個備份目錄 /data/backup/test_backup2 為例）：

```
[root@localhost test_backup]# mkdir /data/backup/test_backup2
[root@localhost test_backup]# innobackupex --defaults-file=/home/mysql/
conf/my1.cnf --user=admin --password=password --no-timestamp /data/backup/
test_backup2
......
170523 18:23:11 completed OK!
```

同樣在來源資料庫伺服器新建資料庫和資料表，並插入測試資料（製造增量資料）：

```
mysql> create database test;
Query OK, 1 row affected (0.01 sec)

mysql> use test;
Database changed
mysql> create table test(id int auto_increment not null primary key,name
varchar(20));
Query OK, 0 rows affected (0.01 sec)

mysql> insert into test(name) values('test1');
Query OK, 1 row affected (0.01 sec)
......
mysql> select * from test;
```

```
+----+-------+
| id | name  |
+----+-------+
|  2 | test1 |
|  4 | test2 |
|  6 | test3 |
|  8 | test4 |
+----+-------+
4 rows in set (0.00 sec)
```

執行第一次增量備份（增備 1）。第一次增量備份的 basedir 是完全備份，因為在此之前的最近一次備份只有完全備份。

```
[root@localhost test_backup]# innobackupex --defaults-file =/home/mysql/
conf/my1.cnf --user=admin --password=password --no-timestamp --incremental-
basedir=/data/backup/test_ backup2 --incremental /data/backup/incremental_one
......
170523 18:32:25 completed OK!
```

繼續製造測試資料：

```
mysql> insert into test(name) values('test5');
Query OK, 1 row affected (0.00 sec)
......
mysql> select * from test;
+----+-------+
| id | name  |
+----+-------+
|  2 | test1 |
|  4 | test2 |
|  6 | test3 |
|  8 | test4 |
| 10 | test5 |
| 12 | test6 |
| 14 | test7 |
| 16 | test8 |
+----+-------+
8 rows in set (0.00 sec)
```

執行第二次增量備份（增備 2）。第二次增量備份就不需要再根據完全備份（當然，也允許這麼做，端視所需的備份策略。如果根據完全備份，恢復時便不需要第一次增量備份的資料，只需要完全備份＋第二次增量備份的資料即可），因為最近一次備份是第一次增量備份，而第二次增量備份的 basedir，乃是根據第一次的增量備份而來。

```
[root@localhost test_backup]# innobackupex --defaults-file=/home/mysql/
conf/my1.cnf --user=admin --password=password --no-timestamp --incremental
-basedir=/data/backup/ incremental_one --incremental /data/backup/
incremental_two
......
170523 18:37:01 completed OK!
```

現在直接執行第三次增量備份（增備 3）。請注意：第三次增量備份的 basedir
是根據完全備份，而非增量備份。

```
[root@localhost test_backup]# innobackupex --defaults-file=/home/mysql/
conf/my1.cnf --user=admin --password=password --no-timestamp --incremental-
basedir=/data/backup/ test_backup2 --incremental /data/backup/incremental_
third
```

2. 增量備份恢復

這裡以完全備份 + 第一次增量備份 + 第二次增量備份的資料進行示範。

首先，停止資料庫，並清空相關的資料目錄（建議清空之前先進行備份）。

```
[root@localhost test_backup]# killall mysqld
......
[root@localhost test_backup]# rm -rf /data/mysqldata1/{innodb_log,innodb_
ts,mydata,undo}/*
```

切換到完全備份目錄，而不是最後一次增量備份目錄（即最後一次增量備份之
前所有連續的增量備份和完全備份，這裡示範的是完全備份和第一次增量備份），
執行 --apply-log 操作需要加上 --redo-only 選項，只應用完成 redo 日誌即可，不對未
提交的交易執行還原作業。

```
[root@localhost test_backup]# cd /data/backup/test_backup2
# 為了後續示範的需求，先對完全備份目錄進行備份
[root@localhost test_backup2]# cp -ar /data/backup/test_backup2 /data/
backup/test_backup2.bak

# 執行完全備份應用前滾日誌，不應用還原日誌，這裡可以使用 --use-memory 選項指定崩潰恢復
時的記憶體大小為 1GB，避免佔用過多的記憶體
[root@localhost test_backup2]# innobackupex --apply-log --redo-only --use-
memory=1G ./
......
170523 18:48:57 completed OK!

# 在完全備份的基礎上，執行第一次增量備份 --apply-log 操作
```

```
[root@localhost test_backup2]# innobackupex --apply-log --redo-only --use-
memory=1G/data/backup/test_backup2 --incremental-dir=/data/backup/
incremental_one
......
170523 18:49:32 completed OK!
```

在執行 --apply-log 操作的第一次增量備份的完全備份目錄中，再對第二次增量備份執行相同操作，因為是最後一次增量備份，所以不需要加上 --redo-only 選項。請注意，此舉有建立 redo 日誌的動作，但是卻產生到第二次增量備份的目錄下

```
[root@localhost test_backup2]# innobackupex --apply-log --use-memory=1G /
data/backup/test_backup2 --incremental-dir=/data/backup/incremental_two
......
170523 18:51:07 completed OK!

[root@localhost test_backup2]# ls -lh
total 2.1G
-rw-r----- 1 root root  465 May 23 18:23 backup-my.cnf
-rw-r----- 1 root root 2.0G May 23 18:51 ibdata1
-rw-r----- 1 root root  12M May 23 18:51 ibtmp1
drwxr-x--- 2 root root 4.0K May 23 18:51 mysql
drwxr-x--- 2 root root   77 May 23 18:51 percona_schema
drwxr-x--- 2 root root 8.0K May 23 18:51 performance_schema
drwxr-x--- 2 root root   71 May 23 18:51 qfsys
drwxr-x--- 2 root root   91 May 23 18:51 sbtest
drwxr-x--- 2 root root 8.0K May 23 18:51 sys
drwxr-x--- 2 root root   49 May 23 18:51 test
-rw-r----- 1 root root  10M May 23 18:50 undo001
-rw-r----- 1 root root  10M May 23 18:51 undo002
-rw-r----- 1 root root  10M May 23 18:50 undo003
-rw-r----- 1 root root  10M May 23 18:50 undo004
drwxr-x--- 2 root root 4.0K May 23 18:51 xiaoboluo
-rw-r----- 1 root root  159 May 23 18:51 xtrabackup_binlog_info
-rw-r--r-- 1 root root   22 May 23 18:50 xtrabackup_binlog_pos_innodb
-rw-r----- 1 root root  121 May 23 18:51 xtrabackup_checkpoints
-rw-r----- 1 root root  785 May 23 18:51 xtrabackup_info
-rw-r----- 1 root root 8.0M May 23 18:48 xtrabackup_logfile
drwxr-x--- 2 root root   49 May 23 18:51 xxxiaoboluo
[root@localhost test_backup2]# ls -lh /data/backup/incremental_two/ib_
logfile1
-rw-r----- 1 root root 2.0G May 23 18:51 /data/backup/ incremental_two/ib_
logfile1
```

現在對完全備份目錄再執行一次 --apply-log 操作，該目錄便會產生 redo log 檔

```
[root@localhost test_backup2]# innobackupex --apply-log --use-memory=1G /
data/backup/test_backup2
```

```
......
170523 18:54:40 completed OK!

[root@localhost test_backup2]# ls -lh
total 6.1G
-rw-r----- 1 root root  465 May 23 18:23 backup-my.cnf
-rw-r----- 1 root root 2.0G May 23 18:54 ibdata1
-rw-r----- 1 root root 2.0G May 23 18:54 ib_logfile0   # 發現 redo log 檔
-rw-r----- 1 root root 2.0G May 23 18:54 ib_logfile1
-rw-r----- 1 root root  12M May 23 18:54 ibtmp1
drwxr-x--- 2 root root 4.0K May 23 18:51 mysql
drwxr-x--- 2 root root   77 May 23 18:51 percona_schema
drwxr-x--- 2 root root 8.0K May 23 18:51 performance_schema
drwxr-x--- 2 root root   71 May 23 18:51 qfsys
drwxr-x--- 2 root root   91 May 23 18:51 sbtest
drwxr-x--- 2 root root 8.0K May 23 18:51 sys
drwxr-x--- 2 root root   49 May 23 18:51 test
-rw-r----- 1 root root  10M May 23 18:50 undo001
-rw-r----- 1 root root  10M May 23 18:51 undo002
-rw-r----- 1 root root  10M May 23 18:50 undo003
-rw-r----- 1 root root  10M May 23 18:50 undo004
drwxr-x--- 2 root root 4.0K May 23 18:51 xiaoboluo
-rw-r----- 1 root root  159 May 23 18:51 xtrabackup_binlog_info
-rw-r--r-- 1 root root   22 May 23 18:54 xtrabackup_binlog_pos_innodb
-rw-r----- 1 root root  121 May 23 18:54 xtrabackup_checkpoints
-rw-r----- 1 root root  785 May 23 18:54 xtrabackup_info
-rw-r----- 1 root root 8.0M May 23 18:48 xtrabackup_logfile
drwxr-x--- 2 root root   49 May 23 18:51 xxxiaoboluo
```

接下來，將完全備份目錄的資料檔案複製到相關目錄下：

```
[root@localhost test_backup2]# innobackupex --defaults-file=/home/mysql/
conf/my1.cnf --copy-back ./
......
170523 18:56:26 completed OK!
```

修改資料目錄擁有者，然後啟動 MySQL：

```
[root@localhost test_backup2]# chown mysql.mysql /data/ -R
[root@localhost test_backup2]# mysqld_safe --defaults-file=/home/mysql/
conf/my1.cnf &
......
```

登錄資料庫，校驗資料：

```
[root@localhost test_backup2]# mysql  --defaults-file=/home/mysql/conf/my1.
cnf  -uqogir_env -p'password'
......
mysql> use test

mysql> select * from test;
+----+-------+
| id | name  |
+----+-------+
|  2 | test1 |
|  4 | test2 |
|  6 | test3 |
|  8 | test4 |
| 10 | test5 |
| 12 | test6 |
| 14 | test7 |
| 16 | test8 |
+----+-------+
8 rows in set (0.01 sec)
```

上面示範以完全備份＋增備 1＋增備 2 的資料進行恢復的步驟。此外，若想復原到最新的資料，還可以使用完全備份＋增備 3 來達成，其步驟與前文介紹的步驟類似，有興趣的讀者請自行研究，這裡便不再贅述。

49.4.3 基於時間點的恢復

innobackupex 命令本身不支援基於時間點的備份和恢復，所以在本節示範的步驟中，首先以 innobackupex 的完全備份進行恢復，然後利用 binlog 實現基於時間點的恢復。

提示：

- 完全備份以 innobackupex 實現。

- binlog 備份可以使用 binlog server（早期的 binlog server 在加上 --raw 選項時，可能會導致最後一個交易的 commit 標記丟失，進而造成最後一個交易在執行恢復時被還原，也就是説，會遺失最後一個交易的資料）或者 rsync 命令來備份，binlog 備份的起始位置可從 innobackupex 完全備份中取得。

1. 執行完全備份、binlog 備份

在需要備份的資料庫伺服器上，查看目前有哪些 binlog 檔（為了方便説明，以下操作都在同一台伺服器進行。但是在正式環境中，備份資料需要單獨置於備份 NAS 伺服器，或者透過 SCP、SSH 傳輸到備份專用伺服器，不要放在本地）：

```
[root@localhost ~]# ll /archive/mysqldata1/binlog/
total 8
-rw-r----- 1 mysql mysql 154 May 25 16:49 mysql-bin.000001
-rw-r----- 1 mysql mysql  52 May 25 16:49 mysql-bin.index
```

在備份目錄下啟動 binlog server，以目前資料庫實例的第一個 binlog 為起始同步點：

```
# 先建立一個用於備份的目錄
[root@localhost ~]# mkdir /data/backup/binlogserver/
[root@localhost ~]# cd /data/backup/binlogserver/

# 啟動 binlog server
[root@localhost ~]# mysqlbinlog --host=10.10.30.241 --password=password
--user=admin --read-from-remote-server --raw --stop-never mysql-bin.000001  &

# 查看 binlog server 備份的 binlog 檔
[root@localhost binlogserver]# ll
total 4
-rw-r----- 1 root root 123 May 25 17:47 mysql-bin.000001
```

在需要備份的資料庫伺服器執行完全備份操作：

```
# 先建立完全備份目錄，或者清空已有的目錄
[root@localhost binlogserver]# mkdir /data/backup/full -p

# 執行完全備份
[root@localhost binlogserver]# innobackupex --defaults-file=/home/mysql/
conf/my1.cnf --user=admin --password=password --no-timestamp /data/backup/
full/
......
170525 17:48:01 completed OK!
```

取得完全備份中 binlog 檔的位置（從下列結果可以看到完全備份的 binlog 檔為 mysql-bin.000001）：

```
[root@localhost binlogserver]# cd /data/backup/full/
[root@localhost full]#  cat xtrabackup_binlog_info
mysql-bin.000001   154 2016f827-2d98-11e7-bb1e-00163e407cfb:1-1878711,
402872e0-33bd-11e7-8e8d-00163e4fde29:1-180732,
```

```
4e5fb89f-3fa9-11e7-9e0c-00163e4fde29:1-10,
5fe70ca9-3fab-11e7-bc48-00163e4fde29:1-60,
8440023c-3f9f-11e7-8f52-00163e4fde29:1-10
```

刪除幾筆資料：

```
# 為了在後續的恢復過程製造一點「小插曲」，請在插入資料前先刷新 binlog
mysql> flush logs;
Query OK, 0 rows affected (0.01 sec)

mysql> use test;
Database changed
mysql> show tables;
+----------------+
| Tables_in_test |
+----------------+
| checksums      |
| test           |
+----------------+
2 rows in set (0.00 sec)

mysql> select * from test;
+----+-------+
| id | name  |
+----+-------+
|  2 | test1 |
|  4 | test2 |
|  6 | test3 |
|  8 | test4 |
| 10 | test5 |
| 12 | test6 |
| 14 | test7 |
| 16 | test8 |
+----+-------+
8 rows in set (0.00 sec)

mysql> delete from test where id in (2,4,6,8);
Query OK, 4 rows affected (0.00 sec)

mysql> select * from test;
+----+-------+
| id | name  |
+----+-------+
| 10 | test5 |
| 12 | test6 |
| 14 | test7 |
| 16 | test8 |
```

```
+----+--------+
4 rows in set (0.00 sec)
```

插入幾筆資料：

```
# 為了在後續的恢復過程製造一點「小插曲」，請在插入資料前先刷新 binlog
mysql> flush logs;
Query OK, 0 rows affected (0.01 sec)

mysql> insert into test(name) values('test9'),('test10'),('test11'),
('test12');
Query OK, 4 rows affected (0.00 sec)
Records: 4  Duplicates: 0  Warnings: 0

mysql> select * from test;
+----+--------+
| id | name   |
+----+--------+
| 10 | test5  |
| 12 | test6  |
| 14 | test7  |
| 16 | test8  |
| 17 | test9  |
| 19 | test10 |
| 21 | test11 |
| 23 | test12 |
+----+--------+
8 rows in set (0.00 sec)
```

以 drop 刪除 test 資料表：

```
mysql> drop table test;
Query OK, 0 rows affected (0.00 sec)

mysql> show tables;
+----------------+
| Tables_in_test |
+----------------+
| checksums      |
+----------------+
1 row in set (0.00 sec)
```

查看此時最新的 binlog 檔是什麼：

```
mysql> show binary logs;
+------------------+-----------+
| Log_name         | File_size |
```

```
+------------------+----------+
| mysql-bin.000001 |    201   |
| mysql-bin.000002 |    565   |
| mysql-bin.000003 |    781   |
+------------------+----------+
3 rows in set (0.00 sec)
```

2. 基於時間點的恢復步驟示範

假設上一節插入 name 值 'test11' 和 'test12'，以及執行 drop table test 都為誤操作，其他均為正確操作，那麼此時可以使用閃回工具 + 完全備份 +binlog 基於時間點來恢復資料（第 51 章將詳細介紹閃回工具，這裡便省略）。

下面準備以上一節的完全備份和 binlog 備份恢復資料（強烈建議單獨準備一台復原伺服器，用於臨時恢復資料。因為一旦發生誤操作，後果便不堪設想，就算沒有誤操作，對正式伺服器的負載也會造成一定的影響）。現在，把備份資料複製到復原伺服器。

```
# 在復原伺服器建立或清空 /data/backup/full 目錄
[root@localhost ~]# rm -rf /data/backup/full/
[root@localhost ~]# mkdir /data/backup/full -p

# 開啟備份伺服器（備份 binlog 的伺服器）的備份資料，並使用 scp 命令傳送
[root@localhost full]# tar zcf backup.tar.gz *
[root@localhost full]# ls -lh backup.tar.gz
-rw-r--r-- 1 root root 2.1G May 25 18:13 backup.tar.gz
[root@localhost full]# scp backup.tar.gz 10.10.30.217:/data/backup/full/

# 壓縮備份伺服器上 binlog server 的備份檔案，並傳送到復原伺服器
[root@localhost binlogserver]# tar zcf binlog.tar.gz *
[root@localhost binlogserver]# scp binlog.tar.gz 10.10.30.217:/data/
backup/full/
```

在復原伺服器上，先使用完全備份恢復資料：

```
# 停止 MySQL
[root@localhost ~]# killall mysqld
[root@localhost ~]# cp -ar /data/backup/full/ /data/backup/full.bak
[root@localhost ~]# cd /data/backup/full
[root@localhost full]# ll
total 2103996
-rw-r--r-- 1 root root 2154484993 May 25 18:15 backup.tar.gz
-rw-r--r-- 1 root root        812 May 25 18:18 binlog.tar.gz

# 解壓縮備份檔
```

```
[root@localhost full]# tar xf backup.tar.gz
```

對備份目錄執行 --apply-log 操作，並以 --copy-back 選項將恢復後的資料檔案複製到對應的
資料目錄

```
[root@localhost full]# innobackupex --apply-log --use-memory=1G ./
......
170525 18:26:36 completed OK!

[root@localhost full]# rm -rf /data/mysqldata1/{innodb_ts,innodb_log,
mydata,undo,relaylog,tmpdir,binlog}/*
[root@localhost full]# innobackupex --defaults-file=/home/mysql/conf/my1.
cnf --copy-back ./
......
170525 18:30:20 completed OK!
```

啟動 MySQL，並登錄資料庫查看資料

```
[root@localhost full]# chown mysql.mysql /data/ -R
[root@localhost full]# mysqld_safe --defaults-file=/home/mysql/conf/my1.cnf
--skip- slave-start --user=mysql &

[root@localhost full]#
[root@localhost full]# mysql  --defaults-file=/home/mysql/conf/my1.cnf
-uqogir_env -p'password'
......
mysql> use test
Database changed
mysql> show tables;
+----------------+
| Tables_in_test |
+----------------+
| checksums      |
| test           |
+----------------+
2 rows in set (0.00 sec)

mysql> select * from test;
+----+-------+
| id | name  |
+----+-------+
|  2 | test1 |
|  4 | test2 |
|  6 | test3 |
|  8 | test4 |
| 10 | test5 |
| 12 | test6 |
| 14 | test7 |
| 16 | test8 |
```

```
+----+-------+
8 rows in set (0.01 sec)
```

在復原伺服器解析備份 binlog，起始位置為完全備份中的 binlog pos 位置：

```
# 解壓縮備份的 binlog
[root@localhost full]# tar xvf binlog.tar.gz
mysql-bin.000001
mysql-bin.000002
mysql-bin.000003

# 執行解析，加上之前完全備份的 binlog pos 位置 mysql-bin.000001 pos 154
[root@localhost full]# mysqlbinlog -vv --start-position=154 mysql-
bin.000001 mysql-bin.000002 mysql-bin.000003 > a.sql
```

開啟解析檔 a.sql，刪除 drop table test 語句（這裡有一個比較尷尬的地方，因為在 drop table test 之後停止寫入測試資料，所以該語句是正式資料庫的最後一個事件，而在透過 binlog server 同步的 binlog 中，最後一個事件正好卡在 binlog server 的緩衝區。所以，在示範步驟中，解析檔並沒有這道 drop table test 語句，但是線上的真實環境一定會有。因此，在正式環境刪除 drop 語句的步驟，可説是必要的）。

現在，在復原伺服器匯入 a.sql 檔：

```
mysql> use test;
Database changed
mysql> source /data/backup/full/a.sql;
Query OK, 0 rows affected (0.00 sec)
......
Query OK, 0 rows affected (0.00 sec)

mysql> select * from test;
+----+--------+
| id | name   |
+----+--------+
| 10 | test5  |
| 12 | test6  |
| 14 | test7  |
| 16 | test8  |
| 17 | test9  |
| 19 | test10 |
| 21 | test11 |
| 23 | test12 |
+----+--------+
8 rows in set (0.00 sec)
```

查看目前的 binlog 檔：

```
mysql> show binary logs;
+------------------+-----------+
| Log_name         | File_size |
+------------------+-----------+
| mysql-bin.000001 |    918    |
+------------------+-----------+
1 row in set (0.00 sec)
```

現在，使用閃回工具 binlog2sql，在復原伺服器讀取這個檔案，並產生反向語句：

```
[root@localhost binlog2sql]# ./binlog2sql.py -h 10.10.30.217 -uadmin -
ppassword --start-file='mysql-bin.000001' --start-position=583 --stop-
position=887
    INSERT INTO 'test'.'test'('id', 'name') VALUES (17, 'test9'); #start 583
end 887 time 2020-05-25 17:50:02
    INSERT INTO 'test'.'test'('id', 'name') VALUES (19, 'test10'); #start 583
end 887 time 2020-05-25 17:50:02
    INSERT INTO 'test'.'test'('id', 'name') VALUES (21, 'test11'); #start 583
end 887 time 2020-05-25 17:50:02
    INSERT INTO 'test'.'test'('id', 'name') VALUES (23, 'test12'); #start 583
end 887 time 2020-05-25 17:50:02

[root@localhost binlog2sql]# ./binlog2sql.py -h 10.10.30.217 -uadmin -
ppassword --start-file='mysql-bin.000001' --start-position=583 --stop-
position=887 --flashback
    DELETE FROM 'test'.'test' WHERE 'id'=23 AND 'name'='test12' LIMIT 1; #start
583 end 887 time 2020-05-25 17:50:02
    DELETE FROM 'test'.'test' WHERE 'id'=21 AND 'name'='test11' LIMIT 1; #start
583 end 887 time 2020-05-25 17:50:02
    DELETE FROM 'test'.'test' WHERE 'id'=19 AND 'name'='test10' LIMIT 1; #start
583 end 887 time 2020-05-25 17:50:02
    DELETE FROM 'test'.'test' WHERE 'id'=17 AND 'name'='test9' LIMIT 1; #start
583 end 887 time 2020-05-25 17:50:02
```

直接複製上述反向語句的前兩句（name 值為 test11 和 test12 的語句）到復原伺服器上執行，並校驗資料的正確性：

```
mysql> DELETE FROM 'test'.'test' WHERE 'id'=23 AND 'name'='test12' LIMIT 1;
#start 583 end 887 time 2020-05-25 17:50:02
    Query OK, 1 row affected (0.00 sec)

mysql> DELETE FROM 'test'.'test' WHERE 'id'=21 AND 'name'='test11' LIMIT 1;
#start 583 end 887 time 2020-05-25 17:50:02
    Query OK, 1 row affected (0.01 sec)
```

```
mysql> select * from test;
+----+--------+
| id | name   |
+----+--------+
| 10 | test5  |
| 12 | test6  |
| 14 | test7  |
| 16 | test8  |
| 17 | test9  |
| 19 | test10 |
+----+--------+
6 rows in set (0.00 sec)
```

現在，以 mysqldump 命令從復原伺服器匯出 test 資料庫的 test 資料表：

```
[root@localhost binlog2sql]# mysqldump -h 10.10.30.217 -uadmin -ppassword
-single -transaction --master-data=2 --set-gtid-purged=OFF test test >
test.sql
```

把 test.sql 檔案傳送到正式伺服器上：

```
[root@localhost binlog2sql]# scp test.sql 10.10.30.241:/tmp
```

在正式伺服器將 test.sql 檔匯入資料庫實例：

```
mysql> use test
Database changed
mysql> source /tmp/test.sql;
Query OK, 0 rows affected (0.00 sec)
......
Query OK, 0 rows affected (0.00 sec)

mysql> select * from test;
+----+--------+
| id | name   |
+----+--------+
| 10 | test5  |
| 12 | test6  |
| 14 | test7  |
| 16 | test8  |
| 17 | test9  |
| 19 | test10 |
+----+--------+
6 rows in set (0.00 sec)
```

注意：

- 對於基於時間點恢復的時間點，最好是帶有稽核系統，能夠記錄每道 SQL 語句執行的時間點，這樣就不需要那麼麻煩了。或者當資料庫寫入量不是很大時，建議開啟資料庫的查詢日誌記錄功能，或者從查詢日誌取得每道 SQL 語句執行的時間點，而且最好是記錄在資料表中，這樣還可以利用 SQL 語句快速查詢。

- 對於誤操作，建議使用閃回工具進行閃回。但是對於 DDL 操作，或者當資料庫的資料頁損壞無法啟動，或作業系統、硬體掛掉之後伺服器本身無法啟動時，只能以備份 +binlog 全量解析（解析所有的 binlog 檔）恢復資料了。

- 關於 binlog 時間點的恢復，不同的復原要求可能對解析結果檔的處理方法不同，但原理是一樣的。

49.4.4　建置主備複製架構

1. 傳統複製

使用 xtrabackup 從主資料庫實例備份，並透過 SSH 通道傳送到備援資料庫實例的備份目錄（備份前先在備援資料庫實例建立備份目錄）。注意：需在兩台機器之間互相設定 SSH 免金鑰登錄。

```
[root@localhost ~]# innobackupex --defaults-file=/home/mysql/conf/my1.cnf
--user=admin --password=password --no-timestamp --stream='tar' ./ | ssh
root@10.10.30.250 "cat - > /data/backup/backup_'date +%Y%m%d'.tar"
```

```
# 看到最後輸出訊息類似於 170228 19:00:21 completed OK!，則表示備份成功。注意：在傳統
的複製模式下，如果 slave_parallel_workers 參數不為 0，則以 XtraBackup 2.4.x 進行備份時
，便無法使用 --slave-info 選項，報錯：The --slave-info option requires GTID
enabled for a multi-threaded slave.。這表示在傳統複製架構中，如果備援資料庫啟用多執行
緒複製，2.4.x 版本的 innobackupex 命令就無法使用 --slave-info 選項，代表此備份檔不能用來
建置新的備援資料庫（因為備份中沒有對應主資料庫的 binlog pos 資訊）
```

將設定檔備份到備援資料庫實例：

```
[root@localhost ~]# scp /home/mysql/conf/my1.cnf root@10.10.30.250:/tmp/
```

在備援資料庫解壓縮備份檔案，並執行 --apply-log 操作：

```
[root@localhost backup]# cd /data/backup/
[root@localhost backup]# ll
total 4650552
```

```
-rw-r--r-- 1 root root 4762162688 May  8 15:01 backup_20170508.tar
[root@localhost backup]# tar xf backup_20170508.tar
[root@localhost backup]# innobackupex --defaults-file=backup-my.cnf --use-
memory=1G --apply-log /data/backup/

......
```
 # 看到最後輸出資訊類似 170228 19:14:31 completed OK!，則表示 --apply-log 操作執行
成功

查看 binlog pos 位置：

```
[root@localhost backup]# cat xtrabackup_binlog_info
mysql-bin.000001     154
```

執行 --copy-back 操作，修改 datadir 群組和擁有者為 mysql 系統使用者：

```
# 關閉目前運行的 MySQL
[root@localhost ~]# killall mysqld

# 清除目前的 datadir、redo 日誌、共用資料表空間、binlog、undo 日誌
[root@localhost ~]# rm -rf /archive/mysqldata1/binlog/* /data/mysqldata1/
{innodb_log,innodb_ts,undo,mydata}/*

# 執行 --move-back 操作
[root@localhost ~]# innobackupex --defaults-file=/tmp/my1.cnf --move-back
/data/backup/

# 看到最後輸出訊息類似 170228 19:37:48 completed OK!，表示 --apply-log 操作成功

# 修改擁有者、群組
[root@localhost ~]# chown mysql.mysql /data -R
```

修改 /tmp/my1.cnf 設定檔，並覆蓋 /home/mysql/conf/my1.cnf 檔，更改 server-id
和 innodb_buffer_pool_instance 等參數值。

啟動 MySQL：

```
[root@localhost ~]# mysqld_safe --defaults-file=/home/mysql/conf/my1.cnf
--user=mysql &

# 確定 MySQL 是否運行
[root@localhost ~]# pgrep mysqld
```

登錄 MySQL，執行 CHANGE MASTER TO 語句，並啟動複製（使用前面查到
xtrabackup_binlog_info 檔案中的 binlog pos 位置）：

```
[root@localhost ~]# mysql --defaults-file=/home/mysql/conf/my1.cnf -uadmin
-ppassword -e "change master to master_host='10.10.30.241',master_user=
```

```
'qfsys',master_password='password',master_port=3306, master_connect_retry
=10,master_log_file='mysql-bin.000001', master_log_pos=154;start slave;"
```

```
# 查看 I/O 執行緒和 SQL 執行緒的狀態是否為 Yes
[root@localhost ~]# mysql --defaults-file=/home/mysql/conf/my1.cnf -uadmin
-ppassword -e "show slave status\G"
......
              Slave_IO_Running: Yes
             Slave_SQL_Running: Yes
......
```

2. GTID 複製

GTID 複製的備份與恢復步驟，與「傳統複製」的備份與恢復步驟大致相同，所以本節直接跳過這部分，只針對傳統複製與 GTID 複製不一樣的步驟進行闡述。

啟用 GTID 之後，xtrabackup 備份目錄下的 xtrabackup_binlog_info 檔案，記錄的內容會增加 GTID 資訊，如下所示：

```
[root@localhost backup]# cat xtrabackup_binlog_info
mysql-bin.000003    2830    2016f827-2d98-11e7-bb1e-00163e407cfb:1-7
```

注意事項：

```
# 如果有多個 GTID 值，便把第一列的最後一個欄位和後邊的列，拼接成一個 gtid_slave_pos 值
，例如
[root@localhost backup]# cat xtrabackup_binlog_info
mysql-bin.000003    2830    2016f827-2d98-11e7-bb1e-00163e407cfb:1-7,
a4d2a7dc-2026-11e7-bb68-00163e407cfc:1-4,
a4d2a7dc-2026-11e7-bb68-00163e407cfd:1-4

# 拼接為
2016f827-2d98-11e7-bb1e-00163e407cfb:1-7,a4d2a7dc-2026-11e7-bb68-
00163e407cfc:1-4,a4d2a7dc-2026-11e7-bb68-00163e407cfd:1-4
```

在備援資料庫實例恢復之後、執行 CHANGE MASER 語句之前，需要清理之前殘留的 GTID 資訊，並重設為 xtrabackup_binlog_info 檔案的 GTID 集合，如下所示：

```
[root@localhost ~]# mysql --defaults-file=/home/mysql/conf/my1.cnf -uadmin
-ppassword -e "reset master;set global gtid_purged='2016f827-2d98-11e7-bb1e
-00163e407cfb:1-7';change master to master_host='10.10.30.241',master_
user='qfsys',master_password='password', master_port=3306,master_connect_
retry=10,master_auto_position=1;start slave;"

# 查看 I/O 執行緒和 SQL 執行緒的狀態是否為 Yes
```

```
[root@localhost ~]# mysql --defaults-file=/home/mysql/conf/my1.cnf -uadmin
-ppassword -e "show slave status\G"
......
            Slave_IO_Running: Yes
           Slave_SQL_Running: Yes
......
```

49.4.5 複製備援資料庫

複製備援資料庫是指使用 xtrabackup 在某備援資料庫上備份，並透過 SSH（需有 SSH 免密碼登錄功能）將備份資料傳送到新的備援資料庫伺服器上。注意：這裡關鍵的一個步驟是加上 --slave-info 選項。

```
[root@localhost ~]# innobackupex --defaults-file=/home/mysql/conf/my1.cnf
--slave-info --user=admin --password=password --no-timestamp --stream=tar
./ | ssh 10.10.30.217 "cat - > /data/backup/backup_'date +%Y%m%d'.tar"
......
170526 09:59:43 completed OK!
```

在新的備援資料庫伺服器上解壓縮備份檔：

```
[root@localhost backup]# ll
total 14369064
-rw-r--r-- 1 mysql mysql 7317733888 May 10 17:43 backup_20170510.tar
-rw-r--r-- 1 root  root  7396165632 May 26 09:59 backup_20170526.tar
drwxr-xr-x 2 mysql mysql         77 May 23 09:21 binlogserver
-rw-r--r-- 1 mysql mysql       4675 Apr 25 17:53 compress
drwxr-xr-x 11 mysql mysql      4096 May 25 18:41 full
drwxr-xr-x 2 mysql mysql         46 May 25 18:18 full.bak
drwxr-xr-x 7 mysql mysql       4096 Apr 25 17:56 no_compress
drwxr-xr-x 2 mysql mysql         32 Apr 16 14:11 test
[root@localhost backup]# mkdir recovery
[root@localhost backup]# cp -ar backup_20170526.tar recovery/
[root@localhost backup]# cd recovery/
[root@localhost recovery]# tar xf backup_20170526.tar
[root@localhost recovery]# cat xtrabackup_slave_info   # 加上 --slave-info
```
選項後，innobackupex 在備份時會額外產生一個 xtrabackup_slave_info 檔，該檔記錄一道 CHANGE MASTER TO 語句，以及使用 set global gtid_purged='' 的形式記錄目前資料對應於主資料庫（不是備援資料庫）的 GTID SET（如果未啟用 GTID，則這裡的 CHANGE MASTER TO 語句便帶有備份資料對應於主資料庫的 binlog pos 位置），這些資訊是後續指向主資料庫的複製位置

```
mysql> SET GLOBAL gtid_purged='2016f827-2d98-11e7-bb1e-00163e407cfb:
1-1878711, 402872e0- 33bd-11e7-8e8d-00163e4fde29:1-180732, 4e5fb89f-3fa9-
11e7-9e0c-00163e4fde29:1-10,5fe70ca9 -3fab-11e7-bc48-00163e4fde29:1-60,
799ef59c-4126-11e7-83ce-00163e407cfb:1-59154, 8440023c -3f9f-11e7-8f52-
00163e4fde29:1-10';
mysql> CHANGE MASTER TO MASTER_AUTO_POSITION=1
```

接下來，針對備份資料執行 --apply-log 操作：

```
[root@localhost recovery]# innobackupex --apply-log --use-memory=1G ./
......
170526 10:32:53 completed OK!
```

執行 --copy-back 操作：

```
[root@localhost recovery]# killall mysqld
[root@localhost recovery]# rm -rf /data/mysqldata1/{innodb_ts,innodb_log,
mydata,undo,relaylog,tmpdir,binlog}/*
[root@localhost recovery]# innobackupex --defaults-file=/home/mysql/conf/
my1.cnf --copy-back ./
......
170526 10:35:53 completed OK!
```

現在，啟動 mysqld，並嘗試存取資料庫：

```
[root@localhost recovery]# chown mysql.mysql /data/ -R
```

啟動 mysqld。注意：由於資料是從其他備援資料庫備份而來，其內包含所有複製配置資訊，直接啟動該實例將自動啟動複製執行緒，所以這裡需要加上 --skip-slave-start 選項

```
[root@localhost recovery]# mysqld_safe --defaults-file=/home/mysql/conf/
my1.cnf  --user=mysql --skip-slave-start &
```

如果未加 --skip-slave-start 選項啟動實例，可能會報出下列錯誤（因為 mysqld 在啟動時已經初始化一個從 000001 開始的中繼日誌，而備份資料中 mysql.slave_relay_log_info 資料表記錄的是備援資料庫的中繼日誌位置，這樣可能會造成衝突，進而導致啟動複製時發生錯誤）

```
mysql> start slave;
ERROR 1872 (HY000): Slave failed to initialize relay log info structure
from the repository
```

登錄資料庫，清理之前的複製資訊，並使用 xtrabackup_slave_info 檔案記錄的 GTID 資訊重新指向主資料庫：

```
mysql> reset slave all;
Query OK, 0 rows affected (0.01 sec)
```

先清理資料檔案中原始的 GTID 資訊，避免在設定 gtid_purged 變數時報錯：ERROR 1840 (HY000): @@GLOBAL.GTID_PURGED can only be set when @@GLOBAL.GTID_EXECUTED is empty.

```
mysql> reset master;
Query OK, 0 rows affected (0.02 sec)

mysql> SET GLOBAL gtid_purged='2016f827-2d98-11e7-bb1e-00163e407cfb:
1-1878711, 402872e0-33bd-11e7-8e8d-00163e4fde29:1-180732, 4e5fb89f-3fa9-
11e7-9e0c-00163e4fde29:1-10, 5fe70ca9-3fab-11e7-bc48-00163e4fde29:1-60,
799ef59c-4126-11e7-83ce-00163e407cfb:1-59154, 8440023c-3f9f-11e7-8f52-
```

```
00163e4fde29:1-10';
   Query OK, 0 rows affected (0.01 sec)

   mysql> CHANGE MASTER TO master_host='10.10.30.241',master_user='qfsys',
master_password='password',master_auto_position=1;
   Query OK, 0 rows affected, 2 warnings (0.01 sec)

   mysql> start slave;
   Query OK, 0 rows affected (0.02 sec)

   mysql> show slave status\G
   ......
             Slave_IO_Running: Yes
            Slave_SQL_Running: Yes
   ......
```

確認無誤之後，重啟資料庫，重啟時移除 --skip-slave-start 選項：

```
   [root@localhost recovery]#  killall mysqld
   [root@localhost recovery]# mysqld_safe --defaults-file=/home/mysql/conf/
my1.cnf  --user=mysql &
```

提示：更多關於 xtrabackup 工具的注意事項，請參考微信公眾帳號「沃趣技術」的「mysqldump 與 innobackupex 備份過程你知多少（一）」，以及「mysqldump 與 innobackupex 備份過程你知多少（二）」。

第 50 章

MySQL 主流備份工具 mydumper 詳解

　　第 49 章提到 xtrabackup 工具能夠更有效地執行備份，而且備份時對應用程式的影響更小，但是它是透過複製檔案系統的實體檔案進行備份，無法涵蓋一些需要平行匯入匯出純文字的場景。然而，mydumper 工具可以很好地完成上述操作。下面將詳細介紹 mydumper 工具套件的 mydumper 和 myloader 命令。

50.1　簡介

　　mydumper 是一個針對 MySQL 和 Drizzle 等高效能多執行緒備份與恢復工具，其開發人員主要來自 MySQL、Facebook、SkySQL 公司。

　　mydumper 具有下列特性：

- 採用羽量級 C 語言編寫，使用 glibc 程式庫。

- 執行速度比 mysqldump 大約快 10 倍。

- 支援交易性和非交易性資料表一致的快照（適用於 0.2.2 以上版本）。

- 支援快速的檔案壓縮。

- 支援匯出 binlog（新版本已經不能備份 binlog）。

- 支援備份檔案的切塊。

- 多執行緒備份（因為是多執行緒邏輯備份，因此會產生多個備份檔案）。

- 多執行緒恢復（適用於 0.2.1 以上版本）。

- 備份時對 MyISAM 資料表施加 FTWRL（FLUSH TABLES WITH READ LOCK），因此會阻塞 DML 語句。

- 支援以守護處理程序的方式工作，支援定時快照。

- 基於 GNU GPLv3 協定開源。

mydumper 安裝套件包含兩個可執行程式，即 mydumper 和 myloader，前者用來將資料庫的資料備份為文字檔；後者用來恢復 mydumper 備份的文字檔到資料庫。

50.2 原理

主執行緒負責建立一致性資料備份點、初始化工作執行緒，以及為工作執行緒推送備份任務。

- 對備份實例加讀鎖，阻塞寫入操作，以建立一致性資料快照點，並記錄備份點的 binlog 資訊。

- 建立工作執行緒，初始化備份任務佇列，並對佇列推送資料庫中繼資料（schema）、非 InnoDB 資料表和 InnoDB 資料表的備份任務。

- 工作執行緒負責將備份任務佇列的任務按順序取出，並完成備份。

- 分別建立與備份實例的連接，將 Session 的交易等級設為 repeatable-read，用來實作可重覆讀取。

- 在主執行緒仍持有全域讀鎖時開啟交易進行快照讀，這樣保證讀到的一致性資料與主執行緒相同，達到備份資料的一致性。

- 依序從備份任務佇列取出備份任務，工作執行緒先進行 MyISAM 等非 InnoDB 資料表備份，其次是 InnoDB 資料表，這樣便可在完成非 InnoDB 資料表的備份後，通知主執行緒釋放讀鎖，盡可能減少對備份實例業務的影響。

mydumper 的記錄級備份由主執行緒負責拆分任務，再由多個工作執行緒完成。主執行緒將資料表內容拆分為多個 chunk（塊），每個 chunk 作為一個備份任務。其拆分方式如下：mydumper 優先選擇主鍵索引的第一行作為 chunk 劃分欄位，若沒有主鍵索引，則選擇第一個唯一索引作為劃分依據；倘若也沒有唯一索引，則挑選區分度（Cardinality）最高的任意索引；如果還是無法滿足，則只能進行資料表等級的平行備份了。確定 chunk 劃分欄位後，先取得該欄位的最大值和最小值，然後再執行 explain select field from db.table 估計資料表的筆數，最後根據設定每個任務（檔案）的筆數，將該資料表劃分為多個 chunk。

mydumper 的優點如下：

- 支援平行備份（提高備份速度，減少備份時間）、備份效能高（避免昂貴的字元集轉換，以 SET NAMES binary 語句將字元集寫死在程式碼裡，沒有字元集轉換選項）。

- 更方便地管理輸出檔案（將資料表的 DDL 語句和資料檔案，單獨儲存為一個 SQL 檔）。

- 一致性備份，維護所有執行緒的快照，提供準確的主資料庫或備援資料庫的二進位日誌位置（如果在主資料庫備份，就取得它的 binlog pos 位置；如果在備援資料庫備份，就抓取兩個資料庫的 binlog pos 位置）、GTID 集合等。

- 可管理性，支援以 PCRE 指定是否需備份哪些資料庫或資料表。

mydumper 的缺點如下：

- 沒有可用的字元集組態參數。程式碼使用 SET NAMES binary 語句寫死字元集為 binary，所以需要保證備份來源和備份復原目標資料庫的字元集設定相同；否則恢復資料到目標資料庫之後，可能出現亂碼。

注意事項如下：

- 以 mydumper 匯出資料時，產生的 DDL 語句對 timestamp 資料類型的處理，仍然遵循 MySQL 5.6 之前的版本。亦即給定一個預設值，在 MySQL 5.6 及更新的版本中，timestamp 於底層被當作整數類型處理，所以使用 "0000-00-00 00:00:00" 的預設值，在執行載入時會報錯。

- 由於 mydumper 工具並沒有排除選項，預設也會備份 sys 資料庫，當以 myloader 載入其內的一些資料表時，可能會出現資料表不存在的錯誤。如果全是 sys schema 的錯誤，則可予以忽略。倘若不想備份 sys 資料庫，則可利用正規選項 --regex 做反向比對，例如 --regex '^(?!(sys))'，表示忽略 dbname.tbname 組合中，以 sys 名稱開頭的資料庫物件，亦即達到不備份 sys 資料庫的目的。

- 快照功能有 Bug，無法正常使用，將導致記憶體洩漏。

- 關於快照間隔時間（--snapshot-interval 選項），在 --help 輸出的說明資訊以及 Google 的英文文件中，都說單位是分鐘，但是網路很多中文文章寫的單位卻是秒。由於快照功能有問題，若要驗證誰對誰錯，只能取決於原始程式碼了。

50.3 命令列選項

50.3.1 mydumper

mydumper 工具的命令列選項如下（這裡以 mydumper 0.9.1 版本為例來介紹，有些選項可能已被刪除，執行該工具時如果報出未知選項錯誤，則請刪除該選項）。

- -?, --help：顯示說明資訊。

- -B, --database：指定需要備份的資料庫。如果不加上該選項，則預設是備份實例中所有的資料庫和資料表（information_schema 和 performance_schema 系統字典庫除外）

- -T, --tables-list：指定需要備份的資料表清單，以逗號分隔的每個參數都允許使用正規運算式。

- -o, --outputdir：指定備份檔案的輸出目錄。如果不加上該選項，則預設在目前工作目錄下產生一個 export-YYYYMMDD-HHMMSS 格式的目錄存放備份檔案。

- -s, --statement-size：指定 INSERT 語句的最大資料大小（單位是位元組），當達到此大小後會產生新的 INSERT 語句。如果不指定該選項，則預設為 1,000,000 位元組，亦即將近 1MB。

- -r, --rows：執行備份時，將資料表按列分塊，指定多少列資料拆分為一個 chunk。使用這個選項時，將自動關閉 --chunk-filesize 選項。

- -F, --chunk-filesize：執行備份時，將資料表按照該選項指定的大小分塊，單位為 MB。使用該選項時不要加上單位，例如 -F 2 就表示採用 2MB 大小的 chunk。

- -c, --compress：壓縮輸出檔，亦即壓縮備份資料。

- -e, --build-empty-files：如果備份的資料表是空的，則仍然產生空的備份檔案。

- -x, --regex：以正規運算式比對 db.table（如果只給出 db 而沒有 table 部分，表示只備份該 db 或者不備份該 db，端賴正規運算式是正向還是反向比對）。例如：

  - mydumper --regex '^(?!(mysql|test))'，表示不備份以 mysql 和 test 名稱開頭的資料庫。

- --regex 'abc|bcd|cde'，表示只備份名稱中包含 abc、bcd、cde 關鍵字的資料庫。

- 精確比對 dbname.tbname 形式的資料庫 . 資料表，例如 --regex '^(xxx iaoboluo.test)\b' 表示精確比對 xxxiaoboluo.test 資料表，亦即只備份 xxxiaoboluo 資料庫的 test 資料表；--regex '^(xxxiaoboluo)\b' 表示精確比對名稱為 xxxiaoboluo 的資料庫，亦即只備份 xxxiaoboluo 資料庫的資料庫物件。^ 表示以什麼開頭，\b 表示邊界，在最後加上 \b 就代表結尾。當然，精確比對也可以只使用 \b，例如 --regex '\b(xiaoboluo.test)\b'。

- 除非需要一次性備份大量以某個特定關鍵字開頭或結尾的資料庫或資料表，否則建議採用精確比對。

- -i, --ignore-engines：指定執行備份時需要忽略的儲存引擎，多個儲存引擎之間以逗號分隔。

- -m, --no-schemas：指定不備份資料表結構。

- -d, --no-data：指定不備份資料表的資料。

- -G, --triggers：指定備份觸發器。

- -E, --events：指定備份事件。

- -R, --routines：指定備份預存程序和函數。

- -W, --no-views：指定不備份檢視。

- -k, --no-locks：指定不使用臨時共用讀鎖，但這將導致不一致的備份。

- --no-backup-locks：指定不使用 Percona 的備份鎖。

- --less-locking：指定最小化 InnoDB 資料表的加鎖時間。

- -l, --long-query-guard：執行備份時，如果遇到某查詢的執行時間超過該選項指定的時間，但尚未執行完成，則退出備份。單位為秒（s），預設值為 60s。

- -K, --kill-long-queries：執行備份時，如果遇到某查詢的執行時間超過 --long-query-guard 選項指定的時間，但尚未執行完成，則刪除該查詢，繼續執行而不退出備份。

- -D, --daemon：開啟守護處理程序模式。

- -I, --snapshot-interval：指定執行快照備份的間隔時間。單位為分鐘，預設值為 60 分鐘。該選項需要依賴 --daemon 選項。

- -L, --logfile：表示將輸出訊息列印到指定的日誌檔。如果未指定日誌檔，則預設列印到標準輸出，通常適用於守護處理程序模式。

- --tz-utc：加上該選項時，輸出檔案會包含 SET TIME_ZONE='+00:00'，適用於匯出伺服器與匯入伺服器位於不同時區的情況。該選項預設為開啟，可以透過 --skip-tz-utc 選項禁用。

- --skip-tz-utc：禁止使用 --tz-utc 選項。

- --use-savepoints：以保存點機制減少中繼資料鎖，必須有 SUPER 權限。

- --success-on-1146：在資料表不存在的情況下，不增加錯誤計數器，而是改用 Warning 代替 Critical。

- --lock-all-tables：針對所有資料表，以 LOCK TABLE 語句代替 FTWRL 來加鎖。

- -U, --updated-since：只備份自該選項指定的時間之後有更新的資料表。

- --trx-consistency-only：用來產生交易一致性備份。

- --complete-insert：使用包含所有欄名的完整插入語句形式。

- -h, --host：指定需備份的主機 IP 位址。

- -u, --user：指定備份實例的資料庫帳號。

- -p, --password：指定備份實例的資料庫密碼。

- -P, --port：指定備份實例的資料庫 TCP/IP 埠號。

- -S, --socket：指定備份實例的資料庫 Socket 檔。

- -t, --threads：指定用來備份的執行緒數，預設值為 4。

- -C, --compress-protocol：指定採用壓縮協定連接 MySQL，亦即壓縮資料進行傳輸。

- -V, --version：顯示版本資訊。

- -v, --verbose：指定輸出的精度模式，0 = silent，1 = errors，2 = warnings，3 = info，預設值為 2。

- --defaults-file：指定預設的 my.cnf 設定檔。

50.3.2 myloader

myloader 工具的命令列選項如下。

- -?, --help：顯示說明資訊。

- -d, --directory：指定待載入的資料目錄。

- -q, --queries-per-transaction：指定每個交易的查詢數門檻值，預設值為 1000。

- -o, --overwrite-tables：載入資料時，如果是資料庫已經存在的資料表，便先執行 DROP TABLE 語句。注意：需要備份資料表結構（亦即，mydumper 備份時不能使用 -m, --no-schemas 選項）。

- -B, --database：指定需恢復到哪個資料庫，該資料庫為目標資料庫。

- -s, --source-db：指定需恢復哪個資料庫，該資料庫為來源資料庫。

- -e, --enable-binlog：指定載入資料時，開啟資料庫實例的 binlog 記錄功能。

- -h, --host：指定恢復實例的 IP 位址。

- -u, --user：指定恢復實例的資料庫帳號。

- -p, --password：指定恢復實例的資料庫密碼。

- -P, --port：指定恢復實例的資料庫 TCP/IP 埠號。

- -S, --socket：指定恢復實例的資料庫 Socket 檔。

- -t, --threads：指定載入資料時使用的執行緒數，預設值為 4。

- -C, --compress-protocol：指定使用壓縮協定連接恢復實例，以減少傳輸資料量。

- -V, --version：顯示版本資訊。

- -v, --verbose：指定輸出的精度模式，0 = silent，1 = errors，2 = warnings，3 = info，預設值為 2。

- --defaults-file：指定預設的 my.cnf 設定檔。

50.4 實戰展示

相對於 MySQL 主流備份工具 XtraBackup 和 mysqldump 來說，mydumper 的使用率較低。因此，開始實戰之前，首先簡單介紹如何安裝 mydumper。

50.4.1 安裝 mydumper

設定 yum 來源：

```
[root@localhost yum.repos.d]# cd /etc/yum.repos.d/

[root@localhost yum.repos.d]# cat CentOS6-Base-163.repo
......
[base]
name=CentOS-6 - Base - 163.com
baseurl=http://mirrors.163.com/centos/6/os/$basearch/
#mirrorlist=http://mirrorlist.centos.org/?release=$releasever&arch=
$basearch&repo=os
gpgcheck=1
gpgkey=http://mirror.centos.org/centos/RPM-GPG-KEY-CentOS-6

#released updates
[updates]
name=CentOS-6 - Updates - 163.com
baseurl=http://mirrors.163.com/centos/6/updates/$basearch/
#mirrorlist=http://mirrorlist.centos.org/?release=$releasever&arch=
$basearch&repo=updates
gpgcheck=1
gpgkey=http://mirror.centos.org/centos/RPM-GPG-KEY-CentOS-6

#additional packages that may be useful
[extras]
name=CentOS-6 - Extras - 163.com
baseurl=http://mirrors.163.com/centos/6/extras/$basearch/
#mirrorlist=http://mirrorlist.centos.org/?release=$releasever&arch=
$basearch&repo=extras
gpgcheck=1
gpgkey=http://mirror.centos.org/centos/RPM-GPG-KEY-CentOS-6

#additional packages that extend functionality of existing packages
[centosplus]
name=CentOS-6 - Plus - 163.com
baseurl=http://mirrors.163.com/centos/6/centosplus/$basearch/
#mirrorlist=http://mirrorlist.centos.org/?release=$releasever&arch=
$basearch&repo=centosplus
gpgcheck=1
enabled=0
gpgkey=http://mirror.centos.org/centos/RPM-GPG-KEY-CentOS-6

#contrib - packages by Centos Users
[contrib]
name=CentOS-6 - Contrib - 163.com
```

```
baseurl=http://mirrors.163.com/centos/6/contrib/$basearch/
#mirrorlist=http://mirrorlist.centos.org/?release=$releasever&arch=
$basearch&repo=contrib
gpgcheck=1
enabled=0
gpgkey=http://mirror.centos.org/centos/RPM-GPG-KEY-CentOS-6
```

安裝依賴套件：

```
# Centos
[root@localhost yum.repos.d]# yum install glib2-devel mysql-devel zlib-
devel pcre-devel cmake -y
[root@localhost yum.repos.d]# rpm -e mysql-5.1.73-8.el6_8.x86_64 --nodeps

# Ubuntu
[root@localhost ~]# apt-get cmake make install libglib2.0-dev
libmysqlclient15-dev zlib1g-dev libpcre3-dev g++

# susu
[root@localhost ~]# zypper install glib2-devel libmysqlclient-devel pcre-
devel zlib-devel

# mac
[root@localhost ~]# port install glib2 mysql5 pcre
```

下載安裝套件：

```
[root@localhost ~]# wget https://launchpad.net/mydumper/0.9/0.9.1/
+download/mydumper- 0.9.1.tar.gz
```

或者從 GitHub 下載：https://github.com/maxbube/mydumper。

解壓縮安裝檔（以從 GitHub 下載為例）：

```
[root@localhost ~]# ll
total 100
drwxr-xr-x 2 root root  4096 Jan 29  2020 Desktop
drwxr-xr-x 2 root root  4096 Jan 29  2020 Documents
drwxr-xr-x 2 root root  4096 Jan 29  2020 Downloads
drwxr-xr-x 3 root root  4096 Jan 29  2020 install
drwxr-xr-x 7 root root  4096 Dec  8  2020 MLNX_OFED_LINUX-3.1-1.1.0.1-
rhel6.6-x86_64
drwxr-xr-x 2 root root  4096 Jan 29  2020 Music
-rw-r--r-- 1 root root 58944 May 31 09:06 mydumper-master.zip
drwxr-xr-x 2 root root  4096 Jan 29  2020 Pictures
drwxr-xr-x 2 root root  4096 Jan 29  2020 Public
drwxr-xr-x 2 root root  4096 Jan 29  2020 Templates
```

```
drwxr-xr-x 2 root root  4096 Jan 29  2020 Videos
[root@localhost ~]# unzip mydumper-master.zip
......
```

編譯並安裝：

```
[root@localhost ~]# cd mydumper-master
[root@localhost mydumper-master]# cmake .
......
-- Configuring done
-- Generating done
-- Build files have been written to: /root/mydumper-master

[root@localhost mydumper-master]# make
......
[100%] Built target myloader

[root@localhost mydumper-master]# echo $?
0
[root@localhost mydumper-master]# make install
......
-- Removed runtime path from "/usr/local/bin/myloader"

[root@localhost mydumper-master]# echo $?
0
```

安裝完成後，將產生兩個可執行檔（mydumper 和 myloader）：

```
[root@localhost mydumper-master]# ll my*
-rwxr-xr-x 1 root root 181619 May 31 10:45 mydumper  # mydumper 執行檔
-rw-r--r-- 1 root root  95430 Jan 17 00:48 mydumper.c
-rw-r--r-- 1 root root   2169 Jan 17 00:48 mydumper.h
-rwxr-xr-x 1 root root  54416 May 31 10:45 myloader  # myloader 執行檔
-rw-r--r-- 1 root root  16822 Jan 17 00:48 myloader.c
-rw-r--r-- 1 root root   1284 Jan 17 00:48 myloader.h
```

可將這兩個執行檔複製到 /usr/bin 目錄下：

```
[root@localhost mydumper-master]# cp -ar mydumper myloader/usr/bin/
```

軟鏈結 mydumper 需要利用依賴套件 libmysqlclient.so.20。由於 MySQL 5.7 及更新版本已內建，所以無須另行安裝。

```
[root@localhost mydumper-master]# ln -s /home/mysql/program/lib/
libmysqlclient.so.20/usr/lib64/
```

50.4.2 備份與恢復

1. 完全備份與恢復

使用 mydumper 工具備份：

```
[root@localhost mydumper-master]# mkdir /data/backup/mydumper -p
[root@localhost mydumper-master]# cd /data/backup/mydumper/
[root@localhost mydumper]# rm -rf *
# 執行備份
[root@localhost mydumper]# mydumper --defaults-file=/home/mysql/conf/my1.
cnf -G -E -R --skip-tz-utc --complete-insert -h 10.10.30.241 -u admin -p
password -t 16 -o /data/backup/mydumper
# 備份完成後，查看備份目錄的備份檔案
[root@localhost mydumper]# ll /data/backup/mydumper/sbtest*
-rw-r--r-- 1 root root 431 May 31 15:18 /data/backup/ mydumper/sbtest.
sbtest1-schema.sql
-rw-r--r-- 1 root root 1822905389 May 31 15:22 /data/backup/ mydumper/
sbtest.sbtest1.sql
-rw-r--r-- 1 root root 431 May 31 15:18 /data/backup/ mydumper/sbtest.
sbtest2-schema.sql
-rw-r--r-- 1 root root 1822815445 May 31 15:22 /data/backup/ mydumper/
sbtest.sbtest2.sql
-rw-r--r-- 1 root root 82 May 31 15:18 /data/backup/ mydumper/sbtest-
schema-create.sql
```

從上面的結果得知，對於一致性備份，將產生一個中繼資料檔，其中保存 binlog pos 和 GTID 集合；對於每一個資料庫，都會產生一個 db_name-schema-create.sql 檔，其中存放建立資料庫語句；對於每一個資料表，將產生兩個 SQL 檔，建立資料表語句位於類似 dbname.tbname-schema.sql 的檔案，資料則存放於 dbname.tbname.sql 的檔案。如果需要修改的話，則請自行開啟檔案更正。

```
# 建立資料庫語句
[root@localhost mydumper]# cat sbtest-schema-create.sql
CREATE DATABASE 'sbtest' /*!40100 DEFAULT CHARACTER SET utf8 COLLATE utf8_
bin */;

# 建立資料表語句
[root@localhost mydumper]# cat sbtest.sbtest1-schema.sql
/*!40101 SET NAMES binary*/;
/*!40014 SET FOREIGN_KEY_CHECKS=0*/;

CREATE TABLE 'sbtest1' (
  'id' int(10) unsigned NOT NULL AUTO_INCREMENT,
  'k' int(10) unsigned NOT NULL DEFAULT '0',
```

```
    'c' char(120) COLLATE utf8_bin NOT NULL DEFAULT '',
    'pad' char(60) COLLATE utf8_bin NOT NULL DEFAULT '',
    PRIMARY KEY ('id'),
    KEY 'k_1' ('k')
) ENGINE=InnoDB AUTO_INCREMENT=18554580 DEFAULT CHARSET=utf8 COLLATE=utf8_
bin MAX_ROWS=1000000;
```

\# DML 的 INSERT 語句
```
[root@localhost mydumper]# head -10 sbtest.sbtest1.sql
/*!40101 SET NAMES binary*/;
/*!40014 SET FOREIGN_KEY_CHECKS=0*/;
INSERT INTO 'sbtest1' ('id','k','c','pad') VALUES
(2,2481885,"08566691963-88624912351-16662227201-46648573979-64646226163-
77505759394-75470094713-41097360717-15161106334-50535565977","63188288836-
92351140030-06390587585-66802097351-49282961843"),
(4,2435986,"95969429576-20587925969-20202408199-67602281819-18293380360-
38184587501-73192830026-41693404212-56705243222-89212376805","09512147864-
77936258834-40901700703-13541171421-15205431759"),
......
```

\# binlog pos 和 GTID 集合
```
[root@localhost mydumper]# cat metadata
Started dump at: 2017-05-31 15:45:45
SHOW MASTER STATUS:
Log: mysql-bin.000012
Pos: 3520200
GTID:2020f827-2d98-11e7-bb1e-00163e407cfb:1-1878711,
402872e0-33bd-11e7-8e8d-00163e4fde29:1-180732,
4e5fb89f-3fa9-11e7-9e0c-00163e4fde29:1-10,
5fe70ca9-3fab-11e7-bc48-00163e4fde29:1-61,
799ef59c-4126-11e7-83ce-00163e407cfb:1-270345,
8440023c-3f9f-11e7-8f52-00163e4fde29:1-10

SHOW SLAVE STATUS:
Host: 10.10.30.250
Log: mysql-bin.000002
Pos: 234
GTID:2020f827-2d98-11e7-bb1e-00163e407cfb:1-1878711,
402872e0-33bd-11e7-8e8d-00163e4fde29:1-180732,
4e5fb89f-3fa9-11e7-9e0c-00163e4fde29:1-10,
5fe70ca9-3fab-11e7-bc48-00163e4fde29:1-61,
799ef59c-4126-11e7-83ce-00163e407cfb:1-270345,
8440023c-3f9f-11e7-8f52-00163e4fde29:1-10

Finished dump at: 2017-05-31 15:49:18
```

以 myloader 工具進行備份恢復。注意：這裡是將資料復原到作為恢復用途的伺服器的資料庫實例，而不是原始伺服器的資料庫實例。

```
#  如果已經有複製資訊，則先停止複製並清理複製資訊，然後執行匯入（匯入資料時可能會報出錯誤
，如果是來自 sys schema 的錯誤，則可予以忽略）
[root@localhost mydumper]# myloader --defaults-file=/home/mysql/conf/my1.
cnf -o -h 10.10.30.217 -u admin -p password -t 16 -d /data/backup/mydumper
```

匯入完成之後，請登錄資料庫校驗資料。

如果需要建置主備複製架構，則可登錄復原伺服器的資料庫，執行下列操作：

```
mysql> reset master;
Query OK, 0 rows affected (0.04 sec)

mysql> set global gtid_purged='2020f827-2d98-11e7-bb1e-00163e407cfb:
1-1878711, 402872e0-33bd-11e7-8e8d-00163e4fde29:1-180732,4e5fb89f-3fa9-
11e7-9e0c-00163e4fde29:1-10, 5fe70ca9-3fab-11e7-bc48-00163e4fde29:1-
61,799ef59c-4126-11e7-83ce-00163e407cfb:1-286350, 8440023c-3f9f-11e7-8f52-
00163e4fde29:1-10' ;
Query OK, 0 rows affected (0.00 sec)

mysql> change master to master_host='10.10.30.241',master_user='qfsys',
master_password='password',master_log_file='mysql-bin.000012',master_log_
pos=9494175;
Query OK, 0 rows affected, 2 warnings (0.05 sec)

mysql> start slave;
Query OK, 0 rows affected (0.01 sec)

mysql> show slave status\G
......
             Slave_IO_Running: Yes
            Slave_SQL_Running: Yes
......
```

2. 單資料表備份與恢復

在復原伺服器遠端備份來源實例中，使用 mydumper 工具備份 sbtest 資料庫的 sbtest1 和 sbtest2 資料表：

```
[root@localhost mydumper]# mkdir /data/backup/mydumper/ -p
[root@localhost mydumper]# cd /data/backup/mydumper/
[root@localhost mydumper]# rm -f *
[root@localhost mydumper]#
```

```
[root@localhost mydumper]# mydumper --defaults-file=/home/mysql/conf/my1.
cnf -G -E -R --skip-tz-utc --complete-insert -h 10.10.30.241 -u admin -p
password -t 16 -B sbtest -T sbtest1,sbtest2 -o /data/backup/mydumper
```

查看備份檔案，可看到仍然有記錄 binlog pos 和 GTID 集合的中繼資料檔、記錄
建立資料庫語句的 sbtest-schema-create.sql 檔，以及記錄資料表 DDL 和 DML 語句的
dbname.tbname*.sql 檔。

```
[root@localhost mydumper]# ll
total 3560296
-rw-r--r-- 1 root root        759 May 31 18:25 metadata
-rw-r--r-- 1 root root        431 May 31 18:21 sbtest.sbtest1-schema.sql
-rw-r--r-- 1 root root 1822905389 May 31 18:25 sbtest.sbtest1.sql
-rw-r--r-- 1 root root        431 May 31 18:21 sbtest.sbtest2-schema.sql
-rw-r--r-- 1 root root 1822815445 May 31 18:25 sbtest.sbtest2.sql
-rw-r--r-- 1 root root         82 May 31 18:21 sbtest-schema-create.sql
```

現在，登錄備份來源實例，建立一個新資料庫 sbtest_test：

```
mysql> create database sbtest_test;
Query OK, 1 row affected (0.00 sec)

mysql> show databases;
+--------------------+
| Database           |
+--------------------+
| information_schema |
| mysql              |
| percona_schema     |
| performance_schema |
| qfsys              |
| sbtest             |
| sbtest_test        |
| sys                |
| test               |
| xiaoboluo          |
+--------------------+
10 rows in set (0.00 sec)
```

回到復原伺服器，遠端匯入備份檔案，這裡使用 -B 選項匯入 sbtest_test 資料庫，
並以 --s 選項指定原來的資料庫。

```
[root@localhost mydumper]# myloader --defaults-file=/home/mysql/conf/my1.
cnf -o -h 10.10.30.241 -u admin -p password -t 16  -B sbtest_test -s sbtest
-d /data/backup/mydumper
```

匯入完成後，登錄復原伺服器的資料庫實例，並校驗資料：

```
mysql> use sbtest_test;
Database changed
mysql> show tables;
+----------------------+
| Tables_in_sbtest_test |
+----------------------+
| sbtest1              |
| sbtest2              |
+----------------------+
2 rows in set (0.00 sec)

mysql> select * from sbtest1 limit 1;
+----+---------+-------------------------------------+-----------------------------------+
| id | k       | c                                   | pad                               |
+----+---------+-------------------------------------+-----------------------------------+
|  2 | 2481885 | 08566691963-88624912351-16662227201-46648573979-
64646226163-77505759394 -75470094713-41097360717-15161106334-50535565977 |
63188288836-92351140030-06390587585- 66802097351-49282961843 |
+----+---------+-------------------------------------+-----------------------------------+
1 row in set (0.00 sec)
```

3. 快照備份與恢復

mydumper 工具使用 -D、--daemon 選項啟動後台處理程序，並結合 --snapshot-interval=60 選項指定快照間隔時間，以及 --logfile=dump.log 選項將資訊輸出到一個檔案，而不是標準輸出。

```
[root@localhost mydumper]# mydumper --defaults-file=/home/mysql/conf/my1.
cnf -G -E -R -D -L /var/log/mydumper.log -I 60 --skip-tz-utc --complete-
insert -u admin -p password -h 10.10.30.241 -C -o /data/backup/mydumper
[root@localhost mydumper]# ps aux |grep mydumper
root      9417 36.1  0.3 1153656 12856 ?         Ssl  23:46   0:03 mydumper
--defaults-file=/home/mysql/conf/my1.cnf -G -E -R -D -L /var/log/mydumper.log
-I 60 --skip-tz-utc --complete-insert -u admin -p password -h 10.10.30.241 -C
-o /data/backup/mydumper
```

查看備份目錄，從下面的結果得知，有「0」和「1」兩個目錄。「0」目錄下立即有備份資料，且在不斷增長，說明正在執行快照備份；「1」目錄為空。

```
[root@localhost mydumper]# ll
total 20
drwx------ 2 root root 16384 Jun  1 00:42 0
drwx------ 2 root root     6 Jun  1 00:40 1
```

```
[root@localhost mydumper]# du -sh 0
3.4G    0
```

從 mydumper 0.9.1 版本的實測中發現，快照功能有 Bug，無論記憶體多大，當執行備份命令之後，都會立即做一次快照。然而，這一次做完之後，並沒有按照給定的間隔時間進行快照。第二次快照時，便出現記憶體洩漏錯誤，程式終止（注：無論備份物件的資料量有多大，做完一次快照之後立刻報錯退出）。所以，測試到這裡，就可檢查備份資料是否完整，如果完整，那麼該備份資料也可用於恢復。

```
*** glibc detected *** mydumper: double free or corruption (out):
0x00007fe638002490 ***
======= Backtrace: =========
/lib64/libc.so.6[0x389b475e66]
/lib64/libc.so.6[0x389b4789b3]
mydumper(exec_thread+0x45)[0x409255]
/lib64/libglib-2.0.so.0(+0x6a3e4)[0x7fe63de9c3e4]
/lib64/libpthread.so.0[0x389bc079d1]
/lib64/libc.so.6(clone+0x6d)[0x389b4e89dd]
======= Memory map: ========
......
7fe63e761000-7fe63e766000 rw-p 00000000 00:00 0
7fe63e774000-7fe63e775000 rw-p 00000000 00:00 0
7fe63e775000-7fe63e77c000 r--s 00000000 fd:00 1706780  /usr/lib64/gconv/
gconv-modules.cache
7fe63e77c000-7fe63e77d000 rw-p 00000000 00:00 0
7fff762f1000-7fff76306000 rw-p 00000000 00:00 0              [stack]
7fff763b9000-7fff763ba000 r-xp 00000000 00:00 0              [vdso]
ffffffffff600000-ffffffffff601000 r-xp 00000000 00:00 0      [vsyscall]
```

第 51 章

MySQL 主流閃回工具詳解

　　資料庫管理人員或多或少都會碰到一些誤操作資料的情況，或者因為心不在焉、弄錯了伺服器導致誤操作，無論哪一種情況，如果是小資料量的失誤，則沒有必要以備份進行恢復，否則耗費的時間常常令人難以接受。這個時候，只需要一個小小的閃回工具，在資料庫反向進行誤操作的小部分資料，即可恢復原狀。對於 MySQL 而言，目前有一些現成的開源閃回工具，完全不需要自己重覆「造輪子」，其中使用較頻繁的要數 binlog2sql 和 flashback，下面將詳細介紹這兩款主流的閃回工具。

51.1 閃回工具介紹

　　MySQL 閃回特性最早由阿里巴巴的彭立勳開發，2012 年他向 MySQL 官方提交一個修補程式（又稱補丁），並對閃回設計概念做了說明。但是由於一些原因，目前業界安裝這個修補程式的團隊還很少，真正應用到線上的更是少之又少。隨後，又有多位人員針對不同 MySQL 版本的不同語言開發閃回工具，原理都是利用他的觀念。按照實作方式，閃回工具可以分成三類。

　　第一類是以修補程式形式整合到官方工具 mysqlbinlog 中。以彭立勳提交的修補程式為代表。

　　優點如下：

- 上手成本低。mysqlbinlog 原有的選項都能直接使用，只是多加一個閃回選項。官方未來有可能收錄閃回特性。

- 支援離線解析。

　　缺點如下：

- 相容性差、專案活躍度不高。由於 binlog 格式的變動，如果工具的作者不即時升級修補程式，將無法使用閃回工具。目前已有多位人員分別針對

MySQL 5.5/5.6/5.7 開發修補程式，部分專案程式碼公開，但整體上活躍度都不高。

- 難以增加新功能，實戰效果欠佳。實戰時，經常會遇到現有修補程式不能滿足需求的情況，例如增加資料表過濾功能，很簡單的一個需求，程式碼變動也不大，但是對於大部分 DBA 來說，修改 MySQL 原始碼還是很困難的事情。

- 安裝稍為麻煩。需要對 MySQL 原始碼上修補程式，然後再編譯安裝。

這些缺點，可能就是 mysqlbinlog 工具的閃回功能沒有流行起來的原因。

第二類是獨立工具，透過偽裝成 Slave 拉取 binlog 進行處理，以 binlog2sql 為代表。

優點如下：

- 相容性好。偽裝成 Slave 拉取 binlog 這項技術，在業界的應用非常廣泛，許多開發語言都有這樣的活躍專案，MySQL 版本的相容性由這些專案完成，閃回工具的相容性問題不再明顯。

- 增加新功能的難度小。這類閃回工具更容易改造成 DBA 自己喜歡的形式，也更適合實戰。

- 安裝和使用簡單。

缺點如下：

- 必須開啟 MySQL 伺服器。

第三類是簡單腳本。先以 mysqlbinlog 解析出文字格式的 binlog，再根據還原（rollback）原理以正規運算式進行比對與替換。

優點如下：

- 腳本編寫方便，往往能快速完成某個特定問題。

- 安裝和使用簡單。

- 支援離線解析。

缺點如下：

- 通用性不好。

- 可靠性不好。

就目前的閃回工具而言，線上環境的閃回，筆者建議採用 binlog2sql，離線解析則使用 mysqlbinlog。

51.2　binlog2sql

binlog2sql 的功用如下：

- 快速還原（閃回）資料。
- 修復主備切換後資料不一致的問題。
- binlog 產生標準 SQL 語句帶來的衍生功能。

已測試環境如下：

- Python 2.6/2.7
- MySQL 5.6.x，MySQL 5.7.18，MariaDB

提 示：binlog2sql 程 式 碼 及 相 關 介 紹， 詳 見：https://github.com/danfengcao/binlog2sql。

51.2.1　安裝和使用要求

從 MySQL binlog 解析出 SQL 語句。根據不同的選項，可以得到原始 SQL 語句、還原 SQL 語句、去除主鍵的 INSERT SQL 語句等。

1. 安裝 binlog2sql

```
[root@localhost ~]# git clone https://github.com/danfengcao/binlog2sql.
git && cd binlog2sql
[root@localhost ~]# pip install -r requirements.txt
```

2. 使用要求

- my.cnf 參數設定：server_id=1, log_bin=/var/log/MySQL/MySQL-bin.log, max_binlog_size = 1G, binlog_format = row, binlog_row_image = full。
- 使用者最小權限：SELECT、SUPER、REPLICATION CLIENT、REPLICATION SLAVE。
  - SELECT：需讀取伺服端的 information_schema.COLUMNS 資料表，取得資料表結構的中繼資料，以拼接成視覺化的 SQL 語句。

■ SUPER/REPLICATION CLIENT：需執行 SHOW MASTER STATUS 語句，取得伺服端的 binlog 清單。

■ REPLICATION SLAVE：透過 BINLOG_DUMP 協定取得 binlog 內容。

3. 基本用法

● 解析出標準 SQL 語句：

```
[root@localhost ~]# python binlog2sql.py -h127.0.0.1 -P3306 -uadmin
-p'admin' -dtest -t test3 test4 --start-file='MySQL-bin.000002'
```

輸出內容帶有 SQL 語句及其對應的 binlog pos，例如 INSERT INTO test.test3 (addtime, data, id) VALUES ('2016-12-10 13:03:38', 'english', 4); #start 570 end 736。在上述命令的解析結果中，透過誤操作的 SQL 語句進行辨別，以找到誤操作語句對應的 binlog pos 範圍（例如：範例語句的 #start 570 end 736，就表示 binlog pos 的起始值為 570，結束值為 736），然後使用該 binlog pos 範圍反向解析 binlog，即可產生用於恢復資料的 SQL 語句文字。

● 解析出還原 SQL 語句：

```
[root@localhost ~]# python binlog2sql.py --flashback -h127.0.0.1 -P3306 -
uadmin -p'admin' -dtest -ttest3 --start-file='MySQL-bin.000002' --start-
position=763 --stop- position=1147
```

輸出內容與解析出標準 SQL 語句的內容類似，例如 INSERT INTO test.test3 (addtime, data, id) VALUES ('2016-12-10 13:03:38', 'english', 4); #start 981 end 1147，這時針對反向的 SQL 語句進行人工確認，如果無誤就能匯入實例中執行。

51.2.2 命令列選項

1. MySQL 連接設定選項

● -h：指定需連接的資料庫 IP 位址。

● -P：指定需連接的資料庫埠號。

● -u：指定需連接的資料庫帳號。

● -p：搭配 -u 選項指定的使用者密碼。

2. 解析模式選項

- --stop-never：持續同步 binlog。可選。若不使用此選項，則同步至執行命令時最新的 binlog 位置。

- -K, --no-primary-key：去除 INSERT 語句的主鍵。可選。

- -B, --flashback：產生還原語句，可解析大型檔案，不受記憶體限制，每列印 1000 列加一句 SLEEP SELECT(1)。可選。不能與 --stop-never 或 --no-primary-key 選項同時使用。

3. 解析範圍控制選項

- --start-file：起始解析檔案。必填。

- --start-position/--start-pos：表示 --start-file 選項指定檔的起始解析位置。可選。如果不指定，預設將從 --start-file 選項指定檔的開頭進行解析。

- --stop-file/--end-file：末尾解析檔案。可選。如果不指定，將重用 --start-file 選項指定的檔名（亦即，開始和結束檔案名稱相同，表示只解析一個檔案）。倘若解析模式為 --stop-never，則此選項失效。

- --stop-position/--end-pos：stop-file 的末尾解析位置。可選。預設為 stop-file 的最末位置。倘若解析模式為 --stop-never，則此選項失效。

- --start-datetime：從哪個時間點的 binlog 開始解析，格式必須為 datetime，如 '2016-11-11 11:11:11'。可選。預設不過濾。

- --stop-datetime：到哪個時間點的 binlog 停止解析，格式必須為 datetime，如 '2016-11-11 11:11:11'。可選。預設不過濾。

4. 物件過濾選項

- -d, --databases：只輸出目標資料庫的 SQL 語句。可選。預設為空。

- -t, --tables：只輸出目標資料表的 SQL 語句。可選。預設為空。

51.2.3 實戰展示

1. 造數

```
# 建立資料庫、資料表
mysql> CREATE DATABASE 'test';use test;
mysql> CREATE TABLE 'test' (
```

```
  'id' int(11) NOT NULL AUTO_INCREMENT,
  'name' varchar(20) COLLATE utf8_bin DEFAULT NULL,
  PRIMARY KEY ('id')
) ENGINE=InnoDB;

# 插入測試資料
mysql> insert into test(name) values('test1');
mysql> insert into test(name) values('test2');
mysql> insert into test(name) values('test3');
mysql> insert into test(name) values('test4');
mysql> insert into test(name) values('test5');
mysql> insert into test(name) values('test6');
mysql> insert into test(name) values('test7');
mysql> insert into test(name) values('test8');
```

2. INSERT 閃回

登錄資料庫，查看目前的資料：

```
mysql> use test;
Database changed
mysql> show tables;
+-----------------+
| Tables_in_test  |
+-----------------+
| test            |
+-----------------+
1 row in set (0.00 sec)

mysql> select * from test;
+----+-------+
| id | name  |
+----+-------+
|  2 | test1 |
|  4 | test2 |
|  6 | test3 |
|  8 | test4 |
| 10 | test5 |
| 12 | test6 |
| 14 | test7 |
| 16 | test8 |
+----+-------+
8 rows in set (0.00 sec)
```

執行插入資料操作：

```
mysql> insert into test(name) values('test9');
Query OK, 1 row affected (0.00 sec)

mysql> insert into test(name) values('test10');
Query OK, 1 row affected (0.00 sec)

mysql> insert into test(name) values('test11');
Query OK, 1 row affected (0.00 sec)

mysql> insert into test(name) values('test12');
Query OK, 1 row affected (0.00 sec)

mysql> select * from test;
+----+--------+
| id | name   |
+----+--------+
|  2 | test1  |
|  4 | test2  |
|  6 | test3  |
|  8 | test4  |
| 10 | test5  |
| 12 | test6  |
| 14 | test7  |
| 16 | test8  |
| 18 | test9  |
| 20 | test10 |
| 22 | test11 |
| 24 | test12 |
+----+--------+
12 rows in set (0.00 sec)
```

這裡假設上面插入資料的動作屬於誤操作，需要進行還原。首先查看目前有哪些 binlog 檔：

```
mysql> show binary logs;
+------------------+-----------+
| Log_name         | File_size |
+------------------+-----------+
......
| mysql-bin.000043 |       361 |
| mysql-bin.000044 |       361 |
| mysql-bin.000045 |      8374 |
+------------------+-----------+
45 rows in set (0.00 sec)
```

從上面的結果得知，最新的 binlog 檔是 mysql-bin.000045，使用這個檔案執行 binlog2sql 解析：

```
[root@localhost ~]# ./binlog2sql.py -h 10.10.30.250 -uadmin -pletsg0
--start-file='mysql-bin.000045'
   DELETE FROM 'test'.'test' WHERE 'id'=2 AND 'name'='test1' LIMIT 1; #start
379 end 669 time 2020-05-24 09:55:28
   DELETE FROM 'test'.'test' WHERE 'id'=4 AND 'name'='test2' LIMIT 1; #start
379 end 669 time 2020-05-24 09:55:28
   DELETE FROM 'test'.'test' WHERE 'id'=6 AND 'name'='test3' LIMIT 1; #start
379 end 669 time 2020-05-24 09:55:28
   DELETE FROM 'test'.'test' WHERE 'id'=8 AND 'name'='test4' LIMIT 1; #start
379 end 669 time 2020-05-24 09:55:28
   UPDATE 'test'.'test' SET 'id'=8, 'name'='test4' WHERE 'id'=8 AND
'name'='xx' LIMIT 1; #start 5565 end 5855 time 2020-05-24 10:42:12
   UPDATE 'test'.'test' SET 'id'=6, 'name'='test3' WHERE 'id'=6 AND
'name'='xx' LIMIT 1; #start 5951 end 6241 time 2020-05-24 10:42:12
   UPDATE 'test'.'test' SET 'id'=4, 'name'='test2' WHERE 'id'=4 AND
'name'='xx' LIMIT 1; #start 6337 end 6627 time 2020-05-24 10:42:12
   UPDATE 'test'.'test' SET 'id'=2, 'name'='test1' WHERE 'id'=2 AND
'name'='xx' LIMIT 1; #start 6723 end 7013 time 2020-05-24 10:42:12
   INSERT INTO 'test'.'test'('id', 'name') VALUES (18, 'test9'); #start 7109
end 7344 time 2020-05-24 11:22:45
   INSERT INTO 'test'.'test'('id', 'name') VALUES (20, 'test10'); #start 7440
end 7677 time 2020-05-24 11:22:48
   INSERT INTO 'test'.'test'('id', 'name') VALUES (22, 'test11'); #start 7773
end 8010 time 2020-05-24 11:22:50
   INSERT INTO 'test'.'test'('id', 'name') VALUES (24, 'test12'); #start 8106
end 8343 time 2020-05-24 11:22:51
```

上述結果還有其他一些 SQL 語句，請把眼睛瞪大一點，看看哪些是需要還原的語句。每道語句後面都帶有 pos 位置和時間點，可根據其中的值和時間點來判斷，並且和相關人員溝通清楚是否可以直接還原這些資料。以本例而言，需要還原的是最後執行插入操作、name 值為 test9~test12 的語句，於是使用 --start-position 和 --stop-position 選項鎖定範圍，第一個 test9 的 pos 開始位置為 7109，最後一個 test12 的 pos 結束位置為 8343。

```
[root@localhost ~]# ./binlog2sql.py -h 10.10.30.250 -uadmin -pletsg0
--start-file='mysql-bin.000045' --start-position=7109 --stop-position=8343
   INSERT INTO 'test'.'test'('id', 'name') VALUES (18, 'test9'); #start 7109
end 7344 time 2020-05-24 11:22:45
   INSERT INTO 'test'.'test'('id', 'name') VALUES (20, 'test10'); #start 7440
end 7677 time 2020-05-24 11:22:48
   INSERT INTO 'test'.'test'('id', 'name') VALUES (22, 'test11'); #start 7773
end 8010 time 2020-05-24 11:22:50
```

```
INSERT INTO 'test'.'test'('id', 'name') VALUES (24, 'test12'); #start 8106
end 8343 time 2020-05-24 11:22:51
```

確定待還原的 SQL 語句並鎖定還原範圍之後，加上 --flashback 選項反轉語句並重導向到檔案，然後再次確認語句是否正確、是否需要還原資料。如果有需要修改或刪除的語句，請編輯重導向的文字檔。

```
[root@localhost binlog2sql]# ./binlog2sql.py -h 10.10.30.250 -uadmin
-pletsg0 --start-file='mysql-bin.000045' --start-position=7109 --stop-
position=8343 -flashback |tee flashback_insert_20200524.sql
    DELETE FROM 'test'.'test' WHERE 'id'=24 AND 'name'='test12' LIMIT 1; #start
8106 end 8343 time 2020-05-24 11:22:51
    DELETE FROM 'test'.'test' WHERE 'id'=22 AND 'name'='test11' LIMIT 1; #start
7773 end 8010 time 2020-05-24 11:22:50
    DELETE FROM 'test'.'test' WHERE 'id'=20 AND 'name'='test10' LIMIT 1; #start
7440 end 7677 time 2020-05-24 11:22:48
    DELETE FROM 'test'.'test' WHERE 'id'=18 AND 'name'='test9' LIMIT 1; #start
7109 end 7344 time 2020-05-24 11:22:45

[root@localhost binlog2sql]# cat flashback_insert_20200524.sql
    DELETE FROM 'test'.'test' WHERE 'id'=24 AND 'name'='test12' LIMIT 1; #start
8106 end 8343 time 2020-05-24 11:22:51
    DELETE FROM 'test'.'test' WHERE 'id'=22 AND 'name'='test11' LIMIT 1; #start
7773 end 8010 time 2020-05-24 11:22:50
    DELETE FROM 'test'.'test' WHERE 'id'=20 AND 'name'='test10' LIMIT 1; #start
7440 end 7677 time 2020-05-24 11:22:48
    DELETE FROM 'test'.'test' WHERE 'id'=18 AND 'name'='test9' LIMIT 1; #start
7109 end 7344 time 2020-05-24 11:22:45
```

確認無誤之後，登錄資料庫匯入這個檔案，並校驗資料是否正確：

```
# 如果不希望這些執行閃回操作的語句，再同步到其他地方或者寫入 binlog，則可利用 sql_log_
bin=0 關閉此工作階段的 binlog 記錄功能，等匯入完成再開啟。如果希望這些閃回操作也同步到其他
地方，則忽略修改 sql_log_bin 的操作
mysql> set sql_log_bin=0;
Query OK, 0 rows affected (0.00 sec)

mysql> source /root/binlog2sql-master/binlog2sql/flashback_insert_20200524.
sql;
Query OK, 1 row affected (0.01 sec)
......

mysql> set sql_log_bin=1;
Query OK, 0 rows affected (0.00 sec)

mysql> select * from test;
```

```
+----+-------+
| id | name  |
+----+-------+
|  2 | test1 |
|  4 | test2 |
|  6 | test3 |
|  8 | test4 |
| 10 | test5 |
| 12 | test6 |
| 14 | test7 |
| 16 | test8 |
+----+-------+
8 rows in set (0.00 sec)
```

從上面的校驗結果得知，name 值為 test9~test12 的資料列已經被刪除，閃回資料正確。

3. UPDATE 閃回

執行更新資料操作：

```
mysql> update test set name='xx' where id in (2,6,8);
Query OK, 3 rows affected (0.01 sec)
Rows matched: 3  Changed: 3  Warnings: 0

mysql> update test set name='yy' where id in (10,14,16);
Query OK, 3 rows affected (0.00 sec)
Rows matched: 3  Changed: 3  Warnings: 0

mysql> select * from test;
+----+-------+
| id | name  |
+----+-------+
|  2 | xx    |
|  4 | test2 |
|  6 | xx    |
|  8 | xx    |
| 10 | yy    |
| 12 | test6 |
| 14 | yy    |
| 16 | yy    |
+----+-------+
8 rows in set (0.00 sec)
```

這裡假設上面更新資料的動作屬於誤操作，需要進行還原。首先查看目前有哪些 binlog 檔：

```
mysql> show binary logs;
+------------------+-----------+
| Log_name         | File_size |
+------------------+-----------+
......
| mysql-bin.000042 |      3331 |
| mysql-bin.000043 |       361 |
| mysql-bin.000044 |       361 |
| mysql-bin.000045 |      8374 |
+------------------+-----------+
45 rows in set (0.00 sec)
```

從上面的結果得知，最新的 binlog 檔是 mysql-bin.000045，使用這個檔案執行 binlog2sql 解析：

```
[root@localhost binlog2sql]# ./binlog2sql.py -h 10.10.30.250 -uadmin
-pletsg0 -start -file='mysql-bin.000045'
  DELETE FROM 'test'.'test' WHERE 'id'=2 AND 'name'='test1' LIMIT 1; #start
379 end 669 time 2020-05-24 09:55:28
  DELETE FROM 'test'.'test' WHERE 'id'=4 AND 'name'='test2' LIMIT 1; #start
379 end 669 time 2020-05-24 09:55:28
  DELETE FROM 'test'.'test' WHERE 'id'=6 AND 'name'='test3' LIMIT 1; #start
379 end 669 time 2020-05-24 09:55:28
  DELETE FROM 'test'.'test' WHERE 'id'=8 AND 'name'='test4' LIMIT 1; #start
379 end 669 time 2020-05-24 09:55:28
  UPDATE 'test'.'test' SET 'id'=8, 'name'='test4' WHERE 'id'=8 AND
'name'='xx' LIMIT 1; #start 5565 end 5855 time 2020-05-24 10:42:12
  UPDATE 'test'.'test' SET 'id'=6, 'name'='test3' WHERE 'id'=6 AND
'name'='xx' LIMIT 1; #start 5951 end 6241 time 2020-05-24 10:42:12
  UPDATE 'test'.'test' SET 'id'=4, 'name'='test2' WHERE 'id'=4 AND
'name'='xx' LIMIT 1; #start 6337 end 6627 time 2020-05-24 10:42:12
  UPDATE 'test'.'test' SET 'id'=2, 'name'='test1' WHERE 'id'=2 AND
'name'='xx' LIMIT 1; #start 6723 end 7013 time 2020-05-24 10:42:12
  INSERT INTO 'test'.'test'('id', 'name') VALUES (18, 'test9'); #start 7109
end 7344 time 2020-05-24 11:22:45
  INSERT INTO 'test'.'test'('id', 'name') VALUES (20, 'test10'); #start 7440
end 7677 time 2020-05-24 11:22:48
  INSERT INTO 'test'.'test'('id', 'name') VALUES (22, 'test11'); #start 7773
end 8010 time 2020-05-24 11:22:50
  INSERT INTO 'test'.'test'('id', 'name') VALUES (24, 'test12'); #start 8106
end 8343 time 2020-05-24 11:22:51
  UPDATE 'test'.'test' SET 'id'=2, 'name'='xx' WHERE 'id'=2 AND
'name'='test1' LIMIT 1; #start 8439 end 8728 time 2020-05-24 11:48:17
```

```
   UPDATE 'test'.'test' SET 'id'=6, 'name'='xx' WHERE 'id'=6 AND
'name'='test3' LIMIT 1; #start 8439 end 8728 time 2020-05-24 11:48:17
   UPDATE 'test'.'test' SET 'id'=8, 'name'='xx' WHERE 'id'=8 AND
'name'='test4' LIMIT 1; #start 8439 end 8728 time 2020-05-24 11:48:17
   UPDATE 'test'.'test' SET 'id'=10, 'name'='yy' WHERE 'id'=10 AND
'name'='test5' LIMIT 1; #start 8824 end 9116 time 2020-05-24 11:48:42
   UPDATE 'test'.'test' SET 'id'=14, 'name'='yy' WHERE 'id'=14 AND
'name'='test7' LIMIT 1; #start 8824 end 9116 time 2020-05-24 11:48:42
   UPDATE 'test'.'test' SET 'id'=16, 'name'='yy' WHERE 'id'=16 AND
'name'='test8' LIMIT 1; #start 8824 end 9116 time 2020-05-24 11:48:42
```

上述結果還有其他一些 SQL 語句，請把眼睛瞪大一點，看看哪些是需要還原的語句。每道語句後面都帶有 pos 位置和時間點，可根據其中的值和時間點來判斷，並且和相關人員溝通清楚是否可以直接還原這些資料。以本例而言，需要還原的是最後執行更新操作的 6 道語句，亦即 name 值被更改為 xx 和 yy 的語句，於是就使用 --start-position 和 --stop-position 選項鎖定範圍，第一道更新語句的 pos 開始位置為8439，最後一道更新語句的 pos 結束位置為 9116。

```
   [root@localhost binlog2sql]# ./binlog2sql.py -h 10.10.30.250 -uadmin
-pletsg0 -start -file='mysql-bin.000045' --start-position=8439 --stop-
position=9116
   UPDATE 'test'.'test' SET 'id'=2, 'name'='xx' WHERE 'id'=2 AND
'name'='test1' LIMIT 1; #start 8439 end 8728 time 2020-05-24 11:48:17
   UPDATE 'test'.'test' SET 'id'=6, 'name'='xx' WHERE 'id'=6 AND
'name'='test3' LIMIT 1; #start 8439 end 8728 time 2020-05-24 11:48:17
   UPDATE 'test'.'test' SET 'id'=8, 'name'='xx' WHERE 'id'=8 AND
'name'='test4' LIMIT 1; #start 8439 end 8728 time 2020-05-24 11:48:17
   UPDATE 'test'.'test' SET 'id'=10, 'name'='yy' WHERE 'id'=10 AND
'name'='test5' LIMIT 1; #start 8824 end 9116 time 2020-05-24 11:48:42
   UPDATE 'test'.'test' SET 'id'=14, 'name'='yy' WHERE 'id'=14 AND
'name'='test7' LIMIT 1; #start 8824 end 9116 time 2020-05-24 11:48:42
   UPDATE 'test'.'test' SET 'id'=16, 'name'='yy' WHERE 'id'=16 AND
'name'='test8' LIMIT 1; #start 8824 end 9116 time 2020-05-24 11:48:42
```

確定待還原的 SQL 語句並鎖定還原範圍之後，加上 --flashback 選項反轉語句並重導向到檔案，然後再次確認語句是否正確、是否需要還原資料。如果有需要修改或刪除的語句，請編輯重導向的文字檔。

```
   [root@localhost binlog2sql]# ./binlog2sql.py -h 10.10.30.250 -uadmin
-pletsg0 -start -file='mysql-bin.000045' --start-position=8439 --stop-
position=9116 --flashback |tee flashback_update_20200524.sql
   UPDATE 'test'.'test' SET 'id'=16, 'name'='test8' WHERE 'id'=16 AND
'name'='yy' LIMIT 1; #start 8824 end 9116 time 2020-05-24 11:48:42
```

```
   UPDATE 'test'.'test' SET 'id'=14, 'name'='test7' WHERE 'id'=14 AND
'name'='yy' LIMIT 1; #start 8824 end 9116 time 2020-05-24 11:48:42
   UPDATE 'test'.'test' SET 'id'=10, 'name'='test5' WHERE 'id'=10 AND
'name'='yy' LIMIT 1; #start 8824 end 9116 time 2020-05-24 11:48:42
   UPDATE 'test'.'test' SET 'id'=8, 'name'='test4' WHERE 'id'=8 AND
'name'='xx' LIMIT 1; #start 8439 end 8728 time 2020-05-24 11:48:17
   UPDATE 'test'.'test' SET 'id'=6, 'name'='test3' WHERE 'id'=6 AND
'name'='xx' LIMIT 1; #start 8439 end 8728 time 2020-05-24 11:48:17
   UPDATE 'test'.'test' SET 'id'=2, 'name'='test1' WHERE 'id'=2 AND
'name'='xx' LIMIT 1; #start 8439 end 8728 time 2020-05-24 11:48:17

[root@localhost binlog2sql]# cat flashback_update_20200524.sql
   UPDATE 'test'.'test' SET 'id'=16, 'name'='test8' WHERE 'id'=16 AND
'name'='yy' LIMIT 1; #start 8824 end 9116 time 2020-05-24 11:48:42
   UPDATE 'test'.'test' SET 'id'=14, 'name'='test7' WHERE 'id'=14 AND
'name'='yy' LIMIT 1; #start 8824 end 9116 time 2020-05-24 11:48:42
   UPDATE 'test'.'test' SET 'id'=10, 'name'='test5' WHERE 'id'=10 AND
'name'='yy' LIMIT 1; #start 8824 end 9116 time 2020-05-24 11:48:42
   UPDATE 'test'.'test' SET 'id'=8, 'name'='test4' WHERE 'id'=8 AND
'name'='xx' LIMIT 1; #start 8439 end 8728 time 2020-05-24 11:48:17
   UPDATE 'test'.'test' SET 'id'=6, 'name'='test3' WHERE 'id'=6 AND
'name'='xx' LIMIT 1; #start 8439 end 8728 time 2020-05-24 11:48:17
   UPDATE 'test'.'test' SET 'id'=2, 'name'='test1' WHERE 'id'=2 AND
'name'='xx' LIMIT 1; #start 8439 end 8728 time 2020-05-24 11:48:17
```

確認無誤之後，登錄資料庫匯入這個檔案，並校驗資料是否正確：

```
# 如果不希望這些執行閃回操作的語句，再同步到其他地方或者寫入 binlog，則可利用 sql_log_
bin=0 關閉此工作階段的 binlog 記錄功能，等匯入完成再開啟。如果希望這些閃回操作也同步到其他地
方，則忽略修改 sql_log_bin 的操作
   mysql> set sql_log_bin=0;
   Query OK, 0 rows affected (0.00 sec)

   mysql> source /root/binlog2sql-master/binlog2sql/flashback_update_20200524.
sql;
   ......

   mysql> set sql_log_bin=1;
   Query OK, 0 rows affected (0.00 sec)

   mysql> select * from test;
   +----+-------+
   | id | name  |
   +----+-------+
   |  2 | test1 |
   |  4 | test2 |
   |  6 | test3 |
```

```
|  8 | test4 |
| 10 | test5 |
| 12 | test6 |
| 14 | test7 |
| 16 | test8 |
+----+-------+
8 rows in set (0.00 sec)
```

從上面的校驗結果得知，值為 xx 和 yy 的 name 欄位，已經還原成原來的 test* 值，閃回資料正確。

4. DELETE 閃回

執行刪除資料操作：

```
mysql> delete from test where id=16;
Query OK, 1 row affected (0.00 sec)

mysql> delete from test where id=14;
Query OK, 1 row affected (0.01 sec)

mysql> delete from test where id=2;
Query OK, 1 row affected (0.01 sec)

mysql> delete from test where id in(2,4,6);
Query OK, 2 rows affected (0.00 sec)

mysql> delete from test;
Query OK, 3 rows affected (0.00 sec)

mysql> select * from test;
Empty set (0.00 sec)
```

這裡假設上面刪除資料的動作屬於誤操作，需要進行還原。首先查看目前有哪些 binlog 檔：

```
mysql> show binary logs;
+------------------+-------------+
| Log_name         | File_size   |
+------------------+-------------+
......
| mysql-bin.000042 |        3331 |
| mysql-bin.000043 |         361 |
| mysql-bin.000044 |         361 |
| mysql-bin.000045 |        8374 |
```

```
+------------------+-------------+
45 rows in set (0.00 sec)
```

　　從上面的結果得知，最新的 binlog 檔是 mysql-bin.000045，使用這個檔案執行 binlog2sql 解析：

```
[root@localhost binlog2sql]# ./binlog2sql.py -h 10.10.30.250 -uadmin
-pletsg0 -start -file='mysql-bin.000045'
  DELETE FROM 'test'.'test' WHERE 'id'=2 AND 'name'='test1' LIMIT 1; #start
379 end 669 time 2020-05-24 09:55:28
  DELETE FROM 'test'.'test' WHERE 'id'=4 AND 'name'='test2' LIMIT 1; #start
379 end 669 time 2020-05-24 09:55:28
  DELETE FROM 'test'.'test' WHERE 'id'=6 AND 'name'='test3' LIMIT 1; #start
379 end 669 time 2020-05-24 09:55:28
  DELETE FROM 'test'.'test' WHERE 'id'=8 AND 'name'='test4' LIMIT 1; #start
379 end 669 time 2020-05-24 09:55:28
  UPDATE 'test'.'test' SET 'id'=8, 'name'='test4' WHERE 'id'=8 AND
'name'='xx' LIMIT 1; #start 5565 end 5855 time 2020-05-24 10:42:12
  UPDATE 'test'.'test' SET 'id'=6, 'name'='test3' WHERE 'id'=6 AND
'name'='xx' LIMIT 1; #start 5951 end 6241 time 2020-05-24 10:42:12
  UPDATE 'test'.'test' SET 'id'=4, 'name'='test2' WHERE 'id'=4 AND
'name'='xx' LIMIT 1; #start 6337 end 6627 time 2020-05-24 10:42:12
  UPDATE 'test'.'test' SET 'id'=2, 'name'='test1' WHERE 'id'=2 AND
'name'='xx' LIMIT 1; #start 6723 end 7013 time 2020-05-24 10:42:12
  INSERT INTO 'test'.'test'('id', 'name') VALUES (18, 'test9'); #start 7109
end 7344 time 2020-05-24 11:22:45
  INSERT INTO 'test'.'test'('id', 'name') VALUES (20, 'test10'); #start 7440
end 7677 time 2020-05-24 11:22:48
  INSERT INTO 'test'.'test'('id', 'name') VALUES (22, 'test11'); #start 7773
end 8010 time 2020-05-24 11:22:50
  INSERT INTO 'test'.'test'('id', 'name') VALUES (24, 'test12'); #start 8106
end 8343 time 2020-05-24 11:22:51
  UPDATE 'test'.'test' SET 'id'=2, 'name'='xx' WHERE 'id'=2 AND
'name'='test1' LIMIT 1; #start 8439 end 8728 time 2020-05-24 11:48:17
  UPDATE 'test'.'test' SET 'id'=6, 'name'='xx' WHERE 'id'=6 AND
'name'='test3' LIMIT 1; #start 8439 end 8728 time 2020-05-24 11:48:17
  UPDATE 'test'.'test' SET 'id'=8, 'name'='xx' WHERE 'id'=8 AND
'name'='test4' LIMIT 1; #start 8439 end 8728 time 2020-05-24 11:48:17
  UPDATE 'test'.'test' SET 'id'=10, 'name'='yy' WHERE 'id'=10 AND
'name'='test5' LIMIT 1; #start 8824 end 9116 time 2020-05-24 11:48:42
  UPDATE 'test'.'test' SET 'id'=14, 'name'='yy' WHERE 'id'=14 AND
'name'='test7' LIMIT 1; #start 8824 end 9116 time 2020-05-24 11:48:42
  UPDATE 'test'.'test' SET 'id'=16, 'name'='yy' WHERE 'id'=16 AND
'name'='test8' LIMIT 1; #start 8824 end 9116 time 2020-05-24 11:48:42
  DELETE FROM 'test'.'test' WHERE 'id'=16 AND 'name'='test8' LIMIT 1; #start
9212 end 9437 time 2020-05-24 11:58:49
```

```
   DELETE FROM 'test'.'test' WHERE 'id'=14 AND 'name'='test7' LIMIT 1; #start
9533 end 9758 time 2020-05-24 11:58:51
   DELETE FROM 'test'.'test' WHERE 'id'=2 AND 'name'='test1' LIMIT 1; #start
9854 end 10078 time 2020-05-24 11:58:54
   DELETE FROM 'test'.'test' WHERE 'id'=4 AND 'name'='test2' LIMIT 1; #start
10174 end 10417 time 2020-05-24 11:59:16
   DELETE FROM 'test'.'test' WHERE 'id'=6 AND 'name'='test3' LIMIT 1; #start
10174 end 10417 time 2020-05-24 11:59:16
   DELETE FROM 'test'.'test' WHERE 'id'=8 AND 'name'='test4' LIMIT 1; #start
10513 end 10748 time 2020-05-24 11:59:24
   DELETE FROM 'test'.'test' WHERE 'id'=10 AND 'name'='test5' LIMIT 1; #start
10513 end 10748 time 2020-05-24 11:59:24
   DELETE FROM 'test'.'test' WHERE 'id'=12 AND 'name'='test6' LIMIT 1; #start
10513 end 10748 time 2020-05-24 11:59:24
```

上述結果還有其他一些 SQL 語句，請把眼睛瞪大一點，看看哪些是需要還原的語句。每道語句後面都帶有 pos 位置和時間點，可根據其中的值和時間點來判斷，並且和相關人員溝通清楚是否可以直接還原這些資料。以本例而言，需要還原的是最後執行刪除操作的 8 道語句，於是就使用 --start-position 和 --stop-position 選項鎖定範圍，第一道刪除語句的 pos 開始位置為 9212，最後一道刪除語句的 pos 結束位置為 10748。

```
   [root@localhost binlog2sql]# ./binlog2sql.py -h 10.10.30.250 -uadmin -pletsg0
-start -file='mysql-bin.000045' --start-position=9212 --stop-position=10748
   DELETE FROM 'test'.'test' WHERE 'id'=16 AND 'name'='test8' LIMIT 1; #start
9212 end 9437 time 2020-05-24 11:58:49
   DELETE FROM 'test'.'test' WHERE 'id'=14 AND 'name'='test7' LIMIT 1; #start
9533 end 9758 time 2020-05-24 11:58:51
   DELETE FROM 'test'.'test' WHERE 'id'=2 AND 'name'='test1' LIMIT 1; #start
9854 end 10078 time 2020-05-24 11:58:54
   DELETE FROM 'test'.'test' WHERE 'id'=4 AND 'name'='test2' LIMIT 1; #start
10174 end 10417 time 2020-05-24 11:59:16
   DELETE FROM 'test'.'test' WHERE 'id'=6 AND 'name'='test3' LIMIT 1; #start
10174 end 10417 time 2020-05-24 11:59:16
   DELETE FROM 'test'.'test' WHERE 'id'=8 AND 'name'='test4' LIMIT 1; #start
10513 end 10748 time 2020-05-24 11:59:24
   DELETE FROM 'test'.'test' WHERE 'id'=10 AND 'name'='test5' LIMIT 1; #start
10513 end 10748 time 2020-05-24 11:59:24
   DELETE FROM 'test'.'test' WHERE 'id'=12 AND 'name'='test6' LIMIT 1; #start
10513 end 10748 time 2020-05-24 11:59:24
```

確定待還原的 SQL 語句並鎖定還原範圍之後，加上 --flashback 選項反轉語句並重導向到檔案，然後再次確認語句是否正確、是否需要還原資料。如果有需要修改或刪除的語句，請編輯重導向的文字檔。

```
[root@localhost binlog2sql]# ./binlog2sql.py -h 10.10.30.250 -uadmin -pletsg0
-start -file='mysql-bin.000045' --start-position=9212 --stop-position=10748
--flashback |tee flashback_delete_20200524.sql
    INSERT INTO 'test'.'test'('id', 'name') VALUES (12, 'test6'); #start 10513
end 10748 time 2020-05-24 11:59:24
    INSERT INTO 'test'.'test'('id', 'name') VALUES (10, 'test5'); #start 10513
end 10748 time 2020-05-24 11:59:24
    INSERT INTO 'test'.'test'('id', 'name') VALUES (8, 'test4'); #start 10513
end 10748 time 2020-05-24 11:59:24
    INSERT INTO 'test'.'test'('id', 'name') VALUES (6, 'test3'); #start 10174
end 10417 time 2020-05-24 11:59:16
    INSERT INTO 'test'.'test'('id', 'name') VALUES (4, 'test2'); #start 10174
end 10417 time 2020-05-24 11:59:16
    INSERT INTO 'test'.'test'('id', 'name') VALUES (2, 'test1'); #start 9854
end 10078 time 2020-05-24 11:58:54
    INSERT INTO 'test'.'test'('id', 'name') VALUES (14, 'test7'); #start 9533
end 9758 time 2020-05-24 11:58:51
    INSERT INTO 'test'.'test'('id', 'name') VALUES (16, 'test8'); #start 9212
end 9437 time 2020-05-24 11:58:49

[root@localhost binlog2sql]# cat flashback_delete_20200524.sql
    INSERT INTO 'test'.'test'('id', 'name') VALUES (12, 'test6'); #start 10513
end 10748 time 2020-05-24 11:59:24
    INSERT INTO 'test'.'test'('id', 'name') VALUES (10, 'test5'); #start 10513
end 10748 time 2020-05-24 11:59:24
    INSERT INTO 'test'.'test'('id', 'name') VALUES (8, 'test4'); #start 10513
end 10748 time 2020-05-24 11:59:24
    INSERT INTO 'test'.'test'('id', 'name') VALUES (6, 'test3'); #start 10174
end 10417 time 2020-05-24 11:59:16
    INSERT INTO 'test'.'test'('id', 'name') VALUES (4, 'test2'); #start 10174
end 10417 time 2020-05-24 11:59:16
    INSERT INTO 'test'.'test'('id', 'name') VALUES (2, 'test1'); #start 9854
end 10078 time 2020-05-24 11:58:54
    INSERT INTO 'test'.'test'('id', 'name') VALUES (14, 'test7'); #start 9533
end 9758 time 2020-05-24 11:58:51
    INSERT INTO 'test'.'test'('id', 'name') VALUES (16, 'test8'); #start 9212
end 9437 time 2020-05-24 11:58:49
```

確認無誤之後，登錄資料庫匯入這個檔案，並校驗資料是否正確：

# 如果不希望這些執行閃回操作的語句，再同步到其他地方或者寫入 binlog，則可利用 sql_log_
bin=0 關閉此工作階段的 binlog 記錄功能，等匯入完成再開啟。如果希望這些閃回操作也同步到其他
地方，則忽略修改 sql_log_bin 的操作

```
mysql> set sql_log_bin=0;
Query OK, 0 rows affected (0.00 sec)
```

```
mysql> source /root/binlog2sql-master/binlog2sql/flashback_delete_20200524.
sql;
Query OK, 1 row affected (0.01 sec)
......

Query OK, 1 row affected (0.00 sec)

mysql> set sql_log_bin=1;
Query OK, 0 rows affected (0.00 sec)

mysql> select * from test;
+----+-------+
| id | name  |
+----+-------+
|  2 | test1 |
|  4 | test2 |
|  6 | test3 |
|  8 | test4 |
| 10 | test5 |
| 12 | test6 |
| 14 | test7 |
| 16 | test8 |
+----+-------+
8 rows in set (0.00 sec)
```

從上面的校驗結果得知，已經還原 test 資料表的資料，閃回資料正確。

51.2.4 使用限制與注意事項

binlog2sql 工具要求伺服器線上閃回，無法離線作業，如果打算這麼做，則可利用 mysqlbinlog 命令解析 binlog，且該工具只支援 DML 閃回，暫不支援 DDL 閃回。DDL 閃回需要在伺服器層執行 DDL 語句時支援先備份的機制才能達到。

提示：

- 閃回的關鍵是快速篩選出真正需要還原的 SQL 語句。

- 先根據資料庫、資料表、時間進行一次過濾，再基於位置做更準確的過濾。

- 由於一直在寫入資料，若想確保還原 SQL 語句不包含其他資料，則可根據是否為同一交易、誤操作列數、欄位值的特徵等協助判斷。

- 如果執行還原 SQL 語句時報錯，便得查實具體原因，一般是因為對應的資料已經發生變化而導致。由於是嚴格的 row 模式，只要有唯一鍵（包括主鍵）存在，就只會報出某筆資料不存在的錯誤，不必擔心會更新不該操作的資料。

- 如果待還原的資料表與其他資料表有關聯，必須和開發人員說明還原與不還原各自的副作用，再確定方案。

- 還原後資料發生變化，可能會給使用者和線上應用造成困擾（類似幻讀）。

- 再次強調最重要的兩點：篩選出正確的 SQL 語句！溝通清楚！

關於 DDL 閃回說明如下：

這裡所說的閃回僅針對 DML 語句的快速還原。但如果是 DDL 語句誤操作的話，便無法利用 binlog 進行快速還原，因為即使在 row 模式下，對於 DDL 操作 binlog 也不會記錄每筆資料的變化。若想實現 DDL 語句的快速還原，必須修改 MySQL 原始碼，使其在執行 DDL 語句前先備份舊資料。目前有多個 MySQL 客製化版本實作了 DDL 閃回特性，阿里巴巴的林曉斌團隊已提交修補程式給 MySQL 官方，預計 MariaDB 不久之後將加入包含 DDL 閃回的特性。DDL 閃回的副作用是增加額外儲存空間。考慮到其應用頻率實在太低，此處便不詳述，有興趣的讀者可以自行瞭解。

51.3　MyFlash

MyFlash 是一個還原 DML 操作的工具，由美團點評公司技術工程部開發和維護。該工具透過解析 v4 版本的 binlog，完成還原操作。相對於既有的還原工具，它增加更多的過濾選項，讓還原作業更加容易。該工具已經在美團點評內部使用，二進位程式為 flashback。

注意事項：

- binlog 格式必須為 row，且 binlog_row_image=full。

- 僅支援 MySQL 5.6 和 5.7。

- 只能還原 DML 操作（增、刪、改）。

- 支援 GTID。

- 可以切割解析結果，避免結果過大導致恢復過慢。

51.3.1　安裝 MyFlash

直接下載編譯好的二進位檔案：

```
[root@localhost ~]# wget https://raw.githubusercontent.com/Meituan-
Dianping/MyFlash/master/binary/flashback
```

51.3.2 命令列選項

若想查看所有的說明選項，可於命令列執行命令：./flashback –help。

- -h, --help：顯示說明資訊。

- --databaseNames：指定需要還原的資料庫。多個資料庫之間以「,」隔開。如果不指定，相當於還原所有資料庫。

- --tableNames：指定需要還原的資料表。多個資料表之間以「,」隔開。如果不指定，相當於還原所有資料表。

- --start-position：指定還原開始的位置。如果不指定，則從檔案的開始處還原。請設定正確的有效位置，否則無法還原。

- --stop-position：指定還原結束的位置。如果不指定，則還原到檔案末尾結束。請設定正確的有效位置，否則無法還原。

- --start-datetime：指定還原的開始時間。注意格式必須是 "%Y-%m-%d %H:%M:%S"。如果不指定，則不限定時間。

- --stop-datetime：指定還原的結束時間。注意格式必須是 "%Y-%m-%d %H:%M:%S"。如果不指定，則不限定時間。

- --sqlTypes：指定需還原的 SQL 語句類型。目前支援的過濾類型是 INSERT、UPDATE、DELETE。多個類型之間以「,」隔開。

- --maxSplitSize：一旦指定後，就對檔案進行固定尺寸的切割（單位為 MB），過濾條件有效，但不執行還原操作。該選項主要用來切割大的 binlog 檔，防止單次應用的 binlog 日誌量過大，對線上環境造成壓力。

- --binlogFileNames：指定需還原的 binlog 檔。目前只支援單個檔案，後續會增加對多個檔案的支援。

- --outBinlogFileNameBase：指定輸出的 binlog 檔前綴。如果不指定，則預設為 binlog_output_base.flashback。

- --logLevel：僅供開發者使用，預設等級為 error。在正式環境不要修改這個等級，否則輸出訊息過多。

- --include-gtids：指定需還原的 GTID，支援 GTID 的單個和範圍兩種形式。

- --exclude-gtids：指定不需還原的 GTID，用法同 --include-gtids 選項。

使用範例：

```
# 還原整個檔案
[root@localhost ~]# ./flashback --binlogFileNames=haha.000041
mysqlbinlog binlog_output_base.flashback | mysql -h<host> -u<user> -p

# 還原該檔中所有的 INSERT 語句
[root@localhost ~]# ./flashback  --sqlTypes='INSERT' --binlogFileNames=
haha.000041
mysqlbinlog binlog_output_base.flashback | mysql -h<host> -u<user> -p

# 還原大檔案
## 執行還原
[root@localhost ~]# ./flashback --binlogFileNames=haha.000042
## 切割大檔案
[root@localhost ~]# ./flashback --maxSplitSize=1 --binlogFileNames=binlog_
output_base.flashback
## 應用
mysqlbinlog binlog_output_base.flashback.000001 | mysql -h<host> -u<user> -p
...
mysqlbinlog binlog_output_base.flashback.<N> | mysql -h<host> -u<user> -p
```

51.3.3 實戰展示

1. 造數

```
mysql> create table test_flashback(id int primary key auto_increment,xid
int);
Query OK, 0 rows affected (0.01 sec)

mysql> insert into test_flashback(xid) values(1);
Query OK, 1 row affected (0.00 sec)

mysql> insert into test_flashback(xid) select xid from test_flashback;
Query OK, 1 row affected (0.00 sec)
Records: 1 Duplicates: 0 Warnings: 0
......
mysql> insert into test_flashback(xid) select xid from test_flashback;
Query OK, 512 rows affected (0.00 sec)
Records: 512 Duplicates: 0 Warnings: 0
```

2. INSERT 閃回

為了方便觀察差異，首先切換 binlog 日誌，並在插入之前和之後查詢資料，以進行比較：

```
mysql> flush binary logs;
Query OK, 0 rows affected (0.01 sec)

mysql> select * from test_flashback where xid=2;
Empty set (0.00 sec)

# 插入 3 列 xid 值為 2 的資料
mysql> insert into test_flashback(xid) values(2),(2),(2);
Query OK, 3 rows affected (0.00 sec)
Records: 3 Duplicates: 0 Warnings: 0

mysql> select * from test_flashback where xid=2;
+------+------+
| id   | xid  |
+------+------+
| 4075 | 2    |
| 4077 | 2    |
| 4079 | 2    |
+------+------+
3 rows in set (0.01 sec)
```

使用 flashback 工具讀取最後一個 binlog 檔：

```
[root@localhost ~]# ./flashback --binlogFileNames=/data/mysqldata1/binlog/
mysql-bin.000009
[root@localhost ~]# ll binlog_output_base.flashback
-rw-r--r-- 1 root root 243 Sep 11 08:51 binlog_output_base.flashback

# 查看檔案的類型，從輸出結果得知，該檔就是 MySQL 的 binlog 格式
[root@localhost ~]# file binlog_output_base.flashback
binlog_output_base.flashback: MySQL replication log
```

以 mysqlbinlog 命令解析檔案：

```
[root@localhost ~]# mysqlbinlog -vv binlog_output_base.flashback
/*!50530 SET @@SESSION.PSEUDO_SLAVE_MODE=1*/;
/*!50003 SET @OLD_COMPLETION_TYPE=@@COMPLETION_TYPE,COMPLETION_TYPE=0*/;
DELIMITER /*!*/;
# at 4
#180911 8:44:28 server id 3306102 end_log_pos 123 CRC32 0x4bf32c49 Start:
binlog v 4, server v 5.7.23-log created 180911 8:44:28
# Warning: this binlog is either in use or was not closed properly.
BINLOG '
7A+XWw92cjIAdwAAAHsAAAABAAQANS43LjIzLWxvZwAAAAAAAAAAAAAAAAAAAAAAAAAAAAAAA
AAAAAAAAAAAAAAAAAAAEzgNAAgAEgAEBAQEEgAAXwAEGggAAAAICAgCAAAACgoKKioAEjQA
AUks80s=
'/*!*/;
```

```
# at 123
#180911 8:48:22 server id 3306102 end_log_pos 181 CRC32 0xf5067dbb Table_
map: 'test'.'test_flashback' mapped to number 178
# at 181
#180911 8:48:22 server id 3306102 end_log_pos 243 CRC32 0x02f3c004 Delete_
rows: table id 178 flags: STMT_END_F

BINLOG '
1hCXWxN2cjIAOgAAALUAAAAAALIAAAAAAAEABHRlc3QADnRlc3RfZmxhc2hiYWNrAAIDAwACu30G
9Q==
1hCXWyB2cjIAPgAAAPMAAAAALIAAAAAAAEAAgAC//zrDwAAgAAAPztDwAAgAAAPzvDwAAgAA
AATA8wI=
'/*!*/;
# 從下面解析的可讀格式內容來看，該 binlog 檔記錄的內容，完全就是之前 INSERT 語句的反轉
DELETE。所以，如果打算閃回這部分語句，只需解析該檔的內容，再匯入資料庫即可
### DELETE FROM 'test'.'test_flashback'
### WHERE
###   @1=4075 /* INT meta=0 nullable=0 is_null=0 */
###   @2=2 /* INT meta=0 nullable=1 is_null=0 */
### DELETE FROM 'test'.'test_flashback'
### WHERE
###   @1=4077 /* INT meta=0 nullable=0 is_null=0 */
###   @2=2 /* INT meta=0 nullable=1 is_null=0 */
### DELETE FROM 'test'.'test_flashback'
### WHERE
###   @1=4079 /* INT meta=0 nullable=0 is_null=0 */
###   @2=2 /* INT meta=0 nullable=1 is_null=0 */
SET @@SESSION.GTID_NEXT= 'AUTOMATIC' /* added by mysqlbinlog */ /*!*/;
DELIMITER ;
# End of log file
/*!50003 SET COMPLETION_TYPE=@OLD_COMPLETION_TYPE*/;
/*!50530 SET @@SESSION.PSEUDO_SLAVE_MODE=0*/;
```

解析 binlog_output_base.flashback 檔案的內容，並匯入資料庫：

```
# 如果開啟 GTID，則需加上 mysqlbinlog 的 --skip-gtids 選項
[root@localhost ~]# mysqlbinlog --skip-gtids binlog_output_base.flashback
|mysql -uroot -ppassword -S /tmp/mysql.sock test
mysql: [Warning] Using a password on the command line interface can be
insecure.
```

登錄資料庫，查詢 xid=2 的資料，可以看到已經還原了：

```
mysql> select * from test_flashback where xid=2;
Empty set (0.00 sec)
```

提示：

- 閃回操作的語句也會記錄到實例的 binlog。如果不希望重新寫入這些語句到 binlog，則得先單獨以 mysqlbinlog 命令解析 binlog_output_base.flashback 檔，然後在匯入閃回語句之前使用 set sql_log_bin=0 關閉恢復工作階段的 binlog 寫入，再執行匯入作業。

- 如果只想恢復某個 binlog 檔案的部分資料，便需要先單獨使用 mysqlbinlog 命令解析 binlog_output_base.flashback 檔，然後手動修改解析檔，修改完成後再執行匯入作業。

- 也可以結合 --databaseNames、--tableNames、--start-position、--stop-position、--start-datetime、--stop-datetime 等過濾選項過濾範圍，詳見 51.3.2 節的選項說明。

注意：該工具在反轉 DML 操作的同時，也會反轉整個 binlog 檔案中記錄事件的先後順序。假設 binlog 檔案依序有 INSERT 1 和 DELETE 2 操作，那麼透過該工具反轉之後，binlog 檔案記錄的內容依序為 INSERT 2 和 DELETE 1。

3. DELETE 閃回

為了方便觀察差異，首先切換 binlog 日誌，並在刪除之前和之後查詢資料進行比較：

```
# 插入 3 列 xid=2 的資料
mysql> insert into test_flashback(xid) values(2),(2),(2);
Query OK, 3 rows affected (0.00 sec)
Records: 3 Duplicates: 0 Warnings: 0

mysql> select * from test_flashback where xid=2;
+------+------+
| id   | xid  |
+------+------+
| 4117 | 2    |
| 4119 | 2    |
| 4121 | 2    |
+------+------+
3 rows in set (0.01 sec)

mysql> flush binary logs;
Query OK, 0 rows affected (0.00 sec)

# 刪除 xid=2 的資料
```

```
mysql> delete from test_flashback where xid=2;
Query OK, 3 rows affected (0.00 sec)

mysql> select * from test_flashback where xid=2;
Empty set (0.00 sec)
```

以 flashback 工具讀取最後一個 binlog 檔：

```
[root@localhost ~]# ./flashback --binlogFileNames=/data/mysqldata1/binlog/
mysql-bin.000013 --outBinlogFileNameBase=test_delete_flashback
[root@localhost ~]# ll test_delete_flashback.flashback
-rw-r--r-- 1 root root 243 Sep 11 12:20 test_delete_flashback.flashback
```

使用 mysqlbinlog 命令解析該檔：

```
[root@localhost ~]# mysqlbinlog -vv test_delete_flashback.flashback
/*!50530 SET @@SESSION.PSEUDO_SLAVE_MODE=1*/;
/*!50003 SET @OLD_COMPLETION_TYPE=@@COMPLETION_TYPE,COMPLETION_TYPE=0*/;
DELIMITER /*!*/;
# at 4
#180911 12:18:53 server id 3306102 end_log_pos 123 CRC32 0x689efefe Start:
binlog v 4, server v 5.7.23-log created 180911 12:18:53
# Warning: this binlog is either in use or was not closed properly.
BINLOG '
LUKXWw92cjIAdwAAAHsAAAABAAQANS43LjIzLWxvZwAAAAAAAAAAAAAAAAAAAAAAAAAAAAAAA
AAAAAAAAAAAAAAAAAAAAAAAEzgNAAgAEgAEBAQEEgAAXwAEGggAAAAICAgCAAAACgoKKioAEjQA
Af7+nmg=
'/*!*/;
# at 123
#180911 12:18:56 server id 3306102 end_log_pos 181 CRC32 0xfa4118fc Table_
map: 'test'.'test_flashback' mapped to number 178
# at 181
#180911 12:18:56 server id 3306102 end_log_pos 243 CRC32 0xf3f10cf5 Write_
rows: table id 178 flags: STMT_END_F

BINLOG '
MEKXWxN2cjIAOgAAALUAAAAALIAAAAAAAEABHRlc3QADnRlc3RfZmxhc2hiYWNrAAIDAwAC/BhB
+g==
MEKXWx52cjIAPgAAAPMAAAAALIAAAAAAAEAAgAC//wVEAAAAgAAAPwXEAAAAgAAAPwZEAAAAgAA
APUM8fM=
'/*!*/;
# 從下面解析的可讀格式內容來看，該 binlog 檔案記錄的內容，完全就是之前 DELETE 語句的反轉
INSERT。所以，如果打算閃回這部分語句，只需解析該檔的內容，再匯入資料庫即可
### INSERT INTO 'test'.'test_flashback'
### SET
###   @1=4117 /* INT meta=0 nullable=0 is_null=0 */
###   @2=2 /* INT meta=0 nullable=1 is_null=0 */
```

```
### INSERT INTO 'test'.'test_flashback'
### SET
###   @1=4119 /* INT meta=0 nullable=0 is_null=0 */
###   @2=2 /* INT meta=0 nullable=1 is_null=0 */
### INSERT INTO 'test'.'test_flashback'
### SET
###   @1=4121 /* INT meta=0 nullable=0 is_null=0 */
###   @2=2 /* INT meta=0 nullable=1 is_null=0 */
SET @@SESSION.GTID_NEXT= 'AUTOMATIC' /* added by mysqlbinlog */ /*!*/;
DELIMITER ;
# End of log file
/*!50003 SET COMPLETION_TYPE=@OLD_COMPLETION_TYPE*/;
/*!50530 SET @@SESSION.PSEUDO_SLAVE_MODE=0*/;
```

解析 binlog_output_base.flashback 檔案的內容，再匯入資料庫：

```
# 如果開啟 GTID，則需加上 mysqlbinlog 的 --skip-gtids 選項
[root@localhost ~]# mysqlbinlog --skip-gtids test_delete_flashback.flashback
|mysql -uroot -ppassword -S /tmp/mysql.sock test
 [root@localhost ~]#
```

登錄資料庫，查詢 xid=2 的資料，可以看到已經恢復：

```
mysql> select * from test_flashback where xid=2;
+------+------+
| id   | xid  |
+------+------+
| 4117 | 2    |
| 4119 | 2    |
| 4121 | 2    |
+------+------+
3 rows in set (0.01 sec)
```

4. UPDATE 閃回

為了方便觀察差異，首先切換 binlog 日誌，並在更新之前和之後查詢資料進行比較：

```
# 插入 3 列 xid=3 的測試資料
mysql> insert into test_flashback(xid) values(3),(3),(3);
Query OK, 3 rows affected (0.00 sec)
Records: 3 Duplicates: 0 Warnings: 0

mysql> flush binary logs;
Query OK, 0 rows affected (0.00 sec)
```

```
mysql> select * from test_flashback where xid=3;
+------+------+
| id   | xid  |
+------+------+
| 4123 | 3    |
| 4125 | 3    |
| 4127 | 3    |
+------+------+
3 rows in set (0.00 sec)

# 更新 xid=3 的列為 xid=33
mysql> update test_flashback set xid=33 where xid=3;
Query OK, 3 rows affected (0.00 sec)
Rows matched: 3 Changed: 3 Warnings: 0

mysql> select * from test_flashback where xid=3;
Empty set (0.00 sec)
```

以 flashback 工具讀取最後一個 binlog 檔：

```
[root@localhost ~]# ./flashback --binlogFileNames=/data/mysqldata1/binlog/
mysql-bin.000014 --outBinlogFileNameBase=test_update_flashback
[root@localhost ~]# ll test_update_flashback.flashback
-rw-r--r-- 1 root root 271 Sep 11 14:49 test_update_flashback.flashback
```

使用 mysqlbinlog 命令解析該檔：

```
[root@localhost ~]# mysqlbinlog -vv test_update_flashback.flashback
/*!50530 SET @@SESSION.PSEUDO_SLAVE_MODE=1*/;
/*!50003 SET @OLD_COMPLETION_TYPE=@@COMPLETION_TYPE,COMPLETION_TYPE=0*/;
DELIMITER /*!*/;
# at 4
#180911 12:30:58 server id 3306102 end_log_pos 123 CRC32 0xa1003887 Start:
binlog v 4, server v 5.7.23-log created 180911 12:30:58
# Warning: this binlog is either in use or was not closed properly.
BINLOG '
AkWXWw92cjIAdwAAAHsAAAABAAQANS43LjIzLWxvZwAAAAAAAAAAAAAAAAAAAAAAAAAAAAAAA
AAAAAAAAAAAAAAAAAAAAAAEzgNAAgAEgAEBAQEEgAAXwAEGggAAAAICAgCAAAACgoKKioAEjQA
AYc4AKE=
'/*!*/;
# at 123
#180911 12:31:35 server id 3306102 end_log_pos 181 CRC32 0x5afba11d Table_
map: 'test'.'test_flashback' mapped to number 178
# at 181
#180911 12:31:35 server id 3306102 end_log_pos 271 CRC32 0xa224a9d0 Update_
rows: table id 178 flags: STMT_END_F
```

```
BINLOG '
J0WXWxN2cjIAOgAAALUAAAAAALIAAAAAAAEABHRlc3QADnRlc3RfZmxhc2hiYWNrAAIDAwAACHaH7
Wg==
J0WXWx92cjIAWgAAAA8BAAAAALIAAAAAAAEAAgAC///8GxAAACEAAAD8GxAAAAMAAAD8HRAAACEA
AAD8HRAAAAMAAAD8HxAAACEAAAD8HxAAAAMAAADQqSSi
'/*!*/;
```

從下面解析的可讀格式內容來看，該 binlog 檔案記錄的內容，完全就是之前 UPDATE 語句的反轉 UPDATE。所以，如果打算閃回這部分語句，只需解析該檔的內容，再匯入資料庫即可

```
### UPDATE 'test'.'test_flashback'
### WHERE
###   @1=4123 /* INT meta=0 nullable=0 is_null=0 */
###   @2=33 /* INT meta=0 nullable=1 is_null=0 */
### SET
###   @1=4123 /* INT meta=0 nullable=0 is_null=0 */
###   @2=3 /* INT meta=0 nullable=1 is_null=0 */
### UPDATE 'test'.'test_flashback'
### WHERE
###   @1=4125 /* INT meta=0 nullable=0 is_null=0 */
###   @2=33 /* INT meta=0 nullable=1 is_null=0 */
### SET
###   @1=4125 /* INT meta=0 nullable=0 is_null=0 */
###   @2=3 /* INT meta=0 nullable=1 is_null=0 */
### UPDATE 'test'.'test_flashback'
### WHERE
###   @1=4127 /* INT meta=0 nullable=0 is_null=0 */
###   @2=33 /* INT meta=0 nullable=1 is_null=0 */
### SET
###   @1=4127 /* INT meta=0 nullable=0 is_null=0 */
###   @2=3 /* INT meta=0 nullable=1 is_null=0 */
SET @@SESSION.GTID_NEXT= 'AUTOMATIC' /* added by mysqlbinlog */ /*!*/;
DELIMITER ;
# End of log file
/*!50003 SET COMPLETION_TYPE=@OLD_COMPLETION_TYPE*/;
/*!50530 SET @@SESSION.PSEUDO_SLAVE_MODE=0*/;
```

解析 binlog_output_base.flashback 檔案的內容，再匯入資料庫：

```
# 如果開啟 GTID，則需加上 mysqlbinlog 的 --skip-gtids 選項
[root@localhost ~]# mysqlbinlog --skip-gtids test_update_flashback.
flashback|mysql -uroot -ppassword -S /tmp/mysql.sock test
```

登錄資料庫，查詢 xid=3 的資料，可以看到已經恢復：

```
mysql> select * from test_flashback where xid=3;
+------+------+
| id   | xid  |
+------+------+
```

```
| 4123 | 3    |
| 4125 | 3    |
| 4127 | 3    |
+------+------+
3 rows in set (0.00 sec)

mysql> select * from test_flashback where xid=33;
Empty set (0.00 sec)
```

NOTE

股市消息滿天飛，多空訊息如何判讀？

看到利多消息就進場，你接到的是金條還是刀？

消息面是基本面的溫度計

更是籌碼面的照妖鏡

不當擦鞋童，就從了解消息面開始

民眾財經網用AI幫您過濾多空訊息

用聲量看股票

讓量化的消息面數據讓您快速掌握股市風向

掃描QR Code加入「聲量看股票」LINE官方帳號

獲得最新股市消息面數據資訊

民眾日報從1950年代開始發行紙本報,隨科技的進步,逐漸轉型為網路媒體。2020年更自行研發「眾聲大數據」人工智慧系統,為廣大投資人提供有別於傳統財經新聞的聲量資訊。為提供讀者更友善的使用流覽體驗,2021年9月全新官網上線,也將導入更多具互動性的資訊內容。

為服務廣大的讀者,新聞同步聯播於YAHOO新聞網、LINE TODAY、PCHOME 新聞網、HINET新聞網、品觀點等平台。

民眾網關注台灣民眾關心的大小事,從民眾的角度出發,報導民眾關心的事。反映國政輿情,聚焦財經熱點,堅持與網路上的鄉民,與馬路上的市民站在一起。

歡迎訪問民眾網:https://www.mypeoplevol.com

專案經理雜誌
PM Magazine

專案職人SHOW

臉書直播 ｜ 人物專訪

每月第四週禮拜四
晚上21：00準時開播

專案管理，是工作與生活的新態度
它不經意地讓你轉換思維，往更優質的方向前進

來自不同領域的專案職人分享
每件事，其實都可以很「專案管理」

真人真事上映，與「專」家近距離接觸

精彩回顧

致伸科技智慧介面裝置事業部協理
蔡昆男

效率百分百！
2步驟強化專案經理效率！

Odd-e Agile Coach
柯仁傑

敏捷三叔公傳授敏捷秘笈
讓你躍升為敏捷高手！

AgileGirls創辦人
廖予暄

持續嘗試遇見更好的自己！
敏捷職場新女力

案職人SHOW影片

鎖定FB

賦力國際企管顧問有限公司創辦人
王一郎

建立高績效團隊
先從培養團隊力開始

兩岸人資專家
林娟

兩岸人資長的用人哲學

艾富資訊股份有限公司總經理
郭慶龍

混合式專案管理方法
可以更貼近使用者角度